普通高等教育“十三五”规划教材　精品课程教材

DONGWU
SHENGWUXUE

U0957378

动物生物学

路纪琪　主编

郑州大学出版社

图书在版编目(CIP)数据

动物生物学/路纪琪主编. —郑州:郑州大学出版社,2019.2(2026.2重印)
ISBN 978-7-5645-5119-3

Ⅰ.①动… Ⅱ.①路… Ⅲ.①动物学-高等学校-教材 Ⅳ.①Q95

中国版本图书馆CIP数据核字(2018)第008438号

动物生物学
DONGWU SHENGWUXUE

策划编辑	吕双喜　郜　毅	封面设计	苏永生
责任编辑	吕双喜	版式设计	苏永生
责任校对	郜　毅	责任监制	朱亚君

出版发行	郑州大学出版社	地　　址	河南省郑州市高新技术开发区长椿路11号(450001)
经　　销	全国新华书店		
发行电话	0371-66966070	网　　址	http://www.zzup.cn
印　　刷	郑州尚品数码快印有限公司		
开　　本	787 mm×1 092 mm　1/16		
印　　张	20	字　　数	473千字
版　　次	2019年2月第1版	印　　次	2026年2月第3次印刷

书　　号	ISBN 978-7-5645-5119-3	定　　价	55.00元

主编简介

路纪琪，博士，教授，博士生导师；郑州大学生物多样性与生态学研究所所长；享受国务院政府特殊津贴专家、“新世纪百千万人才工程”国家级人选、河南省学术技术带头人、河南省创新型科技团队负责人、郑州市科技领军人才。

从事动物学、动物生物学教学工作30多年，研究兴趣为动物生态和生物多样性科学，先后承担国家973计划课题、国家自然科学基金项目、郑州市领军人才项目等研究课题；迄今已发表学术论文100余篇、著作8部；培养博士、硕士研究生30余人。主持建立河南省创新型科技团队、河南省高校省级重点实验室培育基地等研究平台。获得河南省师德先进个人、河南省教育奖章、河南省优秀共产党员、河南省优秀博士学位论文指导教师等荣誉。

学术任职有世界自然保护联盟(IUCN)物种生存委员会(SSC)委员、中国灵长类学会副理事长、中国生态学学会动物生态专业委员会副主任委员、中国兽类学会常务理事、中国动物行为学会理事、河南省生态学学会常务理事；国际灵长类学会终身会员；河南省省级自然保护区评审委员会委员、《兽类学报》编委等；曾任中国动物学会理事、河南省动物学会秘书长。

作者名单

主　编　路纪琪

编　委　（以姓氏笔画为序）

田军东　张义锋　赵林萍

赵海鹏　路纪琪

内容提要

本书是为适应高等院校动物生物学教学改革与探索、满足动物生物学教学需要而编著的。在内容安排上，根据动物学的理论知识体系，基于动物从低等到高等、从简单到复杂的进化路线，重点介绍了动物界重要类群的主要特征、形态结构、功能、分类、进化等。同时，还介绍了动物的结构、动物的发育、动物行为、动物生态等动物生物学重要内容。在每个章节之后，给出了一些复习与思考题，以便读者复习和把握章节的重点内容。

本书可作为高等院校生物科学专业、生物技术专业等相关专业《动物生物学》课程的理论课教材或《普通动物学》课程参考书，也可供野生动物保护、管理工作者和专业技术人员、动物学、生态学等相关专业研究生和中学生物学教师等相关人员参阅。

前　言

生物学是自然科学六大基础学科之一。在生物的五界分类系统中,动物是一个重要类群,是生物学研究的主要对象之一。从分类学角度来说,人即属于动物界的一分子。

动物生物学是一门研究动物形态结构与功能、分类、生理、生态、进化、分布、行为等基本生命活动规律的科学,其主要内容涉及动物界由低等到高等的各个门及纲的动物在形态结构和功能等方面的特点、动物的多样性及动物与环境的相互作用等。

动物生物学理论课是动物生物学课程体系中非常重要的组成部分,是生物学相关专业大学生的先修专业基础课,也是学生了解动物身体形态、结构、分类、行为、生态等知识的首要途径。在过去的很长一段时期里,国内众多高校的生物学系(生命科学学院)都开设有普通动物学或动物学课程;并且一般都将课程分为无脊椎动物学和脊椎动物学两部分来讲授。至20世纪90年代中、后期,为适应高等教育教学改革、培养计划修订等方面的需求,厦门大学、北京大学等率先对普通动物学的课程内容进行了调整,并使之以动物生物学的名目出现。与课程改革相配套的《动物生物学》教材也陆续出版。嗣后,其他高校积极跟进,遂使动物生物学之声名远播,渐成普及之势。

从进化的历史和进程来看,各类动物的出现均早于人类,而人类是动物进化的最高级阶段。从这个意义上来说,没有动物就不可能有人类,自然界丰富的动物资源是大自然赐于人类的物质宝库。同时,由古代的类人猿进化成人类之后,人类生活所需要的一切物资都直接或间接地与动物有关,离开了动物,人类将无法很好地生存。时至今日,世界上仍有一些靠猎取动物为生的民族,如游牧于巴西东南部地区的高楚人。在许多国家,动物资源是维持国计民生的支柱。澳大利亚向以“骑在羊背上的国家”而著称;号称“沙漠之舟”的骆驼,长期以来一直是阿拉伯人赖以取得衣食的重要来源。动物及其对人类的重要意义早已深入人心了。

动物生物学包含众多的分支学科,其学科本身的理论体系既广且博,同时又与人类社会的农、林、牧、渔、医、工等领域密切相关,故其重要性不言而喻。但是,勿庸讳言,这门课程所面临的状况又不无尴尬:课时被削减、内容被压缩,抑或有鸡肋之嫌。那么,作为一门基础课,动物生物学到底应该向学生传授哪些知识?这可能也是众多任课教师欲竭力探求的问题。

在自然界,大到浩瀚宇宙中的星辰,小到地球上的一草一木、一事一物,无不体现着分类之精髓。难以想象,没有类、群、族、伙、团、簇等概念,世界将是何等混沌!所以,我们始终认为,不论动物学这门课程的名称如何更改,分类学永远都是其无可替代的基础,而形态、结构则无疑是其重点。在学时分配、教学内容安排时,如果偏离了这一点,必难得其要领。这也是作者从事动物学和动物生物学教学三十多年的切身体会和慎重思考。

基于上述考虑,在本书的编著过程中,我们仍然把着眼点放在各类群动物的主要特征、形态、结构、类群、起源与演化等方面。同时,鉴于动物生物学的基本涵盖面和理论知识的关联性,以及与传统的无脊椎动物学和脊椎动物学课程的密切相关性,安排了动物行为、动物生态等核心内容,以便于学生自学,并拓展知识面。在实际授课过程中,对动物学相关领域的一些最新成果和重要研究进展、重要发现、热点话题、重大新闻等,可结合实际,及时向学生介绍。

本书由路纪琪(郑州大学)、田军东(郑州大学)、赵海鹏(河南大学)、张义锋(郑州大学)、赵林萍(郑州大学)编写。这些作者均长期在高校工作,从事普通动物学、动物生物学、生态学的教学和科学研究工作,具有扎实的专业理论知识和丰富的教学经验。在写作过程中,我们还对以往的部分观点进行了梳理,补充了一些新的研究成果和进展。本书旨在总结作者长期教学经验、教训、心得、体会,并于此基础上,突出自身特色,完善《动物生物学》教材体系,同时为动物学、生态学研究者、自然保护区技术人员、野生动物管理人员提供有实用价值的参考资料。全书由路纪琪统稿。

本书与《动物生物学实验》和《动物生物学野外实习》构成系列教材。三者既相互独立,又有必然的内在联系,在内容安排上各有其侧重点,又相互补充。建议在学习过程中,对三本书同时参阅,以便从总体上把握动物生物学的全貌。

读者在使用过程中,如发现书中的错漏和不当之处,敬请及时反馈给我们,以便修订或补充。

书中引用了一些参考文献中的观点和插图,专此致谢。

本书得到了郑州大学教材建设项目(2017 年度)的资助,谨表感谢。

本书终得编写完成并付梓出版,仰赖郑州大学生命科学学院、郑州大学生物多样性与生态学研究所、郑州大学出版社等的大力支持,谨此一并表示诚挚谢意。

2018 年 10 月

目　　录

第一章　绪论

撮其大要，概而述之。

动物生物学脱胎于以往的普通动物学，继而引人注目地快速发展。总体来看，二者同属一脉，但又各有侧重。就分类地位而言，人类即属于动物。因此，了解动物的形态、结构、生理、行为、遗传、心理、社群等生物学属性，对清楚地认识人类自身具有特别重要的意义。

动物生物学是一门自然科学，其着眼点必定为动物，而动物为生物之一类。因此，欲领会动物生物学之纲领，必从了解和认识生物开始。

第一节　自然界的生物

自然界由生物和非生物的物质与能量组成，生物（又称生命体、有机体）是有生命的个体。新陈代谢（包括合成代谢和分解代谢）、遗传是生物最为重要和基本的特征。无生命的成分（包括物质和能量）称为非生物。新陈代谢是生物与非生物的本质区别。

一、生物类群划分

迄今为止，地球上已知的生物种类约 200 万种，丰富多彩、形形色色的生物构成了生机勃勃的世界，鹰击长空、鱼翔浅底、百花争艳、万木葱茏。这些生物不仅维持着自然界的可持续发展，而且是人类赖以生存和发展的基本条件。生命在地球上已存在 38 亿年之久，自其诞生之日起就处于永不停息的变化之中，并在此过程中延续、演进。这是一个真实、漫长、仍未终止的历史过程。生命史已不仅是生物进化历史，实际上也是地球的演化史，是整个自然界（生物与非生物部分）的历史。随着科学与技术的不断发展和进步，人类对生物类群、物种分类的认识也经历了一个从无到有、从少到多、逐步深化、不断明晰的过程。

（一）两界分类系统

两界分类系统，也称二界系统，是一种早期的生物分类系统，它把生物分为动物界与植物界。瑞典博物学家林奈（Carl von Linné，1707—1778 年）是这种分类方法的奠基人。林奈观察到，自然界的生物有固着不动和自养型的植物，也有自由行动和异养型的动物。因此，他把整个生物分成相应的两大类：植物界和动物界，即所谓的两界分类系统。该系统把细菌类、藻类和真菌类均归入植物界，把原生动物类归入动物界。在分类学界，这个系统自问世以来，一直沿用到 20 世纪 50 年代。甚至直到 1972 年，爱尔曼（P. L. Altman）和狄德摩（D. S. Dittmer）依然主张，按林奈的传统分类法把生物分为两界，植物界包括细菌、蓝藻、绿藻、金藻、褐藻、红藻、黏菌、真菌、苔藓和维管束植物，动物界包括原生动物和多细胞动物。

根据这种分类方法，凡有绿色叶片、可进行光合作用、制造有机物、根生于土壤中、不能自由运动、能无限生长的生物均归属于植物界，因而真菌当时被归入植物界。与此相反，能自由运动、不能进行光合作用、以植物或其他有机物为营养物质、可有限生长的生物，都属于动物界。

（二）三界分类系统

随着显微镜的发明和不断改进，人们在观察和研究过程中发现，许多单细胞生物（如眼虫等）兼有动物和植物的特性，这些中间类型的生物是进化的证据，却是分类的难题。在两界分类系统中，因为能自由运动、属异养型营养方式，原生动物如草履虫、变形虫和疟原虫等均被归入动物界；一些藻类如裸藻和甲藻，因为不能自由行动、属自养型营养方式，故被归入植物界。但是，这些生物均属于单细胞生物，在结构上远比多细胞的动物和植物简单。受达尔文（C. R. Darwin，1809—1882 年）《物种起源》（1859 年）的启发，霍格（J. Hogg，1860 年）和赫克尔（E. Haeckel，1866 年）提出了一个力求反映生物亲缘关系的三界分类系统，即除植物界和动物界外，增加一个原生生物界。将所有单细胞生物和一些简单的多细胞动物和植物，包括细菌、藻类、真菌和原生动物等，均归于原生生物界。这个三界（原生生物界、植物界和动物界）分类系统初步反映了生物进化的思想。

（三）四界分类系统

在三界分类系统中，真菌类（如蘑菇及常用于遗传学研究的粗糙脉孢菌和面包酵母）因营固着生活、有细胞壁而被归入植物界。但是，真菌细胞壁的化学组成为几丁质（而非纤维素），所储存的营养物质是糖原（而非淀粉），这些都有别于其他植物。真菌虽为异养型，但主要为腐生或寄生，因而有别于动物的异养摄食；真菌为细胞外消化，即把其消化酶分泌到食物表面，在胞外把食物分解后再吸收到胞内供自身利用，此点有别于动物的细胞内消化。正是由于真菌与植物和动物的上述明显差异，考柏兰（H. F. Copeland）在三界分类系统的基础上，于 1938 年提出另立一个真菌界，从而建立了包括原生生物界、真菌界、植物界和动物界的四界分类系统。

（四）五界分类系统

随着显微技术的快速发展和应用，学者们把细胞分成原核细胞和真核细胞两大类。原核细胞很小，其体积约为真核细胞的千分之一；原核细胞的染色体为裸露 DNA（即没有与蛋白质结合），其周围也没有膜与细胞的其他部分隔开（即为原核）；而真核细胞染色体为 DNA 和蛋白质的结合物，且有核膜与细胞的其他部分隔开（即为真核），这两大类细胞的差异反映了生物进化水平的不同。基于此，惠特克（R. H. Whittaker，1924—1980 年）于 1969 年提出了五界分类系统，该系统包括原核生物界（包括细菌和其他原核生物）、原生生物界（包括单细胞真核生物，如原生动物和多数藻类）、真菌界、植物界、动物界（图 1-1）。

五界分类系统基本上反映了地球上生物进化的历程。在结构方面，从原核生物界进化到单细胞的真核生物（原生生物界），再进化到多细胞的真核生物；在营养关系方面，从异养生物进化到自养和异养共存，构成了一个完善的物质和能量循环体系。因此，五界系统已成为目前被普遍接受的生物分类系统。

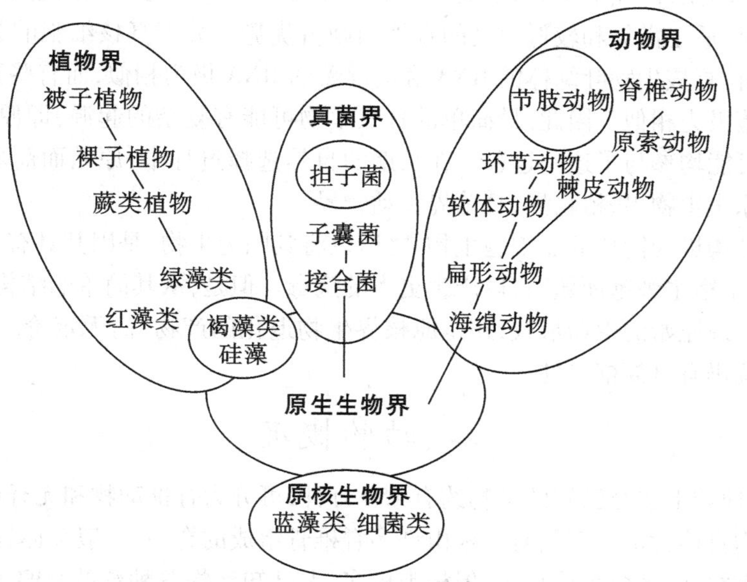

图 1-1　生物分类的五界系统

(五)六界分类系统

1. 三总界六界分类系统

1977 年,中国学者陈世骧(1905—1988 年)认为,在惠特克的五界分类系统中,把原生生物界列为一个中间阶段,削弱了原核与真核两个基本阶段的对比性;在原核生物界和原生生物界内,也没有考虑各自的生态关系。为此,陈世骧建议去掉原生生物界而成为两总界五界分类系统:原核总界(分为细菌界和蓝藻界)和真核总界(分为植物界、真菌界和动物界);原来属于原生生物界的生物,分别归属于植物界、真菌界和动物界。后来,他又将原本没有划入系统的病毒界另立一总界。从而构成了三总界六界分类系统。总体来看,这是一种比五界分类系统更完善的生物分类系统。

2. 新六界分类系统

基于分子生物学的研究结果表明,在五界分类系统中,原核生物界的细菌尽管在形态上很相似,但根据分子水平上的差异,可明显分成古细菌和真细菌两大类。如在古细菌中,存在 TATA 键合蛋白盒子(ATTA box-binding protein),这也是真核生物中 RNA 多聚酶Ⅰ、Ⅱ、Ⅲ的基本转录因子,而这种转录因子并未见于真细菌。又如,在核糖体 RNA (rRNA)的同源性、细胞壁和细胞膜的成分、转运 RNA(tRNA)稀有碱基等方面,古细菌和真细菌之间均存在明显差异;这些差异甚至要超过它们各自与真核生物的不同。为此,沃斯(C. R. Woese)认为,应把原核生物界分成古细菌界和真细菌界两个界,由此构成新六界分类系统。古细菌界的细菌主要生活在一些极端环境中,如沼泽地底层(甲烷细菌)、热泉(如布氏火盘菌,其适宜生长温度达 105 ℃)等;而真细菌界的细菌为常见类型,有共生者(如大肠杆菌),也有寄生和致病者(如沙门菌和葡萄球菌);真细菌界还包括蓝绿藻。

在生命演化的早期阶段,地球上可能以古细菌占优势,因为其代谢水平能很好地适应原始地球的环境条件(富有 CO_2,缺氧、高温)。后来,当 O_2 成为大气的主要成分、地球温度逐渐降低时,适于需氧和较低温度的真细菌则占优势。关于真核细胞的起源一直是个谜。根据分析,真核生物叶绿体的 RNA 和蓝绿藻的 RNA 极为相似,而有些真核细胞的基因又与古细菌极为相似。因此,最简单的真核生物可能有复杂的起源,即原始生命、古细菌和真细菌可能均参与了这一过程。在长期的自然选择过程中,原始而简单的真核生物进化形成了原生生物界、植物界、真菌界和动物界。

病毒是结构极为简单的非细胞生物,之所以将其归为生物,是因其具有生命的某些特征,如可借助于宿主细胞而繁殖,以产生更多的病毒。但是,从其简单的结构来看,病毒究竟是地球上的最原始的生命形式,还是原核界生物退化的产物,尚无定论。因此,关于病毒的分类地位仍有可商榷之处。

二、动物概况

据统计,地球上迄今已知的动物约有 150 万种,可分为脊椎动物和无脊椎动物两大类群。脊椎动物身体背部大多具有一根由许多脊椎骨组成的脊柱,一般个体较大;无脊椎动物的身体没有脊柱,多数个体很小,但种类极多,占已知动物总种数的 90% 以上。脊椎动物可分为圆口类、鱼类、两栖类、爬行类、鸟类和哺乳类等 6 大类群。圆口类属于低等脊椎动物,约 40 种;鱼类是脊椎动物中最大的一个类群,包括海水鱼和淡水鱼,约 24 000 种;两栖类约 2 000 种;爬行类约 4 000 种,鸟类约 9 700 种;哺乳类约 4 500 种。此外,地球上还有大量的动物尚未被发现和命名,更遑论深入研究。

三、奥古斯特·克劳格原理

奥古斯特·克劳格(August Krogh,1874—1949 年)是丹麦的一位动物生理学家。基于对动物的研究,奥古斯特·克劳格在 1929 年发表的一篇论文中指出,“面对数量如此众多的科学问题,总会有某些动物,或者这些动物的少数,最适合用于(这些科学问题的)研究”。1975 年,著名学者 Hans A. Krebs(三羧酸循环的发现者)对这句名言做了重新表述,并称之为奥古斯特·克劳格原理(The August Krogh Principle)(For almost every problem there is an animal upon which it can be most conveniently studied.)。在生理学研究领域,克劳格完美并出色地实践了这一原理。

基于奥古斯特·克劳格原理,引申并形成了“模式生物”的概念,目前广为使用的小鼠、大鼠、果蝇、酵母、大肠杆菌等都是典型的模式生物。在生命科学及其相关研究领域,模式生物的选择至为关键,合适的模式生物往往可收到事半功倍之效。奥古斯特·克劳格原理甚至可以推广到器官、组织、细胞甚至分子水平等更为广泛的研究领域之中。

复习与思考题

1. 掌握生物的五界分类系统。
2. 了解生物分类系统的发展。
3. 掌握奥古斯特·克劳格原理,并查阅文献,谈谈你对该原理的理解。

第二节　动物生物学概述

生物学(Biology)是自然科学六大基础学科之一,主要研究生物的形态、结构、功能、遗传、发育、生态、分类、分布、进化,以及生物与周围环境的相互关系。动物生物学是生物学基础理论体系的重要组成部分。

一、动物生物学的定义

动物生物学(Animal Biology)是以生物学观点、理论和技术研究动物生命活动规律的科学。在生命科学的学科体系中,动物生物学是一门经典而重要的基础学科。

从研究对象来看,动物生物学涵盖动物生命系统的基因、细胞、器官、个体、种群、群落等多个层次(图 1-2)。

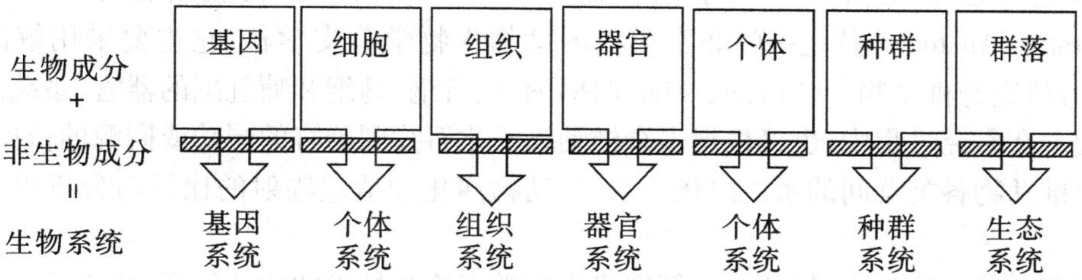

图 1-2　动物生物学研究的组织层次

就研究内容来看,动物生物学包括形态、解剖、生理、分类、发育、生态、地理分布、行为、进化、遗传、动物资源保护等多个方面。

赫胥黎(T. H. Huxley,1825～1895)曾劝诫我们,要"尽可能广泛地涉猎各门学问,并且尽可能深入地择一钻研(Try to learn something about everything and everything about something.)。"实际上,动物生物学就是一门涵盖面广、各分支学科均有其研究重点的基础学科,用赫胥黎的这句传世名言说明动物生物学的内涵和外延恰如其分。

二、动物生物学的研究方法

动物是地球上生物多样性的重要组成部分,在长期的演化过程中,动物适应其栖息环境;反过来,环境也对动物产生重要影响。自然界是一个相互依存、相互制约、错综复杂的整体。要学习、研究、理解生命科学,应具有正确的生物学观点。因此,在动物生物学研究中,不能用简单的方式、方法臆断、推论,而必须始终坚持基本和科学的观点:①形态结构与功能相适应的观点;②局部与整体相统一的观点;③动态发展的观点;④动物与其生活环境对立统一的观点。

随着人类探索和认识自然界能力的加强、新的研究设备不断涌现、新兴技术的广泛应用,动物生物学的研究方法也经历了简单描述、实验验证、多学科交叉的发展历程。

1. 观察描述法

观察与描述是动物生物学研究的基本方法。这一方法主要是通过观察,将动物的外部形态特征、内部结构、生活习性、行为等以文字或图表的方式如实地记录下来。随着科学与技术的飞速发展，研究手段不断推陈出新。但是，在不同层次上对动物的观察与描述仍然必不可少。例如，在早期阶段，动物的分类、鉴定，必须基于对其形态特征进行细致而准确的描述；在光学显微镜时代，需要对细胞、组织水平的描述；在电子显微镜时代，需要对超微结构、分子水平的观察与描述。描述就是通过文字描述、绘图（生物绘图）、摄影、摄像、仪器记录等方式，将观察的结果如实地记录下来。

2. 比较法

没有比较就没有鉴别，就无从揭示生命的统一性和多样性之间的关系，就无法处理和归纳生物界从简单到复杂、从低等到高等的大量材料。只有从宏观的形态结构到微观的细胞、分子水平，对不同种属动物进行比较与分析，才能对与动物相关的各种问题进行研究，并得到正确的结论。通过对不同类群动物的形态、结构、生理、行为、功能等比较和分析，可以明晰它们之间的亲缘关系，揭示动物适应与进化的规律。在动物生物学领域，各分类阶元特征的概括即是基于比较而获得的。**脊椎动物比较解剖学**（Vertebrates Comparative Anatomy）就是一门非常成熟的动物生物学分支学科，它主要采用解剖的方法，比较研究脊椎动物的圆口纲、鱼纲、两栖纲、爬行纲、鸟纲和哺乳纲的器官、系统的形态和结构。在研究过程中，也可根据古脊椎动物的化石找到器官的同功或同源的依据，从而阐明脊椎动物各类群间的系统演化关系，为动物演化和适应辐射的比较与分析提供充分证据。

随着分子生物学、生物信息学等现代生物学理论与技术的快速发展，比较研究方法已从宏观形态研究逐渐转向宏观与微观相结合的综合比较研究。例如，对不同种、属动物的细胞、染色体、核苷酸序列、蛋白质组成、基因结构与功能等的测定、解读、比较等，已成为阐明动物起源与演化、谱系关系、地理分布的重要途径。

3. 实验法

随着实验科学理论与技术装备的不断进步，在人为控制条件下，对动物的形态、行为、生理、种群动态以及动物的起源、发展、发育、遗传、变异等生命活动过程进行操控、观察、验证与分析已成为可能，并呈现出日新月异的发展趋势。迄今为止，已有大量新的实验技术和手段被运用于动物生物学相关实验研究。

4. 多学科交叉法

学科交叉是跨学科的研究活动，由其所导致的知识体系构成了交叉科学。实际上，自然界的各种现象之间本来就是一个相互联系的有机整体。人类社会也是自然界的一部分，因而人类对自然界的认识所形成的科学知识体系也必然具有整体化的特征。科学发展史表明，科学经历了综合、分化、再综合的过程。现代科学则既高度分化又高度综合，而交叉科学又集分化与综合于一体，实现了科学的整体化。DNA 双螺旋结构的分子模型是当代学科交叉研究的结晶，也是成功的典范。学科交叉点往往就是科学新的生长点、新的科学前沿，这里最有可能产生重大的科学突破，使科学发生革命性的变化。同时，交叉科学是综合性、跨学科的产物，因而有利于解决人类所面临的重大、复杂科学问题、社会问题和全球性问题。

在当今的动物生物学乃至整个生命科学领域，多学科交叉研究已成为非常重要的途径，并显示出强大的生命力和良好的发展前景。例如，在动物分类研究中，形态分类以前、现在乃至将来都是生物学研究首先依靠的支撑学科，对探讨物种形成与分化、分门别类与系统发育、物种起源与进化都具有极为重要的作用，为全球生物物种多样性的命名和多样化研究做出了不可磨灭的贡献，是较长时间内还需要依靠的方法。但是，随着分子生物学、生物信息学技术的快速发展，学者们提出了基于遗传多样性的 DNA 分类技术等新的分类手段，两者相互补充，构成了目前分类学研究的新格局。

三、动物生物学研究目的与意义

自然界的动物种类繁多、分布广泛，与人类关系极为密切，而且人类本身即属于动物。因此，通过动物生物学及相关研究，既可满足人类探索未知世界的愿望，也必将不断加深人类对自身的认识。动物生物学不仅学科本身的内容广博，而且其分支学科众多，并与农、林、牧、医等人类生存相关的领域具有密不可分的关系。有关动物生物学研究的目的与意义，可从下述几个方面来理解。

1. 了解自然界的动物及其生命活动规律

任何动物都有其特殊的形态、行为、生理、遗传、发育、繁殖、适应、进化等特征，通过研究，可以了解动物的形态特征、地理分布、种群动态、生物学习性，探讨动物与环境的相互作用；明确不同类群动物间的起源与进化关系；为其他以动物为对象的科学研究提供基础资料；基于分子生物学、生物信息学证据，还可发现一些隐存的新物种。探讨和研究全球变化背景下动物的适应性变化，对了解人类自身对环境的适应具有特别重要的意义。例如，新生代发生了全球范围内的气候变化，亚洲地区也经受了喜马拉雅构造运动，特别是青藏高原隆升的影响。所有这些变化，必然会对哺乳动物的分布和动物地理区系的演变产生影响，这些演变也会被记录在化石中。因此，基于哺乳动物的化石类群，可以探索新生代环境的变迁和青藏高原隆升的历史，也可以探讨青藏高原的隆升对哺乳动物区系形成与演变的影响。

2. 动物资源的保护与合理利用

动物是自然界生物的重要组成部分，而现生生物的多样性及其分布格局是亿万年生物进化历史形成的。众多的现生动物不依赖于人类已生存了数千万年甚至数亿年，而人类一旦失去这些动物却难以生存。因此，保护野生动物的多样性是人类自身生存所必须且刻不容缓的工作，而有效保护的前提是，必须对动物资源的现状、分布等有充分的了解。物种是生命存在的基本形式，也是生态系统中生物群落的基本结构单元，而物种多样性是生态系统结构和功能的决定因素。但是，对“地球上究竟有多少物种”这一问题尚无明确答案。据初步统计，已描述的物种约 200 万种，其中动物的种类超过 90%。此外，有大量的动物物种尚未被人类发现和认识，甚至有些种类在人类未曾认识之前即告绝灭。为保护物种多样性，在某些动物灭绝前应摸清物种多样性的本底，尤其对尚未研究的类群或某些被忽视的栖息地，如土壤、珊瑚礁、红树林和森林、林冠等的动物种类需要重点关注。人类已进入科学与技术发展突飞猛进的时代，可从 40000 年前灭绝的猛犸象的冷冻肌肉中，甚至从 2600 万年前埋于琥珀中的昆虫标本中提取 DNA。即使现在不能予以鉴定，但只要保存了标本或样品，或许对子孙后代有不可估量的用途。对已知的濒危种类，则可进一步深入研究其分布、种群数量、栖息地、生物学、生态学及威胁动物生存的主要因素，提出相应的保护措施。因此，从生物多样性保护的角度来说，对所有动物种类、数量、分布现状、种群动态等展开全面研究，是动物资源保护与合理利用的重要基础和前提。

3. 有害动物的防治与控制

动物与人类的关系极为密切，部分种类如一些昆虫、鼠类等在其种群数量大发生时，可能对农业、林业、畜牧业、养殖业、人类身体健康等造成危害。要科学准确地预测、预报害情，进而及时采取科学、有效的防治、控制措施，则必须首先掌握目标动物的种群增长规律、生态习性、行为、形态结构、繁殖特征、生活史等方面的基础知识。另外，通过对目标动物与其天敌动物生态关系的研究，可以采取生物防治、生态学控制等措施，减少因施用化学药物而引发的环境问题。如，在进行害虫防治时，人工培育的大量赤眼蜂可用于棉铃虫的防治。在草原地区，可利用猛禽、蛇类、食肉兽类等进行鼠害的有效控制。

4. 促进医学生物学的发展

动物生命活动的基本规律也适用于人类。动物生物学研究成果有利于改善人类的膳食、营养、疾病防治，促进健康，探索人类起源等。动物解剖学、组织胚胎学、细胞生物学、发育生物学、生理学、寄生虫学、遗传学等是医学生物学研究的基础，与人类的健康、卫生、生命安全等密切相关。一些寄生虫寄生于人体的体表或内脏系统，往往造成严重的危害。对这些寄生虫病的诊断、治疗、防控等，必须以对寄生动物分类、形态、繁殖、生理、行为、生态、中间寄主、终末寄主等方面的充分了解为前提，唯有如此，才可能采取恰当、有效的治疗方案和防控措施，控制虫源、切断传播途径、准确治疗。在传统的中医药领域，许多动物整体或部分及分泌物等都可入药。此外，几乎所有用于人类疾病治疗的新药之研制、临床应用前都必须经过严格的动物试验和实验。在这一领域，实验动物学已应运而生，并发展成为一门独立而成熟的动物生物学分支学科。

5. 改善人类生存环境和生活质量

动物是自然生态系统的重要组成成分，对生态系统中的物质循环、能量流动、信息传递功能的维持、生态平衡等起着极其重要的作用。例如，蚯蚓和其他土壤动物对土壤结构、理化性质的改善、污染物降解，食腐动物对动物残体的分解等，不胜枚举。许多动物还可作为环境质量的指示生物。动物生态学研究有利于解决人类所面临的重大生态学问题，改善人类生存环境。此外，为人类生产、生活提供重要役用、食物来源的家畜、家禽都源自野生动物。迄今为止，基于动物形态、行为、习性的仿生学研究与应用方兴未艾，在航空、航海、气象等方面为人类做出了极大贡献。如飞机（仿鸟类、蜻蜓）、电子监控系统（仿鹰）、风暴预测仪（仿水母）、偏光天文罗盘（仿蜜蜂）、电子蛙眼（仿青蛙）、潜水艇（仿鱼）、雪地汽车（仿企鹅）、红外线感受器（仿蝮蛇）、人工冷光（仿萤火虫）、雷达（仿蝙蝠）、红外技术（仿蛙眼）、天线（仿昆虫）、挖掘机（仿鹤的外形与体态）、防毒面具（仿野猪）等等，不一而足。随着动物生物学研究的深入，不难预见，还会有更多的动物被用于仿生学研究，服务并造福于人类。

复习与思考题

1. 掌握动物生物学的概念。

2. 学习动物生物学的意义有哪些?

3. 掌握动物生物学的研究对象和内容。

4. 查阅文献,掌握动物生物学研究方法的演变。

5. 查阅文献,理解并掌握整合动物学的概念。

第三节　动物生物学的发展历史

与任何一门其他学科相似,动物生物学亦有其自身萌芽、发展、成熟的历史。动物生物学的发展历程,伴随着人类对自然界认识能力的不断增强、经验和理论知识的持续积累;同时,也反映了研究方法、技术、实验装备的建立、进步和提升。需要指出的是,早期阶段的动物生物学称为动物学似更为妥当。

一、国外动物生物学的发展

动物(生物)学在国外的研究始于古希腊学者亚里士多德(Aristotle,公元前384—前322年)。亚里士多德总结了人类得自生产实践的动物学知识,并对多种动物作了细致深入的观察,记述了450种动物,首次建立了动物分类系统,将它们分为有血动物和无血动物两大类;亚里士多德对比较解剖学、胚胎学也有巨大贡献,被誉为"动物学之父"。在亚里士多德之后,欧洲进入封建社会,宗教统治色彩反映到一切学术领域之中。维护神权和唯心主义的思想阻碍了动物学及其他科学的自由探讨和发展,这种现象一直延续至资本主义因素萌芽的欧洲文艺复兴时期。

16世纪以后,许多动物学著作纷纷问世,动物分类学及解剖学的发展尤为迅速。17世纪显微镜的问世,推动了组织学、胚胎学及原生动物学等微观领域的繁荣。18世纪瑞典生物学家林奈创立了动物分类系统及双名法,将动、植物分为纲、目、属、种和变种5个阶元,奠定了现代分类学的基础。林奈提出了生物皆有种的概念。但是,毋庸讳言,他和当时的许多自然科学家一样,持有物种不变的观点,并认为一切物种皆为神所创造。

18世纪末至19世纪初,法国生物学家拉马克(Jean-Baptiste Lamarck,1744—1829年)提出了物种进化的思想,进化论思想在这一时期逐渐传播开来。拉马克认为,动物在生活环境的影响下,可以变化、发展和完善,这与林奈物种不变的观点相反。与拉马克同时期的法国自然科学家居维叶(G. Cuvier,1769—1832年)在比较解剖学及古生物学方面有重要发现。他认为有机体各个部分是相互关联的,确立了器官相关定律(Law of correlation):**生物体是一个统一的整体,各组成部分的结构和功能是相互联系和一致的,某一部分发生变化,其他部分也会发生相应的变化**。运用这一规律,根据所发现的动物有机体的某一块骨头或碎片,能够恢复其整个的骨骼、外貌,甚至还能概括出化石动物生活方式的某些详细情节。因此,居维叶对比较解剖学和古生物学做出了重大贡献。但是,需要明确的是,居维叶是物种不变观点的拥趸者,以"激变论"对抗拉马克的进化论。

19世纪中叶,施莱登(M. Schleiden,1804—1881年)和施旺(T. Schwann,1810—1882年)这两位德国学者提出了细胞学说,指出动植物体的基本结构单位是细胞。1859年,英国学者达尔文(C. R. Darwin,1809—1882年)在《物种起源》(1859年)中,确立了生物进化的学说，用“生存竞争”、“自然选择”的实例，剖析自然界动物的多样性、同一性、变异性等，推动了动物学的前进。达尔文总结了自己的观察和发现，并综合动植物饲养、栽培方面的丰富材料，认为生物没有固定不变的种；种与种之间，至少在当初是没有明确界限的，物种不仅有变化，而且不断地向前发展，由简单到复杂、从低等到高等。《物种起源》对生物学领域的先进思想和研究工作起到了极大的促进作用。马克思和恩格斯都曾高度评价达尔文的著作。马克思认为，达尔文的著作给了自然科学中的目的论一个致命的打击，恩格斯把《物种起源》和细胞学说分别列为19世纪自然科学的三大发现之一。

达尔文虽然从饲养学家那里了解到动植物可以遗传这一事实，但是他却完全不知道遗传的机制。奥地利学者孟德尔（G. Mendel，1822—1884年）用豌豆进行杂交试验，发现后代中各相对性状的出现，遵循着一定的比例，此即孟德尔定律。这一发现和后来观察到的细胞分裂时染色体的行为相吻合，成为摩尔根（T. H. Morgan，1866—1945年）学派基因遗传学的理论基础之一。1953年，沃森（J. D. Watson）和克里克（F. H. C. Crick）提出了DNA的双螺旋结构模型后，有关DNA复制、转录、遗传信息的传递等问题得到了更精确的回答，进而出现了分子生物学这门新兴学科，极大地促进了动物学在分子水平上的研究和发展。动物学与数学、物理、化学等相关学科及动物学科内各分支学科间的相互渗透交叉和不断融合，使得动物学的发展速度加快，并不断开拓新的研究领域。

自20世纪以来，由于学科的相互渗透和研究手段的不断改进，促进了动物学的快速发展。当今的动物（生物）学已由过去的观察、描述阶段，上升到了研究生命活动规律的高度，而进化生物学的新成就又进一步证明，突变产生的新遗传基础在进化中有重要的意义，自然选择和生殖隔离使同一物种的不同种群向不同方向发展。

二、中国动物生物学的发展

中国的动物（生物）学是世界动物（生物）学发展格局之一部分，其发展成果促进了世界动物学的发展，而世界动物（生物）学的新理论、新发现反过来又推动了中国动物（生物）学的进步。中国的动物（生物）学起源较早，历史悠久。早在人类祖先的动物图腾崇拜时期，通过对家畜的驯养而积累了较多的动物（生物）学知识。中国动物（生物）学的发展大致可分为下述几个时期。

（一）开创时期

经古人整理而成的《山海经》（含伏羲、神农、黄帝、尧、夏、商、周等时期）、《尔雅》（周）等奠定了中国的动物（生物）学之基础。《山海经》记录了当时已知的近300种大型动物，并对这些动物的分布、生活习性及利用等做了描述；《山海经》和《黄帝内经》记载了疟疾、瘿疾、蛊疾等数十种疾病及相应的动、植物药，这些成果也构成了中国传统中医药的理论基础。

《尔雅》纂集了300余种动物，分布在《释虫》《释鱼》《释鸟》《释兽》《释畜》等5篇中。这种分类方法比较完整地反映出动物分类阶元思想，有许多内容符合于近代的分类体系。《尔雅》中所给出的一些动物的定义，如“二足而羽谓之禽”“四足而毛谓之兽”等，简明扼要，准确地概括了所定义生物的基本特点。《尔雅》所记载的生物的分类命名，有些使用单名，有些使用复名，如“壶枣、白枣、酸枣、羊枣、大枣、无实枣”“桑蚕、樗蚕、肖蚕”“鼢鼠、鼸鼠(黄鼠)、鼮鼠(旱獭)、鼨鼠(花鼠)”等，这些名称相当于将物种的属名与种名结合起来，蕴含有用“二名法”订立种名的思想。《尔雅》虽然是一部训诂著作，但其中有关生物的分类与描述，基本上体现了自然分类的原则，对后世生物分类学的发展产生了深远的影响。

先民凭借其体力与智力，征服了一些凶猛的动物如熊、虎、豹等，并以这些动物为图腾，形成图腾崇拜。同时，对动物的啼鸣、迁移、昼夜活动、季节活动规律进行观察，结合星象、天文、物候等，制定出原始的历书，如《夏小正》《颛顼历》等，进而制定出年月日的安排，确定庄稼收获、畜禽繁殖的时间。《夏小正》是我国迄今已知最早的记述动物生态的文献，书中提到“五月蜉蝣出现，十二月蚂蚁进窝”。正是基于这些对野生动物生态习性的观察和认识，夏禹制定了针对自然界动、植物资源保护与管理的法令：“禹之禁，春三月，山林不登斧，以成草木之长；夏三月，川泽不入网罟，以成鱼鳖之长”。

在夏商时期，先民即以甲骨文记事。根据对已出土的甲骨的整理，已有马、牛、羊、鸡、犬、豕等文字。

(二)发展时期

在成书于春秋中叶的《诗经》中，所记载的动物达100余种，从“虫、鱼、犭”等文字偏旁部首不难看出，人们当时已具备了一些动物分类的基础知识。

在《周礼》(或称《周官礼》《周官》《周官经》)中，将生物分为相当于现今所谓的动物和植物两大类。将动物分为毛物、羽物、介物、鳞物和羸物等5类，相当于现今所说的兽类、鸟类、甲壳类、鱼类、软体动物和无壳动物，与林奈所划分的哺乳类、鸟类、两栖类、鱼类、昆虫、蠕虫类仅少一类。此外，还有“小虫”“大兽”“百卉”“百谷”“百果”“百蔬”“百药”等基于形态特征和用途的简单分类法。

自秦汉至南北朝，许多农作物种子、马匹优良品种的广泛培育和利用，促进了农业和畜牧业的发展。

晋朝已开始编绘动、植物的图谱，稽含所著的《南方草木状》虽以植物为叙述对象，但其中记述了以蚂蚁控制柑橘害虫的做法，当为世界上以天敌控制害虫之先例。

至北魏时期，贾思勰所著的《齐民要术》内容广博，书中总结了先民的生产经验，包括农业(谷类、油料、纤维、染料等作物)、畜牧业(家禽、家畜)、养蚕、养鱼、农副产品加工等技术和经验。

自隋唐以至明朝，中国的动物(生物)学知识持续积累。唐代陈藏器所著的《本草拾遗》基于侧线鳞数目对鱼类的分类记述，至今仍为鱼类分类学所采用。明朝李时珍在《本草纲目》(计52卷)中，在他本人研究的基础上，总结、修订了前人的论述，描述了1800余种药用动、植物，包括动物400余种，并有附图100余帧。书中描记了动物、植物的名称、性状、习性、产地、功用等，并将动物分为虫、鳞、介、禽、兽等类别。《本草纲目》堪称中国古代动、植物分类知识的集大成者，该书与《农政全书》(徐光启)、《天工开物》(宋应星)等3部著作对动物学、农学、医药学、蚕学、蜜蜂群管理、害虫防治等均给予独到的总结和阐述，体现了中国古代对动物(生物)学的认识水平。

20世纪之初，著名学者严复发表《天演论》(译作)，直书“弱肉强食”“适者生存”之理，对中国学术思想界和普通国人震动极大。自此而始，中国始有现代动物(生物)学的研究。著名学者丁文江（1887—1936年）、秉志（1886—1965年）、薛德焴（1887—1970年）、邹树文（1884—1980年）等分别从英、美、日等国学成回国，并开展动物（生物）学教学与研究。同时，这些学者还编写《动物学》教材，在高等学校开设生物学系、科，培养专门人才；并于20世纪20年代在南京、北京等地相继建立了动物学研究机构、学术团体。正是这些前辈学者的开创性工作，奠定了中国现代动物（生物）学研究的基础。但是，由于经费短缺、人员不足以及战乱频仍等因素的影响，中国的动物（生物）学总体上进展缓慢。1949年之后，随着国内政局的稳定，以分类、区系调查、有害动物控制为主要内容的动物（生物）学研究逐步展开，特别是20世纪80年代之后，基于从分子、细胞、组织、器官到个体、种群、群落与系统等水平的多领域、多层次、多学科的动物（生物）学研究全面步入正轨，创新性成果层出不穷。

由上述观之，20世纪上半叶可视为中国动物（生物）学的重建的基础时期，至20世纪下半叶，动物（生物）学的各分支学科快速发展，部分分支学科如动物分类学、古动物学、进化论、生理学、生物化学、细胞生物学、分子生物学的发展成果尤其突出。

1990年，经中华人民共和国国务院批准，《中华大典》编纂工作正式启动。《中华大典》是新中国建立以来的一项宏大的文化出版工程，是继《艺文类聚》（唐代）、《太平御览》（宋代）、《永乐大典》（明代）和《古今图书集成》（清代）之后的大型类书，并被列为国家级重点古籍整理项目。《中华大典》以国家的名义组织编写，是一部中国古典文化的集成。《中华大典》包括24部类，116部分典。其中，《中华大典·生物学典》由著名植物学家、中国科学院昆明植物研究所名誉所长吴征镒（1916—2013年）院士任主编，分为《动物分典》和《植物分典》，由中国科学院动物研究所和昆明植物研究所分别承担编纂任务。

《中华大典·生物学典·动物分典》由中国科学院动物研究所王祖望任主编，由王祖望、郭郛、黄复生、冯祚建、负莲、刘月英、刘举鹏、吴燕如、张世义、卢汰春、全国强、商秀清、童墉昌等专家组成编纂委员会。编纂委员会历时9年，共收集、查阅了近4000卷（册）古代文献资料，从中考证、厘定了1界16门50纲206目622科1500多种中国古代动物，并按现代动物分类体系进行整理。《动物分典》全书逾900万字，于2016年10月由云南教育出版社正式出版。

《动物分典》对我国古代的动物资源做了一次全面的梳理，为当代动物（生物）学研究提供了经科学分类系统整理、较为完整的典籍文献资料汇编和总结，有助于动物（生物）学工作者参考、查阅、利用，并使我国的优秀传统文化得以继承和弘扬。

进入21世纪后，中国学者在动物分类学、谱系地理学、保护生物学、动物生态学、发育生物学、动物疫病生态学、古动物学、进化生物学等领域取得了令人瞩目的研究成果，在某些方面已达到国际领先水平。中国的动物（生物）学研究水平与实力在国际学术界的影响力也愈来愈显著。值得一提的是，经过中国学者张知彬等科学家的积极倡导和不懈努力，**国际动物学会**（International Society of Zoological Sciences，ISZS）于2004年8月正式成立，并于2006年正式创办了学会的官方刊物Integrative Zoology（整合动物学，SCI源期刊）。国际动物学会是第一个总部设立于中国的学科级国际学术团体，已成为全球动物（生物）学研究者合作、交流、沟通、共享的重要平台。

三、动物生物学的发展态势

现代动物生物学是拥有现代科学技术特征的完整科学体系，从早期的形态学、分类学逐渐发展为具有众多分支学科，集基础理论研究与实践应用为一体的综合性科学。现代动物生物学的发展趋势是系统和整合。由于新理论、新技术的不断发展推动着动物学领域宏观和微观研究的相互渗透，对动物生命现象本质的揭示将更加深入、系统和全面。一方面，随着分子生物学、基因组学、蛋白质组学、代谢组学、生物信息学、行为学、神经生物学乃至化学、物理学等学科理论与技术的发展，动物生物学研究得益于在模式动物中得出前瞻性理论与假设，通过种间和种内比较，阐明动物某些器官、组织的功能和进化，深入揭示动物表形变化的微观机制。另一方面，随着全球生态学、数学与计算机科学、信息科学等基础学科理论和技术的发展，促进了从区域和全球尺度认识动物多样性及其影响因素，进而分析动物生命过程适应与进化的大格局。学科的交叉与整合突破了传统动物学基础理论，催生了新的边缘学科、交叉学科和综合学科，从深度与广度上推动了动物生物学的发展。同时，动物生物学与应用学科紧密结合，利用动物生物学的新理论和新技术，探索解决实际问题的新途径和新方法。例如，把动物生物学与农业科学紧密结合，提高农业生产效率。此外，动物生物学的发展将促进人类社会的可持续发展、生物多样性保护等。由此可见，现代整合动物学的发展显著地提高了动物生物学在社会、经济、生态、环境和文化等方面的地位和影响力，为经济和社会的发展提供了科学理论与技术支撑。

复习与思考题

1. 了解动物生物学发展的历史。
2. 谈谈你对动物和动物生物学研究意义的认识。
3. 查阅文献，了解动物生物学的研究动态与最新成果。
4. 查阅文献，了解动物生物学的发展趋势。

第二章　动物的结构

万物有形皆有著。

自然界的任何一种动物均表现出特有的形态和结构。形态是表象，结构为骨架。

第一节　基本结构单元——细胞

人类对动物身体结构的认识经历了一个不断深化、逐渐明晰的过程。细胞是构成动物身体的基本单元。

一、细胞学说

细胞学说(Cell Theory)是关于生物有机体结构的学说，由德国植物学家施莱登(M. J. Schleiden)和动物学家施旺(T. Schwann)于1838—1839年提出，直到1858年才趋于完善。细胞学说阐明了生物界在细胞水平上结构的统一性，以及在进化上的同源性。细胞学说的建立极大地推动了生物学的发展，并为辩证唯物论提供了重要的自然科学依据。恩格斯曾把细胞学说与能量守恒和转换定律、达尔文的自然选择学说并誉为19世纪最重大的自然科学发现。

1. 细胞学说的建立

从1665年英国物理学家罗伯特·胡克(R. Hooke)发现细胞，到1839年细胞学说的建立，经过了170多年的时间。在此期间，学者们对动、植物的细胞及其内容物进行了广泛的研究，积累了大量资料。沃尔夫(C. F. Wolff)在《发生论》(1759年)中已清楚地描述了组成动、植物胚胎的“小球”和“小泡”，但尚不了解其意义和起源的方式。1805年，德国生物学家奥肯(L. Oken)也提出过类似的概念。英国植物学家布朗(R. Brown)于1833年在植物细胞内发现了细胞核；随后，在动物细胞内发现了核仁。

到19世纪30年代时，已有学者注意到植物和动物在结构上存在某种一致性，即它们均由细胞构成；而且，学者们对单细胞生物的构造和生活也有了相当多的认识。在此基础上，施莱登在1838年提出了细胞学说的主要论点。翌年，施旺提出“所有动物也是由细胞组成的”，对施莱登提出的“所有的植物都是由细胞组成的”的观点进行了补充。这些理论就是细胞学说的基础。20年后，另一位德国学者魏尔肖(R. Virchow)提出了另一个重要的论断：所有的细胞都必定来自已存在的活细胞。至此，以上三位学者的研究结果，加上许多其他研究者的发现，共同形成了比较完备的细胞学说。

2. 细胞学说的主要内容

经过众多学者的不断梳理、补充和修订，细胞学说的理论框架日臻成形。归纳起来，细胞学说的主要内容包括：

(1)细胞是有机体，一切动植物都是由细胞发育而来，并由细胞和细胞产物所构成。

(2)所有细胞在结构和组成上基本相似。

(3)新细胞是由已存在的细胞分裂而来的。

(4)生物的疾病是因为其细胞功能失常。

(5)细胞是生物体结构和功能的基本单位。

(6)生物体通过细胞的活动来反映其功能。

(7)细胞是一个相对独立的单位,既有它自己的生命,又对与其他细胞共同组成的整体生命起作用。

二、动物细胞

作为生物的主要类群,动物的身体基本结构单元亦为细胞。

(一)动物细胞的形态

组成动物体的细胞称为动物细胞,动物细胞与植物细胞在结构上大体相同,均具有细胞核、细胞质和细胞膜(图 2-1)。但是,二者也有明显的不同之处:在植物细胞的细胞膜之外,有一层厚而坚硬的细胞壁,而动物细胞则无细胞壁;植物细胞中有扁球状的叶绿体,而动物细胞里则没有这种结构;植物细胞中有囊状的液泡,而动物细胞中的液泡则不甚明显。动物细胞的形态多样(图 2-2)。

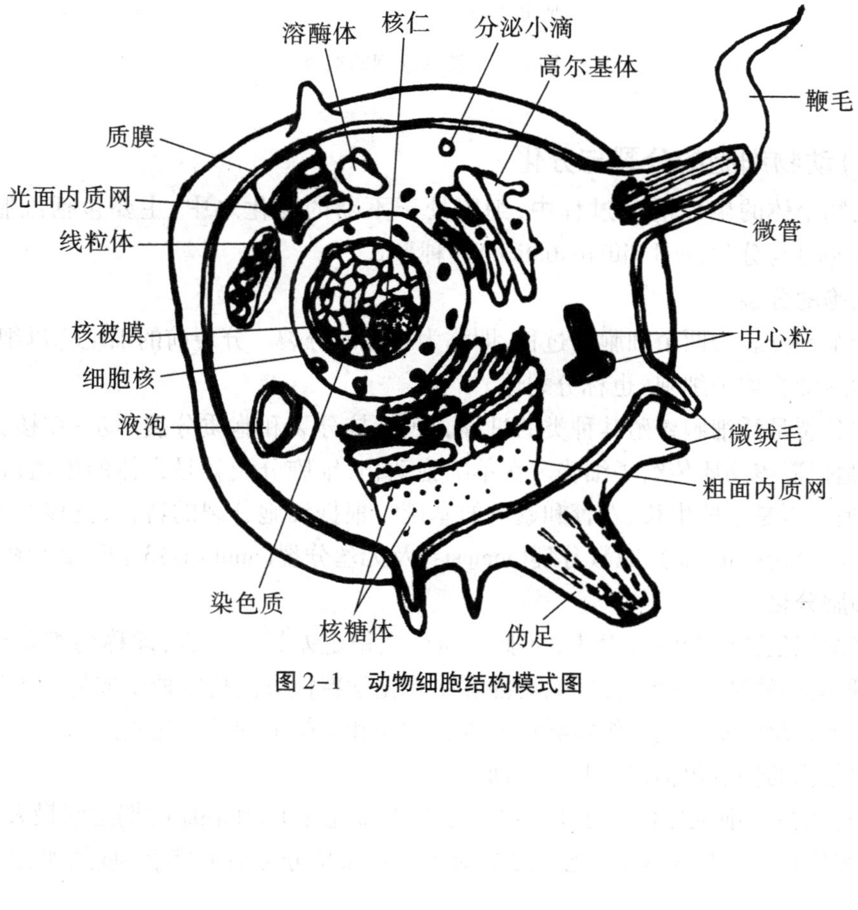

图 2-1　动物细胞结构模式图

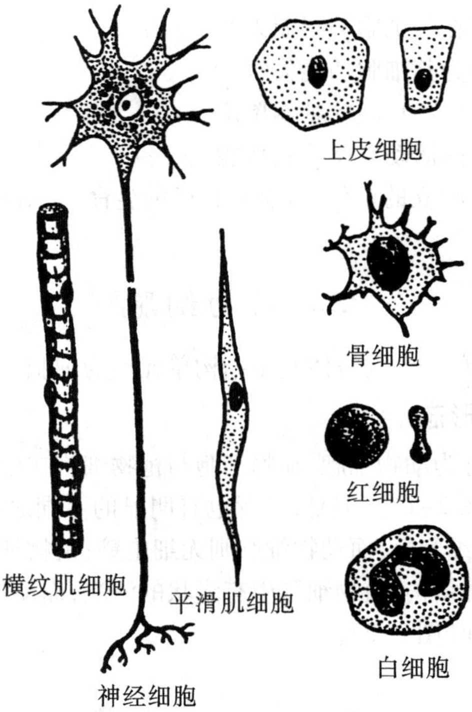

图 2-2 动物细胞的类型

(二)动物细胞的分裂与分化

在动物个体的生命活动过程中,细胞处于不断的变化之中,主要包括细胞的分裂(cell division)与分化(cell differentiation)两种形式。

1. 细胞的分裂

一个细胞分裂为两个细胞的过程,即称为细胞的分裂。分裂前的细胞称母细胞,分裂后形成的新细胞称子细胞(也称分裂球)。

细胞分裂是活细胞繁殖其种类的过程。包括核分裂和胞质分裂两步;在核分裂过程中,母细胞把遗传物质传给子细胞。在单细胞动物,细胞分裂就是个体的繁殖;在多细胞动物,细胞分裂是个体生长、发育和繁殖的基础。根据细胞分裂的特征,真核细胞的分裂可分为有丝分裂(mitosis)、减数分裂(meiosis)及无丝分裂(amitosis)3 种形式(图 2-3)。

2. 细胞分化

在多细胞生物的个体发育中,细胞之间产生稳定差异的过程,即称为细胞分化。或者,指一种类型的细胞在形态结构、功能和生物化学特性方面稳定地变成另一类型细胞的过程。细胞分化的本质是组织特异性基因在时间和空间上的差异化表达。

细胞分化的特点包括以下几个方面:

(1)持久性 细胞分化贯穿于生物体整个生命进程中,在胚胎时期达到最大限度。

(2)稳定性 一般来说,分化了的细胞将一直保持分化后的状态,直至死亡。分化方向的确定早于形态差异的出现。

(3)普遍性　细胞分化是生物界普遍存在的生命现象,是生物个体发育的基础。

(4)不可逆性　细胞只能从全能干细胞最终走向高度分化的体细胞,不能反向进行。随着分化程度的增进,细胞的分裂能力逐渐下降(即全能性逐渐减小)。

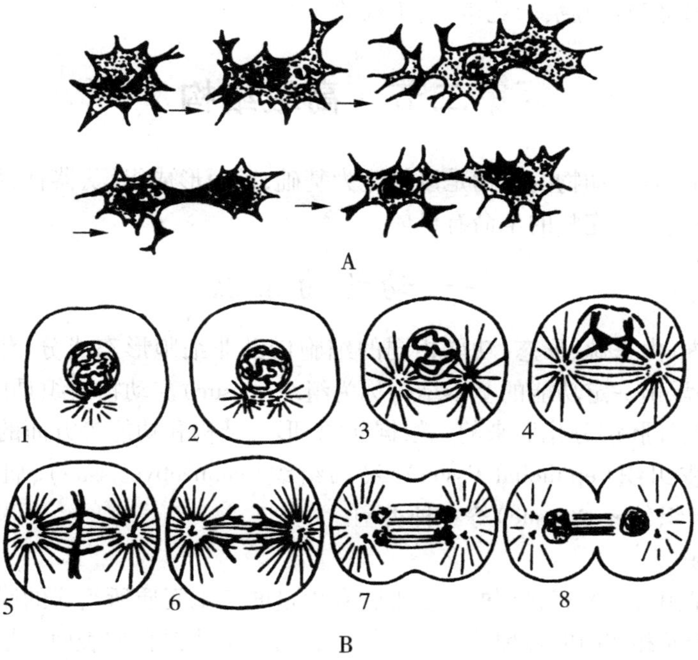

图 2-3　动物细胞的分裂

A. 小鼠腱细胞无丝分裂;B. 有丝分裂图解:1 ~4. 前期;5. 中期;6. 后期;7 ~8. 末期

干细胞(stem cell)是一类具有自我复制能力(self-renewing)的多潜能细胞。在一定条件下,干细胞可分化成多种功能细胞。根据干细胞所处的发育阶段分为胚胎干细胞(embryonic stem cell,ES 细胞)和成体干细胞(omatic stem cell)。根据干细胞的发育潜能分为全能干细胞(totipotent stem cell,TSC)、多能干细胞(pluripotent stem cell,PSC)和单能干细胞(unipotent stem cell,USC)(专能干细胞)等 3 种类型。中国科学院动物研究所周琪研究组创造出一种新型干细胞-异种杂合二倍体胚胎干细胞(Cell,2016)。这是首例人工创建的、以稳定二倍体形式存在的异种杂合胚胎干细胞,其中包含大鼠和小鼠的基因组各 1 套,并且异源基因组能以二倍体形式稳定地存在。异种杂合二倍体干细胞能够分化形成各种类型的杂种体细胞和早期生殖细胞,并展现出兼具两个物种特点的基因表达模式和性状,以及独特的 X 染色体失活方式,从而为从天然存在生殖隔离的物种制备包含稳定二倍体基因组的杂交干细胞提供了新方法。这些具有胚胎干细胞特性的异种二倍体杂合干细胞将为进化生物学、发育生物学和遗传学等研究提供新的模型和工具,进而探讨更多的生物学问题。

复习与思考题

1. 生命的基本特征是什么?
2. 简述细胞和细胞学说。
3. 查阅文献,了解干细胞及其研究进展。
4. 掌握下列名词:细胞,细胞学说,干细胞

第二节 高级结构

就个体水平而言,动物的结构是以细胞为基础,进而形成组织、器官、系统等不同层次的结构,最终构成一个完整的生命有机体。

一、动物的组织

在动物体内,由来源、形态、功能相同的细胞借助非细胞形态成分(细胞间质),按一定方式连接,并承担一定功能的基本结构称为组织(tissue)。动物组织是由胚胎期原始的内胚层、中胚层、外胚层分化而来的。根据起源、形态结构和功能等方面的共同特性,动物组织可分为上皮组织(epithelial tissue)、结缔组织(connective issue)、肌肉组织(muscle tissue)和神经组织(nerve tissue)等4种类型。

1. 上皮组织

上皮组织是由许多紧密排列的上皮细胞和少量的细胞间质所组成的膜状结构,通常被覆于动物身体表面和体内的各种管、腔、囊的内表面及某些器官的表面。根据形态和功能,上皮组织可分为被覆上皮、腺上皮和感觉上皮等3种类型(图2-4)。上皮组织由密集的细胞和少量的细胞间质组成,呈膜片状,具有保护、分泌、排泄和吸收等功能。上皮组织由内胚层、中胚层和外胚层分化而来。

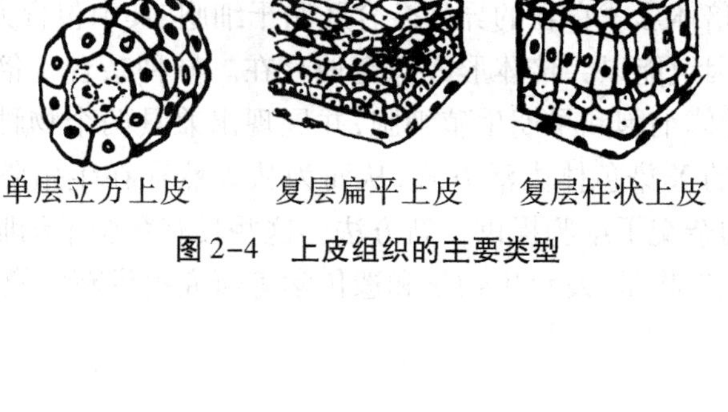

图2-4 上皮组织的主要类型

2. **结缔组织**

结缔组织是由细胞和大量的细胞间质构成的一类组织。细胞间质包括基质和纤维。基质呈均质状，包括液体、胶体或固体等形态。纤维为细丝状，包埋于基质中（图 2–5）。由中胚层产生的结缔组织是动物组织中分布最广、类型最多的一类，包括疏松结缔组织、致密结缔组织、网状结缔组织、软骨组织、骨组织、脂肪组织、血液等。结缔组织含有多种类型的细胞，分散在大量细胞间质中。结缔组织具有连接、支持、防御、修复和运输等功能。结缔组织由中胚层分化形成。

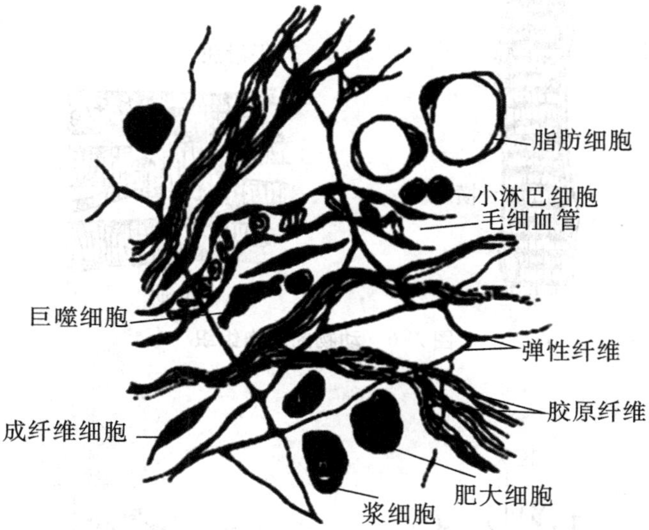

图 2–5　动物的结缔组织

3. **肌肉组织**

肌肉组织是由具有收缩能力的肌肉细胞构成的一类组织。肌肉细胞的形状细长如纤维，故肌细胞又称肌纤维。肌纤维的主要功能是收缩，使肌肉产生运动；收缩作用是通过其胞质中纵向排列的肌原纤维实现的。肌细胞的细胞膜称肌膜，胞质称肌浆。根据肌细胞的形态结构和功能不同，可将肌肉组织分为骨骼肌（横纹肌）、平滑肌和心肌等 3 种类型（图 2–6）。骨骼肌（横纹肌）多附着于骨骼之上，一般受意识控制，也称为随意肌，可使机体运动。心肌为构成心脏的肌肉组织，心肌能自动而有节律地收缩，不受意识支配，故为不随意肌。平滑肌广泛存在于脊椎动物的各种内脏器官。平滑肌收缩不受意识支配，亦为不随意肌，可使内脏器官蠕动。肌肉组织由中胚层分化形成。

4. **神经组织**

神经组织是由神经细胞和神经胶质细胞构成的一类组织。神经细胞是神经系统的结构和功能单位，具有感受机体内、外刺激和传导冲动的功能。神经细胞由胞体和突起构成。神经细胞的胞体位于中枢神经系统的灰质或神经节内，细胞膜有接受刺激和传导神经兴奋的功能。根据其形态和功能，神经细胞突起可分为树突和轴突（图 2–7）。树突为一个或多个，自胞体发出后呈树枝状分支，可接受感受器或其他神经元传来的冲动，并传递给细胞体。轴突只有一个，其起始部呈圆锥状，向后逐渐变细、变长，末梢形成的分支呈树根状，其功能是将细胞体产生的冲动传至器官或组织内。神经胶质细胞是一些多突起的细胞。突起不分轴突和树突，胞体内无尼氏体。胶质细胞位于神经细胞之间，无传导冲动的功能，其主要作用是支持、保护、营养和修补神经细胞。神经组织由外胚层分化形成。

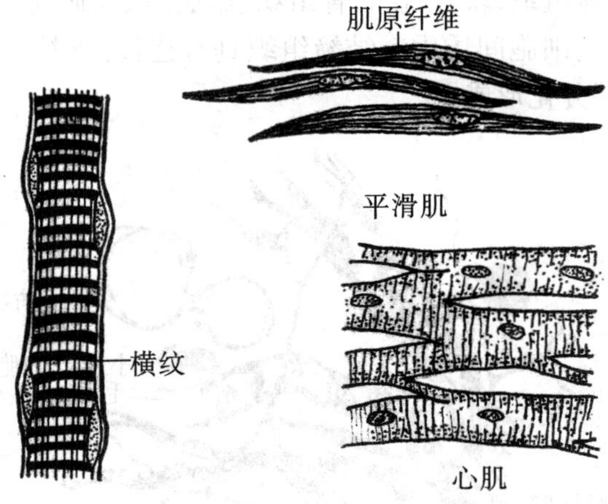

图 2-6 动物的肌肉组织

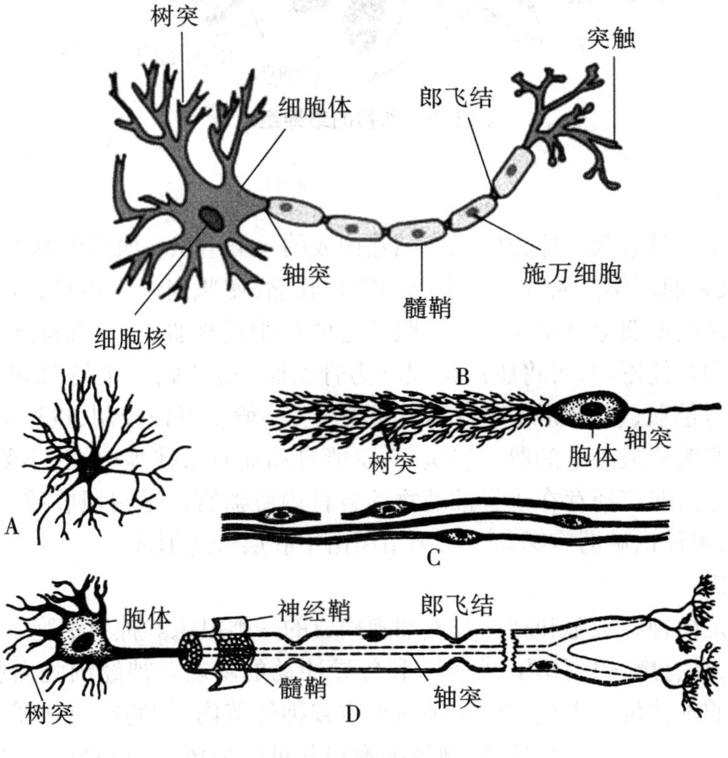

图 2-7 动物的神经组织

二、动物的器官与系统

在动物体内，由几种组织相互联系并组合，形成具有一定形态、共同执行特定功能的结构和功能单位称为器官（organ）。器官是动物身体中比组织高一级的结构层次。动物的器官复杂而多样，动物生命活动的重要器官包括眼、耳、胃、心脏、肝、肺等。很多不同的器官具有相似或相近的功能，如眼、耳司感觉，肝、胰司消化，等等。

当机能相关的器官联合起来，共同完成特定的生命过程时，由这些器官所共同构成的动物身体的更高级结构即称为系统（system）。动物体内的重要系统包括骨骼系统、消化系统、神经系统、呼吸系统、循环系统、生殖系统、排泄系统、内分泌系统等。

动物体由许多不同的细胞、组织、器官和系统组成。但是，一个完整的动物体并非细胞、组织、器官和系统的简单累加和机械组合，而是在神经系统和内分泌系统的控制与协调下，相互联系、密切配合，共同完成各种生命活动，并成为独立、统一的整体-动物有机体。

三、动物身体的对称方式

动物身体的对称方式也称为动物的体制，在一定程度上反映出动物的进化历程及对生活环境的适应性，主要包括如下类型（图 2-8）。

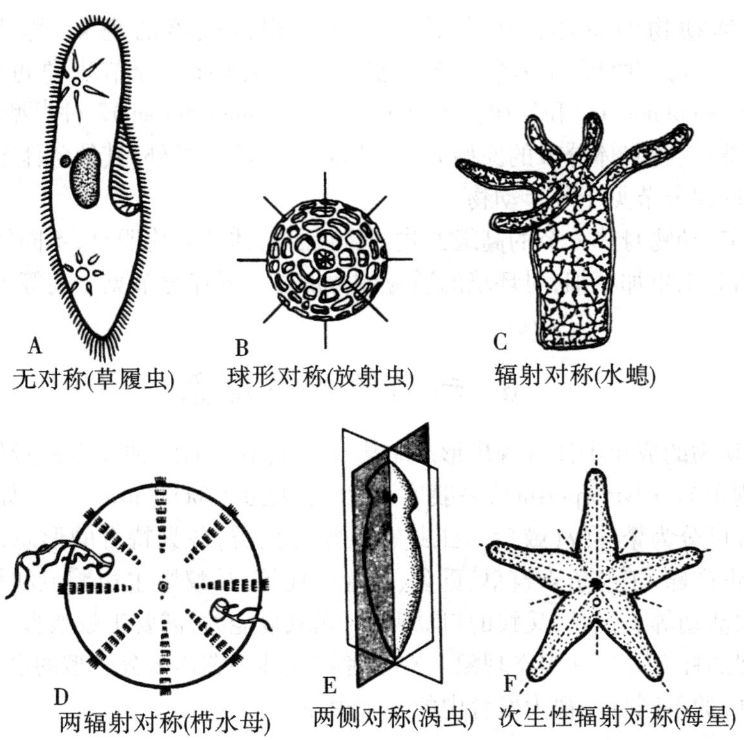

图 2-8　动物身体对称的类型

(1)无对称　一些原生动物(如变形虫、草履虫)和某些多细胞动物(如海绵动物),没有固定的身体结构型式,故其身体呈现出无对称的体型。

(2)球形对称　通过机体中心的任何平面,都可把动物体分成相等的两部分。这种体制多见于一些原生动物,如太阳虫等。这类动物适应于漂浮或滚动式生活,因为悬浮于水中,故其周围环境无上下、左右之分。

(3)辐射对称　通过身体纵轴(中央轴),有多个切面可把动物体分成相等的两部分。见于大多数腔肠动物。这类动物适应于水中固着和漂浮生活,其生活环境只有上、下之分,而没有前后、左右之别。

(4)两辐射对称　通过身体纵轴,只有两个切面能把身体分为相等的两部分。如腔肠动物中的海葵和栉水母。这类动物多营固着或缓慢移动的生活。

(5)两侧对称　通过身体纵轴,只有一个切面能把身体分为相等的两部分。在动物界,从扁形动物开始出现这种对称方式。两侧对称是动物由水生进化到陆生的基本条件之一。

(6)次生辐射对称　棘皮动物的成体为辐射对称,幼体则为两侧对称。一般认为,这是动物体从活跃的生活方式逐渐转变为活动较少或固着生活方式的适应性结果。这种体制由两侧对称演变而来,因而属于一种退行性演化。

四、分节现象

两侧对称动物的身体由前向后分成许多相似段落的现象,称为分节(现象)(metamerism)。每一段即为一个体节。根据分节的特征,分节现象可分为同律分节(homonomous metamerism)和异律分节(heteronomous metamerism)2 种类型。

同律分节:动物身体分节的原始方式,其特征是,除头部外,其他各体节的形态和结构基本相同。同律分节见于环节动物。

异律分节:动物身体分节的高级方式,其特征是,体节分化明显,不同体节司不同的功能,各部分的分工更加精细,对环境的适应能力加强。异律分节见于高等无脊椎动物和脊索动物。

五、动物的多态现象

同一种动物的成年个体表现出形态结构和功能不同的两种或多种身体形态的现象,称为多态(现象)(polymorphism),一般见于社会性昆虫(social insects)。如在蚁类的社群中,个体一般可分为繁殖蚁(蚁后)、工蚁和兵蚁三大类,各具特有的形态,并司不同的功能。蚁后负责产卵,工蚁负责筑巢、觅食、抚育后代等,兵蚁则主司警卫和战斗,并保护蚁巢、保卫工蚁活动等。但是,兵蚁的口器退化,无取食能力,需要工蚁喂食。在蜂类的社群中,也有类似的社会分工和多态现象。有学者将这种多态称为分职型的多态现象;而把昆虫变态过程中的不同阶段视为发育中的多态现象。

复习与思考题

1. 理解并掌握动物四大类组织的基本结构特点及功能。

2. 动物的体制有哪些类型?

3. 查阅文献,了解什么是社会性动物。

4. 掌握下列名词:组织,器官,系统,球形对称,辐射对称,两侧对称,分节(现象),多态现象

第三章　动物的繁殖与早期发育

在自然界，任何一种生物都具有增加个体数量、拓展分布区的天然禀赋。繁殖是动物生活史中的重要活动。

第一节　动物的繁殖

繁殖是动物新生命诞生的起点。动物的种类多样，各自通过不同的方式繁衍后代、延续种群。

一、繁殖与生殖之别

繁殖是指动物产生新个体的过程，而生殖是指动物产生后代的过程，二者的内涵高度相同，在多数情况下可以通用，但又有细微的差异。一般来说，生殖都是由相应的生殖器官产生生殖细胞，再经过生殖细胞相互融合的方式产生新的后代个体。例如，人的生殖方式就是精子和卵细胞结合形成受精卵，再由受精卵发育成一个新的个体。繁殖所指的范围较为广泛，除雌雄生殖细胞相结合的生殖方式外，还包括一些特殊的产生新个体的方式。例如，某些没有生殖器官的单细胞生物，仅通过细胞的分裂即可产生下一代。此外，生殖一般指有性生殖，由配子结合生成合子；而繁殖包括有性、无性等各种产生后代的方式。本书采用繁殖这一表述。

二、繁殖的意义

繁殖是动物产生后代的生理过程，即动物产生新个体的过程。繁殖也是动物的一种天然禀赋，任何一种动物，其物种的延续、种群数量的增加，均需通过繁殖过程方得以实现。因此，繁殖对所有动物都具有极其重要的意义。

三、繁殖方式

动物的繁殖可分为无性繁殖和有性繁殖两种基本方式。总体来看，以有性繁殖的方式为主。

1. 无性繁殖

动物的无性繁殖包括多种形式，分别予以简要介绍。

(1)分裂　分裂繁殖方式常见于单细胞动物，如变形虫、草履虫和绿眼虫等。例如，变形虫生长到一定时期后，在适宜的环境中，其身体变为球形，伸缩泡逐渐消失，细胞核一分为二，细胞中央向内收缩、断裂，即可分为两个大小相仿的小变形虫。

(2)出芽　出芽繁殖方式常见于水螅、淡水海绵等结构简单的低等动物。例如，水螅在春季水温适宜、营养良好的环境中，体表会长出芽体，芽体逐渐长大，顶端长出口和触手。然后,基部逐渐与母体脱离,形成一个新的小水螅。

(3)芽球　在某些动物体壁的中胶层中,一些储存有丰富营养的原细胞聚集成堆,外包以几丁质膜和一层双盘状或短柱状的小骨针,形成球形的芽球。当成体死亡后,无数的芽球可以生存下来,度过严冬或干旱。当环境条件适合时,芽球内的细胞从芽球上的一个开口出来,发育成新个体。这种方式可见于海绵动物。

(4)孢子繁殖　指由动物的母体产生没有性别分化的孢子直接发育成新个体的繁殖方式。孢子繁殖可见于原生动物。

(5)再生　指由动物机体的一部分发育成一个新的完整个体的过程。从广义上说,再生是机体部分结构在损坏、脱落或被截除之后的自我修复、替代并重新生成的过程。有些动物的再生能力较强。例如,把一条蚯蚓切成两段,在适宜的环境条件下,每段都会重新长成一条蚯蚓。不过,蚯蚓身体前段的再生能力比后段强。把海盘车(海星)分成数块,放回海水中,每一块随后都能长成一个新的个体。

2. 有性繁殖

通过雌、雄两性生殖细胞的结合而产生新个体的繁殖方式,称为有性繁殖。这是动物界最为普遍的繁殖方式。有性繁殖包括配子繁殖、单性繁殖、接合繁殖、幼体繁殖等形式。

(1)配子繁殖　或称卵式繁殖,其特点在于通过精子和卵细胞的相互结合、形成受精卵,完成受精作用。

1)受精　依据受精作用完成的位置,受精可分为体外受精和体内受精两种形式。

体外受精:在繁殖期间,动物的雌、雄生殖细胞(卵细胞和精子)在体外完成受精作用,故称体外受精,见于鱼类、两栖类和部分无脊椎动物类群。

体内受精:雌性动物的卵细胞成熟后不排出体外,通过雌雄个体的交配,雄性的精子进入雌性体内,与卵细胞结合,进而完成受精作用,故称为体内受精。见于哺乳动物、鸟类、爬行动物、部分无脊椎动物。

2)受精卵的发育　根据发育的场所不同,受精卵的发育可分为体外发育和体内发育两种类型。

体外发育:指受精卵不受母体照料、在母体之外完成发育历程的发育方式,包括体外受精-体外发育和体内受精-体外发育两种类型。前者如鱼类、两栖类等动物。例如,在进入繁殖季节后,雌鱼的卵细胞和雄鱼的精子发育成熟,雌鱼和雄鱼随后群集游至合适的场所,互相追逐。当雌鱼产出卵细胞时,雄鱼随即排出精子。精子在水里游动,一旦遇到卵细胞即与之结合,完成受精作用,形成受精卵。后者如鸡、鸽、蛇、龟和昆虫等动物。这些动物的成熟卵细胞在母体内受精以后,经短暂的发育,从母体产出,然后在适宜的环境中继续发育,孵出幼体。

体内发育:许多动物在繁殖时,受精作用完成之后,受精卵并不产出母体之外,或产出后由母体重新纳入体内,并在体内完成早期发育,至幼体阶段后产出。根据胚胎发育过程中营养物质和能量的来源不同,可分为卵胎生(ovoviviparity)和胎生(viviparity)两种形式。卵胎生动物的胚胎发育所需营养物质和能量来自卵本身的卵黄,胚胎与母体不发生营养联系,见于一些毒蛇;胎生动物的胚胎发育所需营养物质和能量则来自母体,见于绝大多数哺乳动物。

(2)单性繁殖　有些动物具有特殊的繁殖方式,卵细胞不经过受精作用,即可发育成子代,这种繁殖方式称为单性繁殖或孤雌生殖。例如,蜜蜂中的雄蜂,就是由蜂王产下的未受精的卵细胞发育而成的;蚜虫在夏季也往往以单性繁殖的方式进行繁殖。

(3)接合繁殖　某些原生动物进行有性繁殖时,两个细胞互相靠拢,形成接合部位,并发生细胞壁融合,进而生成接合子,由接合子发育成新个体,这种繁殖方式称为接合繁殖。

(4)幼体繁殖　某些昆虫的母体尚未达到成虫阶段时,卵巢即发育成熟,并能进行繁殖,也称童体生殖(paedogenesis);一些寄生性吸虫的幼虫体内的部分生殖细胞不经受精,即可独立生长成为新的幼虫。幼体繁殖常与孤雌繁殖相关。

复习与思考题

1. 动物的繁殖方式有哪些?

2. 查阅文献,了解动物繁殖生物学的进展。

3. 查阅文献,谈谈你对动物繁殖与生殖概念的理解。

4. 掌握下列重要名词:有性繁殖,无性繁殖,体外受精,体内受精,接合繁殖,幼体繁殖,芽球

第二节　动物的早期发育

研究动物体从精子和卵细胞发生、受精、发育、生长到衰老、死亡规律的科学即称为发育生物学(Developmental Biology)。发育生物学是生物科学重要的基础分支学科之一,其研究内容与许多学科内容相互渗透、相互联系,特别是与遗传学、细胞生物学、分子生物学的关系最为紧密。发育生物学应用现代科学技术和方法,从分子水平、亚显微水平和细胞水平等层次来研究、分析生物体的发育过程及其机制。

动物的发育是指动物有机体以遗传信息为基础所进行的自我构建、自我组织过程,也是基因按照特定时空尺度选择性表达,并逐步转化为特定表型的过程。在发育过程中,动物体内每个细胞中众多基因的结构、功能和表达上的差异最终在个体水平上得以体现。

从发育的历程来看,(多细胞)动物的发育过程可分为胚前发育、胚胎发育和胚后发育等3个阶段。胚前发育系指行有性繁殖动物的雌、雄生殖细胞形成、发生及受精卵形成之前的阶段,是发育生物学研究的主要内容,并非动物生物学之重点。此处仅择要介绍胚胎发育过程和胚后发育的特征。

一、胚胎发育

动物的胚胎发育一般指从受精作用到器官原基建成的过程。胚胎发育始于受精卵的形成,但(多细胞)动物的胚胎发育比较复杂,不同类群动物胚胎发育的历程、特征等不尽相同。尽管如此,各类动物胚胎发育早期的几个主要阶段却极为相似,包括受精、卵裂、囊胚期、原肠胚期、神经胚期等。

(一)受精与受精卵

动物通过配子发生形成了两种类型的单倍体细胞,即精子和卵细胞。精子与卵细胞经受精作用(fertilization),重新形成一个二倍体的细胞,即受精卵。受精方式包括体内受精和体外受精两种类型,但二者具有基本相同的过程:精、卵间的接触、精子对卵被的穿透、精子与卵细胞质膜的融合、卵的激活等。

1. 精子的形态

自列文虎克(A. Leeuwenhoek,1632—1723)于 1677 年观察到人和一些高等动物的精子以来,人类已研究了 1 000 多种动物的精子,结果表明大部分动物的精子都呈蝌蚪状(图 3-1)。自 20 世纪 50 年代至今,对精子的生物学特性已有了较为充分的了解。雄性动物生殖细胞的形状与一般细胞差异明显。精子的形态可分为典型和非典型两类。典型者一般为蝌蚪状,头部近圆柱形(各种动物不尽相同),尾部细长如鞭毛。非典型者则形态多样,但均缺乏鞭毛。以哺乳动物为例,精子的结构可分为头、颈和尾 3 部分。

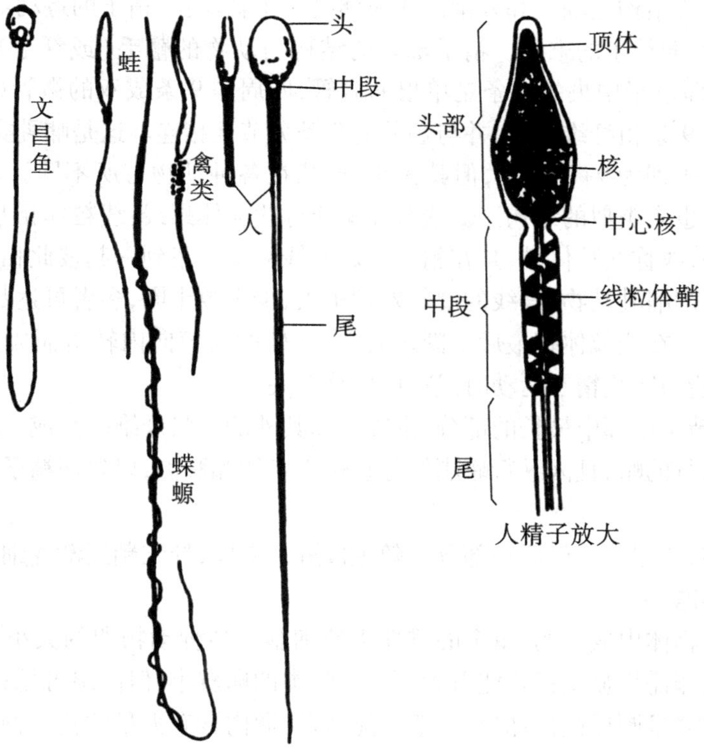

图 3-1　脊索动物的精子

(1)头部　主要由细胞核和顶体组成,其形状由核和顶体的形状决定,一般为圆球形、长柱形、螺旋形、梨形和斧形等。成熟精子的细胞核含有高度致密的染色质,在光学显微镜和电子显微镜下均难以区分其结构。核的前端有顶体,是由双层膜组成的帽状结构覆盖在核的前 2/3 部分而形成。靠近质膜的一层称为顶体外膜,靠近核的一层称为顶体内膜。顶体内有水解酶性质的颗粒，其功能与精子通过卵外的各种卵膜有关。在顶体和核之间的空腔称为顶体下腔，内含肌动蛋白。有些无脊椎动物的精子受精时产生**顶体反应**(acrosomal reaction)：肌动蛋白聚合形成顶体突起或顶体丝，可使精子附着于卵的质膜，进而使精、卵融合，完成受精作用。核膜虽为双层膜结构，但两层的间距很小，且仅在核后端与颈部相连的转折处有核膜孔。

(2)颈部　最短。位于头部之后，呈圆柱状或漏斗状，又称连接段。颈部前接核的后端，后接尾部。在前端有基板，由致密物质组成，恰位于核后端的凹陷(植入窝)之中。基板之后有一稍厚的头板，两者之间有透明区，其中的细纤维通过基板接连于核后端的核膜。在头板之后为近端中心粒。中心粒稍有倾斜，但与其后的远端中心粒所形成的轴丝几乎垂直。围着这些结构为9条由纵形纤维组成的分节柱，线粒体分布在分节柱的外围。这9条分节柱与其后的9条粗纤维的头端紧密相连。

(3)尾部　可分为中段、主段和末段3部分。主要结构为贯穿于中央的轴丝。

中段：从远端中心粒到环之间的尾部称为中段，其长度在哺乳动物差异颇大，但结构大体相似。主要结构是轴丝和外围的线粒体鞘。①轴丝：为精子的运动器官，由远端中心粒形成，一直伸向精子的末段。精子轴丝的结构与动物的鞭毛(或纤毛)相似，基本组成均为9+2型，即位于中央的两条是单根的微管，四周是9条成双的微管(二联体)。轴丝外的纤维鞘由9条粗纤维组成，并与颈部的9条分节柱相连。这是哺乳类精子特有的，因此把哺乳类精子列为9+9+2型，但其大小、形状在各种动物有所不同。鸟类和某些无脊椎动物的精子也有类似的结构。②线粒体鞘或称线粒体螺线：线粒体相互连接，螺旋状包在粗纤维之外，故称线粒体鞘，是在精子形成时线粒体汇集到一起彼此相互合并而成的连续结构。在不同哺乳动物，螺线的圈数差别很大，少则数十圈，多者可达数百圈。③环：位于中段的后端。在线粒体鞘最后一圈之后，是该处的质膜向内转折而成。环为哺乳类精子所特有，可能与防止精子运动时线粒体后移有关。

主段：为精子尾部中最长的部分，由轴丝和其外的筒状纤维鞘组成。纤维鞘中有2条纤维突起成纵行的嵴，且因纵行嵴刚好分别位于背侧和腹侧，以致使精子尾部的截面呈卵圆形。

末段：为精子尾部的最后一部分。随主段进入末段，纤维鞘逐渐变细而消失。

2. 卵的形态

卵系指动物体内成熟的、单个的雌性生殖细胞。各种动物卵的大小相差很大，蚯蚓、寄生性昆虫的卵需用显微镜才能看到；鱼类、蛙类的卵较小，但肉眼可见；鸟类的卵相对较大。动物的卵多呈圆球或椭球形，一般不能活动，卵内含有大量的营养物质。卵的外面有外被(coat)，其成分主要是由卵细胞或其他细胞分泌的糖蛋白。在哺乳动物，这种外被称为透明带(zonapellucida)，其作用是保护卵。许多卵的透明带下面(皮质部，cortex)还有一层分泌性的囊泡，称为皮层颗粒(corticalgranules)。在受精时，囊泡以外排的方式释放皮层颗粒，引起透明带结构变化，形成受精膜，阻止其他精子进入。

由于卵内所含细胞质、细胞器、核糖体、卵黄、色素粒及糖原颗粒等物质的不均匀分布，动物的卵表现出一定的极性，可分为动物极和植物极。营养物质(卵黄)较少、卵裂速度较快的一极称为动物极(animal pole)；与动物极相对、含较多的卵黄颗粒或卵黄小板、卵裂速度较慢的一极称为植物极(vegetal pole)。由于卵黄较其他细胞的比重大,故植物极总是向下。从动物极到植物极的中轴线称为卵轴,卵内各种物质往往沿卵轴形成梯度分布。细胞核一般位于动物极。

卵黄(yolk)是动物卵内所储存的营养物质,可为卵生和卵胎生动物胚胎发育提供所需的营养物质。依据卵内卵黄含量和分布特征,可将卵分为少黄卵和多黄卵。少黄卵又分为均黄卵(如海胆、文昌鱼、家兔)和端黄卵(如鱼类和鸟类)。多黄卵可再分为中黄卵(如水生两栖类)和偏黄卵(如无尾两栖类)。爬行动物、鸟类卵的内部为储存营养物质、呈黄色的球形体,外部围有蛋白和卵壳,起保护作用。

卵和精子受精(结合)成功后,即成为受精卵(fertilized egg)。

(二)卵裂期

受精作用一经完成,受精卵即开始分裂,简称卵裂,进入新的发育时期,即卵裂期。

1. 卵裂的特点

受精卵经过多次、连续、迅速的细胞分裂(有丝分裂),形成许多小细胞的发育过程,即称卵裂。卵裂所产生的各代子细胞,称为分裂球(blastomeres)。

与体细胞的有丝分裂相比,受精卵的卵裂过程中的有丝分裂具有如下特点:①伴随着一定程度的卵内物质的重新分配;②由于第一个特点而产生的核质比例越来越大;③细胞间期较短,分裂快,迅速形成囊胚。在卵裂过程中,G1 期非常短,甚至没有;每次卵裂时,核物质重新合成、增长,细胞质没有增长,但其理化性质发生变化,因而卵裂球几乎不生长即迅速地进行下次分裂,使卵裂球的体积越来越小,而细胞核的体积不变。因而核、质比逐渐增大。如海胆的受精卵核、质的比为 1 ∶ 550,到囊胚期分裂球的核、质比例为 1 ∶ 6。一旦核质比例达到平衡(与该种动物的体细胞的核质比相同),细胞分裂速度开始减慢。卵裂后所形成的大量小细胞,有利于以后形态发生中细胞的重排、胚层和器官原基的形成和胚体体形的塑造。不同动物卵裂的速度差异显著,如海胆的卵于受精后数小时即形成数千个细胞,蛙类的受精卵在 1 d 内即可形成数千个细胞。哺乳类的卵裂在脊椎动物中最慢,第 1 d 尚未完成第 1 次卵裂,随后的每次卵裂也需 10 ~ 12 h。动物卵裂的模式与卵内所含卵黄的数量和分布有密切关系,卵黄可阻滞卵裂的速度,甚至阻止卵裂面将细胞完全分开。

2. 卵裂的方式

动物卵质中物质的分布对卵裂有重要的影响,不同类型的物质分布,导致卵裂的不同。根据受精卵发生分裂的区域,可将卵裂分为完全卵裂和不完全卵裂两种方式(图 3-2)。

(1)完全卵裂　完全卵裂亦简称全裂,是指分裂面将分裂球完全分割成两半、子细胞完全分开的卵裂方式。在多数动物,不仅卵黄分布均匀,卵裂后所形成的分裂球的大小一般也相差不多,故为全裂;有些卵黄分布不均匀(如两栖类和一些低等鱼类)的卵裂也属全裂,但第 3 次分裂的分裂球大小差异较大,在动物极者体积小,称为小裂球,在植物极者含卵黄多,体积大,称为大裂球。

卵裂面将受精卵完全分开,卵裂球大小相差不多,一般少黄卵(均黄卵)都为全裂。中量端黄卵也进行全裂,但动、植物极卵裂球大小相差较多,如多数两栖类、肺鱼。卵裂常以一定形式有规律地进行，在32细胞前细胞数量可成倍增加，以后则渐趋不规则。

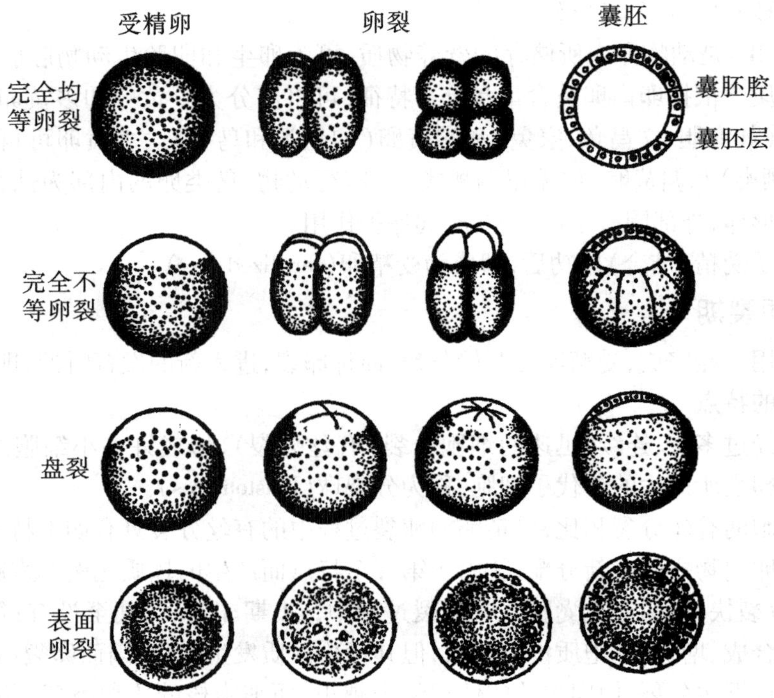

图3-2 动物卵裂的主要方式和囊胚形成

根据分裂球的排列形式，完全卵裂包括如下主要类型：

辐射型卵裂：第3次卵裂以后，上层的分裂球很整齐地排列在下层之上，呈辐射状排列，如棘皮动物、腔肠动物、文昌鱼等。

螺旋型卵裂：第3次卵裂时，纺锤体不是与赤道面垂直而是呈45°倾斜，动物极的分裂球位于两个植物极分裂球之间，以后的卵裂也呈倾斜状态，按顺时针方向倾斜者称右旋型，按逆时针方向倾斜者称左旋型。此外，右旋、左旋往往交替排列，如多毛类环节动物、软体动物中的腹足类和瓣鳃类等。腹足类软体动物一般进行螺旋式卵裂，而某些螺类螺壳的旋扭方向决定于螺旋卵裂的方向。在一种扁螺中，野生型的右旋卵裂为显性(D)，左旋为隐性(d)。但是，纯合的左旋雌体所产生的卵细胞，即使经右旋雄体的精子受精，仍然表现出左旋的特点。这种情况表明，卵裂受遗传因子的支配，在卵细胞形成时即已被母体的基因决定，而精子的基因组对此并无影响。

两侧对称型卵裂：卵裂特征与辐射型相似，主要区别是在第1次卵裂后，已呈现两侧对称，以后多次卵裂均保持这种形式。幼虫和成体的两侧对称面和第1次分裂面相符，如两栖类和尾索动物等。

两轴对称型卵裂：第2次卵裂后，4个分裂球不仅左右对称，前后也对称，以后的卵裂始终保持这种情况，故称两轴对称，如栉水母。

混合型卵裂:最初为螺旋型卵裂,以后则为对称型卵裂,如一些环节动物。

不规则型卵裂:分裂球的排列和卵裂的程序均不规则,如蛔虫、哺乳动物等,自第 2 次卵裂后分裂球就呈不规则的排列。哺乳动物的卵裂至 16 ~ 64 细胞期时,形成多细胞实心球体,为典型的桑葚胚。

(2)不完全卵裂　不完全卵裂也称偏裂,是指大量卵黄集中于卵的一端或卵的中央,使分裂面不能将卵分成两部分,仅卵质部分被分开,含卵黄的部分仍连在一起。不全裂又可分为两种类型:

盘状卵裂:卵裂仅在动物极的胚盘进行,胚盘下的大量卵黄部分不分裂,如软体动物中的头足类以及软骨鱼、硬骨鱼、爬行类和鸟类。

表面卵裂:一些多黄卵的卵黄集中于卵的中央,最初的几次卵裂只是细胞核在卵黄中的原生质岛进行。当细胞核达到一定数目后,进入卵黄周围的卵质中,在表面继续进行分裂,如昆虫。

(三)囊胚期

经过卵裂,受精卵被分割成很多小细胞,这些由小细胞组成的中空、球形体(胚)称为囊胚(图 3-2)。卵裂结束后,囊胚细胞还要经过一系列复杂的运动,导致细胞空间相互关系的改变。不同动物囊胚细胞的运动过程的差异极大,但在脊椎动物有一个共同的特点:在囊胚的表面形成一个开口,称为胚孔(blastopore),细胞通过胚孔移入到囊胚的内层。

囊胚的形成是卵裂的结果,胚胎发育的这一时期称为囊胚期。一般从 64 ~ 128 细胞期起称为囊胚。细胞间出现明显的腔,称囊胚腔。囊胚期的细胞继续分裂,至核质比恢复到正常时,细胞分裂的速度减慢。囊胚细胞形态分化不明显,但晚期囊胚的不同细胞区开始有不同的发育信息,一些细胞开始特化。囊胚的形成与卵子类型及卵裂类型有密切关系。

当受精卵分裂并发育为囊胚时,内层细胞团(inner cell mass)的细胞即称为胚胎干细胞(embryonic stem cell,ES 细胞)。胚胎干细胞具有全能性,故称全能干细胞(totipotent stem cell),可以自我更新并具有分化为体内所有组织的能力。

(四)原肠胚期

囊胚继续发育,由原始的单胚层细胞发展成具有双层或三层胚层结构的胚胎,称为原肠胚(图 3-2,图 3-3)。从扁形动物开始,多细胞动物的胚胎发育过程出现了中胚层,从而引起了身体结构上的复杂分化。中胚层的出现是动物进化史上的一个重大事件。

原肠胚是由囊胚细胞迁移、转变而形成的,由外胚层(ectoderm)、中胚层(mesoderm)、内胚层(endoderm)等 3 个细胞层构成。在囊胚不断向内凹陷的过程中,形成外、中、内 3 个胚层。内胚层中间的空腔即为原肠腔。在原肠胚中所形成的新的细胞关系,激发了细胞与细胞间的相互作用、代谢的变化、细胞的移动,最终构建成动物的组织和器官。除单细胞的原生动物门外,从海绵动物门(最原始、最低等的多细胞生物)开始,在胚胎发育过程出现了原肠胚。

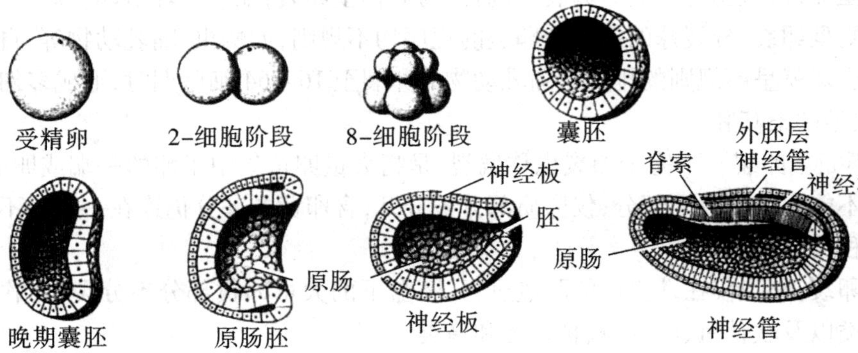

图3-3 动物的早期胚胎发育

(五)原肠形成

原肠形成(gastrulation)是指囊胚细胞通过剧烈而有规则的移动和重新组合,使未来的内胚层和中胚层细胞迁入胚胎内部,而未来的外胚层细胞则铺展于胚胎的表面,从而形成由外胚层、内胚层和中胚层三个胚层构成的胚胎(原肠胚)结构的过程,也称为原肠运动或原肠作用。

原肠形成不仅表现出上述的形态改变,而且功能方面也开始有了显著的变化。因此,这一是时期是胚胎发育初期的重要阶段。原肠作用期间,在卵裂时建立起来的囊胚细胞彼此之间的位置发生变动,重新占有新的位置,预定形成内胚层和中胚层的细胞转移到胚胎内部,而预定形成皮肤和神经系统的外胚层细胞分布于胚胎表面。通过原肠作用,胚胎细胞首先从未分化状态出现最早的3胚层分化,其次是新形成的不同胚层之间出现相互诱导作用,为胚胎发育成结构复杂的有机体奠定基础。

在原肠形成过程中,细胞运动不但涉及整个胚胎,而且不同部位的细胞联合运动、相互协调。原肠形成主要通过6种细胞运动形式实现(图3-4)。

外包(epiboly):为外胚层的细胞层扩展并包围内层的过程。如盘状囊胚的细胞沿胚盘边缘向胚胎腹面包围。

内陷(invagination):部分细胞一起向内陷入,这些陷入细胞所围成的腔即为原肠腔,向外的通道则为胚孔。如文昌鱼的植物极细胞成片向内陷入。

内卷(involution):伸展中的表面细胞沿着一定的方向,向内卷入到留在外表细胞的内表面的过程。

内移(ingression):胚胎表面的部分细胞以单个方式向里面迁移。这些细胞可由植物极一侧移入,也可在多处同时向内迁移。见于腔肠动物。

分层(delimination):一个细胞层分离为近似平行的两层细胞的过程。如水母的囊胚向里面分出一层成为内胚层,水螅的实心囊胚向外分出一层成为外胚层。两栖动物及鸟类亦以此方式形成胚层。

集中延伸(convergence extension):细胞向背部中轴线迁移,通过穿插重排,使胚胎的前后轴逐渐延长。

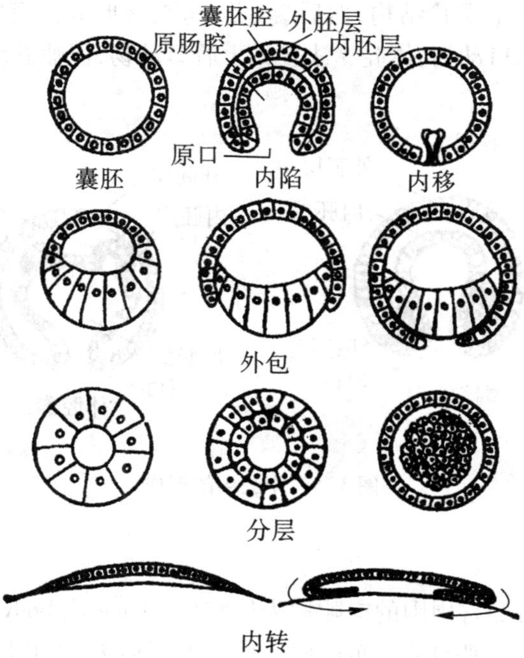

图 3-4 原肠形成的主要方式

(六)神经胚期

在脊索动物胚胎的早期发育过程中,神经胚(neurula)是继原肠胚之后的重要发育阶段。神经胚期开始于神经板的形成,终止于神经管的合拢。脊索是胚胎早期纵贯胚体的中轴,诱导其上方(背方)未分化的外胚层细胞转变为中枢神经系统的原基。首先,脊索上方的背部外胚层细胞伸长加厚,形成前宽后窄的神经板;神经板边缘加厚成褶,即为神经褶;神经板中央下凹形成神经沟。随后,神经褶向背中线移动,最后合拢形成神经管。神经管是脑和脊髓的原基。脊索和神经管构成胚体的中轴,对早期胚的体形构建具有重要意义。神经外胚层两侧的外胚层细胞索随神经管的形成而下移,沿背中线两侧分节并位于神经管与表面外胚层细胞间,称为神经嵴细胞,以后发育成周围神经系统的神经节、肾上腺髓质等。

(七)中胚层与体腔形成

1. 中胚层

中胚层系指在所有的三胚层动物的胚胎发育过程中,位于外胚层和内胚层之间的细胞层。中胚层未来发育为躯体的真皮、肌肉、骨骼及其他结缔组织和循环系统,包括心脏、血管、骨髓、淋巴结、淋巴管等;体腔膜、内脏的浆膜和系膜,以及内脏中的结缔组织、血管和平滑肌等;肾脏、输尿道、生殖腺(不包括生殖细胞)、生殖管道、肾上腺的皮质部等。

中胚层的形成有端细胞法(telocells method)、体腔囊法(coelesac method)两种方式(图 3-5)。端细胞法亦称裂体腔法,是指在原肠胚的胚孔处有一小团细胞开始迅速分裂,连到一起形成中胚层,然后从中裂开形成内外两层。体腔囊法亦称肠体腔法,是指从内胚层向外突出产生两个囊状结构,然后囊状结构脱落形成内有空隙的一层,即为中胚层。端细胞法多见于原口动物,体腔囊法多见于后口动物,但哺乳动物是以端细胞法形成中胚层。

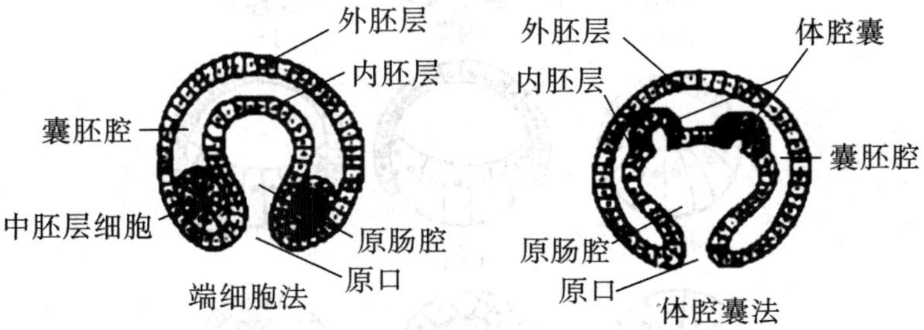

图 3-5 中胚层的形成

2. 体腔

动物身体内各内脏器官周围的空隙称为体腔(coelome 或 body-cavity)。体腔分为真体腔和假体腔两种类型。假体腔(亦称原体腔、初生体腔)见于假体腔动物如线虫动物门、线形动物门等,是由中胚层与内胚层所围成的空腔,较为低等;真体腔(亦称次生体腔)广泛存在于环节动物、软体动物、脊索动物等所有较为高等的动物类群。

真正的体腔是在动物胚胎发育过程中,由动物的中胚层分离出脏壁和体壁,进而在脏壁和体壁之间所形成的空腔。在无脊椎动物中,这种真体腔最早见于环节动物。在脊椎动物中,低等脊椎动物如鱼类有一个完整的体腔,而高等脊椎动物的体腔又被隔膜分隔为胸腔、腹腔两部分。真体腔的出现,使动物的肠壁上有了肌肉层,进而使动物的消化机能得以极大地改善,消化能力明显提升。

真体腔的出现也是动物进化过程中的一个重要事件,其生物学意义包括:增进了机体的灵活性,扩大了容纳内脏器官的空间,使更多细胞处于表面,增加了其物质交换的效率,使动物有更大的体积和复杂性;充满液体的体腔在某些动物起到流体静力的骨架作用,提高了动物的运动功能;此外,真体腔的出现还与循环、排泄、生殖等系统密切相关。

3. 胚层分化与器官形成

胚层是未来形成动物各种组织、器官的物质基础。胚层分化的情况在各类脊椎动物基本类似。

内、中、外胚层是根据其在原肠胚末期或神经胚初期在胚胎上所占的位置而定名的。实际上,各层细胞除空间位置不同外,还各有其特征。如内胚层细胞一般较大、含卵黄多,外胚层细胞小、分裂快等。用活体染色的方法,可以在原肠胚或囊胚期就把 3 个胚层的早期分布位置显示出来,描绘出胚胎的预定命运图。这种图实际上反映了不同的胚层可能与卵质的不均一性有关。许多动物的卵质有区域性的差异。例如,卵细胞具有动物极与植物极之别,卵质各区域的卵黄颗粒、色素颗粒、细胞器及核酸、蛋白质等大分子的分布都是不均等的。当卵裂把卵分割为许多小块时,不均匀的卵质随之被分配到不同的裂球内。

随着原肠运动的进行,原来分配到不同分裂球内的物质即进入不同的胚层。这些物质可能影响各胚层的进一步分化。如柄海鞘,其卵细胞含黄色新月区物质的分裂球将来形成肌肉和间质细胞,含灰色新月区物质的分裂球将来形成脊索和神经组织,含透明区物质的分裂球将来形成表皮,而含植物极物质的分裂球将来形成内胚层。

一般说来,外胚层形成表皮和神经组织,内胚层形成肠腔上皮和消化腺上皮,中胚层形成骨骼、肌肉、血液、淋巴和其他结缔组织。可以简单地记作:**外表感神腺,内呼消肝胰,其余中胚层**(即其余组织均由中胚层发展而来)。

胚层分化的路线基本固定,但也有一些例外情况。如,眼球虹膜的括约肌不是来自中胚层,也非来自间充质,而是出自视网膜的一部分,即来自外胚层。汗腺的平滑肌不是来自中胚层,而是来自外胚层;间充质本身就界限不清,它可能来自外胚层,也可能来自中胚层,甚至可能来自内胚层。在再生情况下,去分化细胞可能改变分化方向,则更难分清隶属于那个胚层。此外,胚层发展的方向还可能随着环境条件的不同而异。例如,在两栖类、鸟类胚胎发育的较早阶段,把外胚层移植到其他部位,可能形成肠上皮或肌肉;原来的脊索材料在体外培养条件下可以形成神经板、表皮或肠道;把外胚层移植到眼房或腹腔,则可能分化出脊索与肌肉。从棘皮动物的胚胎割除一些分裂球,剩下的分裂球可以补偿性地分化为其他类型的组织。锂离子可使海胆的预定外胚层转化为中胚层和内胚层的结构,而硫氰根或硫酸根则可使中胚层和内胚层转化为外胚层的结构。对鱼胚和鸡胚的研究也有类似发现。由此说明,胚层只是分化前的预备区划,胚胎细胞内所含的某些细胞质成分、细胞所处的环境以及细胞间的相互作用对分化的方向均有显著影响。

在神经胚期,中胚层分化为 3 部分,在脊索两侧中胚层(上段中胚层)称副轴中胚层,增厚分节成为体节;外侧腹部的薄层中胚层(下段中胚层)称为侧板中胚层,由其再分裂为内、外两层:外层位于外胚层的下方,称体壁中胚层;内层位于内胚层的周围,称脏壁中胚层。体壁中胚层和脏壁中胚层之间的腔即为体腔。连接体节与侧板中胚层的中段中胚层,称间介中胚层,主要形成生肾节。

胚层是研究动物个体发育和系统发育的重要概念和指标,有助于理解动物个体发育过程中的变化、各种器官发育与建成之间的内在联系。例如,眼球的视网膜和脑均是由外胚层受到诱导而形成的结构,嗅囊与耳囊也是外胚层在特定条件下受到诱导而产生的结构。肾上腺的髓部来自外胚层,而皮质部则来自中胚层,因而其内分泌方面的性质极为不同。胚层概念还有助于了解个体发育与系统发育的进化关系。如团藻是单层细胞的生物,可认为其相当于囊胚阶段。海绵动物和腔肠动物囊胚的部分细胞内迁、内褶而成为双层结构。其外壁是源于外胚层的体壁,内部是来自内胚层的消化道壁;成体相当于原肠胚阶段,故它们属于双胚层动物。扁形动物及其以后的各门动物都属于三胚层动物。在胚胎发育早期,于内、外胚层之间出现中胚层。低等形式的中胚层细胞是分散的;脊椎动物的中胚层则分裂为体壁和脏壁两层,其间的空腔成为体腔,故称为有体腔动物。

(八)重要概念

1. 原口动物

原口动物(protostomia)是指在胚胎发育中由原肠胚的胚孔形成口的动物。1908 年,格罗本(K. Greobben)根据胚孔在胚胎中发育结果的不同,把两侧对称动物归纳为原口动物和后口动物两大类。原口动物的胚胎发育为螺旋、定型卵裂，在原口两侧的内、外胚层交界处，各有一个细胞分裂为很多细胞，形成索状伸入内、外胚层之间，最终形成中胚层。这种形成中胚层的方式即前述的端细胞法（裂体腔法）。扁形动物门、纽形动物门、线形动物门、环节动物门、软体动物门、节肢动物门均属于原口动物，这些类群在动物进化格局中组成一个较大的分支。

2. 后口动物

后口动物（deuterostomes）是指在胚胎发育的原肠胚期，胚胎的原口形成动物的肛门或封闭，而在与原口相对的一端形成一新口的动物。后口动物的胚胎发育是辐射、不定型卵裂；在原肠胚的后期，与原口相反一端的内胚层、外胚层相互贴紧，最后穿成一孔，成为幼虫的口，后口动物即由此而得名。在这些动物的原肠背部两侧，内胚层向外突出成对的囊状突起，即体腔囊。体腔囊与内胚层脱离后，在内、外胚层之间生长，逐步扩展成为中胚层。这种形成中胚层的方式即前述的体腔囊法（肠体腔法）。半索动物门、毛颚动物门、棘皮动物门、脊索动物门的动物均属于后口动物。后口动物是动物进化的主干。

3. 生物发生律

生物发生律（biogenetic law）也称重演律（recapitulation law）。1866 年，德国学者赫克尔（E. Haeckel）提出，“**生物发展史可以分为两个相互密切联系的部分，即个体发育和系统发展，也就是个体的发育历史和由同一起源所产生的生物群的发展历史，个体发育史是系统发展史的简单而迅速的重演**”。此即著名的生物发生律（详见动物的进化之进化的证据部分）。例如，无尾两栖类（如青蛙）的个体发育经历了受精卵、囊胚、原肠胚、三胚层的胚、无腿蝌蚪、有腿蝌蚪，到成体青蛙等过程。上述发育阶段分别相当于系统进化过程中的单细胞动物、单细胞的球状群体、腔肠动物、原始三胚层动物、低等脊椎动物等阶段，同时也展示了动物进化中从水生（鱼类）发展到陆生（两栖类）的基本过程。

生物发生律对深刻理解各动物类群的亲缘关系、演化线索等极为重要。这一规律可基于胚胎的相似性，揭示动物间的亲缘关系，确定动物的分类位置。但是，不能把生物发生律机械地理解为简单的重复，应该考虑到，个体发育中也会有新的变异出现，而个体发育又不断地补充着系统发展。

二、胚后发育

在动物的个体发育过程中，从幼虫（体）阶段发育至成虫（体）达到性成熟的过程，称为胚后发育。

胚后发育的特征随动物种类的不同而异。如无脊椎动物中的蚯蚓、蛭类和绝大多数脊椎动物的胚后发育，其幼体与成体极为相似，不经变态，逐渐长大即成为成体，这种发育方式称为直接发育（direct development）；另一些无脊椎动物有极为特殊的幼体期，幼体与成体形态、结构等显著不同，需经过形态和生理上的变化，才能发育成为成体，这种发育方式称为间接发育（indirect development），或称变态发育（详见相关章节），见于腔肠动物、扁形动物、软体动物、环节动物、节肢动物、多种棘皮动物等。

在间接发育的动物类群中，以节肢动物中的昆虫最为特殊。昆虫的卵孵化后，需经过若虫（蝗虫）或稚虫（蜻蜓）阶段而终至成虫。在此过程中，若虫或稚虫随着蜕皮而发生形态和生理方面的变化;许多种昆虫(如蚊、蝇、蝶、蛾、甲虫)的幼虫,尚需经过蛹期才能羽化成为成虫。此外,有些无脊椎动物在幼虫期之后和未进入成体之前,还有一个被称为后幼虫期的过渡阶段,如对虾类的后幼虫期幼体已具备所有附肢,但在体躯比例、附肢长短和外生殖器等方面尚未达到成体水平。又如蟹的后幼虫期(大眼幼虫),幼体具有与成体相同的头胸部,但宽大的腹部尚未弯折于头胸部之下。

复习与思考题

1. 简述多细胞动物胚胎发育早期的主要阶段。
2. 什么是原肠作用?掌握其主要方式。
3. 中胚层形成的主要方式有哪些?
4. 查阅文献,理解假体腔与真体腔的主要区别。
5. 掌握原口动物和后口动物的概念及其区别。
6. 理解并掌握生物发生律。
7. 掌握下列名词:受精作用,动物极,植物极,卵裂,原肠作用,(真)体腔,端细胞法,体腔囊法,直接发育,间接发育,生物发生律,胚后发育,原口动物,后口动物

第四章 动物的类群

物以类聚,人以群分。

生物分类知识是生物学相关研究的前提和重要基础。在与农、林、牧、渔等动物生物学相关的宏观、微观研究领域,都必须首先正确地鉴定研究材料或对象是哪个物种(species)、其分类地位如何?否则,无论多么高深、多么前沿、多么重大的研究课题,都可能失去其客观性、对比性、重复性和科学价值,甚至产生误导性的结果。恩格斯曾强调指出:**没有物种概念,整个科学便都没有了,科学的一切部门都需要物种概念作为基础。**

第一节 动物分类基础

动物分类学(Zootaxa 或 Animal Taxonomy)是动物生物学的一个分支学科,主要研究动物的物种、种类或类群之间的亲缘关系、起源和演化等。在研究过程中,根据动物的外部形态、内部构造、胚胎发育特点、习性、行为、栖息环境等特征,将特征相同或相似的动物进行归类,并为其命名。

一、分类阶元

分类阶元(taxonomic category)也称分类等级、分类单元,是生物分类学确定共性范围的等级。现代生物分类采用界(Kingdom)、门(Phylum)、纲(Class)、目(Order)、科(Family)、属(Genus)、种(Species)等7个分类阶元。其中,种是基本阶元,相似的、具有共同起源的种,归并为属;相似的、具有共同起源的属,归并为科。建立一个属必须以模式种为依据,科的依据则为模式属;属和科均应具有形态学和生态学的独特性。目以上的阶元最为稳定,它们所包含的共性范围也少有疑问之处。在分类系统中,科隶于目、目隶于纲、纲隶于门、门隶于界。

在实际的分类学研究中,为了更精确地表达物种的分类地位,还可将原有的阶元进一步细分,并在除动物界之外的其他6个阶元之间加入另外一些阶元,以满足这种要求。加入的阶元名称,常常是在原有阶元名称之前加上总(Super-)或亚(Sub-)而形成。于是就有了总目(Superorder)、亚目(Suborder)、总纲(Superclass)、亚纲(Subclass)等名称。此外,还可增设新的单元,如股、群、族、组等,其中最常设的是族,介于亚科和属之间。在进行种下分类时,通常只设亚种(subspecies)单元。

综上所述,动物分类学普遍所采用的阶元如下(括号中为其拉丁名的特征性后缀):

界 Kingdom

门 Phylum

亚门 Subphylum

总纲 Superclass

纲 Class
亚纲 Subclass
总目 Superorder
目 Order
亚目 Suborder
总科 Superfamily(-oidea)
科 Family(-idae)
亚科 Subfamily(-inae)
属 Genus
亚属 Subgenus
种 Species
亚种 Subspecies

任何一种动物均可无例外地归属于上述的分类阶元之中,如狼(*Canis lupus*)、意大利蜜蜂(*Apis mellifera*)等(表4-1)。

表4-1　动物分类地位举例

阶元	狼	意大利蜜蜂
界 Kingdom	动物界 Animal	动物界 Animal
门 Phylum	脊索动物门 Chordata	节肢动物门 Arthropoda
纲 Class	哺乳纲 Mammalia	昆虫纲 Insecta
目 Order	食肉目 Carnivora	膜翅目 Hymenoptera
科 Family	犬科 Canidae	蜜蜂科 Apidae
属 Genus	犬属 *Canis*	蜜蜂属 *Apis*
种 Species	狼 *lupus*	意大利蜜蜂 *mellifera*

二、种及其命名

种(Species),亦称物种,是分类系统中最基本的阶元。与其他分类阶元不同,种是绝对真实的客观存在,有其相对稳定的明确界限,并借此与其他的物种相区别。

(一)种的概念

对(物)种概念的理解,随着人类对自然界认识的不断深入而更加全面和深化。在林奈时代,种的概念远比现在简单。18世纪时,认为物种是固定不变的。自进化理念被广泛接受以来,人们逐渐认识到,当前地球上生存的物种,是在长期历史发展过程中,通过遗传、变异和自然选择的结果。种与种间在历史上是连续的。但是,种也是生物连续进化中一个间断的单元,是一个繁殖的群体,具有共同的遗传组成,能通过繁殖,产生与自身基本相似的后代。因此,物种是变的,又是不变的,是连续的又是间断的。变是绝对的,是物种发展的根据;不变是相对的,是物种存在的根据。形态相似(特征分明、特征固定)和生殖隔离(杂交不育)是其不变的一面,为借以鉴定和区别物种的依据。

综上所述,(物)种的定义可表达为:**(物)种是生物发展的连续性与间断性统一的基本间断形式;在有性生物,(物)种呈现为统一的繁殖群体,由占有一定空间、具有实际或潜在繁殖能力的种群所组成,而且与其他这样的群体在生殖上是隔离的。**

(二)种的命名

国际上除订立了上述共同遵守的分类阶元外,还统一规定了种和亚种的命名方法,以便于生物学工作者之间的交流与沟通。目前统一采用的物种命名法是"双名命名法(binominal nomenclature)",简称双名法或二名法,由瑞典博物学家林奈所创立。

根据物种命名的规则,每一种动物都应有一个学名(science name)。这一学名是由两个拉丁字或拉丁化的文字所组成。每个物种的学名由两个部分构成:属名和种加词(种名/种小名)。属名由拉丁语法化的名词构成,但其字源可由来自拉丁词或希腊词或拉丁化的其他文字构成,首字母须大写;种加词是拉丁文中的形容词,首字母不必大写。通常在种加词之后加上命名人及命名时间。如果学名经过改动,则要保留最初命名人,并加上改名人及改名、时间。在一般情况下,订名人、订名时间可省略。

在科学文献印刷出版时,学名之引用常以斜体表示,或于正排体学名之下方加下划线表示。例如,以双名法命名的猕猴的学名可表示为:

Macaca mulatta Zimmerman,1872= *Macaca*(属名,名词)+ *mulatta*(种名,形容词)+ Zimmerman(订名者,可用缩写 Z.)+1872(订名年份)。

(三)亚种的命名

亚种是指物种内部由于地理上充分隔离后所形成的、形态上有一定差别的群体。当去掉地理隔离后,亚种间可成功繁殖。

对亚种命名时,采用三名法(trinomal nomenclature),即在双名法的基础上,增加亚种名(印刷时亦需用斜体)。同样地,订名人、订名时间均可省略。其基本构成为:

学名=属名+种本名+亚种名+(订名人)

根据已有的研究,猕猴(*Macaca mulatta*)包括指名亚种(*M. m. mulatta* Zimmermann,1780)、海南亚种(*M. m. brevicaudus* Eillot,1909)、川西亚种(*M. m. lasiotis* Gray,1868)、福建亚种(*M. m. littoralis* Eillot,1909)、西藏亚种(*M. m. vestita* Milne-Edwards,1892)、华北亚种(*M. m. tcheliensis* Milne-Edwards,1872)等 6 个亚种。

三、动物的多样性

地球上迄今已命名的生物约 200 万种。其中,动物种类超过 150 万种。根据细胞数量及分化、体型、胚层、体腔、体节、附肢及内部器官的布局和特点等特征,可将动物界分为若干门,有些门包括的种类多;有些门则包括较少的种类。对动物门的数目及各门动物在动物进化系统中的位置,学者们尚有争议。根据新的证据,时有新的观点被提出。例如,有学者将腹毛类和轮虫各立为门,也有的将其作为纲、列入线形动物门;原气管动物为节肢动物门中的一个纲,但也有学者将其分类等级提升为门,在分类系统上置于环节动物之前。此外，对软体动物的分类地位也有不同的意见。

根据多数学者的意见，将动物界现生种类分为如下的 34 个门。

原生动物门（Protozoa）、中生动物门（Mesozoa）、多孔动物门（Porifera）、扁盘动物门（Placozoa）、刺胞动物门（Cnidaria）、栉水母动物门（Ctenophora）、扁形动物门（Platyhelminthes）、纽形动物门（Nemertea）、颚胃动物门（Gnathostomulida）、轮虫动物门（Rotifera）、腹毛动物门（Gastrotricha）、动吻动物门（Kinorhyncha）、线虫动物门（Nematoda）、线形动物门（Nematomorpha）、鳃曳动物门（Priapula）、棘头动物门（Acanthocephala）、内肛动物门（Entoprocta）、铠甲动物门（Loricifera）、环节动物门（Annelida）、螠虫动物门（Echiura）、星虫动物门（Sipuncula）、须腕动物门（Pogonophora）、被腕动物门（Vestimentifera）、缓步动物门（Tardigrada）、有爪动物门（Onychophora）、节肢动物门（Arthropoda）、软体动物门（Mollusca）、腕足动物门（Brachiopoda）、外肛动物门（Ectoprocta）、帚虫动物门（Phoronida）、毛颚动物门（Chaetognatha）、棘皮动物门（Echinodermata）、半索动物门（Hemichordata）、脊索动物门（Chordata）。

四、分类学的发展现状

目前所采用的动物分类系统一般都基于动物形态或解剖的相似性和差异性的总和。根据古生物学、比较胚胎学、比较解剖学等方面的许多证据来看，现行分类系统基本上能够反映动物界的自然类缘关系，故称为自然分类系统（natural classification system）。

迄今为止，形态学特征尤其是外部形态仍然是最直观而常用的分类依据。采用扫描电镜可观察到动物细微结构的差异，使动物的分类更加精细和准确。此外，生殖隔离、生活习性、生态要求等生物学特征均可作为分类依据。一些微观的研究成果，如染色体数目变化、结构变化、核型、带型分析等，业已被应用于动物分类学研究。现代生物学研究表明，DNA、RNA 的结构变化决定遗传特征的差异，蛋白质的结构组成直接反映基因组成的差异，这些都可作为分类的辅助依据。DNA 核苷酸和蛋白质氨基酸的新型测序技术、DNA 杂交等方法和技术手段，均已受到动物分类学工作者的重视并被实际应用。

随着研究的不断深入，动物分类学的理论和方法也获得了长足发展。在分类理论方面出现了几个学派。这些学派在基本原理上有许多共同之处，但各自强调的重点有所不同。①支序分类学派（cladistic systematics 或 Cladistics）认为，最能够或者唯一能够反映系统发育关系的依据是分类单元之间的亲缘关系，而反映亲缘关系的最确切的标志为共同祖先的相对近度；②进化分类学派（evolutionary systematics）认为，建立系统发育关系时，单纯靠亲缘关系不能完全概括在进化过程中出现的全部情况，还应考虑分类单元之间的进化程度，包括趋异的程度、祖先与后裔之间渐进累积的进化性变化的程度等；③数值分类学派（numeral systematics）认为，不应加权（weighing）于任何特征，而应基于大量的非加权特征，研究总体的相似度，以反映分类单元之间的近似程度，借助于电子计算机，根据相似系数来判断各分类单元之间的相互关系。

复习与思考题

1. 动物分类的基本阶元有哪些?
2. 掌握(物)种的概念。
3. 简述双名法并举例。
4. 查阅文献,了解动物分类学的研究进展与新成果。
5. 掌握下列名词:分类阶元,(物)种,双名法,亚种

第二节　原生动物门

原生动物门(Protozoa)是动物界最原始、最简单、最低等的一个类群。这类动物的主要特征是身体由单个细胞构成,故也称单细胞动物。单细胞的原生动物体内有特化的各种细胞器,具有维持生命和延续后代所必需的一切功能,如运动、营养、消化、呼吸、排泄和繁殖等。因此,在原生动物,一个细胞就是一个完整的有机体。原生动物门的已知种类约30 000 种。

一、原生动物的主要特征

原生动物具有如下共同的主要特征:①身体由单个细胞构成;②没有组织和器官的分化;③以细胞器完成各种生理功能;④可形成包囊;⑤水生或栖息于潮湿环境。

二、形态

大多数原生动物的体长小于 300 μm,最小的种类体长仅 2 ~ 3 μm,如利什曼原虫(*Leishmania*);草履虫(*Paramoecium*)的体长为 150 ~ 300 μm;大型种类的体长可达 7 cm,例如海产的某些有孔虫类(*Foraminifera*)、淡水生活的旋口虫(*Spirostomum*)体长约 3 mm,新生代化石钱币虫(*Nummulites*)的体长则可达 19 cm。

原生动物的体形随种类及生活方式不同而表现出多样性。营固着生活的种类,身体多呈锥形、球形,有柄,柄内有肌丝纤维,可使虫体收缩运动,如钟形虫(*Vorticella*)、足吸管虫(*Podophrya*)即属于这种体形。营漂浮生活的种类,身体多呈球形,并伸出细长的伪足,以增加虫体的表面积,例如辐射虫(*Actinosphaerium*)及某些有孔虫。营游泳生活的种类,身体呈梭形,如草履虫。适合于底栖、爬行的种类,身体多呈扁形,腹面纤毛联合形成棘毛用以爬行,例如棘尾虫(*Stylonychia*)。营寄生生活的种类或者失去鞭毛,如利什曼原虫,或者鞭毛借原生质膜与身体相连,形成波动膜(undulating membrane),以增加鞭毛在血液或体液中运动的能力,如锥虫(*Trypanosoma*)。

三、体壁

原生动物的每个个体就是一个细胞,故其结构可分为细胞膜(表膜 pellicle)、细胞质和细胞核等 3 部分。这类动物的细胞膜即相当于高等种类的体壁。

原生动物身体的最外层是一层极薄而连续的原生质膜即细胞膜,称为表膜。表膜坚

韧、具有弹性，能使虫体保持固定的形状，其层数和构造随原生动物种类的不同而异。

某些原生动物的体表除固有的细胞膜外，还有由原生质分泌物所形成的外壳或骨骼。如薄甲藻(*Glenodinium*)，其分泌的有机质在体表形成纤维素板；表壳虫(*Arcella*)可分泌几丁质，形成褐色外壳；砂壳虫(*Difflugia*)体表分泌蛋白质胶，再黏着一些砂粒，形成一砂质壳；有孔虫分泌碳酸钙形成壳室；而放射虫类(*Radiolaria*)可在细胞质内分泌形成几丁质的中心囊，并有硅质或锶质的骨针伸出体外，以支持身体，如等棘骨虫(*Acanthometra*)。

四、运动

作为最原始的动物类群，原生动物的运动能力极为有限。

1. 运动方式

原生动物的运动方式主要有漂浮、游泳、缓慢爬行等。

2. 运动器(官)

原生动物是单细胞动物，尚无器官的分化。从运动方式来看，原生动物大致可分为两大类群，一类是没有固定运动类器官的种类，另一类是具有固定运动器的种类。原生动物的运动细胞器包括鞭毛(flagellum)与纤毛(cilium)、伪足(pseudopodium)两种类型(图4-1)。

从结构与功能来看，鞭毛与纤毛并没有明显的区别。基于电子显微镜的观察结果表明，二者的结构相同，只是鞭毛更长(5～200 μm)、数目较少(多鞭毛虫类除外)，多数鞭毛虫具有1～2根鞭毛；而纤毛较短(3～20 μm)、数目较多。鞭毛与纤毛的直径均较为固定，两者直径的差别在0.1～0.3 μm之间。鞭毛呈对称式摆动，包括几个左右摆动的运动波；纤毛的运动并不对称，仅包括一个运动波。

伪足是部分原生动物的一种运动细胞器，由原生质的流动而形成。因此，伪足及动物的体形都可改变。伪足的形状可以是叶状、针状、网状等，可用来在物体表面爬行。伪足的形成与运动由细胞质内微丝的排列而决定。

原生动物对外界的刺激具有趋避性。当遇到食物时，会向有食物的地方聚集；当遇到有害刺激时，则会尽量避开，此即原生动物的应激性。这种应激特性对原生动物的生存具有重要的生态学意义。

五、消化

原生动物属于单细胞动物，尚无专门的消化系统。总体来看，原生动物主要通过3种方式获取食物和营养。

植物性营养(holophytic nutrition)：又称光合营养。某些原生动物体内具有色素体，在有光条件下，能进行光合作用，将 CO_2 和 H_2O 合成糖类，成为自身生长所需的营养物质。这种营养方式称为植物性营养。如植鞭毛类的眼虫。

动物性营养(holozoic nutrition)：又称吞噬性营养。一些原生动物自身不能制造食物，须以其他生物或有机体碎片为食。如变形虫。

渗透性营养(osmotrophy)：亦称腐生性营养(saprophytic nutrition)。有些原生动物借体表的渗透作用或胞饮作用，获取环境中呈溶解状态的有机物，以此补充自身的有机质。

如多种营寄生生活的原生动物。

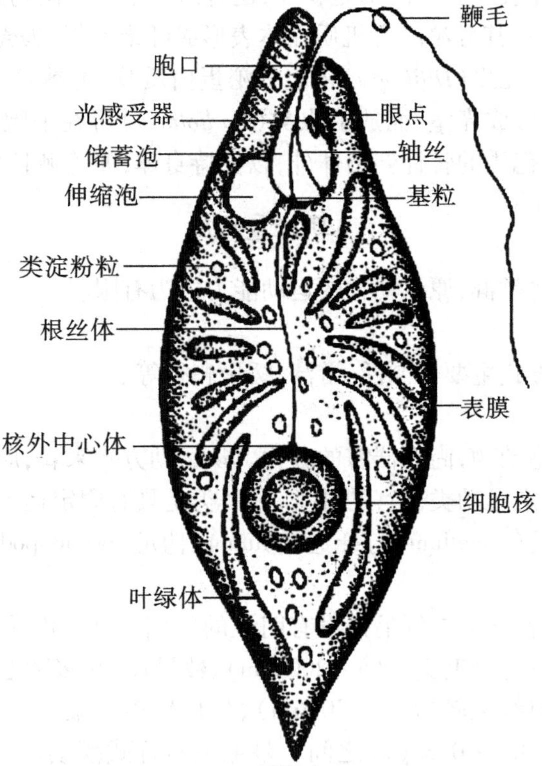

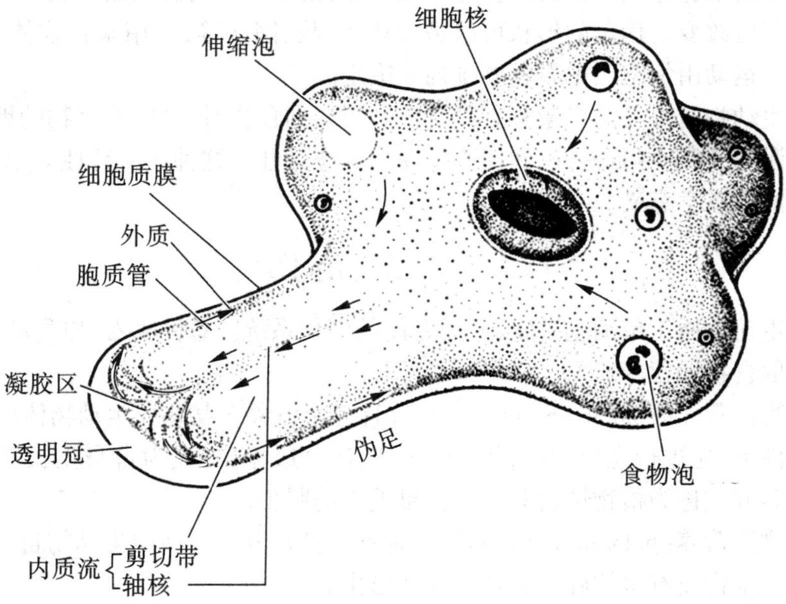

图 4-1　原生动物(示鞭毛和伪足)

六、呼吸

原生动物无专门的呼吸细胞器。绝大多数原生动物的呼吸作用(respiration)通过气体的扩散(diffusion)、依靠体表从周围的水中获得 O_2 而得以完成。线粒体是原生动物的呼吸细胞器,其中含有三羧酸循环的酶系统,能把有机物完全氧化分解成 CO_2 和 H_2O,并能释放出各种代谢活动所需要的能量,所产生的 CO_2 还可通过扩散作用排放至水中。少数腐生性或寄生性的种类可生活于低氧或完全缺氧的环境中,有机物不能完全被氧化分解,而是利用大量的糖发酵作用产生能量,完成代谢活动。

七、循环

原生动物尚无循环系统,体内的物质运输可能通过扩散作用来实现,某些种类则可能借助于内质的流动来完成。

八、排泄

原生动物代谢过程中所产生的 CO_2 和其他可溶性代谢产物,均可借扩散作用从体表排出。此外,在淡水中生活的种类,其体内还有一种重要的排泄结构,由类似于细胞膜的结构包围而成,呈泡状,泡内含有水和可溶性的代谢产物。这种结构称为伸缩泡(contractile vacuole)(图 4-2)。

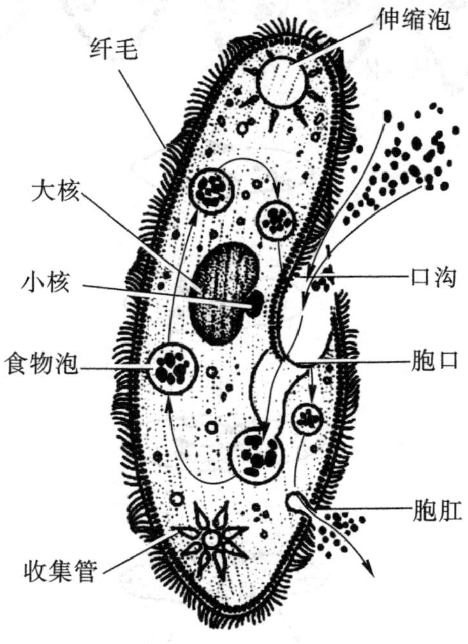

图 4-2　草履虫(示伸缩泡等)

栖息于淡水中的原生动物体内的渗透压高于外界水环境的渗透压,因而水分会不断地进入体内。伸缩泡可收集水分并将水分排出体外,溶解于水中的一些代谢产物也随之被排出体外。若无伸缩泡,栖息于淡水中的原生动物就会因体内水分过多而胀破细胞膜(体壁)。海水中含有大量的盐分,其渗透压与细胞内渗透压大致相等,故生活于海水中的原生动物一般没有伸缩泡。

九、繁殖

原生动物的繁殖有无性繁殖(asexual reproduction)和有性繁殖(sexual reproduction)两种方式。无性繁殖存在于所有的原生动物,并且是许多种类的唯一繁殖方式。

1. 无性繁殖

原生动物可通过如下几种方式实现其无性繁殖。

(1)二分裂(binary fission) 这是原生动物最为普遍的一种无性繁殖方式,一般表现为有丝分裂(mitotic)。在分裂时,细胞核先由一个分为两个,染色体均等地分布于两个子核中。随后,细胞质也分别包围两个细胞核,形成两个大小相等、形状相同的子体。二分裂可以是纵裂(图 4-3),如眼虫;也可以是横裂(图 4-3),如草履虫;或者表现为斜分裂,如角藻(*Ceratium*)。

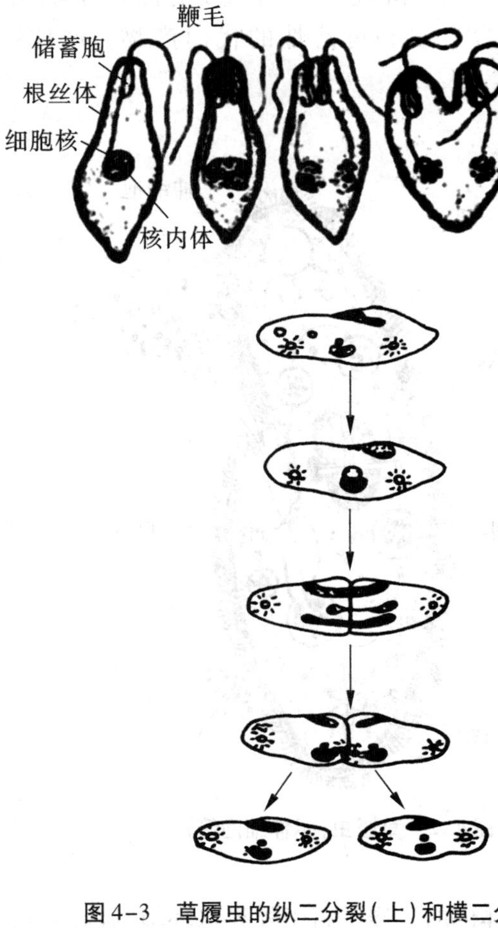

图 4-3 草履虫的纵二分裂(上)和横二分裂(下)

（2）出芽繁殖（budding reproduction）　从本质上来说，这种方式也属于二分裂，只是分裂后所形成的两个子体大小不等，大的子细胞称母体，小的子细胞称芽体。

（3）多分裂（multiplefission）　在分裂时，细胞核先分裂多次，形成许多核，随后细胞质再分裂，最后形成许多单核的子体，多分裂也称裂体繁殖（schizogony），多见于孢子纲。

（4）质裂（plasmotomy）　这是一些多核的原生动物所具有的一种无性繁殖方式，见于多核变形虫、蛙片虫等。在繁殖时，核先不分裂，而是由细胞质在分裂时直接包围部分细胞核，形成几个多核的子体，子体再恢复成多核的新虫体。

2. 有性繁殖

原生动物的有性繁殖包括配子繁殖和接合繁殖两种方式。

（1）配子繁殖　大多数原生动物的有性繁殖为配子繁殖（gamogenesis），即经过两个配子的融合（syngamy）或受精（fertilization）而形成一个新个体。如果参与融合的两个配子的大小、形状均相似，仅生理功能不同，则称为同形配子（isogamete）。同形配子的繁殖称同配繁殖（isogamy）。如果参与融合的两个配子在大小、形状及功能方面均不相同，则称异形配子（heterogamete）。根据配子大小的不同，分别称为大配子（macrogamete）和小配子（microgamete），大、小配子从大小略有区别，逐渐分化到形态与功能完全不同的精子（sperm）和卵（ovum）。卵受精后形成受精卵，亦称合子（zygote）。通过异形配子进行繁殖的方式即称为异配繁殖（heterogamy）。

（2）接合繁殖　某些原生动物进行有性繁殖时，两个细胞互相靠拢、在局部形成接合部位，并发生原生质融合而形成接合子，由接合子发育成新个体。这种繁殖方式称为接合繁殖（conjugative reproduction）。以草履虫为典型代表（图 4-4）。

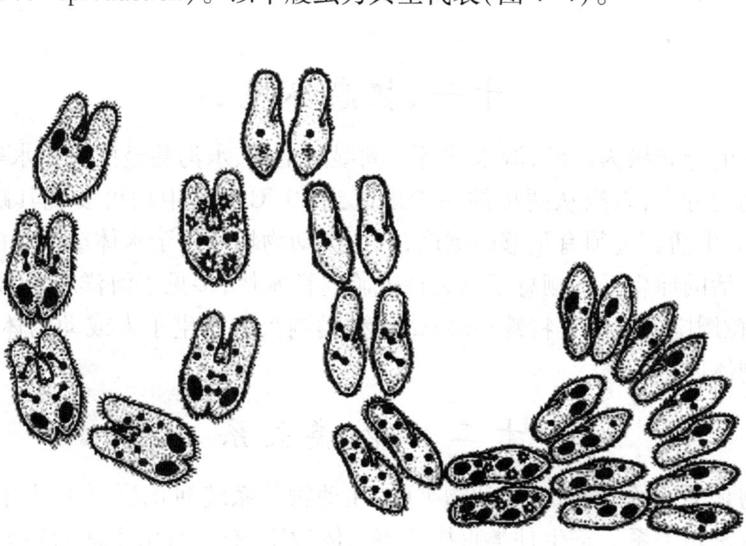

图 4-4　草履虫的接合繁殖

草履虫在进行接合繁殖时，2 个个体的口沟相对并黏合在一起。黏合处的细胞膜溶解，两个虫体的细胞质相通。小核离开大核，分裂 2 次形成 4 个核，其中 3 个解体，剩下的 1 个小核又分裂成大小不等的 2 个核，大核逐渐消失。两个虫体互换其新小核，并与对方的较大核相融合，这一过程相当于受精作用。随后，两虫体分开，接合核分裂 3 次成为 8 个核，4 个为大核，其余 4 小核有 3 个解体，剩下的 1 小核分裂为 2 小核，并再分裂为 4 小核；同时，每个虫体也分裂 2 次。最终，参与接合的两个亲本虫体各形成 4 个个体，新形成的 8 个草履虫均各具 1 大核、1 小核。

3. 形成包囊

在环境条件不利的情况下，某些原生动物可以包囊化，即形成包囊。此时，动物失去大部分结构后缩成一团，身体外面分泌胶质，并形成包囊膜；机体的代谢率降低，处于休眠状态。包囊对动物起保护作用，随风散布。待环境条件好转时，动物即可脱囊而出，重新活动。多数具包囊的原生动物在出囊前可进行一次或数次分裂繁殖，使出囊时的虫体数量增加。基于这一特点，形成包囊也可视为原生动物的一种繁殖方式。如绿眼虫(*Euglena viridis*)和溶组织内阿米巴(*Entamoeba histolytica*)等。

十、神经与感官

原生动物尚未形成神经系统，对刺激可产生两种方式的行为反应：一是运动，刺激可加快其随意运动；二是趋性，即对刺激的反应具有方向性。如有些鞭毛虫因具眼点而表现出对光的趋性。

纤毛虫连接体表纤毛的表膜下纤毛系(infraciliature)是复杂的小纤维系统，可调节和控制纤毛的摆动。鞭毛虫的根丝体(rhizoplast)具有控制纤毛活动的作用。

感觉细胞器包括鞭毛虫的眼点(eyespot)(可感受光线)和纤毛与鞭毛(可感受触觉)。那些缺乏感觉细胞器的种类，对各种刺激如光、化学物质、温度等，可能仅表现出普通的细胞质反应。

十一、栖息环境

原生动物的分布极为广泛，淡水、海洋、潮湿的土壤、水沟甚至雨后积水等环境中都有大量的原生动物分布，以致从两极的寒冷地区到 60 ℃温泉中均可发现其踪迹。一般来说，原生动物的生活环境须有足够的湿度，故此类动物均栖息于水体或潮湿的环境中。

营自由生活的原生动物栖息于永久性或临时性水体，多见于海洋或淡水，少数种类可见于冰雪、土粒周围的水膜等特殊环境；寄生种类则大多寄生于人或动物体内，少数种类可寄生于植物体内。

十二、与人类关系

原生动物是最原始、最简单的动物类群，在动物的系统演化研究中具有重要意义，同时与人类有着密切关系。寄生种类直接危害人体健康；有些自由生活的种类可污染水体。由于对水体质量的敏感性，有些种类可作为环境质量的指示动物。多数植鞭毛虫、纤毛虫、根足虫是浮游生物的组成成分，可作为鱼类的饵料。栖息于海洋和湖泊中的浮游生物还是形成石油的重要原料。有孔虫、放射虫的外壳在石油探测中有指示作用。

原生动物结构简单、繁殖快且易于培养，故可作为生物学相关研究的良好材料。细胞生物学是生物学的基础理论，而原生动物本身即是单个细胞。因此，在基础生物学研究中,原生动物显示出更为特殊而重要的科学价值。

十三、分类

迄今已记录的原生动物约 50 000 种,其中约有 20 000 种为化石种类。目前,一般将原生动物分为鞭毛纲(Mastigophora)、肉足纲(Sarcodina)、孢子纲(Sporozoa)和纤毛纲(Ciliata)4 个纲。

(一)鞭毛纲

鞭毛纲一般具 1 ~4 条或稍多的鞭毛,并以此作为运动器。鞭毛内周缘部排列有 9 条双联体微管,中央有 2 条中央微管。鞭毛纲的无性繁殖多为纵二分裂,有性繁殖则为配子结合或整个个体的结合;在环境条件不利时可形成包囊。

鞭毛纲已知种类约 10 000 种。根据营养方式的不同,可分为植鞭亚纲(Phytomoastigina)和动鞭亚纲(Zoomastigina)2 个亚纲。

植鞭亚纲:这类动物体内多具色素体,可进行光合作用,自由生活于淡水或海水(自养)。种类较多,形态各异。常见种类如眼虫(*Euglena*)、盘藻(*Gonium*)、团藻(*Volvox*)、夜光虫(*Noctiluca*)、钟罩虫(*Dinobryon*)、尾窝虫(*Uroglena*)、合尾滴虫(*Synura*)等。

动鞭亚纲:这类动物的体内没有色素体,营寄生生活,以腐生或吞噬方式获取营养(异养)。代表种类如利什曼原虫(*Leishmania*)(可引起黑热病)、锥虫(*Trypanosoma*)(可引起昏睡病)、隐鞭虫(*Cryptobia*)(寄生于鱼类鳃部)、披发虫(*Trichonympha*)(共生于白蚁的肠道中)等。

(二)肉足纲

肉足纲是原生动物门中结构最为简单的一个类群。这类动物的体表常可伸出指状、叶状或丝状的临时性突起,细胞质也随之流入,称为伪足(pseudopodium),此为肉足纲动物最典型的特征。伪足具运动和摄食功能,为运动细胞器,也可借以捕食。肉足纲动物的体表仅有极薄的细胞质膜。细胞常分化为明显的外质与内质。外质是质膜之下无颗粒、均质透明的一层;内质流动、具颗粒,有细胞核、伸缩泡、食物泡等,可分为两部分:处于外层相对固定的部分称为凝胶质,在其内部呈液态者称为溶胶质,以此完成变形运动。有些种类的虫体裸露,有些具石灰质或几丁质的外壳,或有矽质的骨骼。繁殖方式为二分裂,有些种类具有性繁殖,形成包囊者极为普遍。肉足纲动物分布于淡水、海洋中,也有营寄生生活者。已知种类约 8 000 种。根据伪足的形态特点,可分为根足亚纲(Rhizopoda)和辐足亚纲(Actinopoda)2 个亚纲。

根足亚纲:这类动物的伪足呈叶状、指状、丝状或根状,主要包括变形虫(又称阿米巴),如大变形虫(*Amoeba proteus*)、痢疾内变形虫(*Entamoeba histolytica*)、表壳虫(*Arcella*)、沙壳虫(*Difflugia*)、有孔虫(*Foraminifer*)等。

辐足亚纲:这类动物具轴状伪足,体多呈球形,营自由漂浮生活,分布于淡水或海水环境,如太阳虫(*Atinophrys*)、放射虫(*Radiolarian*)等。

(三)孢子纲

孢子纲亦称孢子虫纲。这类动物营寄生生活,无运动细胞器,但在其生活史的一定阶段，具有伪足或鞭毛。此类动物通过异养方式获得营养。孢子纲动物生活史中有2个寄主或1个寄主，且均可产生孢子（spore），借以传播，习称孢子虫。生活史中具有2个寄主的种类，其整个生活史都在寄主体内进行。孢子在寄主体内发育成熟，这样的孢子无壳；只有一个寄主的种类，孢子必须在寄主体外发育，这样的孢子具有较厚的外壳，是对外界不良环境的一种适应性结构。孢子纲动物的生活史包括无性世代（裂体繁殖）和有性世代（孢子繁殖），并交替出现，这种现象称为**世代交替**（alternation of generations）。

孢子纲已知种类约3 500种，分布广泛。在自然条件下，人体、家畜、家禽及其他动物体内等都有孢子虫寄生，且危害很大。寄生在人或脊椎动物的红细胞内的孢子虫，如见于人体的疟原虫（*Plasmodium*）、见于家畜的焦虫（*Piroplasm*）等，一般被称为血孢子虫，它们的生活史中均有2个寄主，一为人或脊椎动物，另一为节肢动物如蚊、蜱等。代表种类如疟原虫、焦虫、球虫（*Eimeria*）、碘孢虫（*Myxobolus*）等。

（四）纤毛纲

纤毛纲的原生动物成体或生活史的某个时期具有纤毛，故又称纤毛虫。纤毛纲可分为游泳型和固着型两种类型，以纤毛为其运动及取食的细胞器。纤毛虫是原生动物中最高等的一类，它们有固着的、结构细致的摄食细胞器。纤毛的结构与鞭毛相似，其不同之处在于纤毛较短、数目较多，运动时具有较强的节律性。纤毛可成排分散存在，也可由多数纤毛黏合成小膜，排列在口边缘的纤毛称为小膜带；也可由一单排纤毛黏合形成波动膜，通常位于胞咽中。有些种类的纤毛成簇并黏合成束，称为棘毛（在虫体腹面爬行用）。固着型纤毛虫大多数具有肌原纤维，细胞核包括大核（营养核，vegetative nucleus）和小核（生殖核，reproduction nucleus）。以横分裂行无性繁殖，有性繁殖方式为接合繁殖。纤毛纲是原生动物中种类最多、结构最为复杂的一个纲，栖息于淡水或海水环境，也有营寄生生活者。

纤毛纲已知种类约8 000种。常见种类如草履虫（*Paramecium*）、小瓜虫（*Ichthyophthirius*）、游仆虫（*Eupiotes*）、车轮虫（*Tricholina*）等。营自由生活的纤毛虫大多为浮游生物的组成部分，是某些鱼类的天然饵料。

复习与思考题

1. 简述原生动物门的主要特征。
2. 原生动物可分为哪几个纲？各有何主要特征？
3. 简述原生动物的生殖方式。
4. 包囊的形成有何意义？
5. 何谓世代交替？
6. 查阅文献，理解原生动物在动物进化中的意义。
7. 掌握下列名词：出芽繁殖，接合繁殖，异配繁殖，世代交替，二分裂，包囊，伪足，植物性营养，动物性营养，吞噬性营养

第三节　海绵动物门

海绵动物门（Porifera）也称多孔动物门，是最为原始的一类后生动物（Metazoa）（即多

细胞动物)。海绵动物栖息于水中,营单体或群体的固着生活,在动物分类系统中居于重要的地位。海绵动物的身体由多个细胞组成,但细胞间相对独立,尚未形成组织或器官。海绵动物是动物演化中的一个侧支,故亦称侧生动物(Parazoa)。

一、海绵动物的主要特征

海绵动物具有如下共同特征。①水生;身体辐射对称或无对称,营固着生活;②身体由疏松的细胞群组成,无器官和真正的组织;③细胞内消化,通过扩散完成排泄和呼吸作用;④无神经系统,对刺激的反应是局部的和独立的;⑤具有由孔、沟、室组成的水沟系;⑥具有骨针或由有机纤维组成的支持结构;⑦有性繁殖过程中有两囊幼虫阶段和逆转现象;⑧无性繁殖以出芽或芽球方式进行,再生能力强。

二、形态

海绵动物的形态各异,呈块状、管状、分叉状、伞状、杯状、扇状、指状、树枝状、杯状或漏斗状或不规则形。体型多数不对称,少数为辐射对称,单生或群生;常在其附着的基质上形成薄薄的覆盖层。海绵动物的色泽或单一或绚丽,主要为黄色或红色。

栖息于深海的海绵动物的身体常趋于对称,具柄状体,固着在海底软泥上,由一个或成束的强大骨针形成柄或轴,下端深入泥中,上端将海绵体高高托起。有的种类基部有须根状的骨针,将海绵固着于海底。

海绵动物的身体由多细胞组成,但细胞间相对独立,尚未形成组织或器官。体壁围绕形成一个中央腔(central cavity),经由出水口(osculum),中央腔与外界相通。体壁上也有许多小孔或管道,并与外界或中央腔相通(图4-5)。

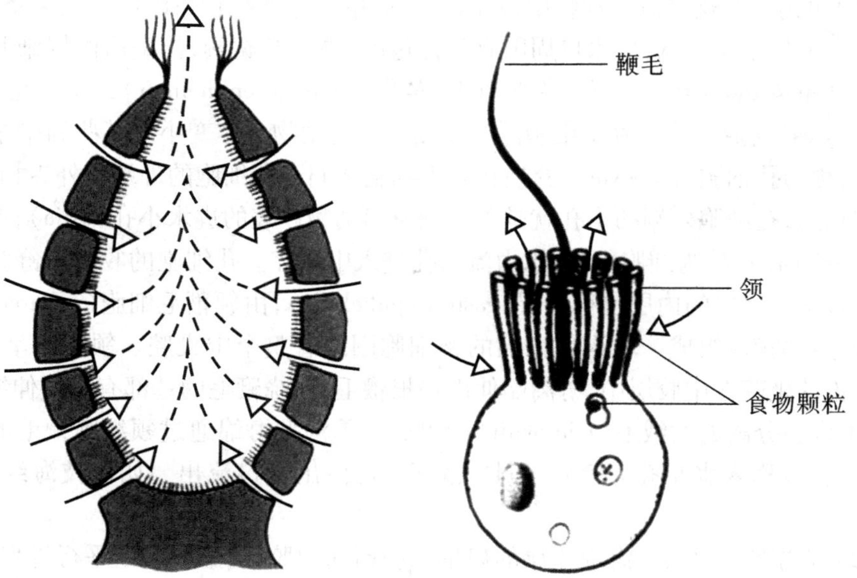

图4-5　海绵动物的纵剖面(左)和鞭毛领细胞(右)

三、体壁

海绵动物的体壁由两层细胞构成，两层细胞之间为中胶层，在中胶层中往往有石灰质的骨针。

海绵动物的摄食、呼吸、排泄和有性生殖等生理功能均依赖水在体内的不断流动而得以实现。水沟系就是使水在其体内不断流动的结构，也是海绵动物所特有的结构，对适应水中固着生活有重要意义。根据结构的复杂程度，可将海绵动物的水沟系分为单沟型(ascon type)、双沟型(sycon type)和复沟型(leucon type)3 种类型(图 4-6)。

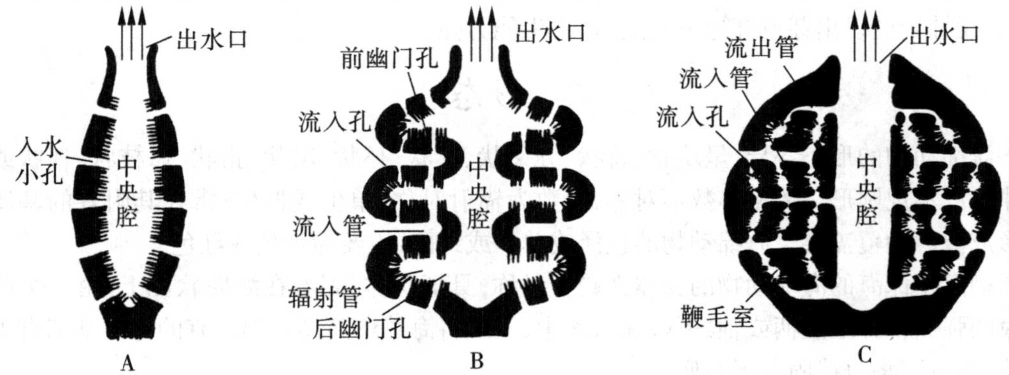

图 4-6 海绵动物的水沟系

A：单沟型；B：双沟型；C：复沟型

(1)单沟型　这是海绵动物中最原始、最简单的体壁结构(图 4-4，图 4-5)。群体中的每个个体均呈小管状，出水口周围有骨针包围，中央腔宽阔，体壁由两层细胞中间夹有中胶质(mesoglea)组成。外层细胞称皮层(dermal epithelium)，由一层扁平细胞(pinacocytes)组成。许多扁平细胞同时收缩可以使动物身体变小。某些扁平细胞特化形成管状，称为孔细胞(porocyte)，穿插在扁平细胞之间。孔细胞的外端与外界相通，内端与中央腔相通，孔细胞外端的小孔就是单沟型海绵动物体表的进水小孔(ostia)，或称流入孔(incurrent pore)，故为细胞内孔，水由流入孔进入中央腔。孔细胞的收缩及舒张可以控制水的流入量。体壁的内层也称胃层(gastral epithelium)，由领鞭毛细胞(collared flagellated cell，简称领细胞)组成。单沟型海绵的领细胞围绕着整个中央腔。领细胞呈卵圆形，其基部疏松的坐落在中胶层中，游离端伸出一根鞭毛，围绕鞭毛的基部有一可伸缩的原生质领，是由许多分离的微绒毛(microvilli)所组成。单沟型海绵通过领细胞鞭毛的摆动使水由孔细胞(或称入水小孔)流入，经中央腔后，再由出水口流出。如白枝海绵(*Leucosolenia*)。

(2)双沟型　双沟型海绵皮层的扁平细胞褶向中胶层，形成多个平行排列的盲管，称为流入管(incurrent canal)，流入管外端的开孔称为流入孔(incurrentpore)(图 4-5)。胃层的领细胞由中央腔向外端突出也形成多个穿插于流入管之间的盲管，称为鞭毛管

(flagellated canal)或鞭毛室,也称放射管(radial canal),其内端的开孔称为后幽门孔(apopyle)。流入管与鞭毛管相间排列,形成了双沟型的体壁。相邻的流入管与鞭毛管之间也有小孔使两管相通,这种小孔称前幽门孔(prosopyle)。

由于管道的出现,双沟型海绵动物的体壁加厚。同时,由于领细胞折入到鞭毛管中,中央腔的壁上不再有领细胞,而是由扁平细胞包围。因此,双沟型海绵的水流途径是:水→流入孔→流入管→前幽门孔→鞭毛管→后幽门孔→中央腔→出水口→体外。双沟型海绵增加了领细胞层的面积,管道的增加及中央腔的缩小也加速了水流通过身体的速度。在双沟型海绵中,有些种类的皮层细胞及中胶层更发达,以致遮盖整个体表,形成一层外皮(cortex),结果出现了更多的流入孔,使体壁内的水压增加,加速了水在体内的流动。例如樽海绵(*Scypha*)、毛壶(*Grantia*)等。

(3)复沟型　部分海绵动物的体壁进一步折叠,即形成复沟型(图4-5)。现生大多数海绵动物属于这种类型,例如淡水海绵。复沟型结构的变化表现在:

1)鞭毛管继续向中胶层内折入,以致形成多个圆形的鞭毛室,例如细芽海绵(*Microciona*)的体壁,鞭毛室可多达1000个/mm^2。

2)中胶层更发达,并与表皮细胞一起构成众多的皮层孔(dermal pore)或皮下腔(subdermal space)。

3)流入管分成许多小枝,然后再进入鞭毛室。

4)中央腔进一步缩小,最后被分枝的出水管(excurrent canal)所代替。

复沟型海绵中央腔中的水流途径是:水→皮层孔→皮下腔→流入管→前幽门孔→鞭毛室→后幽门孔→流出管→出水口→体外。在有些复沟型海绵,其前、后幽门孔延伸,分别形成前幽门管(prosodus)和后幽门管(aphodus),结构更加复杂。因此,复沟型海绵动物具有更大的领细胞表面积,体内有纵横相通的管道,中央腔也进一步缩小,变成管状。因此,流经体内的水量增多,水流速度加快。复沟型海绵的体积均较大,如矶海绵(*Reniera*)。淡水海绵的群体呈团状,已很难判断出个体的形态。

四、运动

海绵动物的成体营固着生活,故其运动能力极弱,但幼体阶段营短时间的自由生活。

五、消化

海绵动物从流经体壁及中央腔的水流中摄取食物、完成呼吸、排泄等生理功能,其生理代谢功能均处于细胞水平。换言之,细胞各自从水流中摄取食物及O_2,向水流中排出代谢废物及CO_2等。

海绵动物通过滤食方式获取食物。单体海绵很像一个花瓶,瓶壁上的每一个小孔都是一张"嘴巴"。海绵动物通过摆动体壁上的鞭毛,使含有食物的水不断从这些小孔进入瓶腔(体内)。"瓶"内壁上有无数的领鞭毛细胞。领鞭毛由基部向顶端螺旋式地波动,从而产生同一方向的引力,起到类似抽水机的泵吸作用。当水从瓶壁进入时,水中的营养物质,如动植物碎屑、藻类、细菌等,被领鞭毛细胞捕获后吞噬。经过消化而被吸收,那些不能消化的物质则随水流从出水口流出体外。随着源源不断的水流,细菌、硅藻、原生动物或有机碎屑也被携入体内,并被领细胞俘获作为营养。

六、呼吸

在水流进、出中央腔的过程中,海绵动物体壁的单个细胞通过扩散作用实现呼吸。

七、循环

海绵动物没有专门的循环系统,物质运输等相关生理功能均通过水流的进出而实现。

八、排泄

海绵动物无专门的排泄器官,主要依靠水流的进、出,将代谢产物或废物带出体外。某些淡水海绵的领细胞和变形细胞中有伸缩泡,可能具有渗透调节作用。

九、繁殖

海绵动物的繁殖包括有无性繁殖和有性繁殖两种方式。

无性繁殖:可分为出芽(budding)和形成芽球(gemmule)两种类型。出芽是由海绵体壁的一部分向外突出形成芽体,与母体脱离后长成新个体,或者不脱离母体而形成群体。芽球呈球状,由中胶层的一些储存了丰富营养物质的原细胞聚集成堆,外包以几丁质膜和一层双盘头或短柱状的小骨针而形成。当成体死亡后,无数的芽球可以生存下来,渡过严冬或干旱等不利的环境。当条件适合时,芽球内的细胞从芽球上的一个开口出来,发育成新个体。所有的淡水海绵和部分海产种类都能形成芽球。

有性繁殖:有些海绵动物为雌雄同体(monoecy),有些则为雌雄异体(dioecy)。精子和卵细胞由原细胞或领细胞发育而来。卵在中胶层中,精子不直接进入卵,而是由领细胞将精子吞食后,领细胞失去鞭毛和领成为变形虫状,将精子带入卵,方可进行受精。这是一种特殊的受精形式。受精卵经卵裂形成囊胚,动物极的小细胞向囊胚腔内生出鞭毛,另一端的大细胞中间形成一个开口。后来,囊胚的小细胞由开口倒翻出来,里面小细胞具鞭毛的一侧翻到囊胚的表面。这样,动物极所在的一端为具鞭毛的小细胞,植物极所在的一端为不具鞭毛的大细胞,此时的幼体称为两囊幼虫(amphiblastula)。幼虫从母体的出水孔随水流逸出。随后,具鞭毛的小细胞内陷,形成内层,而另一端大细胞留在外边形成外层细胞(图4-7)。这一过程与其他多细胞动物的原肠胚形成恰好相反(其他多细胞动物的植物极大细胞内陷成为内胚层,动物极小细胞形成外胚层),故称为**逆转**(inversion)。幼虫游动后不久即行固着,逐渐发育为成体。

再生:海绵的再生能力很强,如把海绵切成小块,每块都能独立生活,而且能继续长大。将海绵捣碎、过筛,再混合在一起,同种海绵能重新组成小海绵个体。试验表明,将橘红海绵(细芽海绵属 *Microciona*)与黄海绵(穿贝海绵属 *Cliona*)分别捣碎制成细胞悬液,并将二者混合。最终,悬浮液中的细胞按照各自的物种进行组合、聚集,分别重新形成了橘红海绵与黄海绵。用细胞松弛素(cytochalasin)处理分离的海绵细胞,则能抑制其分离细胞的重新聚合。从某种意义上说,再生也可视为无性繁殖的方式之一。

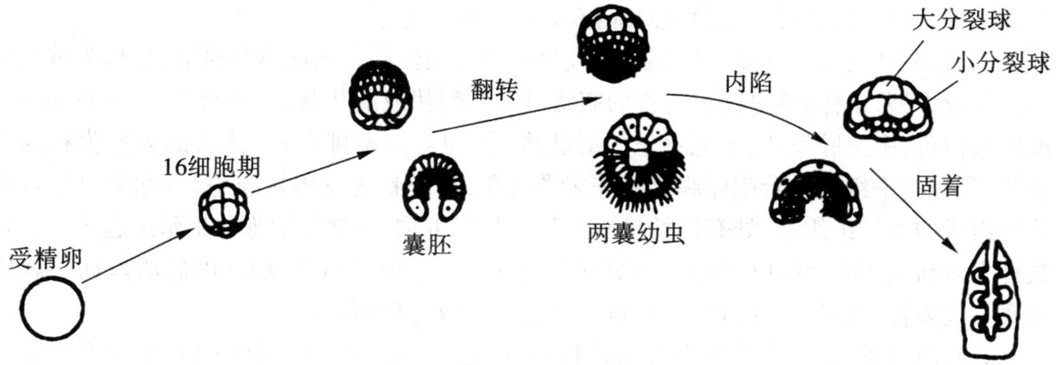

图 4-7　海绵动物发育过程中的逆转现象

十、神经与感官

海绵动物尚未形成神经系统，对刺激的传递方式表现为从细胞到细胞。因此，海绵动物对刺激的感受和反应极其缓慢，且是局部性的。有学者认为，中胶层中的星芒状细胞（collencyte）可能具有神经传导的功能。

十一、栖息环境

海绵动物主要生活于海洋环境，目前仅知有 1 科栖息于淡水环境。

十二、与人类关系

海绵动物的纤维较软，吸收液体的能力很强，可供沐浴及医学上吸收药液、血液或脓液等用。有些种类纤维含矽质骨骼，可用以擦拭机器等。用人工方法繁殖，可补充天然产量的不足：把海绵切成小块，系于石架、沉入海底，一般 2 ~ 3 年即可长成。有些种类的海绵着生于牡蛎壳上，使之封闭，造成牡蛎死亡。淡水海绵大量繁殖可堵塞水道。海绵往往对水体的物理化学性质有一定要求，故可作为水环境质量监测的指示生物。古生物学研究表明，海绵的特殊沉积物可用于分析地球历史环境的变迁。作为特殊的研究对象，海绵动物可用于细胞生物学、发育生物学等生命科学领域的基础研究。

十三、分类

海绵动物门已知种类约 5 000 种，隶属于 790 属 80 科。在地球上，从淡水到海洋，从潮间带到深海均有海绵动物的分布。根据骨针的质地、形态特征等，把现生海绵动物分为钙质海绵纲（Calcispongea）、六放海绵纲（Hexactinellida）和寻常海绵纲（Demospongiae）等 3 个纲。

钙质海绵纲：以具碳酸钙构成的骨针为主要特征。全部海产，大多生活在沿岸的浅海区域。3 种水沟系均存在。身体一般小于 10 cm，呈暗灰色或灰色。骨针顶端常突出于体外，使海绵呈刺状。典型的钙质海绵呈瓶状，辐射对称，顶端是出水口，常被竖立而较长的单轴骨针围绕，称出水口縫。骨针大小不一，形态多样，有3种基本型：单轴骨针、三辐骨针和四辐骨针。代表种类如白枝海绵（*Leucosolenia*）、毛壶（*Grantia*）等。

六放海绵纲：骨针硅质，呈六放型，或呈长的硅质丝联合成网格状骨骼，也称为玻璃海绵。体较大型，单体，常呈辐射对称的瓶状、柱状、瓮状或漏斗状，大小可达10～90 cm；一般体灰白色，中央腔发达，鞭毛室呈放射状排列（即双沟型排列）。体表面为薄膜状的合胞体，没有扁平细胞。合胞体膜上有许多进水孔，薄膜状表皮内接膜垂，实际上也是合胞体所组成的柔软组织，此处有原始生殖细胞及其衍生物，如储藏细胞和生殖细胞等。大多数种类生活在450～900 m深处，或更深的海底，直至5000 m，后端常以硅质丝插于软质海底。代表种类如拂子介（*Hyalonema*）、偕老同穴（*Euplectella*）等。

寻常海绵纲：寻常海绵纲为海绵动物门种类最多的一个纲，95%的海绵动物属于本纲。这类海绵具有硅质骨针或海绵丝，或两者联合。硅质骨针为非六放型，而是单轴骨针或四射型骨针。如两种骨针同时存在，则骨针多埋在海绵丝中，并联结成网状。体型较大、不规则，均为复沟型。由于色素在变形细胞中沉积，使身体多呈明亮的颜色。体色随种类不同而异，但不同种类具有各自固定的色彩。本纲动物分布于浅海到深海，极少数生活于淡水环境。代表种类如针海绵（*Spongilla*）等。

复习与思考题

1. 掌握海绵动物的主要特征。
2. 何谓逆转？
3. 理解并掌握海绵动物的水沟系结构。
4. 为什么说海绵动物是侧生动物？
5. 掌握下列名词：后生动物，领鞭毛细胞（领细胞），胃层，水沟系，逆转，侧生动物

第四节 腔肠动物门

腔肠动物门（Coelenterata）是真正后生动物（Metazoa）的开始，所有的后生动物都是经过腔肠动物阶段发展演化而来的。因此，腔肠动物在动物进化史上居于极为重要的地位。也有学者称此门为刺胞动物门或刺细胞动物门（Cnidaria）。腔肠动物为辐射对称体制，具两胚层、有组织的分化。水生（海洋或淡水）。已知种类约11 000种。

一、腔肠动物的主要特征

腔肠动物具有如下共同特征。①栖息于海水或淡水，营固着或自由生活；②具辐射对称体制；③具两胚层；④具有刺细胞；⑤具消化循环腔，有口无肛门；⑥神经系统为网状；⑦多数种类雌雄异体。

二、形态

从腔肠动物开始，动物的体型有了较为固定的对称形式（即体制）。腔肠动物的体型一般为辐射对称。这种体制只有上、下之分，而无左、右之别，这是腔肠动物对水中固着或

漂浮生活的适应。有些种类如海葵已出现了两辐射对称体型，这是由辐射对称向两侧对称发展的一种过渡体型。这一现象表明，动物的体型也经历了从低级形式向高级形式逐渐发展的演化过程。

腔肠动物具有水螅型和水母型两种基本形态，且在生活史中交替出现。水螅型适于水中固着生活，身体呈圆筒状，一端有用于固着的基盘；另一端是口，口周围有触手。珊瑚类的基盘和体壁的外胚层还可分泌钙质或硅质骨骼。水母型适于水中漂浮生活，体呈圆盘状，其突出的一面称外伞，凹入的一面称下伞。下伞中央有一悬挂的垂管，管的末端是口，向内为消化循环腔。伞缘有触手，下伞缘有向内突入的环状薄膜，称环膜。若将水母型沿其横轴向上翻转180°，使下伞向上，则两种形态的结构基本相似。所不同的是，水母型较扁平，中胶层较厚，在伞缘有神经环、平衡囊或触手囊。这些特点与水母型个体营水中漂浮生活密切相关。水螅类同时具有水螅型和水母型两种基本形态，钵水母类则水水母型发达，水螅型退化或无；有些种类（如珊瑚类）则只有水螅型，而没有水母型。

三、体壁

腔肠动物的身体呈辐射或两辐射对称，仅具二胚层，是真正但最为原始的后生动物（Metazoa）。体壁由外胚层、内胚层和中胶层组成。内胚层所围成的腔称消化循环腔，亦称腔肠，一端为口，另一端封闭，故无肛门。腔肠动物的细胞已分化为皮肌细胞、腺细胞、间细胞、刺细胞、感觉细胞等（图4-8）。皮肌细胞是内、外胚层中的主要细胞，既是表皮细胞，有保护功能，同时也是肌肉细胞，有伸缩功能，起肌肉样作用。因此，皮肌细胞初步具有上皮、肌肉组织的双重功能，同时也表明上皮与肌肉尚未完全分开，是一种原始现象。一般在皮肌细胞的基部延伸出一个至数个细长的突起，其中有肌原纤维。肌原纤维也分为横纹肌、斜纹肌和平滑肌。每个肌原纤维都由一束细丝组成。这些丝有粗细之分。与高等动物肌肉组织中的粗（肌球蛋白）、细（肌动蛋白）丝相似，其伸缩的机理也与高等动物相似。有些种类如海葵的肌肉组织较发达，出现了肌旗。

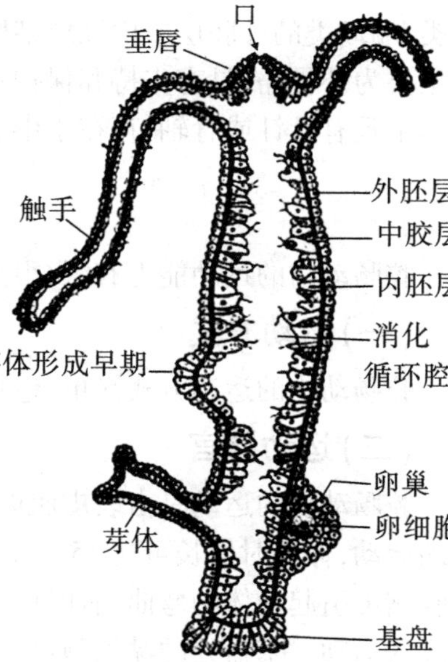

图4-8 水螅的形态与体壁

刺细胞和刺丝囊是腔肠动物所特有的捕食、防御结构，也是本门动物分类的依据之一（图4-9）。刺细胞多源于外胚层，由间细胞形成。刺细胞向外的一端有刺针，内有细胞核和刺丝囊。刺丝囊有各种形状，种类也较多。已有的研究表明，腔肠动物的刺丝囊约有17种。其中，水螅类有4种，即穿刺刺丝囊、卷缠刺丝囊和2种黏性刺丝囊。穿刺刺丝囊呈囊袋状，囊内有中空的刺丝。当刺针受到刺激时，刺丝随即从囊中向外抛出，把毒汁注入其他动物体内，使之麻醉或死亡。卷缠刺丝囊可缠绕被攻击物体上的刺毛，使其不易逃逸。黏性刺丝囊则可分泌黏性物质，协助动物的捕食或运动。

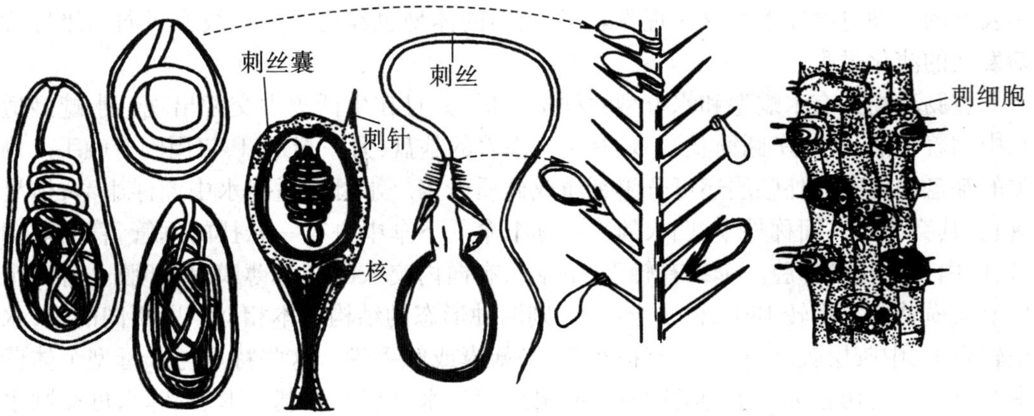

图 4-9 腔肠动物的刺细胞与刺丝囊

腔肠动物在细胞分化的基础上,形成了简单的原始上皮肌肉组织、结缔组织等。钵水母类、珊瑚类的外胚层或内胚层细胞侵入中胶层,分化出简单的结缔组织。腔肠动物的骨骼主要为外骨骼,具有支持和保护功能,多由几丁质、角质和石灰质构成。在很多珊瑚虫身体中具有骨针或骨轴,存在于中胶层,或突出于体表。

四、运动

腔肠动物的运动能力有限,很少有主动的移位运动,水螅型个体尤其如此。

(一)运动方式

腔肠动物的运动方式简单,包括游泳、漂浮、翻筋斗、喷水反向运动等。

(二)运动器官

腔肠动物的运动是由表皮肌肉细胞中肌原纤维的收缩所引起的。如水螅的身体可做伸缩运动,伸展时体长可达 15 ~ 20 mm,收缩时体长仅有 0.5 mm。身体一侧的肌原纤维的收缩可引起身体的弯曲,有时可借弯曲身体及触手的配,并与基盘的交替附着而做翻筋斗式的运动。基盘处的黏细胞可分泌大量的气泡,使水螅在水面上作短暂的漂浮。钵水母类和珊瑚类的肌原纤维已与表皮细胞分离,形成一层独立的肌纤维。如水母的肌原纤维在下伞面及伞缘形成薄薄的一层肌肉环。在有些种类,肌肉环被辐管隔离成片状,其纤维有横纹,可做有规律的收缩,使伞面有节奏地收缩。当伞缘收缩时,伞缘内的水被喷出,其反作用力推动水母体向上运动;当伞缘肌肉舒张时,被压缩的中胶层的弹性使伞复原,水则重新进入伞缘,身体随即下沉。但是,由于收缩比舒张要快,故水母可向上垂直运动。一旦肌肉停止收缩,水母即自然下沉。其水平方向的运动多由水流及风力所推动,故为被动式。珊瑚类、海葵的肌原纤维在隔膜上形成发达的牵缩肌,收缩有力。因此,当海葵固着在岩石等物体的表面时,往往不易取下。

五、消化

腔肠动物由内胚层所围成的身体内腔称消化循环腔(gastrovascular cavity),亦称胃腔。在有些种类如水螅,消化循环腔的结构简单,仅为一条腔道。腔道的前端有一开口,来自胚胎发育时的原口,具有口和肛门的双重功能。既是取食的门户,又是食物残渣的出口。有些种类的消化循环腔结构复杂,具较多分枝的管道。如海月水母的口通过短的口道与位于体中央的消化循环腔相连,消化循环腔向四个方向扩大成4个胃囊,胃囊间有分支或不分支的辐管。这些辐管又与伞缘的环管相接。胃囊底部还有具腺细胞的胃丝。食物由口经口道进入胃囊。腺细胞分泌消化酶将食物消化后,再由辐管输送到全身各部。因此,腔肠动物的一些高等种类已开始出现原始的消化系统。

腔肠动物均为肉食性,以浮游生物、小的甲壳类、多毛类、小鱼等为食。由于食物的机械、化学刺激,引起水螅类动物的触手伸长,并释放出刺丝囊以缠绕、麻痹、毒杀捕获物,再将食物送入口中。口区的腺细胞分泌的黏液有利于食物的吞咽,食物进入消化循环腔后,胃层的腺细胞开始分泌蛋白酶,以分解、消化食物。同时,由于营养肌肉细胞的鞭毛运动,食物在胃腔中得以混合、推动。经这种细胞外消化之后,食物即开始细胞内的消化过程。营养肌肉细胞的伪足吞噬食物颗粒,在细胞内形成大量食物泡,经过酸性及碱性的化学过程之后,营养物质通过细胞的扩散作用输送到身体各部分。钵水母类及珊瑚类腔肠动物的消化循环腔结构比较复杂。钵水母的消化循环腔中有各种辐管及环管,胃囊中有内胚层起源的胃丝;珊瑚类的消化循环腔被许多隔膜分隔成许多小室,隔膜上有隔膜丝。胃丝及隔膜丝中含有大量的刺细胞及腺细胞。这类动物将食物吞入消化循环腔之后杀死并消化。消化后的营养物质通过各种管道输送到全身,未消化的食物残渣仍经口排出。腔肠动物中的许多种类,特别是海洋中的造礁珊瑚类,体内均有共生的藻类,如动物黄藻、腰鞭毛藻等。藻类能进行光合作用,产生甘油、脂肪、糖及脯氨酸等,并提供给腔肠动物作为其补充营养。

六、呼吸

腔肠动物没有专门的呼吸器官,它们的体壁由两层细胞围绕消化循环腔组成,并以口使消化循环腔与外界相通。因此,构成腔肠动物体壁的两层细胞实际上均与外界环境相接触,呼吸作用即可通过体内、外表面的细胞与周围的水进行气体交换而实现。动物从细胞表面周围的水中得到O_2,同时把CO_2排入水中。消化循环腔内的水处于不断流动的状态,且与外界的水进行着周而复始的循环,使腔内的水始终含有较多的游离O_2,以供体内表面细胞呼吸之用。

七、循环

除行使消化作用之外,腔肠动物的消化循环腔还具有循环功能。通过消化循环腔,可将经细胞外消化后的食物和营养物质输送到包括触手在内的身体各个部分。

八、排泄

腔肠动物没有专门的排泄器官。与呼吸作用类似,腔肠动物的代谢产物由体壁表面的细胞排入周围的水中,或排入消化循环腔的水中,然后经口排出体外。腔肠动物体内的主要含氮代谢产物是氨。

九、繁殖

腔肠动物多数种类为雌雄异体少数为雌雄同体,其繁殖包括无性繁殖和有性繁殖两种方式。

无性繁殖:与海绵动物相似,腔肠动物的无性繁殖为出芽繁殖,即母体的部分体壁向外突出形成芽体;芽体生成后,脱离母体而成为新个体。有的芽体长大后,暂不脱离母体,故而形成复杂的群体。有些种类如海葵的无性繁殖通过基盘碎裂实现,即基盘在移动时留下的小块,在固着物上再生成小海葵;或以身体纵裂的方式产生新个体。

有性繁殖:腔肠动物的生殖腺由间细胞分化而成。生殖腺的来源因类群不同而异,在水螅类源自外胚层,在钵水母类和珊瑚类则来源于内胚层。当雄性生殖腺成熟时,把精子排入水中,精子随水流进入雌体内,进行体内受精,或精、卵细胞均排入水中,行体外受精。雌雄同体的种类仍为异体受精。受精卵经过卵裂、囊胚期,到原肠胚期时,发育为体表长满鞭毛的浮浪幼虫(planula larvae)(或称纤毛幼虫)。这种幼虫经一段时间后沉入海底,附着于固体物上,再发育成新个体。在水螅型和水母型同时存在的腔肠动物,水螅世代可用无性繁殖方式产生水母型,水母世代生长至成熟后,又以有性繁殖方式产生水螅型。动物生活史中这种无性世代和有性世代交替出现的现象称为**世代交替**。

再生:某些腔肠动物如水螅的再生能力很强,将水螅体任意切成数段,每一小段都可再生出所失去的部分,形成一个新的个体。

十、神经与感官

腔肠动物在中胶层近外胚层的一侧,分布有许多神经细胞。这些神经细胞具形态上相似的突起,相互连接成疏松的神经网,构成了动物界最原始的网状神经系统(net nervous system)(图4-10),或称扩散神经系统。这些神经细胞又与内、外胚层的感觉细胞和皮肌细胞相联系。因此,感觉细胞接受刺激,神经细胞司传导,皮肌细胞司动作,各部分互相结合,组成神经-肌肉体系。这个体系对外界的各种刺激(物理的、化学的、机械的或食物的)都能产生有效的反应,并借此进行捕食、避敌和整体活动的调节。除神经网外,有些种类如水螅纲的水母型和钵水母纲动物在伞缘处还形成了神经环。尽管如此,腔肠动物尚无神经中枢,神经传导的方向不固定,传导的速度较慢,由此也说明了腔肠动物神经系统的原

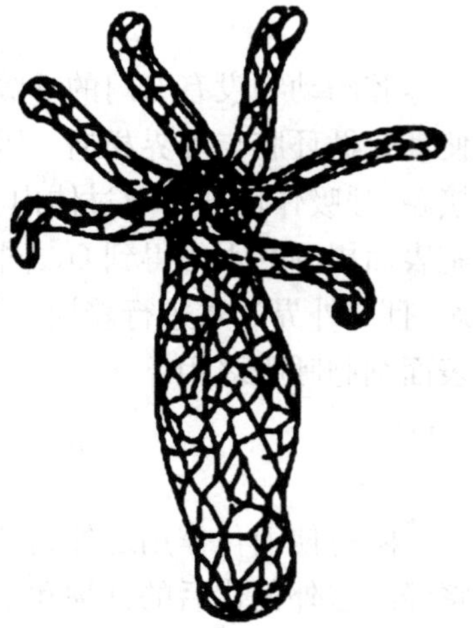

图4-10 水螅的网状神经系统

始性。

腔肠动物的感觉器官在不同的类群间差异较大,结构繁简不一。有些种类如水螅仅具感觉细胞;有些种类如海月水母则具有结构复杂的平衡囊或触手囊,囊内有钙质平衡石,囊上有司感光的眼点,囊下面的缘膜上有感觉细胞和纤毛。另外,在整个感觉器上还有2个司嗅觉的嗅窝。

十一、栖息环境

腔肠动物多栖息于温带和热带的浅海中,少部分种类栖息于淡水环境,但无陆生种类。营固着生活的腔肠动物常附着于贝壳、石块、水草或其他物体上,营漂浮和自由生活的水母类则可在离堤岸较远处生活。

十二、与人类关系

某些腔肠动物可作为鱼类、人类的食物,但是,部分腔肠动物也会捕食幼鱼,对渔业生产造成一定的影响。造礁珊瑚可为一些鱼类或其他动物提供重要的栖息、隐蔽场所,对海洋生物多样性保护具有重要意义。珊瑚礁可作为重要的旅游资源,或用于建筑,或制作成精美的工艺品。

十三、分类

腔肠动物已知种类约10 000种。根据身体结构、生活史等特征,将腔肠动物分为水螅纲(Hydrozoa)、钵水母纲(Scyphozoa)和珊瑚纲(Anthozoa)3个纲。

(1)水螅纲　本纲动物绝大多数海产,少数生活在淡水环境。腔肠动物的淡水种类均隶属于本纲。这类动物营单体或群体生活。大部分种类生活史中有水螅型和水母型,或两种形态同时存在于群体中,形成二态或多态型个体,或以世代交替的方式轮番出现。少数种类只具有水螅型或水母型。生殖腺来源于外胚层。常见种类有水螅(*Hydra*)、筒螅(*Tubularia*)、薮枝螅(*Obelia*)、桃花水母(*Craspedacusta*)、钩手水母(*Gonionemus*)、僧帽水母(*Physalia*)等。

(2)钵水母纲　或称水母纲(真水母纲)。本纲动物全部海产,水母型极发达,感觉器官为触手囊,无缘膜,水螅型退化或无。生殖腺来源于内胚层。本纲动物已知种类约200种,常见种类如海月水母(*Aurelia aurita*)、海蜇(*Rhopilema esculentum*)等。

(3)珊瑚纲　本纲动物全部海产,只有水螅型(单体或群体),而没有水母型。具有由外胚层下陷形成的口道,其口(准确地说,应为口道外口)侧扁而不呈圆形,呈裂缝状,并且一端壁上密生纤毛的沟贯串口道的全长,此沟称为口道沟。身体呈左右辐射对称(两辐射对称)。消化循环腔中有内腔层突出的隔膜,其数目为8个、6个或6的倍数。生殖腺来自内胚层。中胶层内有发达的结缔组织。多数种类具有石灰质的外骨骼。代表种类如海葵(*Actiniaria*)、鹿角珊瑚(*Madrepora*)、石芝(*Fungiia*)等。

珊瑚礁及由珊瑚礁所构成的典型热带海洋生态系统生产力很高,生物资源丰富,是海洋生物多样性保护的重要对象。中国政府已建立了一批以珊瑚礁为主要保护对象的自然保护区,如三亚珊瑚礁国家级自然保护区(海南省)、徐闻珊瑚礁国家级自然保护区(广东省)、福建东山珊瑚省级自然保护区(福建省)等。

复习与思考题

1. 腔肠动物的主要特征是什么?
2. 腔肠动物可分为哪几个纲?
3. 试述腔肠动物的繁殖方式。
4. 掌握腔肠动物消化循环腔的主要功能。
5. 掌握下列名词:辐射对称,刺细胞,网状神经系统,世代交替,消化循环腔

第五节 扁形动物门

扁形动物门(Platyhelminthes)是一类两侧对称、三胚层、无体腔、无呼吸系统、无循环系统、有口无肛门的无脊椎动物。已记录的扁形动物约有15 000种。扁形动物栖息于淡水、海洋、潮湿陆地等多种环境。

一、扁形动物的主要特征

扁形动物具有如下共同特征。①营寄生生活或自由生活;②身体为两侧对称;③具三胚层,具有完善的器官系统;④排泄系统一般由焰细胞和排泄管组成;⑤神经系统有"脑";⑥无体腔,器官之间充满实质组织;⑦大多数种类雌雄同体。

二、形态

扁形动物在动物进化史上居于重要地位。从这类动物开始,出现了两侧对称的身体结构体制,即通过动物体的中央轴,只有一个对称面可将动物体分成左右相等的两部分。因此,两侧对称也称左右对称。这种结构体制对动物身体结构和功能的进一步复杂、完善和发展极为重要,为动物从水生过渡到陆生奠定了必要的基础。

扁形动物一般背腹扁平,身体前端常有感觉器官,但头部的分化尚不明显。口位于前端或腹面。营寄生生活的种类其身体形态发生明显特化,并具有发达的附着结构。

从辐射对称发展到两侧对称,是动物体制进化的重要一环,是动物由适应水中漂浮生活到底栖、爬行生活的结果,也是未来进化到陆生爬行的先决条件。两侧对称使动物体分化出前、后端、左、右侧和背、腹面;身体各部分出现功能的分化,神经和感觉器官向身体前端集中,背面具有保护作用,腹面则主要承担运动和摄食功能。

三、体壁

由于中胚层的出现,扁形动物的体壁结构发生了重大改变,由表皮和肌肉共同形成的皮肤肌肉囊构成动物的体壁。

(一)中胚层

从扁形动物开始,在外胚层和内胚层之间出现了中胚层。中胚层的出现对动物身体结构与机能的进一步发展具有重要意义。

1. 中胚层的形成减轻了内、外胚层的负担，引起了一系列组织、器官、系统的分化，为动物身体结构和功能的进一步复杂和完备提供了必要的物质基础，使扁形动物结构达到了器官、系统水平。

2. 由中胚层分化出复杂的肌肉层，增强了运动功能，再加上两侧对称的体型，使动物有可能在更大的范围内、摄取更多的食物；同时，由于消化管壁出现肌肉，使消化管的蠕动能力明显提升。这些特征无疑使动物的新陈代谢功能得以加强，代谢所产生的废物增多，进而促进了排泄系统的形成。随着动物运动功能的提高，可使其经常接触变化多端的外界环境，进一步推动了神经系统和感觉器官的发展和完善。

3. 由中胚层所形成的实质组织（parenchyma）可储存营养物质和水分，使动物能够耐受一定程度的饥饿，并抵御干旱环境。因此，中胚层的形成也是动物由水生进化到陆生的基本条件之一。

（二）皮肤肌肉囊

随着中胚层的出现，扁形动物出现了复杂的肌肉构造，包括环肌（circular muscle）、纵肌（longitudinal muscle）和斜肌（diagonal muscle）（图 4-11）。肌肉与外胚层形成的表皮相互紧贴而组成的体壁称为皮肤肌肉囊，简称皮肌囊。皮肌囊之内的空间为实质组织所充填，体内所有的器官都包埋于其中。

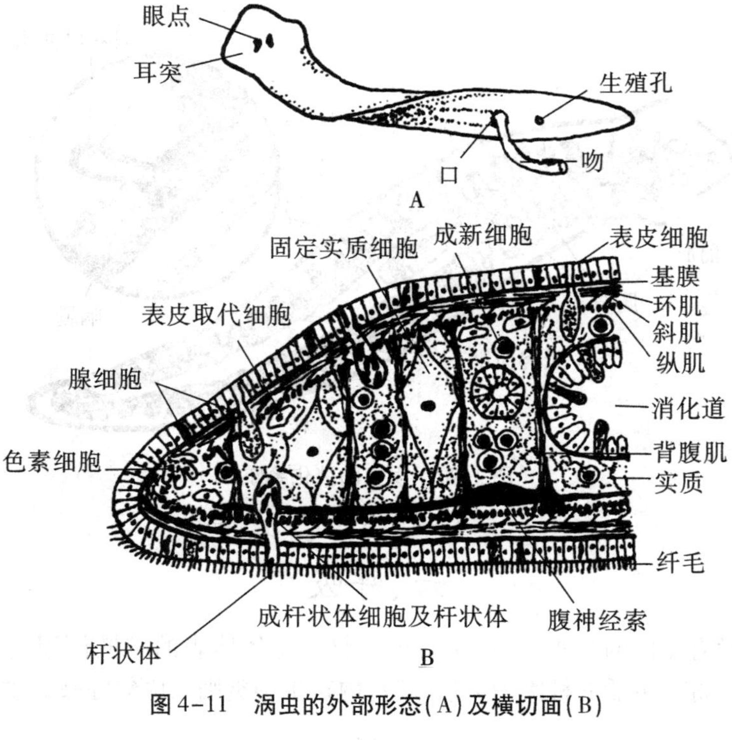

图 4-11　涡虫的外部形态（A）及横切面（B）

四、运动

扁形动物的中胚层分化形成了肌肉组织,进而使扁形动物的运动能力得以明显提升。

(一)运动方式

扁形动物的运动方式趋于多样化,主要包括游泳、滑行、爬行和蛭样运动等。

(二)运动器官

在自由生活的扁形动物和寄生种类的幼体阶段,可借助于纤毛进行游泳、滑行或爬行,有些种类还可借助肌肉运动产生的肌波(muscular wave)沿虫体两侧通行,实现运动。营寄生生活的扁形动物的运动能力较弱,它们可通过肌肉和前、后附器(吸盘、小钩等)进行蛭样运动。某些种类的尾蚴可用尾部运动。

五、消化

扁形动物的消化系统与大多数腔肠动物相似,通到体外的开孔既是口,又作肛门用(图 4-12),故称为不完全消化系统(incomplete digestive system)。仅单咽目(Hyplopharyngida)涡虫如单咽虫(Haplopharynx)有临时性肛门。扁形动物的肠是由内胚层形成的盲管。除肠之外,腔肠动物体内无广大的体腔。营寄生生活的种类,其消化系统趋于退化(如吸虫纲),甚至完全消失(如绦虫纲)。

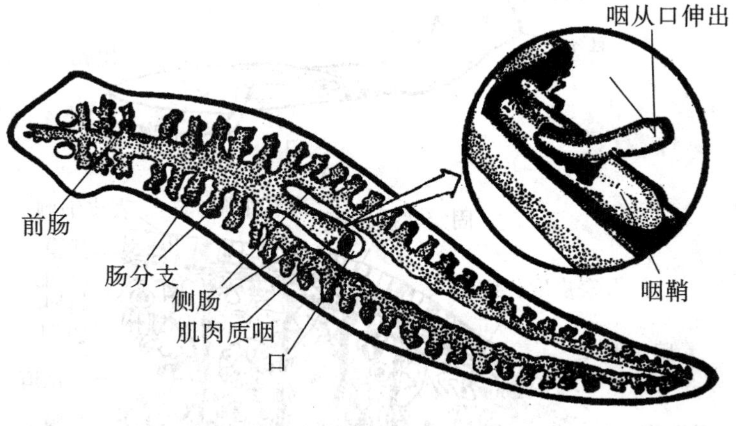

图 4-12 涡虫的消化系统

六、呼吸

扁形动物没有专门的呼吸器官,主要依靠整个身体体表的扩散作用进行气体交换。营自由生活和外寄生生活的种类为需氧呼吸,内寄生种类则以厌氧呼吸为主。

七、循环

扁形动物没有专门的循环系统。中胚层虽已出现,但尚未形成体腔。扁形动物主要通过扩散作用实现对营养物质、O_2和CO_2的运输。扁形动物扁平的身体、高度分支的肠支均有利于此过程的进行。

八、排泄

扁形动物具有原肾管(protone phridium)型的排泄系统。原肾管由身体两侧的外胚层陷入形成。原肾管通常由具许多分支的排泄管构成,经排泄孔通体外。每一小分支的最末端由焰细胞(flame cell)(亦称纤毛焰、帽细胞)和管细胞(tubule cell)组成盲管。焰细胞位于小分支的顶端,覆盖于管细胞之上,焰细胞生有2条或多条鞭毛,悬垂在管细胞中央。鞭毛打动时犹如火焰状,故名焰细胞。在电镜下观察可见,两个细胞间或管细胞上有无数小孔,管细胞通至排泄管的小分支。

通过焰细胞上鞭毛的不断打动,在管的末端产生负压,引起实质组织中的液体流动,经过管细胞上细胞膜的过滤作用,Cl^-、K^+等离子在管细胞处被重新吸收,产生低渗液体,经过管细胞膜上的无数小孔依次进入管细胞、排泄管,再经排泄孔排出体外。在扁形动物,原肾管的功能主要是调节体内的渗透压,同时也排出部分代谢废物,大多数含氮代谢产物则通过体表排出。

九、繁殖

由于中胚层的出现,扁形动物形成了产生雌、雄生殖细胞的固定的生殖腺,输送生殖细胞的生殖导管如输卵管(oviduct)、输精管(vas deferens)等,以及一系列的附属腺体如前列腺(prostate gland)、卵黄腺(vitellaria)等。因此,扁形动物可使生殖细胞运送到体外,进行交配和体内受精。扁形动物的繁殖方式包括有性繁殖、无性繁殖等。

1. 有性繁殖

扁形动物大多数雌雄同体,异体受精,少数种类为同体受精(如华枝睾吸虫,*Clonorchis sinensis*)。以涡虫为例,其受精卵行螺旋式卵裂。多数种类经卵裂后形成牟勒氏幼虫(Muller' s larvae),该幼虫有8个纤毛瓣,可用以游动。因为发育需经历幼体时期,扁形动物属于间接发育,这表明扁形动物在动物进化过程中达到了一个新的阶段。

营寄生生活的扁形动物,在其生活史中往往经过中间寄主阶段。随寄生虫种类、寄生方式的不同,其中间寄主亦表现出一定的多样性,主要是一些软体动物。

2. 无性繁殖

扁形动物可通过无性繁殖增加个体数量。无性繁殖的方式主要包括分裂、多胚繁殖、节片繁殖等。

(1)分裂　淡水及陆生涡虫以分裂方式进行无性繁殖。分裂时,以虫体后端黏附于底物上,虫体前端继续向前移动,直到虫体断裂为两部分,即为分裂。分裂面常发生在咽后,然后各自再生出失去的一部分,形成2个新个体。有些小型涡虫(如微口涡虫*Microstomum*)经数次分裂后的个体并不立即分离,而是彼此相连,形成一个虫体链,当幼体生长到一定程度后,再彼此分离,营独立生活。

(2)幼体繁殖　在一些营寄生生活的吸虫纲动物,其不同发育时期的幼体(如胞蚴、雷蚴)即可经过分裂形成许多新的同期幼体。如复殖吸虫目(Digenea)的种类。

(3)节片繁殖　在绦虫纲的扁形动物,紧接于头节的颈节节片可不断增殖、分裂,形成新的节片,以补充末端排出体外的妊娠节片,这种繁殖方式称为节片繁殖。如猪带绦虫的繁殖力很强,每条绦虫有 700 ~ 1 000 个节片,每个节片可产生 50 000 个受精卵。

3. **再生**

部分扁形动物如涡虫的再生能力很强,若将其横切为两段,每一段都会将失去的那一半再生出来,重新形成一条完整的涡虫;甚至将其分割为许多段时,每一段也能各自再生,形成新涡虫。因此,在相关研究中,可通过切割或移植,产生二头或二尾等多种形态的涡虫。

十、神经与感官

扁形动物的神经系统比腔肠动物有显著的进步,表现在神经细胞逐渐向前集中,形成"脑"及从"脑"向后发出的若干纵行神经索(longitudinal nerve cord)(图4-13)。在纵神经索之间,有横神经相连。在高等种类,纵神经索数目减少,只有1对腹神经索发达,其中有横神经连接如梯形,故称梯状神经系统(ladder-like nervous system)(亦称梯式神经系统)。脑与神经索都有神经纤维与身体各部分联系。从进化的角度来说,扁形动物出现了原始的中枢神经系统(central nervous system)。这种神经系统虽较腔肠动物的网状神经系统有所进步,但它又是原始的,因为其神经细胞并不完全集中于"脑",也分散于神经索中。

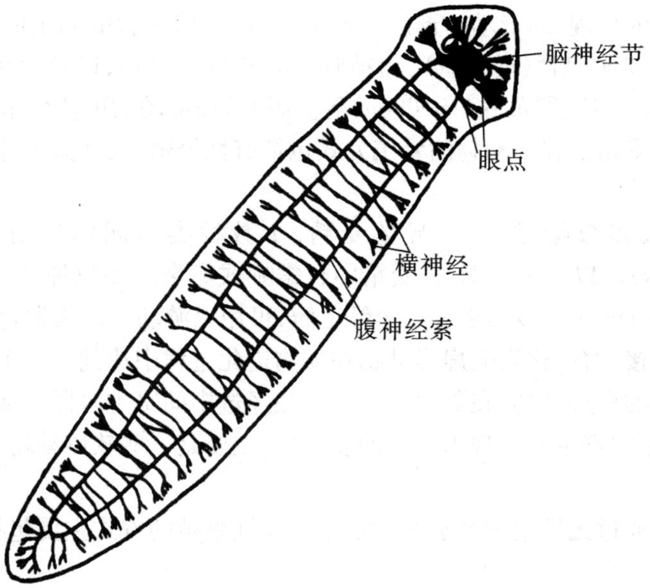

图 4-13　涡虫的神经系统

十一、栖息环境

营自由生活的扁形动物栖息于海洋、淡水或潮湿的陆地环境中,营寄生生活者则寄生于动物、人体的血管、消化管等处。

部分寄生种类在其生活史中有更换寄主的现象，这既是对寄生生活的适应，也是长期自然选择的结果。寄生虫更换寄主的生物学意义可从两个方面来理解：①与寄主的进化有关：最早的寄主应该是在系统演化中出现较早的类群，如软体动物；后来这些寄生虫的生活史推广到较后出现的脊椎动物，这样较早的寄主成为中间寄主。②是寄生虫（物）对寄生生活的适应：因为寄生虫对寄主总是有害的，如果过量繁殖，可能造成寄主的死亡，进而危及寄生者自身的生存。此时，寄生虫就可能从一个寄主过渡到另一个寄主。以减轻对每个寄主的危害程度，同时也使寄生虫获得更多的生存机会。

十二、与人类关系

许多扁形动物可寄生于野生动物、家养动物或人体内，引起寄生虫病，不仅严重危害寄主的健康、生命安全，也会造成重大的经济损失。

从寄生虫与寄主的相互关系来说，寄生虫对寄主的危害主要包括：①营养竞争，寄生通过与寄主竞争食物和营养物质，影响寄主的生长发育。②化学性作用，寄生虫的分泌物、排泄物等引起寄主局部炎症、血象改变、全身或局部的毒理作用等。③机械性作用，寄生虫个体数量过多时，可破坏、压迫组织、阻塞腔道；如猪囊尾蚴寄生于脑部时，可引发寄主的四肢麻痹及癫痫等。④继发感染，因感染寄生虫而造成寄主抵抗力下降、免疫系统受损或寄主虫的附着结构造成寄主组织、器官表面损伤等，都会导致其他病菌的侵入，产生继发性的、新的疾病。

在长期的进化过程中，寄生虫也产生了诸多的适应性特征，以抵御寄主的排斥，如肠道内寄生虫能抵抗寄主的消化液、幼虫具有趋光性、趋热性等。总体来看，寄生虫的适应性特征主要包括：某些器官如运动器官退化甚至消失；神经系统和感官一般退化；消化系统退化或消失；形成了一些新的结构如吸盘、钩等以便附着于寄主的体内器官；生殖系统极为发达；生态适应能力强。

十三、分类

迄今已知的扁形动物约 15 000 种。根据形态特征和生活方式的不同，可分为涡虫纲（Turbellaria）、吸虫纲（Trematoda）、绦虫纲（Trematoda）等 3 个纲。

涡虫纲：本纲是扁形动物中最为原始的类群。这类动物体表被有纤毛，肠道较发达；体长 5 ~ 60 cm。已知种类约 4 000 种，多数营自由生活。身体柔软、扁平而细长，前端呈三角形，两侧各有一耳突，背面有 2 个黑色眼点，口位于腹面近体后 1/3 处，稍后方为生殖孔。身体腹面密生纤毛，由于纤毛和肌肉的运动，使涡虫做游泳状爬行。代表种类如海洋生活的旋涡虫（*Convoluta schultrei*）；淡水中生活种类如日本三角涡虫（*Dugesia japonica*）；少数种类可见于陆地的潮湿土壤中，如笄蛭涡虫（*Biparlium kewense*）。

吸虫纲：本纲动物均营寄生生活，生活史复杂，包含 1 ~ 2 个中间宿主。成体形态多扁平如叶状，体表无纤毛，或由具棘的角质层所覆盖。肠道较简单，多数具有富含肌肉的吸盘 2 个，用以吸附在寄主的消化管等处。前端的 1 个吸盘围住口孔，称口吸盘；腹面的 1 个吸盘称腹吸盘，腹吸盘如移至身体后端则称后吸盘。已知种类约 6 000 种。代表种类如寄生于人体门静脉内的日本血吸虫（*Schistosoma japonicum*），给人体造成极大的危害，为人类5大寄生虫病之一。其他种类如寄生于人体肝脏的华枝睾吸虫(*Clonrchus sinensis*)、寄生在人体肺内的魏氏并殖吸虫(*Paragonimus westermani*)等。

绦虫纲:本纲动物均营体内寄生生活,寄生于脊椎动物的肠道等器官内,为高度营寄生生活的类群。体表无纤毛,成体带状,短者1 mm,长者12 m。消化系统包括口和肠等全部退化消失,成虫一般呈长带状,除少数种类为单节外,一般由多个节片组成,少者4节,多者可达数千节或更多。由前而后依次分为:头节:呈球形,有2圈小钩,并有数个吸盘。颈节:形纤细,1节,以横分裂产生节片(节片繁殖),故称生长区。未成熟节片:宽大于长,内部结构尚未发育。孕节:宽小于长,被子宫充满,内有大量虫卵,故称孕卵节片。已记录的种类约3 400种,代表种类如猪带绦虫(*Taenia solium*)和牛带绦虫(*T. saginatus*)等。

复习与思考题

1. 扁形动物的主要特征是什么?
2. 扁形动物可以分哪几个纲?
3. 寄生虫(物)对寄生生活的适应性特征表现在哪些方面?
4. 如何理解寄生虫更换寄主的意义?
5. 中胚层出现对于动物进化的意义何在?
6. 查阅文献,理解皮肤肌肉囊的结构特征与意义。
7. 掌握下列名词:实质组织,杆状体,节片繁殖,原肾管,梯状神经系统,中间寄主,皮肤肌肉囊(皮肌囊)

第六节　线虫动物门

线虫动物门(Nematoda)的身体大多呈长圆筒形,两端尖细,故亦称圆虫。本门动物的最显著特征是具有假体腔。线虫的身体两侧对称,体表无纤毛,而被以角质层,雌雄异体。线虫动物分布广泛,生活方式多样。营自由生活的种类广布于海洋、淡水及土壤等环境,甚至在海底、沙漠及温泉中都可发现。

一、线虫动物的主要特征

线虫动物具有如下共同特征。①三胚层,具假体腔;②身体为两侧对称;③具完全的消化管;④排泄系统为原肾管演化形成;⑤营自由生活或寄生生活;⑥雌雄异体、异形。

二、形态

线虫动物的身体大多呈圆柱形,细长,两端略尖。有些种类呈丝状或鞭状,有些动物的头端有饰带、头领或头球,或者口部有口囊,口囊内、外有叶冠、齿板或钩齿。雌虫一般尾部尖而直,有些种类的雌虫膨大似柠檬形。雄虫尾部则弯曲或有交合刺,两侧为侧翼膜。肛门位于身体的后端腹面。自由生活的线虫体长一般不超过1 mm,最大者如某些海产种类也不过50 mm;寄生生活的线虫大小差异较大,体小者与自由生活种类相似,大者如寄生于人体的肾膨结线虫（*Dioctophyma renale*）和麦地那龙线虫（*Dracunculus medinensis*），体长可超过 1 m。线虫类的身体前端有口，身体的外面可见有 4 条纵行的线：背方的称背线，腹方的称腹线，在两侧的称为侧线。此外，各种线虫的体表无纤毛而常具各种乳突，有感觉的功能，其位置和形状是分类的重要依据。

三、体壁

线虫动物的体壁由外向内包括角质层、表皮层（或称下皮层）和肌肉层，合称皮肌囊。角质层由下皮层的分泌物构成，无色透明，富有弹性，表面光滑或有横、纵纹。有的角质层形成刺、毛或膨大成翼膜，在前端的为头翼膜和颈翼膜；下皮层是一层界限不明显的合胞体结构。在虫体的背腹面和两侧的下皮层特别增厚，形成 4 条纵索：腹索、背索和 2 条侧索。在皮肌囊和消化道之间的空腔为假体腔（或称原体腔或初生体腔）（图 4-14）。假体腔相当于胚胎发育过程中的囊胚腔，没有由中胚层形成的体腔膜包围，故与高等动物的真体腔不同。假体腔没有孔道与外界相通，内部充满体腔液，可使动物身体内部保持一定的膨压和形状。排泄管和侧神经干埋置于侧索中，背、腹神经干则位于背索和腹索中。肌层中肌细胞的排列和数目可作为分类的依据。

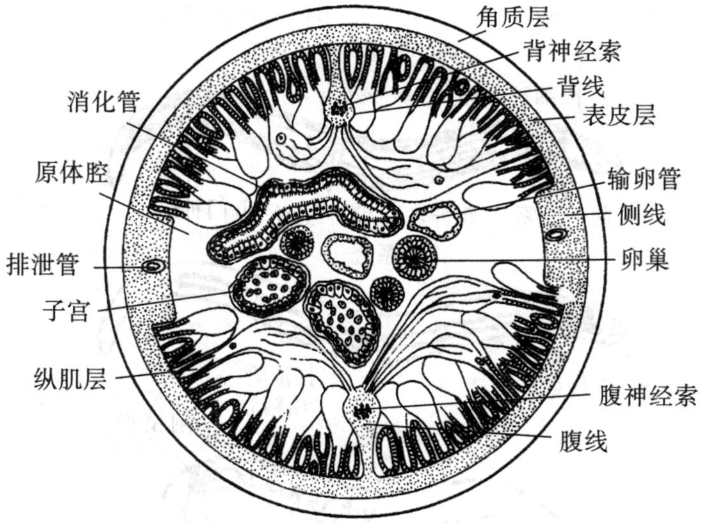

图 4-14　蛔虫的横切面

四、运动

线虫动物一般个体小，运动能力较弱。

1. 运动方式

线虫动物的运动方式简单，主要包括身体形变、爬行、游泳等。

2. 运动器官

线虫类无专门的运动器官。这类动物主要通过纵肌的收缩及角质层的弹性改变来共同完成运动。当背纵肌收缩时,腹面角质层中的纤维被拉长;当背纵肌松弛时,腹面角质层中的纤维复原。因此,线虫动物常表现出身体背腹方向的似蛇行运动。某些线虫的体表具有刺等结构,可做短距离的爬行或游泳运动。

五、消化

线虫动物的消化道可分为前肠、中肠和后肠等3段(图4-15)。前肠包括口、口腔、咽(食道),由原口部位的外胚层内陷而形成;中肠紧接于前肠之后,是食物消化和营养吸收的主要场所,由内胚层形成;后肠包括直肠和肛门,由身体后端的外胚层向内陷入而形成。线虫的消化道有口、有肛门,因而属于完全的消化道。食物经口、咽、肠、直肠消化吸收后,食物残渣经肛门排出体外。肛门的出现使消化和吸收后的食物残渣不再与新进入的食物相混合。因此,与前述的动物类群相比,线虫的消化系统更为进化。

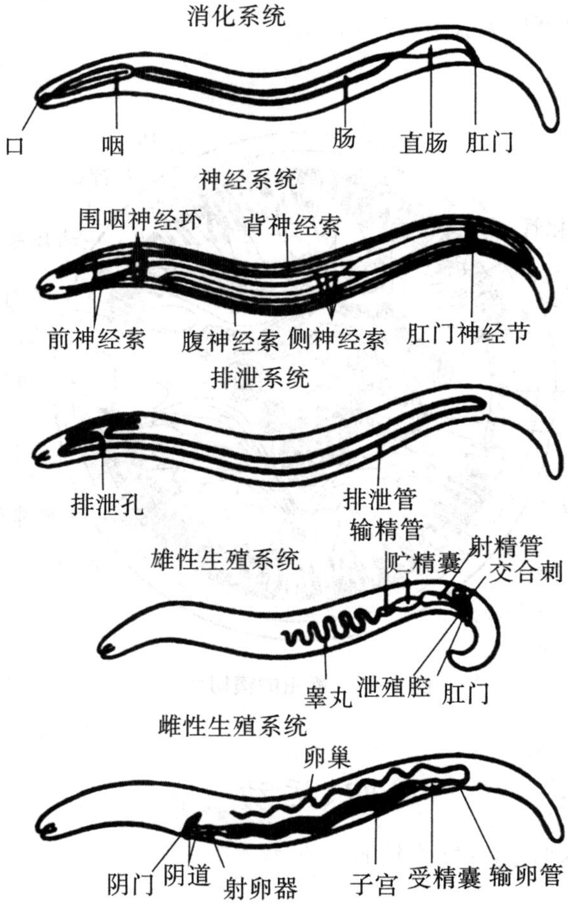

图4-15 线虫的主要器官和系统

线虫动物的食性广泛,许多自由生活的线虫为肉食性,以小型动物为食;也有一些种类为植食性,以藻类及植物根部的细胞及其内含物为食;部分种类是细菌及沉积物的取食者,以溶解的动、植物尸体或有机颗粒为食。线虫动物可取食自然界那些数量大、分布广的细菌及真菌,因而在自然生态系统的食物链结构中具有重要作用。

六、呼吸

线虫动物无专门的呼吸器官。自由生活的种类通过体表的渗透作用实现气体交换,并扩散到体内各部分的组织中;寄生种类可进行厌氧呼吸。

七、循环

线虫动物无专门的循环系统。这类动物的假体腔内充满体腔液,可借助于体腔液,将肠道吸收的营养运送至身体的各部分。因此,假体腔在生理上具有类似循环的功能,体腔液成为动物体内营养物质运输的主要载体。

八、排泄

线虫动物的排泄器官为原肾细胞或排泄细胞,无纤毛或鞭毛。基本结构为一种腺细胞(图 4-15,图 4-16)。腺细胞可分为腺型和管型 2 种类型,均由外胚层细胞形成。腺型为原始类型,可见于海产、自由生活的种类,由 1 个或 2 个腺细胞组成,位于咽和肠交界处,开口于神经环附近的排泄孔;管型通常为营寄生生活种类的排泄器官,如钩虫的 2 个腺细胞还各向后伸出一条长管,而两细胞之间又有管道相连,并由一共同的排泄孔通至体外。由此可见,管型的排泄器官也是由腺型演变而来,也可视为一种原肾管。

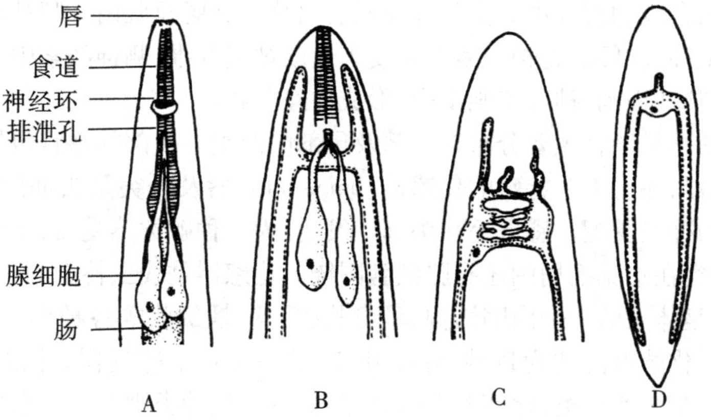

图 4-16 线虫的排泄系统

A. 腺型 B、C、D. 管型

九、繁殖

线虫动物以有性繁殖方式繁衍后代。

绝大多数线虫动物雌雄异体,某些陆生小杆线虫和许多植物线虫为雌雄同体,但均为异体受精。少数线虫只有雌虫,未发现雄虫,故营孤雌繁殖。许多线虫不仅雌雄异体,而且常雌雄异形:一般雄虫较小,末端卷曲,有的身体末端还具有角质的伞状构造,称为交合伞或尾伞,并常有交合刺囊及交合刺;雌虫较大,末端不弯曲,也无交合伞等结构,阴道开口于腹中线上的雌性生殖孔。

线虫动物的生殖系统为2条(雌性)或1条(雄性)连续的管;雄性的管(生殖腺)从始端到生殖孔,依次可分为精巢、输精管、储精囊和具肌肉的射出管,射出管与消化道末端相连,又称为泄殖腔;雌性的管道通常是双管形,即每一管从始端到生殖孔均为2条,依次可分为卵巢、输卵管、子宫等部分,两条子宫相汇合后即为阴道。

线虫动物的发育分为卵、幼虫和成虫3个阶段。卵多呈卵圆形,卵壳的结构较复杂。刚排出的卵,其成熟的程度常随种类而异。如蛔虫卵刚排出时尚处于单细胞期,钩虫卵则常为4细胞期,猪肾虫为多细胞期,蛲虫卵则已发育至幼虫期。某些种类如醋线虫、丝虫、旋毛虫等,从母体生殖孔产出时已是幼虫。此种繁殖方式即所谓的卵胎生。在临床上,常可根据虫卵的形态特征诊断寄生虫的种类。有的线虫直接发育,幼虫和成虫的形态除大小不同、性器官成熟程度不同之外,并无大的差别;有些线虫则是间接发育的,其幼虫也有各种不同的形态类型。

十、神经与感官

线虫动物的中枢神经系统包括身体前端环绕着咽的围咽神经环及与其相连的侧神经节和腹神经节等。由围咽神经环向前发出6条神经,通向前端的感觉乳突,向后发出6条神经索,即1条背神经索、1条腹神经索、2条背侧神经索、2条腹侧神经索,其中以腹侧的2条神经索最为发达。所有的神经索都嵌埋于表皮中,背神经索和腹神经索则分别嵌在表皮向内凸出的背线和腹线中。由腹神经索发出分支到肠及肛门。腹神经索中包括运动神经纤维及感觉神经纤维,背神经索中主要为运动神经纤维,侧神经索中主要为感觉神经纤维。另外,在脑环周围,神经细胞集中,形成神经节状。

线虫动物的感觉器官主要分布在头部及尾部的两端。头部的感官包括唇、乳突、感觉毛,统称为头感器;还有1个特殊的化感器(amphid)。唇及乳突是头部的角质突起,有围咽神经环发出的神经支配。感觉毛在头部较发达,为一种触觉感受器,实际上是一种特化的纤毛,有的种类在感觉毛周围还有腺细胞围绕。化感器是线虫特有的一种感觉器,位于身体前端一侧,是体表的一个内陷结构,呈囊状、管状、螺旋状等各种形态,可作为线虫分类的依据之一。化感器内端为盲端,外端开口,是一种化学感受器,并常有腺细胞伴随。在水生种类特别是海产种类,化感器发达,而陆生及寄生种类则退化。水生种类在咽的两侧还有1对眼点,其中色素细胞分散或排列成杯状。线虫的尾端也有1对单细胞腺体,称尾感器(phasmid),分别开口于尾端两侧,也是一种腺状感受器。尾感器在寄生的种类发达。在雄性个体尾端的交配器周围,也有感觉乳突及感觉毛。

十一、栖息环境

在营自由生活的线虫动物中,水生种类多栖于海洋环境,一般都营底栖生活,成为海底多细胞动物的主要类群。淡水生活的种类栖息于多种淡水环境,甚至在急流中也有分布;在水温高达 37 ℃的温泉环境中,有时也可见到一些线虫动物。陆生种类常栖息于土壤、树根、落叶之下等处。有些线虫甚至在水生和陆地环境均可生活,属于两栖类型。

营寄生生活的种类,可寄生于动物或植物的体内,有的成虫营寄生生活,而幼虫营自由生活;有的幼虫营寄生生活,而成虫营自由生活;有些种类则幼虫、成虫均营寄生生活。部分线虫营腐生生活,栖息于动、植物尸体或残体内,并以之为食。

十二、与人类关系

部分线虫动物可寄生于人、野生动物、家养动物,对人类身体健康、动物的生长发育均有不利影响,有时可能造成经济损失。少数线虫动物可寄生于植物体内,对农业、林业生产造成一定的危害。

十三、分类

已知的线虫动物约 25 000 种,但有关其分类尚有争议。根据 Maggenti(1981)的意见,现生线虫动物门可分为无尾感器纲(Aphasmida)和尾感器纲(Phasmida)2 个纲,计 20 目。

1. 无尾感器纲

亦称有腺纲(Adenophorea)。此类动物身体的尾端无尾感器,有尾腺,排泄器官腺状,由单细胞或多细胞腺体组成,海水、淡水、土壤及动植物体内均有分布,无尾感器纲包括所有无尾感器的种类,虽有寄生成员,但绝大多数种类营自由生活,分布于海洋和淡水水域。该纲包括窄咽目(Areolaimida)、单宫目(Monhysterida)、带矛目(Desmodorida)、色矛目(Chromadorida)、带首目(Desmoscolecida)、刺嘴目(Enoplida)、矛线目(Dorylaimida)、单齿目(Monochida)、索线目(Mermithida)。

2. 尾感器纲

亦称胞管肾纲(Secernentea)。本纲动物身体的尾端具 1 对尾感器,无尾腺,化感器不发达,排泄器官为胞管状,位于身体两侧的上皮索内。咽腺通常 3 个,绝大多数为陆生,偶然在淡水中发现,无海产种类。包括小杆目(Rhabditida)、垫刃目(Tylenchida)、滑刃目(Aphelenchida)、圆线目(Strongylida)、蛔目(Ascaridida)、尖尾目(Oxyurida)、旋尾目(Spirurida)。

十四、其他假体腔动物类群

除线虫动物门之外,还有一些类群的动物也具有假体腔。线虫动物与这些动物的形态不完全相同、亲缘关系尚不十分清楚。但是,它们均具有假体腔。基于这一共同特征,把线虫动物与这些动物合称为假体腔动物(或称原腔动物)。

除线虫动物门之外,其他的假体腔动物包括线形动物门(Nematomorpha)、棘头动物门(Acanthocephala)、腹毛动物门(Gastrotricha)、轮形动物门(Rotatoria)、动吻动物门(Kinorhyncha)和内肛动物门(Entoprocta)等 6 个类群。

（一）线形动物门

线形动物是一类与线虫相似的假体腔动物。但是，这类动物的成虫没有排泄器官、消化道退化。没有背线、腹线和侧线；成虫自由生活，幼虫寄生于节肢动物体内。身体细长呈线形，成虫体长30~150 cm，直径0.5 mm。身体无明显的头部，前端钝圆、有口，后端尖细，或分叉成二叶或三叶状。线形动物栖息于淡水、潮湿土壤及海洋等环境。已知种类约250种，常见种类如铁线虫（*Gordius*）、拟铁线虫（*Paragordlus*）。

（二）棘头动物门

棘头动物均营寄生生活。身体的前端具有能伸缩的吻，吻上排列着许多角质的倒钩棘，故称棘头虫。体呈长筒状，无色或白色，可分成吻、颈、躯干等3部分。体长1~65 cm，一般约25 mm。在生活史中，通常有两个寄主，成虫和幼虫均为内寄生，幼虫寄生在昆虫或甲壳动物体内，成虫寄生在脊椎动物（鱼类、鸟类和哺乳动物）的消化道内。已知种类约700种。常见种类以猪巨吻棘头虫（*Macracanthorhychus hirudinaceus*）为代表。

（三）腹毛动物门

腹毛动物是假体腔动物中最为原始的一类，因身体腹面有纤毛而得名。腹毛动物既与扁形动物有相似之处，又与假体腔动物有相同特征，表明其处于过渡状态的进化地位。腹毛类为水生的小型假体腔动物，体长一般不超过1 mm。身体不分节，呈长椭圆形、带形或卵圆形，尾部通常分叉；身体的前、后和侧面生有黏腺，用以附着于其他物体上。由表皮分泌物形成的角质层，覆盖于身体表面，其上可形成鳞片、棘刺或小钩。口位于身体前端，肛门开口于身体近后端的腹面。一般雌雄同体，卵巢位于身体中部之后，卵的数量较大但数量少，一般为1~5个。精巢位于身体中部两侧。鼬虫目的多数种类失去了精巢，故行孤雌生殖。腹毛动物为全球性分布，在潮湿土壤、沼泽，河流、河口、潮间带到大陆坡等处，都有其分布。已知种类约400种，代表动物如鼬虫（*Chaetonotus*）。

（四）轮形动物门

在轮形动物的头部，均有由身体前端腹面口周围的纤毛区及环绕头区的纤毛环组成的纤毛器，称轮盘（trochal disc），为此类动物的主要特征。轮形动物是假体腔动物中相当繁盛的一类。身体长圆形或囊形，体长0.5~3 mm。身体分为头部、躯干部及尾部。尾部末端常有1对趾。轮形动物广泛分布于海洋、淡水、潮湿土壤等环境，主要栖息于淡水；单体或群体生活。已知约1 800种，代表种类如臂尾轮虫（*Brachinus*）。

（五）动吻动物门

动吻动物是一类体长小于1 mm的海产、底栖的小型假体腔动物；这类动物身体多刺，体表有13个节带；无纤毛，具假体腔。消化道的前部为口、口腔，口腔后为肌肉质筒状的咽及短的食道，食道后为中肠，后肠较短，以肛门开口于身体末端。动吻动物完全生活于海洋，数量很大，主要栖息在沿岸浅水区的软泥沉积物中。迄今已知约100余种，代表种类如动吻虫（*Echinoderes*）。

（六）内肛动物门

内肛动物为低等三胚层、假体腔动物，常固着在浅海底部岩石或动物外壳上，呈单体或群体状态。身体由萼部和柄部组成。萼为身体的主要部分，其上缘生有一短的触手冠；触手内侧着生有纤毛。当取食时，触手展开呈花形，避敌时则向内曲折。消化管呈“U”形。肛门位于触手冠内，故名。多数雌雄异体，发育过程中有担轮幼虫期；可行出芽生殖，形成群体。除湖萼虫栖息于淡水外，其余种类均生活于海滨浅水中。已知种类约 150 种，代表动物如巴伦支海虫（*Barentsia*）。

复习与思考题

1. 假体腔动物的共同特征有哪些？
2. 掌握假体腔的概念。
3. 假体腔动物包括哪些主要类群？
4. 查阅文献，了解土壤线虫的相关研究进展。

第七节　环节动物门

环节动物门（Annelida）在动物进化上发展到了一个较高等的阶段，是高等无脊椎动物的开始。环节动物的体表有由表皮细胞分泌的角质膜，体壁结构中有一外环肌层和一内纵肌层。体壁中通常有按节排列的几丁质刚毛。有头或口前叶，附肢有或无。全球性分布，可见于多种生境中，在海洋、淡水或潮湿土壤中尤其丰富。

一、环节动物的主要特征

环节动物具有如下共同特征。①身体呈蠕虫状，两侧对称，有分节现象；②三胚层，体壁与消化道间有真体腔；③典型的循环系统为闭管式；④排泄系统为后肾管型；⑤具链状神经系统；⑥具有特殊的运动器官；⑦淡水种类直接发育，海产种类有担轮幼虫期。

二、形态

自环节动物开始，身体结构出现了明显的分节（metamerism）现象，即环节动物身体分成许多形态相似的体节（或称段落）。体节之间有隔膜，各节内形成小室。神经、排泄、循环系统按体节重复排列。环节动物的分节特征既表现在体表，也表现在体内的重要器官（如排泄器官、血管、生殖腺、神经节等）。相邻体节间外表有环形沟或体环、内部以隔膜分界。蛭纲动物的体节数恒定，均为 34 节，其他环节动物为 5 ~ 1 000 体节不等。分节现象可分为两种类型：

同律分节（homonomous metamerism）：除前两节和最后一节外，其余各体节在形态和功能上基本相同，如蚯蚓。

异律分节（heteronomous metamerism）：前、后端体节的形态结构和功能均不相同，内脏器官集中于一定的体节。异律分节为机体分部和功能分工提供了可能。如沙蠋。异律分节亦见于节肢动物。

环节动物的身体分为头部、躯干部和肛部；头部位于身体前端，多由口前叶和围口节组成；躯干部位于头部和肛部之间。肛部具肛门，位于体之后端，由 1 节或若干节组成。

除大部分蛭类外，多具几丁质刚毛、疣足。刚毛由表皮细胞内陷形成的刚毛囊内的毛原细胞分泌而成，是寡毛纲的运动器官。疣足是体壁的向外凸起，疣足本身不分节，与躯体连接处也无关节，是多毛纲的运动器官。

三、体壁

环节动物的体壁由角质膜、表皮层、环肌层、纵肌层和体腔上皮构成。体壁最外侧为一层透明薄膜即角质膜，其下为柱状细胞构成的上皮，其间夹有许多单细胞黏液腺。上皮之下为肌肉层，外侧为薄的环肌，内侧为纵肌，较发达。紧贴纵肌之下为一层由扁平细胞构成的体腔上皮，称为脏体腔膜。在消化道（肠管）的最外侧亦有一层体腔膜，称为肠体腔膜。位于脏体腔膜与肠体腔膜之间的空腔，即为真体腔（true coelom）（图 4-17）。从进化上来看，真体腔出现于假体腔之后，故也称次生体腔。

真体腔在动物进化过程中具有极为重要的意义：①消化道在形态和功能上进一步分化，消化能力加强。②消化功能加强→同化功能加强→异化功能加强→排泄功能加强，排泄器官从原肾管型进化为后肾管型。③真体腔形成过程中残留的囊胚腔形成血管系统，从环节动物开始出现独立的循环系统。④为动物身体的分节奠定了基础。

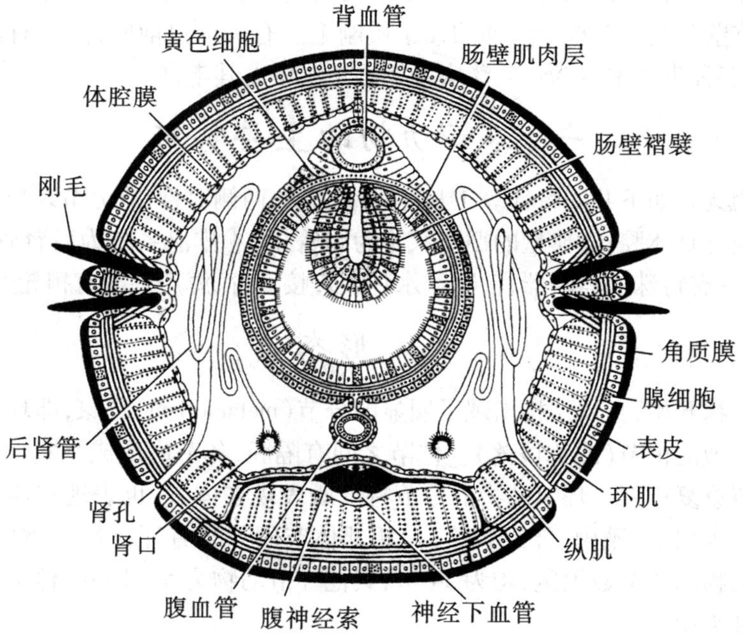

图 4-17 蚯蚓的横切面

四、运动

随着运动器官的加强，环节动物的运动能力有了较大的提升。

1. 运动方式

环节动物以游泳、爬行为主要的运动方式。寄生种类可借助于寄主实现运动。

2. 运动器官

典型的环节动物(海产种类)出现了刚毛和疣足,作为专门的运动器官。环节动物可借此在水中游泳或爬行。

刚毛:由表皮细胞内陷形成的刚毛囊内的毛原细胞分泌形成,是寡毛纲的运动器官。

疣足:是体壁的向外的中空突起,与体壁相通。疣足本身不分节,与躯体连接处也无关节,为多毛纲的运动器官。

蚯蚓类环节动物适应于土壤穴居生活,疣足退化,但保留刚毛。当部分体节的纵肌收缩、环肌舒张、体节变粗变短时,着生于体壁、斜向后伸的刚毛插入周围的土中,形成支撑身体的支点。随后,前部体节的环肌层收缩,纵肌层舒张,体节变细、变长并向前伸展。同时,刚毛缩回而与周围的土壤分离。由后端体节刚毛的支持,推动身体向前运动。如此往复,肌肉层交替伸缩所产生的收缩波即沿身体纵轴由后向前逐渐传递,从而使蚯蚓完成运动。

蛭纲的环节动物适应于临时性的寄生生活,并产生了吸盘,而刚毛和疣足则退化以至消失。此类动物可借吸盘和体壁肌肉的伸缩完成运动,或可借宿主的移动而运动。

五、消化

环节动物一般具有完整的消化系统。消化道纵行于体腔的中央,穿过隔膜;管壁肌肉发达,增强了蠕动能力和消化功能。消化道分化为前、中、后肠等 3 部分。①前肠:分化出口、咽、食道、砂(嗉)囊等;前肠的肌肉层发达,主司食物的摄取、软化、磨碎。②中肠:分化出胃、肠并与消化腺相通,主司食物消化和营养吸收。③后肠:较短,经肛门通体外,食物残渣经此排出。

沙蚕类以口前纤毛、围口触手或咽摄取有机碎屑、浮游生物或其他小动物。蚯蚓类以吞食土壤中的有机质为主。蛭类则多营暂时性的外寄生生活,吸取其他动物的体液或血液。因为获得食物的随机性较大,蛭类产生了许多储存血液的嗉囊,可存储大量血液,供其在较长时间内消化、吸收;蛭类唾液腺所分泌的蛭素(hirudin)可使这些血液在储存期间不凝固、不变质。

六、呼吸

环节动物呼吸方式因种类不同而异。沙蚕类环节动物的疣足既是运动器官,也可作为呼吸器官。疣足内密布微血管网,可进行气体交换。环毛蚓类和蛭类以体表进行气体交换,O_2溶解于体表湿润的黏液中,再渗入上皮内部,到达微血管丛。血浆中的血红蛋白与 O_2结合后将 O_2送达体内各部。

七、循环

在典型的环节动物如蚯蚓类,循环系统结构相对完善,由纵行血管和环行血管及其分支血管组成。各血管以微血管网相连,因而血液始终在血管内流动,不流入组织间的空隙中,构成闭管式循环系统(closed vascular system)。由于血液流动方向固定,速度稳定,从而提高了运输营养物质和携带氧气的能力。但是,在蛭类,其血管系统退化,次生体腔被肌肉和葡萄状的间充质所填充,故体腔相应缩小;部分血管退化消失,形成腔隙,血液(实为血体腔液)在这些腔隙中循环,代替了血液循环系统。

环节动物的循环系统的形成与次生体腔的发生有着密切的关系。次生体腔的发展,逐渐排斥了初生体腔(假体腔、原体腔),使之不断减小,最后只在心脏和血管的内脏留下遗迹,即残存的原体腔。一些环节动物的次生体腔因被间质填充而缩小,血管已完全消失,形成了腔隙。环节动物因血浆中含有血红蛋白,故其血液呈红色。极少数多毛类环节动物的血细胞中含有血红蛋白。

八、排泄

环节动物中的较原始种类的排泄器官仍为原肾管,仅由管细胞与排泄管构成,与扁形动物的焰细胞不同。大多数环节动物具有按体节排列的后肾管,每体节 1 对或多对,后肾管来源于外胚层。典型的后肾管结构包括肾口、肾孔和排泄管 3 部分。为一条迂回盘曲的排泄管,一端开口于前一体节的体腔,称肾口,具有带纤毛的漏斗;另一端开口于本体节的体表,为肾孔。这样的肾管称大肾管。有些种类(寡毛类)的后肾管发生特化,称为小肾管,有的小肾管无肾口,肾孔开于体壁;也有的开口于消化管,称消化肾管。肾管上密布微血管。因此,后肾管除排泄体腔中的代谢产物外,也可排除血液中的代谢产物和多余水分。与原肾管相比,后肾管的排泄效率更高。

九、繁殖

在现生环节动物中,寡毛类、蛭类为雌雄同体,营有性繁殖。生殖细胞由体腔上皮发生;生殖管起源于体腔膜向外突出的体腔管。多数多毛纲动物的生殖细胞直接排入水中。

陆生和淡水生活的环节动物直接发育,不经过幼虫期,海产种类个体发育出现**担轮幼虫**(trochophore)期。海产种类经螺旋式卵裂、囊胚,以内陷法形成原肠胚,发育成担轮幼虫。幼虫呈陀螺形,体中部具 2 圈纤毛环,分别称为前担轮和后担轮。纤毛之中有口。担轮幼虫有很多原始的特点,如无体节、具原肾管、靠纤毛运动。到幼虫的后期逐步变态,形成体节和真体腔,并产生后肾管。担轮幼虫经游泳后沉入水底发育为成虫。

以蚯蚓为例,雄性生殖器官有精巢两对,各与精漏斗包在精巢囊内,位于Ⅹ、Ⅺ节的腹面,每精巢囊连接一储精囊。储精囊 2 对,位于Ⅺ、Ⅻ节内,精巢产生的精细胞,先入储精囊中发育,成熟后回到精巢囊内,再由精漏斗通至输精管,经雄性生殖孔排出。雌性生殖器官有卵巢 1 对,成熟的卵细胞落入体腔,经 1 对卵漏斗、短的输卵管,输送至腹神经链下会合,经雌性生殖孔排出。受精囊 2 ~ 4 对,各囊有一短管及其基部伸出的一条盲管,为接纳和储藏异体精子之处。雌、雄个体交配时,两条蚯蚓头尾相反靠贴,副性腺分泌黏液,使互相粘连,双方的精液自雄孔输入对方受精囊中储藏。卵成熟后,环带分泌黏稠物形成带状的卵茧,卵产入茧内。然后,蚯蚓身体作后退蠕动,卵茧则相对地前移,到受精囊孔处时,受精囊内的精子流入茧内,行受精作用。蚓体继续作后退蠕动,卵茧自前端脱下并自行封口,成为蚓茧。蚓茧留在土壤中发育,每一蚓茧中有 1 ~ 3 个卵,直接发育为幼蚓,2 ~

3 周后,幼蚓离开蚓茧,独立生活。约 6 个月后即达性成熟,成熟个体每月可产蚓茧 3 ~ 4 个。

蚯蚓具有一定的再生能力,在第XV节前切断后,可分别再生出头和尾部。

十、神经与感官

环节动物的神经系统更为集中。身体前端、咽背侧在由 1 对咽上神经节愈合成的脑,左、右由 1 对围咽神经与 1 对愈合的咽下神经节相连(图 4-18)。自此向后伸出的腹神经索纵贯全身。腹神经索由 2 条纵行的腹神经合并而成,在每体节内形成 1 个神经节,整体形似链状,故称链式神经系统(chain nervous system),或称索式神经系统。脑可控制全身的运动和感觉,由腹神经节发出神经至体壁和各器官。环节动物的神经系统的集中,使动物对刺激的反应更为迅速,动作更加协调。

环节动物的感官发达(多毛类),有眼、项器、平衡囊、纤毛感觉器及触觉细胞等。有些种类(寡毛类及蛭类)感官则不发达。眼位于口前叶的背侧,有 2 对、3 对或 4 对,结构或简单,或发育良好。平衡囊位于头后的体壁内,有管开口于体表(如沙蠋 *Arenicola*)。项器位于头后,实为 1 对纤毛感觉窝,为化学感受器。纤毛感觉器位于体节的背侧或疣足的背、腹肢之间,又称背器官或侧器官。触觉细胞分布于体表。感官不发达的种类无眼,体表有分散的感觉细胞、感觉乳突及感光细胞等。

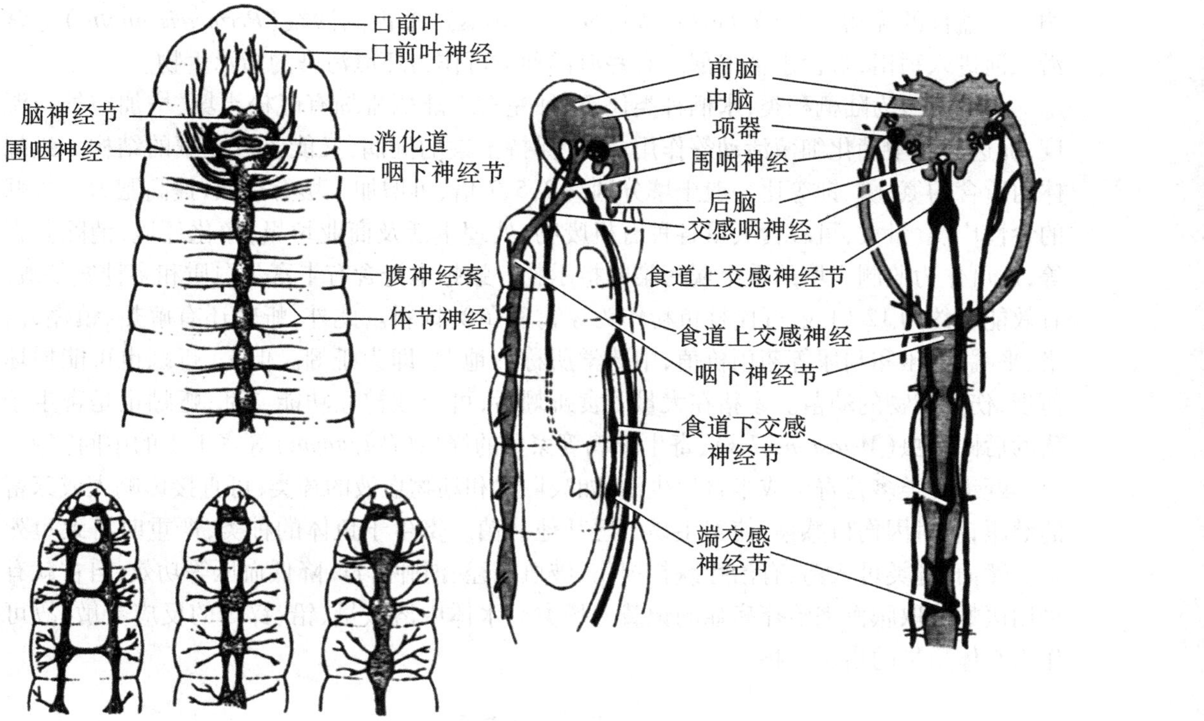

图 4-18　环节动物的神经系统

以蚯蚓为例，中枢神经系统为典型的链状神经系统。外周神经系统包括从脑、围咽神经、咽下神经节分出的许多神经，分布到口前叶、口腔壁及前4节的体壁。自第Ⅴ节起，每节腹神经链上分出3对神经，分布至体壁和各器官。交感神经系统包括由脑分布到咽、食道、胃、肠等消化管的各神经。环毛蚓有简单的反射弧。另外，在神经索的背面有3条巨纤维，中间的一条将冲动传导至尾端，而两侧的巨纤维则将冲动传递到头部，其传导速度比其他神经元快约5倍，由此可保证动物在遇到危险时，纵肌迅速收缩，虫体缩入洞穴。蚯蚓的感觉器官不发达，主要包括：表皮感觉器、口腔感觉器、光感觉器3类，分别分布于表皮、口腔和口前叶上。另外，蚯蚓可能也具有对温湿度、空气振动产生反应的感受器。

十一、栖息环境

自由生活的环节动物栖息于海洋或潮湿的土壤中；蛭类营临时性的寄生生活，平时则栖息于水体或潮湿、有植物覆盖的陆地环境中。

十二、与人类关系

多毛纲种类是海洋鱼类的天然饵料。据分析，杭州湾所产的日本刺沙蚕（*Neanthes iaponica*）每克干物质总热量约为25 kJ，含有18种氨基酸。龙介虫类（石灰虫）（Serpulidae）的螺旋虫（*Spirorbis foraminosur*）常附着于船底生活，影响航行。螺旋虫附着在海藻上，直接影响海藻养殖业。才女虫（*Polydora*）能腐蚀贝类，可对贝类养殖业造成影响。广盐性的疣吻沙蚕（*Tylorrhynchus heterochaetus*）、多齿围沙蚕（*Perinereis nuntia*）等常沿江河进入稻田，啮食水稻根部。有些海洋种类可作为环境污染的指示生物。

寡毛纲多为陆栖种类，水栖种类仅70种左右。陆栖蚯蚓有疏松土壤、增加空气与湿度，促进土壤中硝化细菌活动等作用，既可保持土壤的湿润，又能改进土壤的结构。蚯蚓体内所含的氮、磷、钾等比一般土壤分别高3、5、7倍，可增加土壤有机质，提高肥力。蚯蚓的食性广、食量大，可吞食大量各种有机废物，处理生活及商业垃圾，净化环境，消除公害等，还可作为监测土壤的重金属污染的指示物。蚯蚓本身含有丰富蛋白质和多种氨基酸，有效能量约为12 kJ/g，可代替鱼粉作为家禽和鱼类饲料。此外，蚯蚓还有解热、镇痉、活络、平喘、降压和利尿等药用价值，中药学所称的地龙，即为蚯蚓。但是，蚯蚓也可能损坏河坝、伤害作物的幼苗。家猪在大量吞食蚯蚓后，可导致神经功能紊乱；蚯蚓也是寄生于猪的后圆线虫（*Metasrongylus*）、寄生于鸡等家禽的绦虫（*Polystoma*）等寄生虫的中间宿主。

蛭纲种类多营寄生或半寄生生活，如吸取人和动物血液的蛭类，可直接影响人或家畜的健康，有时因伤口感染，使寄主易于感其他病菌。寄生于鱼体的种类，严重时可致鱼死亡。然而，蛭类可入药，有治疗跌打损伤、破血通经、消肿解毒、降低血压等功效，自古就有采用医蛭吸取脓血来治疗病症的记载。蛭类对水体中溶氧量、铅、锌等的反应灵敏，故可作为水体质量的指示生物。

十三、分类

已知的环节动物约17 000余种。根据栖息环境、形态结构、生物学习性等方面的特征，可将环节动物分为多毛纲（Polychaeta）、寡毛纲（Oligochaeta）、蛭纲（Hirudinea）和螠纲

(Echiuroidea)4 个纲。

(一)多毛纲

多毛纲是环节动物门中种类最多的一个纲。此类动物一般具有发达的头部及感觉器,具疣足和刚毛,雌雄异体,无生殖环带,发育过程中有担轮幼虫期。全世界已描述的种类超过 10 000 种,我国约 350 种。其中,约有 18 种为淡水和半咸水种类,其余均为海产种类。纯淡水种有单叶沙蚕(*Namalycastis aibiuma*),上海、海南、福建等地均有分布;广盐性种有疣吻沙蚕(*Tylorrhynchus heterochatus*)、日本刺沙蚕(*Nereis japonica*)等,在长江南京段及附近的稻田中有发现。沙蚕分布于世界各海域的海滩,也有种类可生活于咸、淡水交界处。多穴居于泥沙或石缝中,昼伏夜出,以小动物及有机物为食。

(二)寡毛纲

寡毛类环节动物以明显的特征区别于多毛纲种类,无明显头部。雌雄同体,身体分节但不分区,疣足退化,体表具刚毛,但刚毛的数目远少于多毛类,故此得名。血液循环为闭管式;有生殖环带,异体受精,直接发育。已知种类约 3 000 种。寡毛纲动物除少数营寄生生活外,大部分为陆生或水栖种类。代表动物如杜拉蚓(*Drawida*)、异唇蚓(*Allolobophora*)等。根据生殖腺、环带、刚毛等结构特征,可分为带丝蚓目(Lumbriculida)、颤蚓目(Tubificida)和单向蚓目(Haplotaxida)等 3 个目。

(三)蛭纲

蛭纲动物俗称蚂蟥,无疣足和刚毛,体节数目一般恒定(34 节),每一体节上有一定数的环纹。无刚毛及疣足,身体前、后端各具 1 个吸盘(后吸盘由最后 7 个体节形成),有吸附功能,并可辅助运动。体腔退化,形成血窦,故血液循环方式为开管式。消化系统的结构特化,适应于吸取和存储寄主血液。雌雄同体,异体受精,直接发育。多数种类生活在淡水中,少数为海水种类,也有陆生的种类。蛭纲种类多营寄生或半寄生生活,也有掠食性或腐食性的种类。已知种类约 50 种。常见种类如通常栖息于稻田、水渠的医蛭(*Hirudo*)和栖息于林灌环境中的山蛭(*Haemadipsa*)。在河南南部的大别山区(商城)和北部的太行山区(济源)均发现了天目山蛭(*Haemadipsa tianmushana*)(山蛭科 Haemadipsidae)。

(四)螠纲

本类动物全部海产,体型小型或中等大小,其分类地位尚有争议。成体可分为囊状的躯干和具柔软且能伸缩的吻,身体不分节,但幼虫分节。雌雄异体。其中的后螠属(*Bonellia*)种类雌雄异体且异形,雌体长可达 1 m,前端有长而分叉的吻;雄性个体小,长仅 1 ~ 3 mm,幼时生活在雌体的咽部,性成熟时寄生于雌体的肾管内。因而雌体的肾管有排泄、作为子宫和容纳雄体之用。在个体发育过程中,自由生活的个体成为雌虫,凡附着于雌体内发育者,则成为雄虫。这是环境影响性别的一个典型例证。已知种类约 100 种,代表种类如单环刺螠(*Urechis unicinctus*)。

螠纲动物与多毛类都有担轮幼虫期,其循环系统、刚毛及某些种类有多样的肾管,胚胎发育过程中出现临时分节现象,以及具环节动物特征的体壁和神经系统等。因此,有学者认为它是环节动物门中的一个纲;亦有学者认为其分类位置尚无定论,主张将其单独列为一门。但学者们一致认为，这类动物的祖先是多毛类，是演化上的一个侧枝。

复习与思考题

1. 环节动物的进步性特征表现在哪些方面？

2. 掌握分节及其对动物进化的意义。

3. 掌握真体腔的形成及其重要性。

4. 环节动物有哪些主要类群？

5. 掌握下列重要名词：分节，同律分节，异律分节，刚毛，疣足，蚓茧，后肾管，链式神经系统，生殖环带

第八节　软体动物门

软体动物门(Mollusca)是动物界中的第二大类群，已知的现生种类、化石种类(约 130 000 种)的种数仅次于节肢动物。软体动物的身体形态多样，适应能力强，分布广泛，陆地、淡水和海洋等环境中都有大量成员。软体动物体外大多覆盖有形态各异、数量不等的贝壳，故通称贝类。

一、软体动物的主要特征

软体动物具有如下共同特征。①身体柔软，不分节，左右对称，分为头、足、内脏团等；②具外套膜，可分泌钙盐，形成贝壳；③部分种类的次生体腔退化；④出现专门的呼吸器官—鳃和肺；⑤口腔内多具齿舌；⑥神经中枢包括脑、足、侧、脏 4 对神经节；⑦多雌雄异体，发育过程中有担轮幼虫或面盘幼虫期。

二、形态

软体动物的外部形态变化极大，但从结构上来看，一般均可分为头、足、内脏团及外套膜等部分。

(一)头

头部位于身体的前端。一些行动迟缓的原始种类头部不发达，与身体其余部分没有明显的界限，如石鳖等；在一些营穴居或固着生活的种类，头部退化，体躯被完全包于外套膜和贝壳之内，如蚌类、牡蛎等；一些比较进化、运动敏捷的种类则头部发达，分化明显，生有触角、眼等感觉器官，或生有腕状的运动器官，如田螺类、蜗牛类及头足类等。

(二)足

足是软体动物的运动器官，随生活方式的不同而呈现不同形式：有的种类足部蹠面平滑，适于在陆地或水底爬行，如腹足纲；有的种类足呈斧刃状，有利于挖掘泥沙，如瓣鳃纲；有些固着生活的种类足退化，如牡蛎科；也有些种类的足部萎缩，失去运动功能，但有足丝腺，能分泌足丝，用以附着在他物上，如贻贝科、扇贝科等。在头足纲，足生于头部，有的特化成腕，上面生有许多吸盘，为捕食器官，并有一部分变形为漏斗，适于游泳生活，如乌贼

和章鱼等。少数种类足的侧部(侧足,parapodium)特化成片状,可游泳,称为翼或鳍,如翼足目(Pteropoda)。足部通常生有平衡器,有些种类在足的上部生有许多触手。

(三)内脏团

内脏团为软体动物内脏器官所在部位,常位于足的背侧。大多数种类的内脏团为左右对称;有些种类则扭曲成螺旋状,失去对称特征,如螺类。

(四)外套膜

外套膜为身体背侧皮肤褶向下伸展而成,常包裹整个内脏团。外套膜与内脏团之间形成一腔,称外套腔(mantle cavity)。腔内常有鳃、足;肛门、肾孔、生殖孔等均开口于外套腔。

(五)贝壳

体外具贝壳为软体动物的重要形态特征,因此研究软体动物的学科又称贝类学(Malacology)。贝壳有保护柔软身体的功能。大多数软体动物具有1~2个或多个贝壳。贝壳的形态因种类而异,有的呈帽状;螺类为螺旋形;掘足类为管状;瓣鳃类为瓣状。有些种类的贝壳退化成内壳,有的无壳。贝壳的成分主要由碳酸钙和少量的由外套膜上皮细胞分泌的壳基质(conchiolin,或称贝壳素)所构成。

三、体壁

从结构上来看,软体动物的体壁由外套膜和贝壳组成。外套膜由内外两层上皮构成,外层上皮的分泌物,能形成贝壳,内层上皮细胞具纤毛,纤毛摆动,造成水流,使水循环于外套腔内,借以完成呼吸、排泄、摄食等。左右2片套膜在后缘处常有一、二处愈合,形成入水孔(inhalant siphon)和出水孔(exhalant siphon)。有些种类的出、入水孔延长成管状,伸出壳外,分别称为出水管和入水管。

贝壳的结构一般可分为3层,最外一层为角质层(periostracum),薄而透明,有光泽,由壳基质构成,可保护贝壳。中间的一层为壳层(ostracum),又称棱柱层(primatic layer)占贝壳的大部分,由角状的方解石(cacalcite)构成。最内的一层为壳底(hypostracum),即珍珠层(pearl layer),富有光泽,由叶状霰石(aragonite)构成。外层和中层为外套膜边缘分泌形成,可随动物的生长而逐渐加大,但不增厚;内层为整个套膜分泌而成,可随个体的生长而增加厚度。珍珠即由珍珠层形成。当微小砂粒等异物进入外套腔后,外套膜受刺激处的上皮细胞即以异物为核,陷入外套膜上皮的结缔组织,陷入的上皮细胞自行分裂形成珍珠囊。珍珠囊可分泌珍珠质,层复一层地将核包围逐渐形成珍珠(图4-19)。角质层和棱柱层呈非连续生长,由于食物、温度等因素对外套膜分泌功能的影响,使贝壳的生长速度不同,并在贝壳表面形成生长线,可显示生长的快慢。

在自然条件下,当蚌类的外套膜受到异物(沙子、寄生虫)的侵入刺激时,受刺激的表皮细胞就会自动分解出一个"珍珠囊"。此时,异物正好被包裹到珍珠囊中,随后,它就会被珍珠囊分泌出的一层又一层的珍珠质所包围。因此,以异物为核的珍珠即称为"有核珍珠"。"无核珍珠"指的是珍珠囊包裹了自己分泌的有机物。一般来说,淡水珍珠都是无核的,而海水珍珠均有核。

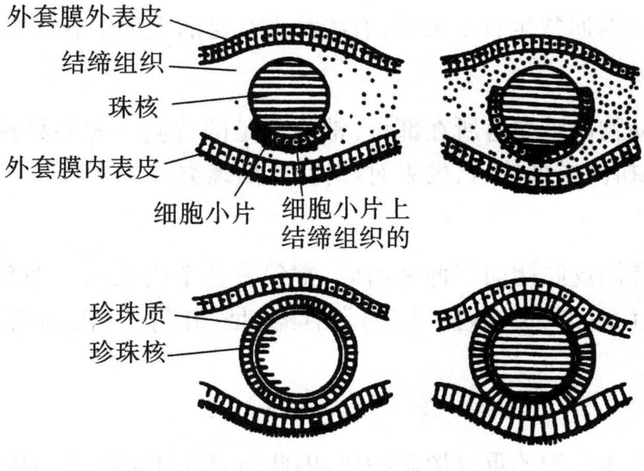

图 4-19 珍珠的形成过程示意

四、运动

软体动物的运动能力因种类而异,大多数种类的运动能力弱,速度缓慢。

1. 运动方式

软体动物的运动方式包括爬行、游泳等。头足类除用着生头部的足进行爬行之外,还可借助于喷水的反作用力,实现反向的快速运动。

2. 运动器官

大多数软体动物以足完成运动,速度慢;幼体多以纤毛为运动器。软体动物的肌肉组织多分布于足部和外套膜的中层。其中,位于足部、体壁中的肌肉与运动有关。

五、消化

软体动物的消化道发达,少数寄生种类(内寄螺 *Entocolax*)的消化道退化。多数种类的口腔内具颚片(mandible)和齿舌(radula),颚片为 1 个或成对,可辅助捕食。齿舌是软体动物所特有的器官,位于口腔底部的舌突起(odontophore)表面,由横列的角质齿组成,似挫刀状。摄食时,以齿舌做前后伸缩运动刮取食物。齿舌上小齿的形状和数目,在不同种类间各异,可作为鉴定种类的重要特征之一。小齿组成横排,许多排小齿构成齿舌。每一横排有中央齿 1 个,侧齿 1 对或数对,边缘有缘齿 1 对或多对。齿舌上小齿的排列以齿式表示,如中国圆田螺(*Cipangopaludina chinensis*)的齿式为 2.1.1.1.2。

六、呼吸

在进化过程中,自软体动物开始出现了专门的呼吸器官,但呼吸器官的类型随栖息环境的不同而异。水生种类用鳃呼吸。鳃为外套腔内面的上皮伸展形成,位于外套腔内。鳃的形态各异,鳃轴两侧均生有鳃丝,呈羽状,称为楯鳃;仅在鳃轴的一侧生有鳃丝,呈梳状,称栉鳃(ctenidium);有的鳃呈瓣状,称瓣鳃(lamellibranch);有些种类的鳃延长成丝状。称丝鳃(filibranch)。有的本鳃消失,又在背侧皮肤表面生出次生鳃(secondary branchium);部分种类无鳃。鳃成对或为单个,数目不一,少则1个或1对,多者可达数10对。陆地生活的种类均无鳃。其外套腔内部一定区域的微细血管密集,形成肺状结构,可直接摄取空气中的 O_2,这是动物对陆地环境的适应性表现。

七、循环

软体动物的次生体腔极度退化,仅残留围心腔(pericardinal cavity)以及生殖腺和排泄器官的内腔。初生体腔则存在于各组织器官的间隙,内有血液流动,形成血窦(blood sinus)。

软体动物的循环系统由心脏、血管、血窦及血液组成。心脏一般位于内脏团背侧的围心腔内,由心耳和心室构成。心室1个,壁厚,能搏动,为血液循环的动力;心耳1个或成对,常与鳃的数目一致。心耳与心室间有瓣膜,可防止血液倒流。血管分化为动脉和静脉。血液自心室经动脉进入身体各部分,然后汇入血窦,由静脉回流到心耳。因此,多数软体动物的血液循环为开管式,而在一些快速运动的种类(如头足类),则为闭管式循环。软体动物的血液无色,内含有变形虫状细胞。有些种类的血浆中含有血红蛋白(haemoglobin)或血清蛋白(haemocyanin),故血液呈红色或青色。

八、排泄

软体动物的排泄器官基本上属于后肾管,其数目一般与鳃的数目一致;只有少数种类的幼体为原肾管。与环节动物有所不同,软体动物的后肾管由腺质部分和管状部分组成,腺质部分富有血管,肾口具纤毛,开口于围心腔;管状部分为薄壁的管,管之内壁具纤毛,肾孔开口于外套腔。后肾管不仅可排除心脏中的代谢产物,也可排除血液中的代谢产物。此外,围心脏内壁上的围心脏腺中亦密布有微血管,可将代谢产物滤出于围心脏内,再经后肾管排出体外。

九、繁殖

软体动物一般雌雄异体,亦有雌雄同体者,行有性繁殖。

软体动物的繁殖系统包括生殖腺、生殖管道、交接器和一些附属腺体构成。生殖腺由体腔壁形成。生殖管道内端通向生殖腺腔,外端开口于外套腔或直接开口于体外。雌雄异体的种类包括多板纲、绝大多数的前鳃亚纲和瓣鳃纲、头足纲等,它们可通过交尾而受精,或者将生殖细胞(精子和卵细胞)分别排放到水中受精。雌雄同体的种类包括无板纲、后鳃亚纲、肺螺亚纲及少数的前鳃类和瓣鳃纲,它们大多通过交尾以完成受精作用。

软体动物受精卵的卵裂方式为典型的螺旋型卵裂,通过外包或内陷方式形成原肠胚。原肠胚形成后,很快发育为可自由游泳的担轮幼虫。个别种类从担轮幼虫直接发育为成体,但大多数种类从担轮幼虫发育成**面盘幼虫**(veliger larva),然后才发育为成体。担轮幼虫的形态与环节动物多毛类的幼虫相似;面盘幼虫发育早期背侧有外套的原基,且分泌外壳,腹侧有足的原基,口前纤毛环发育成缘膜(velum)或称面盘。大多数的海产腹足类的担轮幼虫在卵袋中度过,一些前鳃类和淡水腹足类、肺螺类的担轮幼虫和面盘幼虫都在卵袋中度过。栖息于淡水环境的蚌类,其面盘幼虫特化为适应于寄生生活的**钩介幼虫**(glochidium),这种幼虫可寄生于鱼类的鳃、鳍或其他部位,并在鱼体上形成胞囊。幼虫从寄主身体获取营养,逐渐发育至成体,然后破囊而出,沉落于水底,营底栖生活。头足纲软体动物受精卵的分裂属于不完全分裂的盘状分裂类型,幼体为直接发育。

十、神经与感官

软体动物中原始种类的神经系统无神经节的分化,仅有围咽神经环及向体后伸出的1对足神经索(pedal cord)和1对侧神经索(pleural cord)。较高等的种类主要有4对神经节,各神经节间有神经相连。①脑神经节(cerebral ganglion)位于食管背侧,发出神经至头部及体前部,司感觉;②足神经节(pedal ganglion)位于足的前部,伸出神经至足部,司运动和感觉;③侧神经节(peural ganglion)发出神经至外套膜及鳃等;④脏神经节(visceral ganglion)发出神经至各内脏器官。这些神经节有趋于集中之势。有的种类如头足类,其主要神经节集中在一起形成脑,并在脑外有软骨的脑盒包围。软体动物已分化出触角、眼、嗅检器及平衡囊等感觉器官,感觉灵敏。

十一、栖息环境

软体动物的分布广泛,栖息于陆地或水体环境,从热带到两极地区都有其分布。大多为海生,肺螺类已适应于陆生,但仅限于较潮湿的环境。海产种类多生活于潮间带和浅海带,深海种类可栖息于10 000 m深处;部分种类栖息于淡水环境,常见于池塘、湖泊或溪流中。

腹足类在陆地、淡水(江河、湖泊、溪流等)和海洋等环境均有分布,瓣鳃纲只生活在淡水和海洋,其他类群则完全生活在海洋环境。

十二、与人类关系

软体动物与人类的关系可以有益和有害两个方面来理解。

多数软体动物都可作为人类的食物,或入药利用;也可作为经济鱼类的良好饲料。许多贝类可制成工艺品和装饰品。通过人工养蚌育珠可产生极大的经济价值。贝壳作为工业原料也有多种用途。

陆生的蜗牛、蛞蝓等取食植物的叶、芽,危害蔬菜、果树、烟草等;海洋中的一些肉食性种类,能捕食牡蛎、泥蚶等的幼苗,造成养殖双壳类的损失;一些草食性种类常取食海带、紫菜的幼苗,是藻类养殖的敌害。在淡水和陆生的软体动物中,有许多种类是人体重要寄生虫的中间寄主。如椎实螺(Lymnaeidae)是肝片吸虫的中间宿主,纹沼螺(*Parafossarulus striatulus*)、赤豆螺(*Bithynia fuchsiana*)是华枝睾吸虫的中间宿主,扁卷螺(Planorbidae)是姜片虫的中间宿主,钉螺(*Oncomelania hupensis*)是日本血吸虫的中间宿主,等等。栖息于海洋中的船蛆(Teredidae)、海笋(*Pholas dactylus*)等是专事穿凿木材或岩石穴居的种类,对木船、木桩和海港的木、石建筑都有危害。一些营附着或固着生活的种类常大量附着在船底,可影响船只的航行;有些营附着生活的软体动物,可堵塞水管,影响生产。

十三、分类

软体动物种类繁多,分布范围极广,可见于海水、淡水和陆地等环境。已描述的种类超过 130 000 种,仅次于节肢动物。根据贝壳、足等特征,可将软体动物分为腹足纲(Gastropoda)、瓣鳃纲(Lamellibranchia)、头足纲(Cephalopoda)、掘足纲(Scaphopoda)、无板纲(Aplacophora)、多板纲(Polyplacophora)、单板纲(Monoplacophora)、尾腔纲(Caudofoveata)8 个纲;也有学者将尾腔纲并入无板纲,故合计为 7 纲。其中仅腹足纲和双壳纲有淡水生活的种类,腹足纲还有一些陆生种类,这两纲包含了软体动物中 95% 以上的种类,其他各纲均为海洋生活类群。

1. 腹足纲

腹足纲动物具贝壳 1 个,呈螺旋状,壳口大多具厣;头部明显,有眼及触角,口中有齿舌;内脏团随螺壳的扭转一般呈螺旋形,左右不对称;有的种类为卵胎生;海产种类具担轮幼虫期和面盘幼虫期;现存约 75 000 种,广泛分布于海洋、淡水河陆地环境,可分为前鳃亚纲、后鳃亚纲、肺螺亚纲等 3 亚纲。常见种类如各种蜗牛、螺类。虎斑宝贝(*Cypraea tigris*)已被列为国家二级重点保护野生动物。

2. 瓣鳃纲

瓣鳃纲也称双壳纲(Bivalvia)。该纲动物的身体侧扁,左、右对称;体表具 2 片贝壳,故名双壳类。头部退化,无齿舌;足部发达呈斧状,故亦名斧足类;鳃 1 ~ 2 对,呈瓣状,故名瓣鳃类;神经系统较简单,有脑、脏、足 3 对神经节;海产种类在发育过程中常有担轮幼虫和面盘幼虫,淡水蚌类则有钩介幼虫;现生种类约有 30 000 种。代表动物如密鳞牡蛎(*Ostrea denselamellosa*)、河蚌(*Anodonta woodiana*)等。库氏砗磲(*Tridacna cookiana*)已被列为国家一级重点保护野生动物。

3. 头足纲

头足纲动物身体分为头、足和躯干 3 部分;除鹦鹉螺等原始种类具外壳之外,其余均为内壳或无壳;头部发达,头侧具 1 对构造相当完善的眼;足特化为 8 或 10 条腕和 1 个漏斗,腕环生于头部前方;闭管式循环系统;神经系统复杂,神经节集中于头部,有中胚层形成的软骨匣保护;现存种类约 750 种,全部海产。常见种类如多种章鱼、乌贼等。鹦鹉螺(*Nautilus pompilius*)已被列为国家一级重点保护野生动物。

4. 掘足纲

掘足纲动物的贝壳呈长圆锥形、稍弯曲的管状或象牙状,两端开口,故又名管壳类(Siphonoconchae);足发达,呈圆柱状;头部退化为前端的一个突起;全部海产,多在泥沙种穴居,滤食浮游生物;已知种类约 350 种,仅有角贝科和光角贝科 2 科。代表动物如梭形棒角贝(*Cadulus clavatus*)。

5. 无板纲

无板纲为原始的软体动物;体呈蠕虫状;无贝壳;体长一般约 5 cm,细长或肥厚,头不发达,足退化;具腹沟;全部海产,多数种类在软泥中穴居,少数可在珊瑚礁中爬行生活。已知种类约 300 种。代表动物如龙女簪(*Proneomenia*)。

6. 多板纲

身体扁平,卵圆形;头部不明显;背面有 8 个覆瓦状排列的贝壳;梯形神经系统;一般以齿舌刮取礁石上的海藻为食;间接发育,具担轮幼虫和面盘幼虫;全部海产,已知种类约 600 种,分为鳞侧石鳖目和石鳖目。代表动物如日本宽板石鳖(*Placiphorella japonica*)。

7. 单板纲

因为早期仅在寒武纪及泥盆纪的地层中发现过单板类的化石种类,而从未发现过活体,单板类长期以来被视为灭绝类群。1952 年,丹麦"海神号"调查船(Galathea Expedition)在哥斯达黎加(Costa Rica)海岸 3350 m 深的海底发现了 10 个活体的单板类动物–新蝶贝(*Neopilina galathea*)。此后,又陆续在太平洋及南大西洋等许多地区 2 000 ~7 000 m 深的海底发现了 7 个不同的种。这些原始的软体动物在动物进化相关研究中具有重要意义。新蝶贝的体长为 0.3 ~3 cm,具有 1 个两侧对称的、扁平的楯形壳,或矮圆的锥形壳,壳顶指向前端,故称为单板类。

8. 尾腔纲

尾腔纲动物的身体呈细的蠕虫状,头与躯干可清楚区分,体后端有排泄腔,其中有 1 对羽状鳃。无石灰质板及贝壳,但被有角质并带有石灰质、针状棘的外皮。生活在较深的软泥底质海域。已知种类约 70 种,如毛皮贝(Chaetodermoida)。

复习与思考题

1. 软体动物有哪些主要特征?
2. 软体动物可分为哪几个纲?
3. 查阅文献,理解腹足纲不对称体制的起源。
4. 头足纲适应于快速运动的特征有哪些?
5. 查阅文献,了解软体动物的进化地位和物种多样性。
6. 掌握下列重要名词:外套膜,贝壳,内脏团,头足类,瓣鳃类,腹足类

第九节 节肢动物门

节肢动物门(Arthropoda)是动物界种类最多的类群。这类动物的附肢分节,故通称节肢动物,包括人们熟知的虾、蟹、蜘蛛、蚊、蝇、蜈蚣和已绝灭的三叶虫等。全世界已知种类超过 120 万种,占现生生物种数的 80% 左右。节肢动物登陆取得巨大成功,绝大多数种类是真正的陆栖无脊椎动物,栖息于多种生境。有些种类还可寄生于人和其他动物的体内或体外,营寄生生活。

一、节肢动物的主要特征

节肢动物具有如下共同特征。①三胚层,身体两侧对称,异律分节,附肢分节;②体壁为几丁质外骨骼,有蜕皮现象;③由横纹肌组成肌肉束;④多为混合体腔,开管式循环系统;⑤呼吸器官为鳃、书肺或气管;⑥神经系统更趋集中,感觉器官发达;⑦排泄器官为颚腺、绿腺、基节腺和马氏管;⑧消化系统完全,一般分为前肠、中肠和后肠;⑨大多数种类雌

雄异体，水生种类多为体外受精，陆生种类均为体内受精；⑩多为卵生，也有卵胎生者；直接发育或间接发育（有变态）。

二、形态

节肢动物的身体两侧对称，异律分节，即身体的若干体节分别组合成不同的部分。一般可分为头、胸、腹3部分（如昆虫纲），或头部与胸部愈合为头胸部（如甲壳纲），或胸部与腹部愈合为躯干部（如蛛形纲）。与身体的异律分节或分部相适应，节肢动物的生理功能也出现了分工：头部为感觉和取食中心；胸部为运动和支持中心；腹部则作为营养和繁殖中心。

除身体分节外，节肢动物的附肢也分节，并按体节排列，称肢节，节肢动物即由此得名。肢节之间由关节或关节膜相连，关节可活动。附肢有单枝型和双枝型两类。与环节动物的疣足相比，有重大的进步。着生于身体不同部位的附肢的功能也有分化，分别用于摄食、攻击、御敌、步行、游泳或辅助交配等。水栖种类头部的附肢甚至躯干部的附肢可从水中滤取食物；有些种类可通过附肢表面交换气体，实现呼吸。有些种类的附肢成为特化结构，如蝎类的栉状板和蜘蛛类的纺器。部分种类的附肢退化以至消失。

在自然条件下，一些节肢动物特别是昆虫纲种类，常通过身体形态或颜色等的调整或变化实现保护自己、逃避被捕食之目的。这是动物在长期的进化过程中，通过自然选择而形成的适应性特征。这些适应包括保护色、警戒色、拟态等（详见动物生态之行为生态部分）。

保护色、警戒色、拟态三者之间既有联系，又有明显区别。保护色是动物适应栖息环境而表现出与环境色彩相似的体色，从而起到隐蔽作用，侧重于体色与栖息环境色彩相一致；警戒色是某些有恶臭或毒刺的动物具有鲜艳色彩和斑纹的现象，它以鲜艳的色彩（易于识别）对捕食者起到警示作用。警戒色基于同种动物以前被捕食，对捕食者造成伤害并使其形成条件反射而发挥作用，具有警戒色的动物一般有恶臭或毒刺；拟态是动物外形或色泽斑块与其他生物或非生物相似的现象，比保护色更进一步。体色、形态均与被模拟对象相似。拟态中所出现的某种色泽斑块，只是模拟具有警戒色的动物的色泽斑块，起到恐吓和赶走捕食者的作用，但模拟者并不具恶臭或毒刺。此点不同于警戒色。如毒蛇具有鲜艳的体色，是为警戒色；而无毒蛇具有毒蛇样的鲜艳色彩则属于拟态。

三、体壁

节肢动物的体壁有一定的硬度，因其具有几丁质的表皮（亦称角质层）。表皮的作用类似于骨骼，故称为外骨骼（exoskeleton）。体壁中含有几丁质是节肢动物的重要特征之一。几丁质的物理性质柔软，以网格状结构包埋于蛋白质的基质中。几丁质与蛋白质共同构成节肢动物体壁的主要成分。体壁的坚硬程度并非是由于几丁质的存在，而在于蛋白质在酶的作用下的鞣化或硬化。

外骨骼（表皮）自内向外可分为上表皮、外表皮和内表皮3层。上表皮位于最外层，较薄，通常含有蜡质。外表皮较薄，位于内表皮的外侧，在蛋白质和几丁质中有钙盐沉积，或富含骨蛋白，因而是外骨骼中最为坚硬的部分。内表皮紧接于外皮层之下，是外骨骼中最厚的一层，其主要成分为蛋白质和几丁质的复合体，无色而柔软，具有延伸性和曲折性。在节间膜和其他膜质区，由于内皮层不发达而使外骨骼显得柔韧，易于曲折和活动。有些节肢动物的外骨骼薄且没有含蜡质的上表皮，使水和空气可渗入。外骨骼一般有纤细的孔道，使其下方的腺体的分泌物可以排出。外骨骼并不完全局限于身体表面。在胚胎时期，外胚层内陷部分的上皮亦可分泌角质层，因而在前肠、后肠、气管、书肺及部分生殖腺的内面均衬有角质层，蜕皮时也要脱去。

每个体节的外骨骼基本可分为4块：1块背板、1块腹板和2块侧板。附肢的管状骨骼在各分节之间也有关节膜相连，故关节可活动。多数节肢动物体节间的关节膜折叠于前一个体节外骨骼后缘的下方。外骨骼有时向体内突出形成内突，作为肌肉的附着点；或内部组织骨化成游离的骨片，供体内肌肉附着。

外骨骼之下为皮细胞层（亦称上皮层）。这是节肢动物体壁中唯一的细胞层，由单层多角形细胞构成，向外分泌形成非细胞结构的表皮层（外骨骼），向内分泌一层基膜（亦称底膜）。基膜是一层无定形的颗粒层。

无生命活力的角质层不能像脊椎动物的骨骼那样生长，坚硬的外骨骼限制了动物身体的生长。因此，节肢动物在生长发育过程中，要定期蜕皮，以使身体长大。蜕皮前，皮细胞层与外骨骼分离，分泌形成一层新的上表皮。同时，皮细胞层分泌蜕皮液（含几丁质酶和蛋白酶），通过新的上表皮把旧皮中的内表皮溶解。随后，皮细胞层再分泌新的外表皮和内表皮（图4-20）。此时，动物体外包有新旧两层外骨骼。旧的外骨骼沿着预定的位置裂开，动物的身体自裂缝处钻出。前、后两次蜕皮之间的阶段称为龄期。甲壳动物一生中需经历多次蜕皮，甚至在性成熟、交配之后，仍可再次蜕皮。

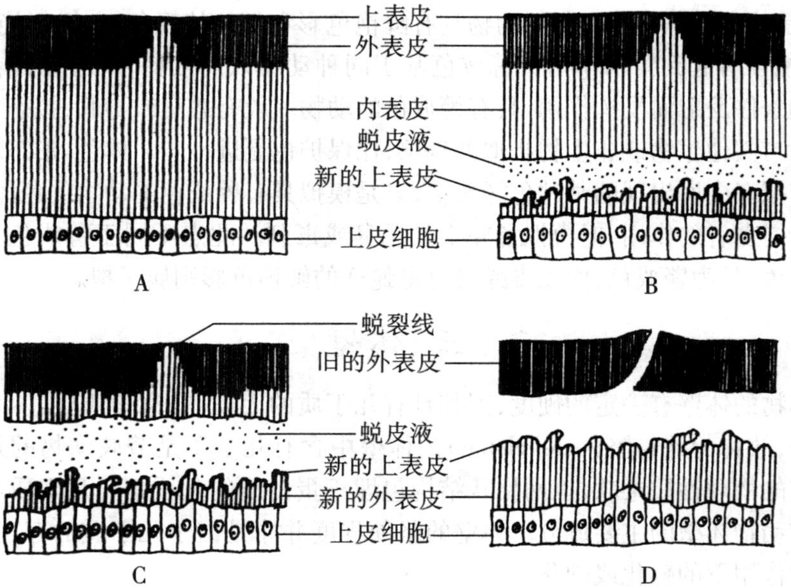

图4-20　节肢动物的蜕皮过程

节肢动物的体腔在发育早期也形成中胚层的体腔囊,但在后续的发育过程中,并不扩展为广阔的真体腔,而是退化为生殖管腔、排泄管腔和围心腔。随后,围心腔壁消失,使体壁与消化之间的初生体腔与围心腔的次生体腔相混合,形成混合体腔。混合体腔内充满血液,故亦称血腔(coelomic cavity)。以昆虫纲动物为例,其混合体腔被背侧的背隔和腹侧的腹隔分隔成 3 个血窦,即背窦(又称围心窦)、围脏窦和腹窦(又称围神经窦)。

四、运动

节肢动物种类繁多,栖息环境复杂多样,同时具有极强的运动能力。

(一)运动方式

节肢动物表现出多种多样的运动方式,包括步行、爬行、跳跃、游泳、飞翔、钻蛀、攀缘等。一些有变态的种类,在不同的发育阶段可能采取完全不同的运动方式。

(二)运动器官

节肢动物具有多样化的运动器官,主要包括足、翅、肌肉、外骨骼。

1. 附肢

身体分部和附肢分节是动物进化的重要标志之一,分节使附肢的灵活性增加。原始种类的各体节多具 1 对附肢,通过关节与躯体相连。每个附肢分为若干节,一般为 6 ~ 8 个肢节。附肢的形态和功能变化极大,常特化形成触角、口器、足、呼吸和生殖等各种结构。昆虫的附肢包括基节(coxa)、转节(trochanter)、腿节(femur)、胫节(tibia)、跗节(tarsus)、前跗节(pretarsus)等。

节肢动物足的形态、结构、类型、数目、着生部位随动物种类及其运动方式的不同而有较大差异。蛛形纲动物有 4 对步行足(walking leg),着生于前胸部,用于爬行或步行。多足纲动物在躯干部有 12 ~ 21 对步行足,用以爬行或步行。甲壳类有 5 ~ 6 对步行足,用于步行或游泳。肢口纲的头胸部有 5 对步行足,腹部有 5 对游泳足或步行足。

昆虫纲动物的成体有 3 对足,分别着生于前胸、中胸和后胸。昆虫的运动能力极强,包括步行、奔跑、跳跃、弹跳、游泳等方式,并发展出具有适应性特征的足,如步行足、跳跃足、游泳足、攀缘足等(图 4-21)。

2. 翅

翅是昆虫的飞行器官。大多数昆虫的成体均具 2 对翅,分别称为前翅和后翅。目前,广为接受的观点是,翅由中胸和后胸的背板两侧的体壁向外延伸而形成,着生于中胸和后胸的背方。翅的形态、质地、大小、振动频率等因种类不同而异。翅的类型有鳞翅、膜翅、鞘翅、复翅、半鞘翅、缨翅等。有些种类的前、后翅质地相同,如蜻蜓;大多数种类则不同,如蝗虫、甲虫等。蝇类的后翅退化成棍棒状,特称为平衡棒(halter),具有平衡飞行状态的作用。蝶类和蛾类的前、后翅通过连翅器相连,以保持飞行或活动时的协调。不同形态和类型的翅为昆虫提供了极其广阔的活动空间和范围,使昆虫可进行长距离的迁飞活动。

3. 肌肉

运动的力量源自肌肉的收缩。节肢动物的肌肉与体壁之间不形成连续的肌肉层,而是发展成分离的肌肉束。在节肢动物之前的动物类群,动物体内的肌肉均为平滑肌,从节肢动物开始形成模纹肌,因而获得了高度发达的运动功能。

节肢动物的肌纤维均为骨骼肌(横纹肌),内含有大量肌原纤维,并进而集合成为肌肉束,可迅速收缩、产生强大的力量。肌肉束均附着于外骨骼的内面,基本上按体节成对排列,起着相互拮抗的作用,如昆虫体内的背纵肌和腹纵肌。附肢内亦有相应的附肢肌,以保障附肢可在不同的方向上活动。

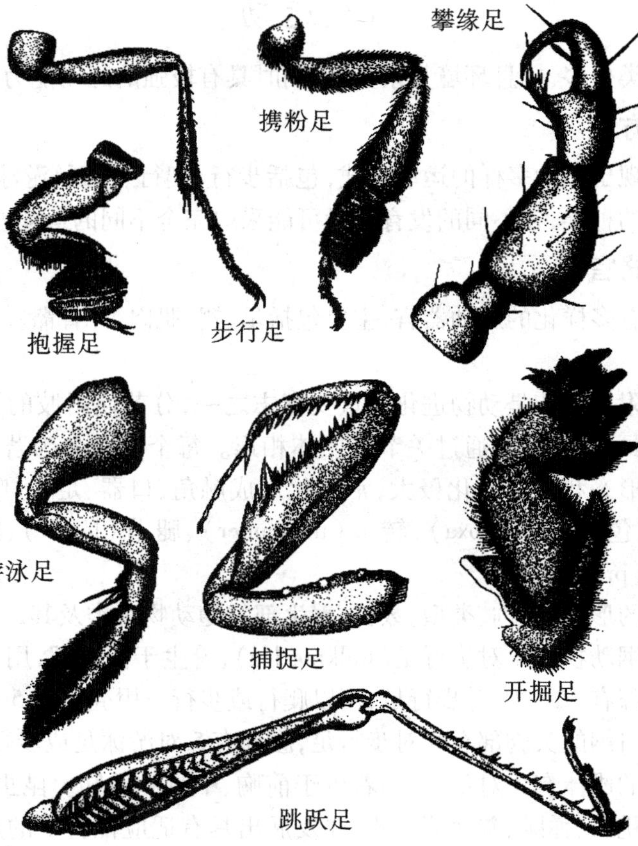

图 4–21 昆虫的足

4. 外骨骼

节肢动物的外骨骼可为肌肉提供附着点,与肌肉配合,共同完成动物的运动。外骨骼随身体和附肢而分节或分块,使动物的活动更加灵活。因此,节肢动物的外骨骼亦与运动密切相关。

五、消化

节肢动物具有完全的消化系统。前肠和后肠较长,均由外胚层发育而来,内部衬有几丁质。中肠来源于内胚层。前肠的主要功能是摄食、研磨和储存食物。根据食物和取食方式的不同,前肠各部分有不同的变化。中肠是产生消化酶、消化食物、吸收营养的场所。

中肠多有盲囊状突出物或有大的消化腺，使消化和吸收的表面积增大。后肠可对水分进行重吸收，并暂时储存粪便。

位于消化道最前端、用于获取食物的结构称为口器（mouthparts）。

甲壳纲动物多为杂食性，于浅滩或水中觅食。其口器包括 1 对大颚（mandible）、2 对小颚（maxilla）、1 对上唇（labrum）和下唇（labium）。大颚为咀嚼器官，用以切碎食物；小颚辅助大颚咀嚼、抱握或传递食物。消化管由前肠、中肠和后肠组成（图 4-22）。前肠包括口、食管及胃。口位于 2 个大颚之间，食道为短管。胃接于食道之后，分为前部的贲门胃和后部的幽门胃。贲门胃内有胃磨（gastric mill），可用以磨碎食物。幽门胃内布满刚毛，以阻挡大的食物颗粒进入中肠。中肠两侧着生有盲管（diverticulum）或盲囊（caecum），盲管或称为消化腺（digestive gland）、中肠腺（midgut gland）、肝脏（liver）、肝小角（little liver-horn）或肝胰脏（hepatopancreas）等，可分泌消化液，并吸收、储存营养物质。后肠的结构简单，末端的开口即为肛门，食物残渣经肛门排出体外。

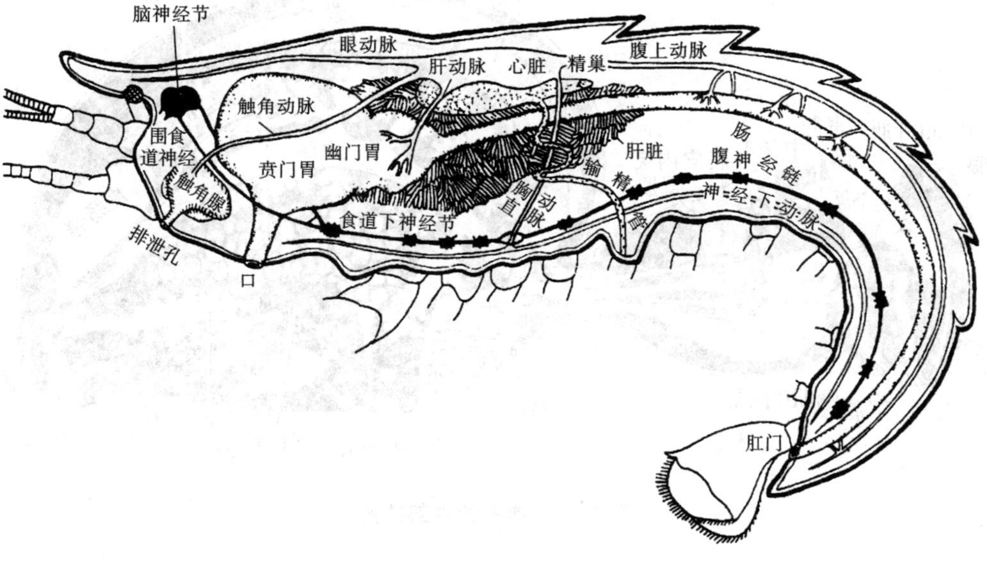

图 4-22　虾的内部结构

蛛形纲动物为肉食性，以昆虫或其他小型动物为主要食物。口器主要由 1 对螯肢和 1 对脚须组成。螯肢分为 2 节，基部膨大为螯基，有毒腺；端部尖细为螯牙，呈中空的管状。螯基和螯牙相互配合，夹持猎物。螯基还可通过螯牙排出毒液，以毒杀猎物。脚须分为 6 节，形如步行足，基节呈颚状突起，可协助捕食，末节具爪。脚须的主要功能是抓握和撕裂食物。前肠包括口、咽、食道和吸吮胃（图 4-23）。口位于头胸部近前端的腹面，其后经咽与食道相连通。吸吮胃由食道末端膨大形成，其背、腹面着生有强大的肌肉束。借助于肌肉束的收缩和舒张，吸吮胃可扩大或缩小，进而把液体食物吸入消化道并送入中肠。中肠由 1 个中肠管、1 对盲囊和消化腺等组成，主司食物的消化、营养的吸收和储存。盲囊着生于中肠管前端两侧，并各分出 4 个盲管，用以储存液体食物。中肠管在腹部中央膨大,每侧有一多分支的消化腺体。该腺体按体节分布,开口通向中肠,既可分泌消化液进一步消化食物,也可吸收营养。后肠较短,背侧有直肠囊(rectal sac),可汇集食物残渣。后肠末端以肛门通至体外。

蛛形纲动物无上颚,不直接吞食固体食物。捕食时,先将螯肢所分泌的毒液注入猎物体内,使之麻痹或死亡;用螯肢或脚须将猎物撕碎并加入唾液,使猎物碎块被分解为液体。最后,用口将液体吸入消化道。

昆虫纲动物因其种类繁多而表现出多样化的食性。根据主要食物组成的不同,可将昆虫的食性分为植食性(herbivore)、肉食性(carnivore)和杂食性(omnivore)等3种类型。其中,肉食性还可再分为捕食性(predatory)、腐食性(saprophagy)和寄生性(parasitism)。此外,昆虫的食性可因发育历期的不同而异,如鳞翅目种类的幼虫多取食植物叶片,而成体则取食植物液汁等。

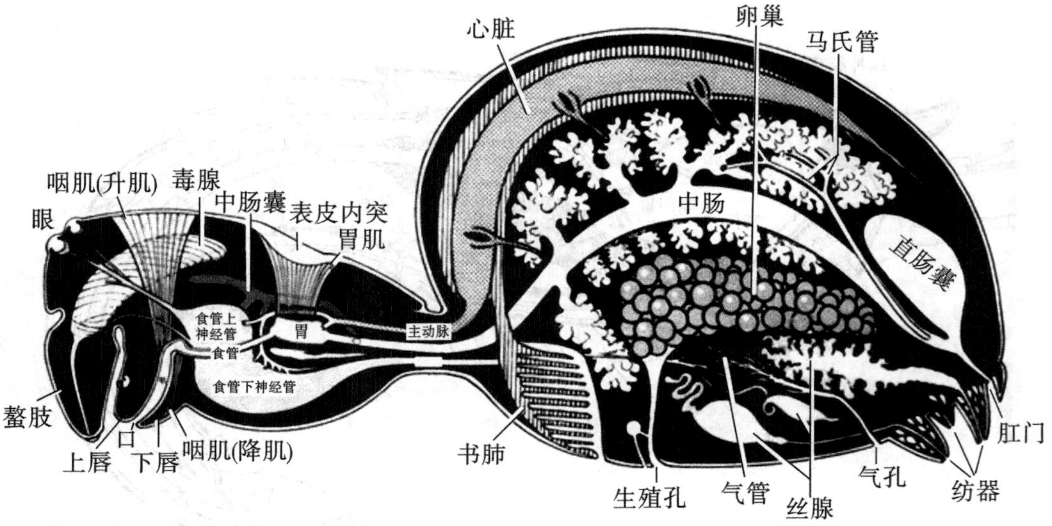

图 4-23 蜘蛛的内部结构

由于食物类型、取食方式的不同,昆虫的消化道结构变化较大。一般来说,昆虫的消化道纵贯于体腔中央。前肠包括咽、食道、嗉囊及前胃(图4-24)。咽是前肠的前端部分,可收缩或扩大,有利于吞咽食物。食道接于咽后,是一条简单的管道。嗉囊可暂储存食物,并对食物进行初步消化。前胃又称砂囊,为前肠末端,内壁肌肉发达并有纵向排列的几丁质齿,囊壁蠕动可进一步磨碎食物。吸吮液汁的昆虫的前胃不发达。前肠的功能是接受、运送、暂存及进一步研磨、消化食物。前肠与中肠交界处有贲门瓣,源于前肠末端肠壁的皱褶,可阻止尚未完全碎化的食物进入中肠。研磨后的食物经贲门瓣筛滤后进入中肠。贲门瓣还可防止食物倒流。中肠又称胃,能分泌多种消化酶,为消化食物、吸收营养的场所。中肠有围食膜,围食膜是部分节肢动物所特有的一种半透性膜状结构,昆虫的围食膜由中肠细胞分泌形成。根据分泌细胞在中肠所处的位置,可将围食膜分为Ⅰ型和Ⅱ型。由于围食膜紧贴于中肠内壁,包裹着食物,因此具有保护中肠上皮细胞、有助于食物消化吸收的功能。围食膜主要是由几丁质和蛋白组装而成。中肠前端有突起物，称为胃盲囊（gastric caecum），可增加中肠的分泌和吸收面积。中肠与后肠以马氏管的着生处为界。后肠可分为回肠、结肠和直肠，末端以肛门通体外。后肠的前端有幽门坛（pyloric ampulla），可调节进入后肠的内容物的量。后肠主司水分重吸收、形成并暂时储存粪便。

昆虫的口器因食性、取食方式的不同而有较大变异。常见类型有咀嚼式口器（chewing mouthparts）、嚼吸式口器（chewing－lapping mouthparts）、舐吸式口器（sponging mouthparts）、刺吸式口器（piercing － sucking mouthparts）、虹吸式口器（siphoning mouthparts）等。咀嚼式口器是最基本、最原始的类型，其他类型的口器均由此口器演化而来。

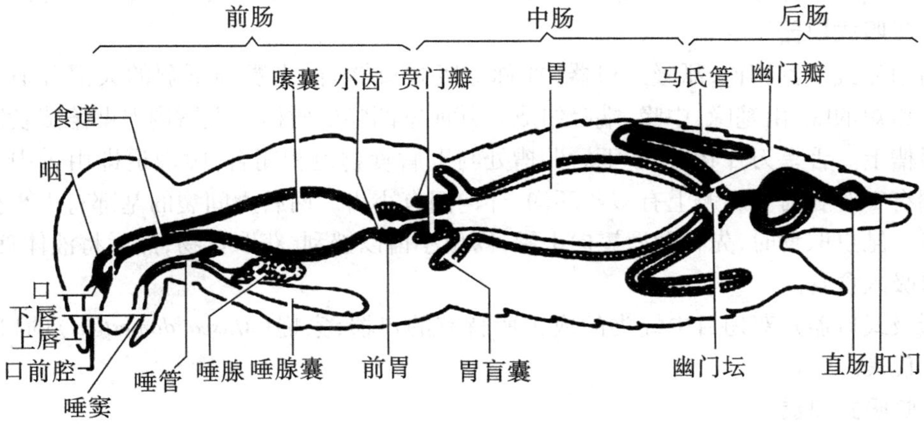

图 4-24　蝗虫的消化系统

1. **咀嚼式口器**

咀嚼式口器由上唇、上颚、舌、下颚、下唇组成，用于取食固体食物。上颚、下颚、下唇分别由头部的第 4、5、6 对附肢演变而来。上唇则是头部外骨骼的延伸物，位于口器的前方，取食时用以保持食物。上颚 1 对，呈三角形，位于上唇后面的两侧，具切齿和臼齿，用以切嚼食物。舌为口前腔底壁的 1 个长袋状突起，位于上、下颚中间，道理知唾液腺，司味觉和搅拌食物。下颚 1 对，位于在上颚之后，由轴节、茎节、外颚叶和下颚须构成，用以抱握食物。下唇位于下颚后方，由亚颏、颏、前颏、下唇须和唇舌组成，结构与下颚相似，但左右连接成整体，用以托住食物，以免食物从后方溢漏。

具有咀嚼式口器的昆虫包括直翅目（Orthoptera）、鞘翅目（Coleoptera）、脉翅目（Neuroptera）的成虫、鳞翅目的幼虫、膜翅目（Hymenoptera）的大部分成虫和叶蜂类（Tenthredinoidea）幼虫等类群。

2. **嚼吸式口器**

嚼吸式口器的上唇和上颚与咀嚼式口器的相似。上颚用于咀嚼花粉与筑巢，下颚的外颚叶甚为发达，呈刀片状，下颚须和内颚叶较退化。下颚和下唇联合延伸特化，形成能吮吸液体食物的吸管；下唇和中唇舌及下唇须也延长成吮吸机构，借以从花中吮吸花蜜。这种口器保留 1 对上颚，其他部分则延长成针状，既能吮吸花蜜，又能咀嚼花粉。

嚼吸式口器既可咀嚼、又能吮吸,故称为嚼吸式口器。为蜂类昆虫所特有。

3. 刺吸式口器

与咀嚼式口器相比,刺吸式口器的变化特点是:上唇成为食物管,上颚和下颚的一部分特化成细长的口针;下唇极度延长、变细,呈槽状,以收藏或保护口针的喙,末端有1对由上唇须变成的唇瓣。舌则演变成唾液管。上唇、上颚、舌和下颚等均嵌合于下唇槽内。食窦(即口前腔中的唇基与舌之间的部分)形成强有力的抽吸机构。取食时,下唇向后弯曲,上颚和下颚相互配合,渐次刺入食物的组织内。随后,上唇伸入刺孔,舌排出唾液,上唇将食物液汁吸入食道。

具有刺吸式口器的昆虫主要取食植物汁液或动物血液,包括同翅目(Homoptera)、半翅目(Hemiptera)、蚤目(Siphonaptera)、虱目(Anoplura)及部分双翅目(Diptera)昆虫。

4. 舐吸式口器

与咀嚼式口器相比,舐吸式口器(亦称舔吸式口器)的上颚与下颚的大部分消失,下唇变成粗短的喙,由基喙、中喙、端喙组成。其前壁凹陷成唇槽。上唇内壁凹陷成食物道,合在唇槽上。舌呈刀片状,位于下唇凹槽处与上唇食物道相闭合,唾液道即由舌中通过。喙末端有1对唇瓣。唇瓣上有多条环沟,环沟间有小齿。两唇瓣间裂的基部有1小孔,称为前口。昆虫取食时,先将两唇瓣向上翻,露出小齿以锉刮、获取食物,然后将液体食物通过前口吸入食管。

舐吸式口器是双翅目中蝇类的成虫所特有的口器,家蝇(*Musca domestica*)的口器是其典型代表。

5. 虹吸式口器

虹吸式口器的上唇较小,为一较小的盖片。上颚几乎完全退化。下唇的下唇须3节,较为明显。下颚的外颚叶1对,极度延长,相互嵌合,构成一条食物管,两个外颚叶嵌合为喙。外颚叶为一空腔,腔壁着生有斜列的肌肉,收缩时可使喙卷曲。外颚叶的空腔与头腔相通,血液可从头腔流入外颚叶的空腔,使喙可伸直。取食时,头腔收缩,压迫血液进入外颚叶中的空腔,使喙伸直,食物管即可吮吸食物。反之,当血液回流到头腔后,喙如弹簧般卷曲于头部前方。

具有虹吸式口器的昆虫主要吸吮蜜露和汁液,这种口器为鳞翅目昆虫的成虫所特有(少数原始蛾类除外)。

六、呼吸

由于分布广泛、栖息环境复杂,节肢动物具有形态多样的呼吸器官,由此也可看出动物对环境的高度适应。节肢动物可用于呼吸的器官包括多种类型。

体壁:低等的小型甲壳动物,如水蚤。

鳃:水生甲壳动物在足的基部有由体壁向外突起形成的薄膜状结构,分布有大量的毛细血管。如虾、蟹类。

书鳃:由足基部体壁向外突起折叠成书页状,有血管分布。为水生种类的呼吸器官。

书肺:由体壁向内凹陷折叠成书页状,为陆生节肢动物蜘蛛、蝎类的呼吸器官。

气管:由体壁内陷形成分支的管状结构,为陆生节肢动物如马陆、蜈蚣等的呼吸器官。

气管上无毛细血管分布，具气管的节肢动物，其气管的分支可直达组织和细胞，故 O_2 可被直接输送到组织，而无须通过血液运送气体。节肢动物各纲的气管结构不同，在对陆地生活适应过程中各有独立的演化途径。身体结构简单的节肢动物无气管，可通过体表交换气体。

节肢动物的呼吸器官虽然形式多样，但均为体壁的衍生物。水生种类的呼吸器官都是体壁向外的突起；陆生种类的呼吸器官则为体壁向内凹陷形成。

节肢动物的呼吸机制有两类：①气管系统：直接将 O_2 输送到呼吸组织，与细胞进行气体交换；②毛细血管：其他类型均通过毛细血管进行气体交换，由循环系统运送 O_2。

七、循环

节肢动物循环系统的复杂程度与呼吸系统的结构与类型密切相关。如果呼吸系统简单（如局限于身体某一部分），则循环系统复杂，如虾类；如果呼吸系统复杂（分散于身体各部分），则循环系统简单，如昆虫类。用体表呼吸的小型节肢动物的循环系统消失，如桡足纲、介形纲和蔓足纲。这类动物无心脏和固定的血管系统，靠肌肉或肠管运动使血液在体腔或血窦内循环。

循环系统主要由心脏和动脉构成。心脏由背血管演变而来，位于消化道背上方的围心窦内，呈管状、囊状或形成一系列的膨大囊状结构，称为心室。心脏两侧排列有成对的心孔（数目因种类而异）。心孔的边缘向内延长，形成心瓣（ostial valve）。心瓣的作用是防止血液从前一心室回流到后一心室，或从心室回流到血腔中。

动脉由心脏的前端发出，或长或短，或粗或细，常伸入前部或头胸部。昆虫只有 1 条动脉，伸入头腔内，不分支。其他多数节肢动物的动脉可分成若干分支，或形成若干侧动脉。这些动脉分支伸入有关的附肢和器官，如眼、鳃等。蜘蛛和软甲壳动物从心脏后端还发出 1 条动脉。蜘蛛的后动脉分支分成许多分支，伸入纺绩器、腹部的其他器官。

节肢动物的血液循环方式为开管式。体内的各种器官和组织均直接浸润于混合体腔（血腔）内的血液中。血液借助于心脏的收缩自心孔进入心脏，然后经心脏从动脉流入血腔。血腔中的血液再经心孔流回心脏。血液在血腔中流动，并在此过程中与周围的组织、细胞进行气体交换和物质交换。血液在血腔中流动时的压力较低，可避免因外伤而引起大量失血。因此，开管式循环对节肢动物具有一定的保护作用。一些寄生种类如人形鱼蚤，其血管系统为封闭型。大多数甲壳类的血液中含血青素，故微呈蓝色（如虾、蟹），少数种类（如枝角目的溞）的血液中含有血红素，故呈红色。

八、排泄

节肢动物的排泄器官包括两种类型：一类是与后肾管同源的腺体型，另一类是马氏管型。

腺体型：由后肾管演变而来，如甲壳动物的触角腺（又称绿腺、颚腺、壳腺）、蜘蛛类的基节腺等。节肢动物的排泄器官的肾口次生性封闭，由腺体部和膀胱部组成。含氮的代谢产物通过渗透作用进入腺体部，再由膀胱部排出体外。

马氏管型：马氏管源于外胚层，是由消化道中、后肠交界处的肠壁向外突起形成的盲管状结构,由单层细胞构成。昆虫类、蜘蛛类等以马氏管为排泄器官。马氏管直接浸浴在血腔内的血液中,可吸收大量的尿酸等含氮代谢废物,送入后肠,并经肛门排出体外。马氏管的数目因种类而异,但均为偶数。

九、繁殖

大多数节肢动物雌雄异体,且往往雌雄异形,故以有性繁殖为主要繁殖方式。

除蔓足类和寄生等足类等少数甲壳动物外,多数节肢动物的个别附肢特化为交配器官。陆生种类常行体内受精,而水生种类多为体外受精。节肢动物一般为卵生,也有卵胎生者。受精卵的卵裂方式为表裂,直接发育或间接发育。间接发育的种类有一至多个不同的幼虫期,有时这些幼虫的生活习性与成虫不同。节肢动物一般产卵量大,卵黄较少,受精卵很快孵化成幼体。世代间隔在某些昆虫和小型甲壳动物不到 3 d。因此,1 对两性繁殖的雌雄个体或一只孤雌繁殖的雌性个体在数周内即可产生数百万个后代,而某些大型冷水虾蟹类在 4 岁或更大年龄才达性成熟,隔 1 年产卵 1 次。

除普遍的两性繁殖之外,有些节肢动物还可行孤雌繁殖(parthenogenesis)或多胚繁殖(polyembrynoy)。但是,节肢动物并无真正意义上的无性繁殖。原因在于:①这些方式的繁殖是由生殖细胞而非体细胞完成的;②所产生的新个体多数为单倍体,或者是重组之后的 2 倍体,而非无性繁殖产生的和母体遗传物质完全相同的个体。因此,通常把孤雌繁殖归于有性繁殖,而非无性繁殖。

孤雌繁殖也称单性繁殖,即卵不经受精过程即可发育成正常的新个体。主要包括 3 种类型:

(1)偶发性孤雌繁殖(sporadic parthenogenesis)　偶发性孤雌繁殖是指某些昆虫在正常情况下行两性繁殖,但雌性成体偶尔产出的未受精卵也能发育成新个体的现象。可见于家蚕、一些毒蛾和枯叶蛾等。

(2)经常性孤雌繁殖(constant parthenogenesis)　经常性孤雌繁殖也称永久性孤雌繁殖。这种方式在某些昆虫中经常出现,而被视为正常的繁殖现象。可分为两种情况:第一种是在膜翅目的蜜蜂和小蜂总科的一些种类中,雌性成虫所产的卵既有受精卵,也有未受精卵,前者发育成雌虫,后者发育成雄虫。第二种是有的昆虫在自然情况下雄虫极少,甚至尚未发现雄虫,几乎全部行孤雌繁殖,如一些竹节虫、粉虱、蚧、蓟马等。

(3)周期性孤雌繁殖(cyclical parthenogenesis)　周期性孤雌繁殖也称循环性孤雌繁殖。昆虫通常在进行 1 次或多次孤雌繁殖后,再进行 1 次两性繁殖。这种以两性繁殖与孤雌繁殖交替方式繁殖后代的现象,又称为异态交替(heterogeny)或世代交替(alternation of generations)。例如,棉蚜(*Aphis gossypii*)从春季到秋末进行 10 ~ 20 余代的孤雌繁殖,到秋末冬初则出现雌、雄两性个体,并交配、产卵,以卵越冬。

多胚繁殖:即由同一个受精卵发育形成多个个体的现象,常见于膜翅目的寄生性昆虫。

在昆虫纲动物的生长发育过程中,形态上往往经过多次变化,多数种类均需经过卵、幼虫、甚至经过蛹的阶段才可发育为成虫。这种从幼虫状态变为成虫状态的过程称为变态。昆虫种类繁多,其变态类型也多种多样,主要有以下 5 种变态形式。

(1)增节变态　某些昆虫的幼虫期及成虫期间除身体大小和器官发育程度有差别外,腹部体节由 9 节变为 12 节,数量逐渐增加。如无翅亚纲的原尾目昆虫。

(2)表变态　某些昆虫的幼虫与成虫形态基本相同,只是在生长发育过程中,性器官逐渐成熟,触角、尾须节数不断增加、个体大小有些变化。如无翅亚纲的弹尾目昆虫。

(3)原变态　由幼虫变为成虫需经过亚成虫期,但这一时期历时较短,动物体呈静止状态。仅见于有翅亚纲的蜉蝣目昆虫。

(4)不完全变态　这种变态方式的主要特点是,昆虫成虫的特征在卵期、幼虫期和成虫期等 3 个生长发育时期的过程中逐渐表现出来。此类变态形式又包括 3 种不同的变态类型:

渐变态:在生长发育中,某些昆虫的幼虫期与成虫期形态变化不大,只是翅未长出,生殖器官发育不全(此时期的幼虫也称为若虫),经过几次脱皮,逐渐成长为成虫,这种变态类型称为渐变态。见于直翅目、螳螂目、半翅目、同翅目、虱目等。

半变态:某些昆虫的成虫陆生,但幼虫生活于水中,幼虫与成虫的呼吸器官和取食器官差异都较大,这种变态类型称为半变态。见于蜻蜓目。

过渐变态:有些昆虫的若虫与成虫差别不大,在若虫与成虫间存在一个不食不动的伪蛹阶段,这种变态类型称为过渐变态。如蓟马和雄性蚧壳虫。

(5)完全变态　某些昆虫在其一生中要经过卵、幼虫、蛹和成虫 4 个虫期。幼虫与成虫在外部形态及生活习性上有很大差异。在幼虫生长到蜕皮化蛹时,幼虫形态消失,而蛹期形态与成虫基本接近。如鳞翅目蛾类和蝶类,幼虫期无触角和翅,口器为咀嚼式。当变为成虫后,幼虫的形态全部消失,不但有翅可自由飞舞,口器也变为虹吸式。与鳞翅目同属全变态形式的还有鞘翅目、双翅目、膜翅目、脉翅目等类群。在有些昆虫,各龄幼虫的形态不同,此现象称复变态,如鞘翅目的步甲、芫菁,双翅目的寄蝇和膜翅目的姬蜂等。

有关节肢动物繁殖与发育过程中的休眠、滞育等现象,可参见动物生态之繁殖行为生态部分。

十、神经与感官

节肢动物的神经系统与环节动物的神经系统相似,其外部形态均呈链状。但是,由于节肢动物的身体呈异律分节,常由一些前、后相邻的神经节愈合成一个较大的神经节或神经团。节肢动物神经节的愈合与身体分节的消失密切相关。体表分节愈清晰,则神经索的分节也愈明显;反之,若身体缩短或愈合,则神经系统也趋于集中。如蜘蛛的体外分节不明显,其神经节均集中于食道的背方和腹方。形成较大的神经团。神经节互相愈合之后,即失去原来的链状结构。身体前端的 3 对神经节愈合成脑,其后的 3 对神经节愈合形成食道下神经节。

原气管纲具 2 条腹神经索,索上无明显的神经节,与涡虫纲的梯式神经系统相似。

甲壳动物的中枢神经系统比较原始,由脑、食道下神经节和腹神经索组成。多数种类的腹神经索上的各神经节多不愈合。蟹等体节愈合的种类,其腹神经索愈合为神经团。

蛛形纲的中枢神经系统较为集中,腹神经索上的神经节前移与食道下神经节愈合,位置靠近于脑。许多蜱螨类的脑常与其他的神经节愈合形成一个大的神经团。

昆虫的神经系统极为发达，由中枢神经系统、周围神经系统、交感神经系统组成（图 4-25）。中枢神经系统由脑和腹神经索组成。脑位于食道上方，由前端的 3 个神经节愈合而成；神经索由脑后方的 3 个神经节及胸、腹部的各神经节组成。周围神经系统包括由脑、食道下神经节、腹神经节、腹神经索上的各神经节所发出的一些神经纤维。这些神经纤维分布于昆虫的外部器官如眼、触角、口器、足、翅、外生殖器等处，支配相应器官的活动。交感神经系统包括彼此独立的胃神经系统和腹交感神经系统，可支配内脏器官的活动，如胃肠的蠕动、气孔的开闭等。

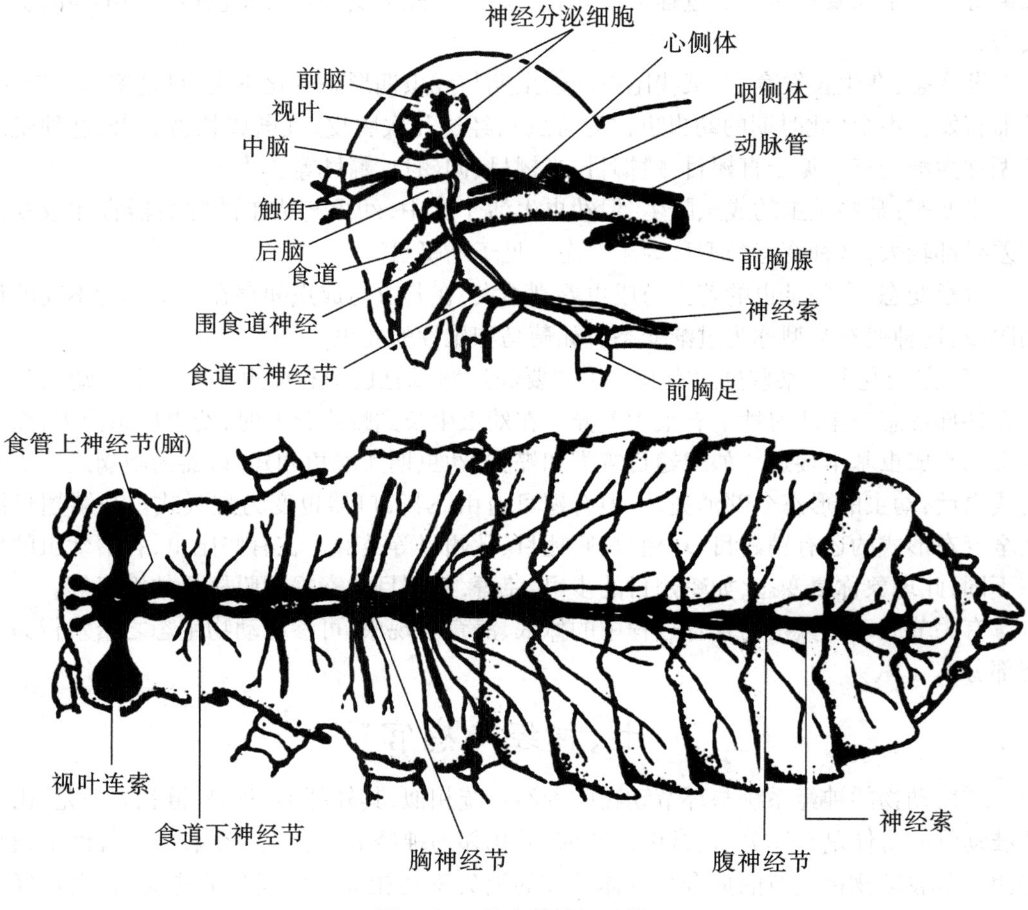

图 4-25　蝗虫的神经系统

节肢动物的感觉器官发达而复杂，其类型和复杂程度超过任何其他无脊椎动物，包括物理感受器（触觉）、化学感受器（化感）、光感受器（视觉）等。

物理感受器主要用于接收虫体内、外的机械力刺激，如触碰、气流和水流等。化学感受器用以辨别不同的化学物质，由多个感觉细胞构成。化学感受器有嗅觉器和味觉器 2 种类型。嗅觉器多位于触角内，可感受挥发性气体物质。多数昆虫需通过嗅觉器对不同的气味物质的检测与辨识来寻找配偶、识别同种个体、发现寄主等。不同昆虫各有其相应的感受器和触角类型。味觉器用于感受水溶性物质刺激，多位于口腔内或口器上，如昆虫的舌，有些则着生于附肢。

光感受器包括单眼和复眼。复眼由小眼组成，一个小眼就是一个视觉单位。小眼可感知物体的运动和形状，并能适应光线变化和颜色辨识。

十一、栖息环境

节肢动物在自然界的分布最为广泛。对自由生活的类群来说，凡是有其他生物生存的环境，如海洋、湖泊、森林、草地、农田等，几乎都有节肢动物的分布。即使在一些极端环境中，也可发现节肢动物的踪迹。那些营寄生生活的类群，则在长期的进化过程中，很好地适应了特定的栖息环境。此外，节肢动物的栖息环境、分布还可能随性别、发育历期、年龄等的不同而有显著的变化。

十二、与人类关系

节肢动物是自然界种类最多的生物类群，现生的种类多、数量大、分布广，与人类有着千丝万缕的密切关系。对此可从有益和有害两个方面来理解。

节肢动物在许多领域有益于人类本身的生存与发展。①为人类提供食物资源。②作为工业原料，如源自野生蚕类的丝绸原料。③作为经济鱼类的天然饵料，如鲱鱼、大黄鱼、小黄鱼以及带鱼等都以桡足类作为主要食饵。④完成植物的传粉作用，油菜和多种果树都是虫媒植物，借蜜蜂等昆虫传播花粉，否则无法完成有性生殖，产生种子。⑤抑制害虫，基于营养关系，自然界的各种动植物与微生物彼此之间已形成了复杂的食物链，并保持相对稳定。许多昆虫危害农作物、果树和森林，而这些昆虫又被肉食性蜘蛛和其他昆虫所捕食，如金小蜂抑制棉红铃虫等。⑥入药，许多节肢动物本身或其产品可以入药，用于疾病预防与治疗，如蝎、蜈蚣、地鳖等。鲎的血液具有超微量（10^{-12} g）的敏感性，可制成试剂，快速而简便地检测热源物质（progon）和内毒素（Endotoxin）。⑦维持自然生态系统的平衡。作为种类和数量最多的动物类群，节肢动物在自然生态系统的食物网、营养结构中具有极为重要的作用，而自然生态系统的稳定与健康发展，则是人类社会发展的目标之一。

节肢动物所产生的不利影响同样涉及人类生活和人类社会。①传播疾病，严重威胁人类的身体健康和生命安全。寄生虫病和传染病的病原体本身都缺乏主动移动能力，须借外力传播，约有2/3的人类传染病以昆虫为传播媒介，例如虱传播斑疹伤寒、回归热和战壕热，等等。②取食农作物、林木、储粮、衣物等，常造成经济损失。其中，以蝗虫造成的危害最为典型而严重（俗称蝗灾）。从纪元前707年到1917年的2000多年间，平均每3年就发生一次蝗灾。据《元史》记载，元至正十九年（公元1359年）："五月，山东、河北、河南、关中等处，蝗飞蔽天，人马不能行，所落沟堑尽平，八月己卯，蝗自河北飞至汴梁，食田禾一空。"危害之严重，由此可见一斑！

自2004年开始，中国科学院动物研究所康乐研究组利用基因组学、代谢组学、生物信息学及基因操作等方法，揭示了飞蝗（*Locusta miratoria*）相变过程中行为调控的分子机制，勾勒出调控蝗虫形变的分子调控网络。该课题组已成功地解析了蝗虫的遗传密码，揭示了"数百个"可以作为杀虫剂靶标的基因，包括半胱氨酸环配体门控离子通道（Cys-loop ligand-gated ion channel）、G蛋白偶联受体和一些致死基因。甲基化组和转录组分析揭示，蝗虫相变过程中微管动态变化介导的突触可塑性与复杂的调控机制相关。他们还发现，与能量消耗和解毒有关的一些基因家族发生了显著扩增，这可能与蝗虫的长途飞行能力和植食性有关（Nature Communications，2014 年）。

褐飞虱（*Nilaparvata lugens*）是水稻生长过程中的重要害虫，除直接取食水稻造成危害外，还可传播多种病毒病，对水稻生产造成严重威胁。褐飞虱是典型的翅二型昆虫，会产生长翅和短翅 2 种类型。翅的可塑性发育是褐飞虱能成为一种“国际性、迁飞性、爆发性、毁灭性”重大害虫的重要因素。浙江大学张传溪研究组以水稻重要害虫褐飞虱为研究对象，围绕昆虫翅型分化的机制这一科学问题，发现了控制稻飞虱长短翅型可塑性发育的分子“开关”，提出了 2 个胰岛素受体分别正负调控昆虫翅型分化的信号通路模型，从分子水平上揭示了昆虫翅型分化的机制（Nature，2015 年）。

十三、分类

关于节肢动物的分类问题迄今尚有不同意见，对纲以上的高级分类阶元的分类，学者们的意见大相径庭。根据体节的组合、附肢及呼吸器官等方面的特征，可将现生节肢动物分为 2 亚门 6 纲。

（一）原节肢动物亚门

原节肢动物亚门（Protarthropoda）的动物身体不分节，仅在身体表面有环纹。附肢也不分节。现生仅 1 纲。

有爪纲（Onychophora）：也称原气管纲（Prototracheata），特征如上，代表动物栉蚕（*Peripatus*）。

（二）真节肢动物亚门

真节肢动物亚门（Euarthropoda）的动物身体及附肢均分节。现生有 5 纲。

肢口纲（Merostomata）：体分头胸部和腹部。头胸部有 6 对附肢，即 1 对螯肢（chelicera）和 5 对步足；无触角。腹部有附肢 7 对。用鳃呼吸。代表动物如中华鲎（*Tachypleus tridentatus*）等。中华鲎堪称活化石，已被列为国家二级重点保护野生动物。

蛛形纲（Arachnoida）：体分头胸部和腹部。头胸部有 6 对附肢，即 1 对螯肢、1 对脚须（触肢）和 4 对步足；也无触角。腹部的附肢几乎完全退化。用书肺和气管呼吸。如各种蜘蛛、蜱螨类、蝎类等。

甲壳纲（Crustacea）：体常分头脑部和腹部。头胸部有 13 对附肢，即 5 对头肢和 8 对胸肢。5 对头肢包括 2 对触角，1 对大颚和 2 对小颚。8 对胸肢中前面数对为颚足，其余为步足。腹肢有或无。用鳃呼吸。如各种虾和蟹等，通称虾蟹类。

多足纲（Myriapoda）：体分头部和躯干部。头部有 3 ~ 4 对附肢，即 1 对触角、1 对大颚，和 1 ~ 2 对小颚。躯干部有多对步足，每一体节 1 ~ 2 对。用气管呼吸。如蜈蚣、马陆等。

昆虫纲（Insecta）：体分头、胸、腹等 3 部分。头部有 4 对附肢，包括 1 对触角、1 对大颚，1 对小颚以及 1 对左右愈合成一片的下唇，胸部有 3 对足、2 对翅。腹部附肢完全退化。如蝗虫、蚊、蝶、金龟子、蜻、蜂等。

在昆虫纲动物中，一些珍稀濒危物种已被列入国家重点保护野生动物名录。其中，一级保护种类包括：中华蛩蠊（*Galloisiana sinensis*）（蛩蠊目，蛩蠊科）、金斑喙凤蝶（*Teinopalpus aureus*）（鳞翅目，凤蝶科）。二级重点保护种类包括：伟铗虮（*Atlatsjapyx atlas*）（双尾目，铗虮科）、尖板曦箭蜓（*Heliogomphus retroflexus*）（蜻蜓目，箭蜓科）、宽纹北箭蜓（*Ophiogomphus spinicorne*）（蜻蜓目，箭蜓科）、中华缺翅虫（*Zorotypus sinensis*）（缺翅目，缺翅虫科）、墨脱缺翅虫（*Zorotypus medoensis*），（缺翅目，缺翅虫科）、拉步甲（*Carabus lafossei*）（鞘翅目，步甲科）、硕步甲（*Carabus davidis*）（鞘翅目，步甲科）、彩臂金龟（*Cheirotonus* spp.）（所有种）（鞘翅目，臂金龟科）、叉犀金龟（*Allomyrina davidis*）（鞘翅目，犀金龟科）、双尾褐凤蝶（*Bhutanitis mansfieldi*）（鳞翅目，凤蝶科）、三尾褐凤蝶（*Bhutanitis thaidina*）（鳞翅目，凤蝶科）、中华虎凤蝶（*Luehdorfia chinensis*）（鳞翅目，凤蝶科）、阿波罗绢蝶（*Parnassius apollo*）（鳞翅目，绢蝶科）。

复习与思考题

1. 节肢动物的主要特征有哪些？
2. 比较节肢动物与环节动物的异同。
3. 昆虫纲的主要特征是什么？为何昆虫比其他动物的数量更多、适应性更强？
4. 了解节肢动物与人类的关系。
5. 何谓混合体腔？
6. 查阅文献，了解昆虫分类学的研究进展。
7. 查阅文献，了解昆虫生态学的研究进展。
8. 掌握下列重要名词：节肢，外骨骼，蜕皮，口器，马氏管，混合体腔（血腔），孤雌繁殖，完全变态，若虫，稚虫，钩介幼虫，半变态，渐变态，基节腺

第十节　棘皮动物门

棘皮动物门（Echinodermata）是无脊椎动物中进化最为高等的类群，在演化上属于后口动物（deuterostomes），在形态、结构、个体发育等方面均有独特之处，与原口动物有显著的不同。棘皮动物包括海星、蛇尾、海胆、海参和海百合等，这类动物的表皮一般具棘，故此得名。全为海产。

一、棘皮动物的主要特征

棘皮动物具有如下共同特征。①成体辐射对称，器官也按该体制排列，幼体为两侧对称；②体壁有真皮层；③次生体腔发达，且一部分真体腔形成特殊的水管系统；④具有特殊的水管系统和血系统；⑤首次出现由有中胚层形成的内骨骼；⑥在胚胎发育过程中，胚胎期的胚孔形成肛门；在胚孔的另一端形成口，故称后口；⑦多数为雌雄异体，少数为雌雄同体；⑧全部海产。

二、形态

棘皮动物的外部形态差别较大，有星状、球状、圆筒状和花状等。成体为辐射对称。

除消化道外，内部器官包括水管、神经和生殖系统等均为辐射对称。身体区分为有管足的辐部或步带和无管足的间辐部或间步带。身体有口面和反口面之分。海星和蛇尾类呈星形，身体的上、下扁平，体轴很短，口面朝下，管足沿着腕（辐部）做放射状排列；海胆和海参体轴延长，辐部和间辐部结合，体呈球形或圆筒形，管足作子午线排列。海百合的口面向上，反口面具长柄或卷枝，用以附着于他物。棘皮动物多为雌雄异体，雌、雄个体在外形上无显著差异。

三、体壁

棘皮动物的体壁由表皮和真皮组成。

表皮：由内、外层上皮细胞构成。真皮：为动物进化过程中首次出现的结构，由结缔组织、肌肉层、内骨骼、体腔上皮（体腔膜）等组成。体腔上皮所包围的腔即为真体腔（次生体腔）。棘皮动物的真体腔甚为发达，在胚胎期通过肠体腔法形成。发育至成体后，体腔主要被消化道和生殖腺所占据，但海百合的体腔填充有结缔组织的膜和索。

水管系统由体腔之一部分—水腔演变而成（图 4–26）。动物的移动、摄食、呼吸和感觉均赖此完成。典型的水管系统自筛板开始，经过石管，通至围绕口部的环管和伸至腕部的辐管。辐管上有小分支分到管足。管足是肌肉性的囊状构造，基部有坛囊，末端有吸盘，内充海水，靠肌肉伸缩来移动身体。

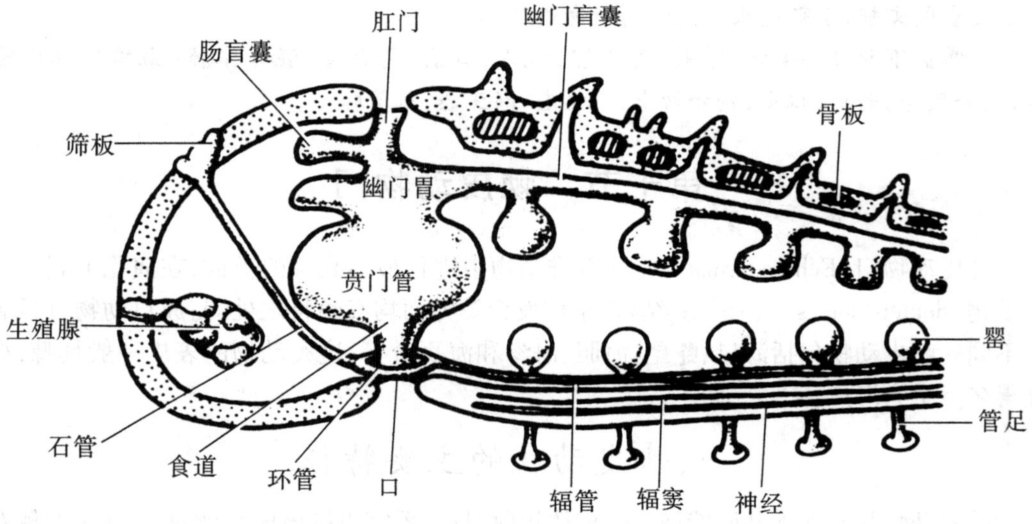

图 4–26　海盘车纵切

棘皮动物的体壁中有来源于中胚层的内骨骼，这是动物进化过程中首次出现的特征。棘皮动物的骨骼发达，由许多相互分开的碳酸钙骨板构成，各板均由一单晶的方解石组成。骨骼外包以表皮，皮上一般具棘。海胆和海星有不同的叉棘。海胆骨骼最为发达，骨板密切愈合成壳。海星、蛇尾和海百合的腕骨板成椎骨状。海参的骨骼最不发达，形成微小而分散的骨针或骨片，埋于表皮之下。

四、运动

棘皮动物的运动能力较弱,且运动速度较慢。

1. 运动方式

棘皮动物随种类不同而表现出多种运动方式。包括游泳、爬行、钻洞等。

2. 运动器官

海星类用管足运动;海羊齿类可爬行,受到扰动时也可游泳;海胆类以棘和管足运动;海参类可泥沙中钻洞或游泳。以海星为例,简要说明动物如何通过管足运动。

海星类棘皮动物通过管足来控制身体的运动。水管系统通过筛板与外界的海水相通,筛板上有许多小孔与石管(stone canal)连通,再向下与口周围的环水管相连(图4-27)。间步带区的环水管上有4~5对帖窦曼氏体(Tiedmann's body)。许多海星类的环水管上还有1~5个具管的囊,称波氏囊(Polian vesicle),用以储存环水管中的液体。环水管向每条腕发出一条辐水管,直达腕之末端。这些侧水管向背方分支形成坛囊(ampulla)。在辐水管两侧有交替排列的管足(tube feet)。管足末端具吸盘。当侧水管的瓣膜关闭时,水的回流被阻止,使坛囊和管足组成一个闭合系统。因此,当坛囊收缩时,水被压入管足,管足伸长;当坛囊舒张时,水回流到坛囊,则管足缩短。当管足伸长时,其末端的吸盘与底物接触并黏附于底物;当管足收缩时,即可将动物身体向前拉动。管足的活动并非完全同步,但有一定的协调性。这样,可使动物吸附于他物,并向一致的方向移动。在运动时,海星的5个腕总有一个充当先导。

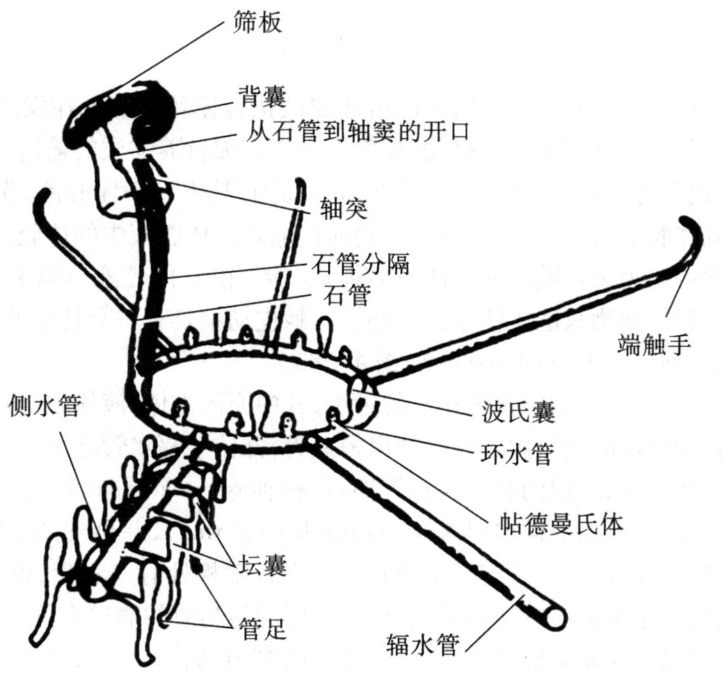

图4-27　海星的水管系统

五、消化

棘皮动物的消化系统结构较为简单。

海星和蛇尾的消化系统有一大囊状胃，肠不弯曲；海星常有从胃向各腕伸出的1对消化腺，称为幽门盲囊（pyloric caeca）。其他各纲的消化管多为一根长而弯曲的管子，通过肠系膜连于体壁。口周常有收集食物的结构，如海参的触手、海胆的咀嚼囊。蛇尾和某些海星无肛门，不能消化的食物残渣从口吐出。海百合的口和肛门均向上，许多歪形海胆的肛门常位于体后部或口面。

六、呼吸

棘皮动物的呼吸系统不发达，气体交换主要通过皮鳃、管足、呼吸树（海参类）等器官进行。

皮鳃：皮鳃为体腔膜经骨片间隙达于体表后，体壁的内、外两层上皮细胞向外突出的瘤状物，与体腔相通，故体腔液也流入其中。皮鳃只具表皮，真皮层退化，是体壁的最薄处。皮鳃内的体腔上皮的纤毛作用使体腔液在其中流动，皮鳃外层的纤毛上皮造成体表的水流动，这样不停地进行着气体交换。

呼吸树：由消化管末端的一部分伸入体腔并不断分支成树枝状，故称呼吸树或“水肺”，除具呼吸作用外，还有排泄功能。

管足：棘皮动物的管足在气体交换方面也起着重要作用，特别是在皮鳃不发达的种类。有实验证明，在关闭步带沟、管足不能进行呼吸时，氧的消耗量降低60%。

七、循环

棘皮动物没有专门的循环系统，可能由体腔液执行循环功能。在发达的真体腔内充满体腔液，靠体腔上皮细胞的纤毛打动，体腔液得以完成营养物质的输送。

中央盘及腕中都有发达的体腔，围绕在器官周围，其中充满体腔液，靠体腔膜细胞的纤毛摆动，造成体腔液的流动，以完成营养物质的输送。体腔液中的体腔细胞可能是来自体腔膜，也有学者认为来自贴窦曼氏体，具吞噬功能。由于体腔液与海水等渗，无须过多调节。换言之，棘皮动物只能生活于海水环境。棘皮动物具有一套特殊的血系统（haemal system）及围血系统（perihaemal system）（图4-28）。

血系统包括一系列与水管系统相应的管道，其中充满液体，液体中也有体腔细胞。在口面环水管的下面有环血管，向各腕也伸出辐血管，并位于辐水管之下。由环血管向反口面伸出一深褐色海绵状组织的腺体与石管伴行，称轴腺（axial gland），它可能具有一定的搏动能力。在接近反口面处伸出胃血环（gastric haemal ring），并分支到幽门盲囊；到达反口面时形成反口面环血管，并分支到生殖腺。在靠近筛板处有一背囊，也有搏动能力，可推动液体的流动。血系统的功能尚不完全清楚，可能与物质的输送有关。

围血系统是包围在血系统之外，并与之伴行的窦隙结构，除了没有胃围血环之外，其余完全相伴而行。实际上，围血系统是体腔的一部分，包于血系统之外，形成一套窦隙。关于围血系统的作用尚缺乏充分了解。

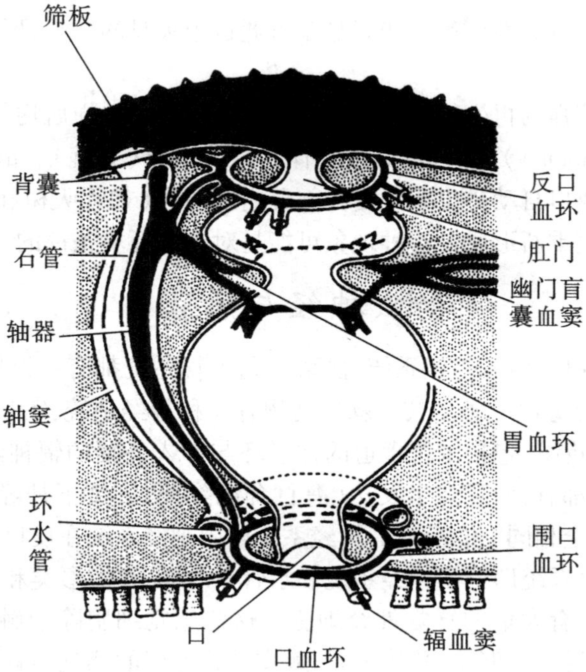

图 4-28 海星的血系统和围血系统

八、排泄

棘皮动物栖息于海洋环境,无排泄器官。代谢产物由体腔上皮细胞摄取后,带至体壁、皮鳃、管足、肠道等处,排出体外。

海星类的含氮代谢产物由皮鳃和管足排出。通过活体染料注射体腔实验发现,代谢废物由体腔细胞摄取,满载后移到皮鳃,并聚集至其顶端。以后当皮鳃收缩时,这些体腔细胞被排出体外。也有的满载代谢物的体腔细胞进入管足末端的吸盘处,并由此排出。有些海星的代谢产物来自幽门盲囊,可随未被消化的食物残渣经口排出体外。

九、繁殖

棘皮动物为雌雄异体,以有性繁殖为主,少数种类可行无性繁殖。

1. 有性繁殖

棘皮动物多为雌雄异体,雌、雄个体在外形上一般无明显区别。生殖细胞被释放到海水中,行体外受精。幼体在发育初期形状相同,均有纤毛环,消化道分为 3 部分,以后则随类群而异,发育成 4 种不同类型的幼体:耳状幼体(海参)、羽腕幼体(海星)、蛇尾幼体和海胆幼体。海百合类的幼体呈桶形,称为樽形幼体。棘皮动物的幼体呈两侧对称,发育过程中经历复杂的变态。口从胚孔的相对端发生,故属于后口动物。

在胚胎发育过程中,棘皮动物的幼虫阶段与半索动物的幼虫相似,表明棘皮动物是处于向着脊索动物进化过程中的无脊椎动物。

2. 无性繁殖

某些棘皮动物可行无性繁殖。如海盘车可通过中央盘的分裂，形成新的个体。

3. 再生

棘皮动物具有较强的再生能力。如海盘车的腕和体盘缺损后均可再生。许多棘皮动物具有自切现象(autotomy)，即自行截去身体的某些部分(如腕)。部分海参和海百合能经由破裂的排泄腔或口自动排出或吐出大部分内脏器官(如呼吸树和肠)，而这些失去的内脏器官可通过再生重新形成。这种现象可能是对不利环境条件的一种适应。

十、神经与感官

在一些典型的棘皮动物，神经系统、血系统和水管系统都有一个围绕食道的环，并从环上向各辐部(即腕)分出一条主枝。棘皮动物有3种神经系统：①口面神经系或称外神经系，在表皮内或表皮下，包括围绕食道的神经环与伸入各辐的辐神经，为现代棘皮动物的主要神经，在各纲都有，而且多半发达(海百合纲除外)。②下神经系统在口神经之内侧，排列与口神经完全相同。③反口面神经系统或内神经系统在反口面的皮肤之下，在海百合类比较发达。血系统即位于神经系统和水管系之间，在海参类和海胆类比较发达。

棘皮动物表皮中有大量的感觉神经细胞。这些感觉细胞除司触觉外，还能对光、机械、化学等刺激作出反应。但是，总体来看，棘皮动物专门的感觉器官不发达。

十一、栖息环境

棘皮动物门属于原始的后口动物，在无脊椎动物中处于较高等的进化地位。大多种类底栖，少数海参营浮游生活；自由生活的种类能够缓慢移动。从浅海到数千米的深海都有棘皮动物的广泛分布。

十二、与人类关系

有些棘皮动物是珍贵食品，如海参、海胆的卵。在海洋生态系统内，棘皮动物在某些底栖动物群落中，常为优势种。在深渊海底的底栖动物生物量中，棘皮动物最高可占90%。在海洋动物地理学研究方面，棘皮动物是很好的指标。某些吞食性棘皮动物能够大量搬运腐烂物质，故可减少海底微生物的活动。某些钻行种类可对海岸线造成一定破坏。某些蛇尾类常是底栖鱼类的饵料。海星喜食贝类，可对贝类养殖业造成影响。棘皮动物化石种类甚多，在地质学和古生物学研究中具有重要意义。一些石灰质地层全部由分解了的海百合骨骼构成。在实验胚胎学等基础生物学研究方面，海胆卵是很好的实验材料之一。某些棘皮动物具有毒腺或毒液，具有潜在的药物开发价值。从几种海参分离出的海参素和黏多糖具有抗癌活性。在太平洋和印度洋的某些区域，海星数量较多时可对珊瑚礁造成一定的危害。

十三、分类

棘皮动物门是一个相当特殊的类群，虽然数量不多，但在进化上有其独特的研究价值。现生种类约6 000种，另有化石种类约20 000种。根据身体形态、内部解剖特征、习性等,可分为海百合纲(Crinoidea)、海参纲(Holothuroidea),海星纲(Asteroidea),海胆纲(Echinoidea)、蛇尾纲(Ophiuroidea)、同心纲(Concentricycloidea)等5个纲。

海百合纲:本纲为现生棘皮动物中最为古老的一个类群。营临时性或终生的固着生活。口与肛门均朝上,腕分支似管足,呈触手状。幼体时身体呈桶状。已知约610种,另有化石种类5 000余种。代表动物如海羊齿(*Antedon*)、羽星(*Comanthus*)等。

海参纲:本纲动物的身体延长,呈蠕虫状或腊肠形。没有游离的腕。管足呈子午线排列。一端为口,另一端为肛门。口周围有1圈触手,围绕食道有石灰质环,消化道长而弯曲,骨板不发达,变成许多很小的石灰质的骨针或骨片,埋没于皮肤之下。海参类已知种类超过900种,中国约有120种。代表种类如美洲刺参(*Oplopanax horridus*)。

海星纲:本纲动物身体体扁平,多呈星形。口位于下面的中央。从体盘伸出腕,腕的数目一般为5个。腕内充有生殖腺和消化腺。腕的下面有开放的步带沟与口相通,沟内具有4行或2行管足。整个身体由许多钙质骨板借结缔组织结合而成,体表有突出的棘、瘤或疣等附属物。已知种类约1800种,中国有100多种。代表种类如泥海星(*Ctenodiscus crispatus*)、信天翁海星(*Albatrossaster richardi*)。

海胆纲:本纲动物的内部器官包含在一个由许多石灰质骨板紧密愈合构成的壳内,壳呈球形、半球形或心形等,由极多的骨板呈叠瓦状排列(软壳)或相互联结(硬壳)构成胆壳。壳上可分出明显的步带及间步带区。口面位于腹面中央或偏前方;肛孔位于反口面中央或偏后方的间步带区,偶有移至口面者。壳外布满许多能动的棘。管足多排列成10纵行。已知化石种约5 000种;现生种类约800种,分隶于225个属,中国已知约100种。代表种类如马粪海胆(*Hemicentrotus pulcherrimus*)。

蛇尾纲:也称阳遂足纲。此类动物的体盘和腕之间有明显的界线。体盘小。腕或细长不分支,只能做水平的屈曲运动(如蛇尾目);或有分支,可做垂直运动(如蔓蛇尾目)。无步带沟。消化道没有肛门。管足较退化,具有触觉和呼吸作用,故亦称"触手"。因腕的外观和运动似蛇的尾部而得名。在现生棘皮动物中,蛇尾纲动物种类最多,已知有220个属约2 000种,我国已知约190种。代表种类如紫蛇尾(*Ophiopholis mirabilis*)、黄鳞蛇尾(*O. superba*)等。

同心纲:亦称海菊花纲,为1986年发现于新西兰的一个新类群。该纲动物体小,呈圆盘状,形似水母,边缘有棘,背面有作同心状排列的骨板,内部有双环形的水管系统。自发现以来,同心纲的分类地位尚存争议。迄今已知有3种。代表动物如*Xyloplax janetae*等。

复习与思考题

1. 棘皮动物的主要特征有哪些?

2. 为什么说棘皮动物属于后口动物?

3. 掌握下列重要名词:真皮,血系统与围血系统,管足,后口动物,内骨骼,皮鳃,呼吸树

第十一节 半索动物门

半索动物门(Hemichorda)又称隐索动物(Adelochorda),是一类口腔背面有一条短盲管(口盲囊 buccal diverticulum,俗称口索 stomochord)、并向前伸至吻内的海栖动物类群。有学者认为,口索相当于脊索动物的脊索,但较短,故而得名。现生种类不足100种,均为海生,营底栖生活。

一、半索动物的主要特征

半索动物具有如下共同特征。①具背神经索;②消化管前部有鳃裂,为呼吸器官;③口腔背面向前伸出一条短盲管,称为"口盲囊(口索)",为半索动物所特有;④身体两侧对称。

二、形态

半索动物的身体呈蠕虫形或瓮状,营个体自由生活,或群体固着生活。半索动物体长2.3 mm~2.5 m(巨柱头虫 *Balanoglossus gigas*)不等。

柱头虫(*Balanoglossus*)属于肠鳃纲(Enteropneusta),是半索动物门中分布甚广的类群,产于我国的三崎柱头虫(*B. misakiansis*)具有本门动物的主要特征。体呈蠕虫形,两侧对称而背腹明显。身体由吻(proboscis)、领(collar)和躯干(trunk)3部分组成,吻位于最前端,稍后为指环状的领,躯干部最长,又可分为鳃裂区、生殖区、肝囊区和肠区,末端为肛门。虫体内的各部分均有空腔,即由体腔分化而成的吻腔、领腔和躯干腔。柱头虫凭借富含肌肉和腔内充满海水的圆锥形吻部,在浅海沙滩中运动,挖掘成"U"形洞道,并藏身在洞道内,不甚活跃;在退潮时于其洞口可见盘曲成条形的粪便。

三、体壁

半索动物的体壁由表皮、肌肉层和体腔膜构成。

表皮的外层是单层上皮,较厚,外被纤毛。除肝囊区外,上皮内含有形状各异的多种腺细胞,均可分泌黏液至体表,使洞道壁上的沙粒黏结牢固,不致坍塌。外层之下为神经细胞体及神经纤维交织而成的神经层,底部则为薄而无细胞结构的基膜。基膜的深处为环肌、纵肌和结缔组织合成的平滑肌层,紧贴其内的结构为体腔膜。

半索动物以肠体腔法形成真体腔。吻内有一吻腔,后背部以吻孔与外界相通,可溶水流进入和废液的排出。当吻腔充水时,吻部变得坚挺有力,形似柱头,可用于穿洞凿穴,钻行于泥沙中,柱头虫即因此而得名。领和躯干部被背、腹隔膜分为成对的领腔及躯干腔,这5个腔均由体腔分化而来。

四、运动

半索动物栖息于水体环境,运动能力较弱,部分种类营固着生活。

1. 运动方式

半索动物的运动方式包括游泳、钻行等。

2. 运动器官

柱头虫通过吻腔与领腔充水与排水，使吻部与领部伸缩，做波浪式运动，并可钻入泥沙。羽鳃类营固着生活，而肠鳃类则营穴居生活。

五、消化

柱头虫的消化道为自前而后、纵贯于领至躯干末端之间的一条直管(图4-29)。口位于吻、领的腹面交界处，口腔背壁向前突出一个短盲管至吻腔基部，盲管的腹侧有胶质吻骨(proboscis skeleton)，但尚无坚硬结构，曾被视为雏形脊索而称为口索(stomochord)。有学者认为，短盲管可能是脊椎动物脑垂体前叶的前身。由于口索形甚短小，故将具有这一结构的动物称为半索动物。

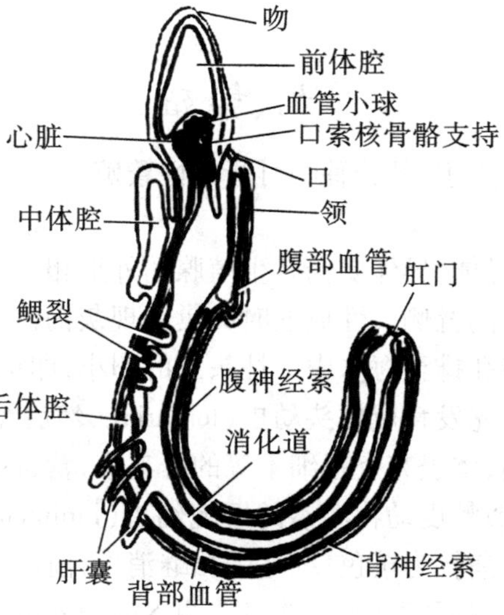

图4-29　柱头虫的内部结构

口后为咽部，在外形上相当于鳃裂区，其背侧排列着许多(7～700)成对的外鳃裂，每个外鳃裂各与一个“U”形的内鳃裂相通，然后再由此通向体表。彼此相邻的鳃裂间布有丰富的微血管，虫体在泥沙中掘进、钻行时，水和富含有机物质的泥沙被摄入口内。食物汇集后进入食道。食物的消化和吸收情形与蚯蚓大致相同。胃的分化不显著，在肠管靠后段的背侧有若干对黄、褐、绿等混合颜色的突起，是为肝盲囊(hepatic caecum)，故称肝囊区，肝盲囊是柱头虫的主要消化腺。肠管直达虫体末端，开口于肛门。

羽鳃类用触手冠样器官滤食，肠鳃类取食沉积物，通过鳃裂排出其他杂物。

六、呼吸

柱头虫咽部两侧的“U”形鳃裂与外界相通，在水流进入咽、再经鳃裂流出的过程中，即可于此进行气体交换,完成呼吸作用。

七、循环

半索动物的循环系统主要包括纵行于背、腹隔膜间的背血管、腹血管和血窦等部分。血液循环途径与蚯蚓类似,背血管的血液的流向自后向前,腹血管的血液则流向后方。背血管在吻腔基部略显膨大,称静脉窦,再往前则进入中央窦。中央窦内的血液通过心脏(或称心囊)的搏动,注入其前方的血管球(脉球 glomerulus),再从吻孔流出体外。自血管球导出 4 条血管,其中有 2 条分布到吻部,另 2 条为后行的动脉血管,二者于领部腹面汇合成腹血管,将血管球中的大部分血液输送到身体各部。半索动物的血液循环方式为开管式。

八、排泄

半索动物的血液注入心脏前方的血管球后,在此滤出新陈代谢废物至吻腔,并经吻孔排出体外。

九、繁殖

半索动物以有性繁殖为主,部分种类可行无性繁殖。

1. 有性繁殖

以柱头虫为例,雌雄异体,异体受精。生殖腺的外形相似,均呈小囊状,成对地排列于躯干前半部至肝囊区之间的背侧。性成熟时卵巢呈现灰褐色,精巢呈黄色。体外受精,卵和精子由鳃裂外侧的生殖孔排至海水中。柱头虫的卵小,卵黄含量也少,受精卵经过辐射卵裂,以后口式发育;胚体先发育成**柱头幼虫**(tornaria),然后经变态成为柱头虫成体。

柱头幼虫体小而透明,体表布有粗细不等的纤毛带,营自由游泳生活。在形态或生活习性方面,柱头幼虫均酷似棘皮动物海参的短腕幼虫(bipinnaria)。经一段时间的自由生活,幼虫沉至海底,身体逐渐转为黄色,纤毛带相继消失,前后两端分别延伸成吻部和躯干部,最终发育成柱头虫。有些种类(如纤吻柱头虫 *Saccoglossus*)于胚胎发育过程中不经幼虫时期和变态,即可直接发育为柱头虫。

半索动物的胚胎发育与棘皮动物相似,鳃裂及中空的背神经索又与脊索动物有相似之处,说明半索动物与棘皮动物和脊索动物均有亲缘关系。根据对半索动物组织与胚胎的研究,证明口索与脊索既不同功、也不同源。

2. 无性繁殖

某些原始的肠鳃纲、羽鳃纲半索动物可通过裂殖、出芽方式进行无性繁殖。

十、神经与感官

半索动物的神经系统原始而特殊,除身体表皮基部满布感觉神经细胞外,还有 2 条紧连于表皮的神经索,即沿着背中线的背神经索和沿着腹中线的腹神经索。背、腹神经索在领部相连成环。背神经索在领内形成领索,领索有巨大的神经细胞,可能作为半索动物的神经中枢。此外,背神经索在伸入领部处出现有狭窄的空隙,由此发出的神经纤维聚集成丛，这种结构曾被认为是雏形的背神经管。由此也表明，半索动物与脊索动物可能具有一定的亲缘关系。

半索动物的感觉器官不甚发达。

十一、栖息环境

半索动物均为海产。大多数种类广泛分布于热带海洋和温带海洋的沿海地区，只有极少数种类能存活于寒带海洋。主要栖息于潮间带或潮下带的浅海沙滩、泥地或岩石间，在40 m以下的海域中种类甚少，营单体自由生活或集群固着生活。在西非大西洋4 500 m深海所发现的粗吻柱头虫（*Glandiceps* sp.），是迄今所知生活在海底最深处的半索动物。

肠鳃类多在潮间带的泥沙中掘穴而居；羽鳃类多生活于深海海底，营固着群居生活。

十二、与人类关系

半索动物的种类和种群数量均少，与人类并无密切的关系。但是，在动物进化研究中具有极为重要的意义。

半索动物除腹神经索外，还具有背神经索，并且在其前端出现空腔，呈管状，曾经被认为这是早期背神经管的雏形；它们的呼吸器官为咽鳃裂；由口腔背面向前伸出一条较短的盲管，称口索，过去曾被认为是原始的脊索。但是，把口索直接看成是与脊索相当的构造，说服力尚欠充分。根据现有研究来看，口索很可能是一种内分泌器官。另一方面，半索动物却具有一些无脊椎动物的结构特征，例如腹神经索、开管式循环、肛门位于身体末端等。因此，把半索动物作为无脊椎动物中一个独立的门，似更为妥当。目前较为一致的看法是，半索动物和棘皮动物的亲缘更近，它们可能是由一类共同的原始祖先分支进化而来的。

十三、分类

半索动物的现生种类不多，已知约90余种，可分为肠鳃纲（Enteropneusta）和羽鳃纲（Pterobranchiata）2个纲。

肠鳃纲：肠鳃纲半索动物俗称柱头虫，营个体生活。身体呈蠕虫形，具有直的消化管和多数鳃裂，无触手腕，在吻盲肠腹面具胶质支持物-吻骨骼。雌雄异体。多为穴栖（栖于"U"形穴道中）。以藻类、原生动物等为食。在潮间带至深海均有分布，以潮间带或潮下带的种类较多。本纲动物已知种类约有70种，占半索动物的大多数；我国已报道6种。代表动物如黄岛长吻虫（*Saccoglossus hwangtauensis*）、三崎柱头虫（*Balanoglossus misakiansis*）等。

羽鳃纲：羽鳃纲是一些小型的半索动物。营聚生或群体生活，躯干呈囊状，具"U"形消化管和具1对触手腕（杆壁虫）或4～9对触手腕（头盘虫和无管虫）。无吻骨骼。雌雄异体或无性生殖。此类动物在600 m以内的海底营底栖生活，或附于海绵、苔藓虫、水螅及珊瑚等群体上附着生活。羽鳃类动物较为罕见，包括头盘虫、杆壁虫和无管虫3属。已知种类约20种，其中以头盘虫占多数（10余种），但在中国尚未见报道。代表动物如头盘虫(*Cephalodiscus dodecalophus*)。

半索动物门的现生类群在外形上差别很大,这是因为它们各自适应不同的生活环境而产生的结果。**凡是分类地位很近的动物,由于分别适应各种生活环境,经长期演变终于在形态结构上造成明显差异的现象,特称为适应辐射**(adaptive radiation)。在动物界,这样的例子很多。

复习与思考题

1. 半索动物门的主要特征是什么?
2. 简述半索动物在动物进化中的地位。
3. 何谓适应辐射?
4. 掌握下列重要名词:口索,适应辐射,(咽)鳃裂

第十二节 脊索动物门

脊索动物门(Chordata)是动物界进化最为高等的类群,其共同特征是在个体发育的全过程或某一时期,具有脊索、背神经管和(咽)鳃裂等主要特征。脊索动物包括尾索动物、头索动物和脊椎动物3个类群。

一、脊索动物的主要特征

脊索动物具有一些共同的主要特征。

(一)脊索

脊索是位于消化道和神经管之间的一条棒状结构,具有支持身体的功能(图4-30)。脊索来源于胚胎期的原肠背壁,即脊索中胚层。脊索中胚层经加厚、分化、外突,最后脱离原肠而成为脊索。脊索由富含液泡的脊索细胞构成,外面围以由脊索细胞分泌形成的结缔组织性质的脊索鞘(notochordal sheath)。脊索鞘可分为内、外两层,分别为纤维组织鞘(fibrous sheath)和弹性组织鞘(elastic sheath)。由于充满液泡的脊索细胞所产生的膨压,使整条脊索既具弹性,又有一定的硬度,从而起到类似骨骼的基本作用。

在低等脊索动物中,脊索终生存在或仅见于幼体时期,而高等脊索动物只在胚胎期间出现脊索,发育完全时即被分节的骨质脊柱(vertebral column)所取代。组成脊索或脊柱等内骨骼(endoskeleton)的细胞,能随动物身体的发育而不断生长。无脊椎动物则缺乏脊索或脊柱等内骨骼,或者仅身体表面披有几丁质等构成的外骨骼。

脊索的出现是动物演化史中的重大事件。脊索使动物身体的支持、保护和运动等功能获得了质的飞跃。这一先驱结构在脊椎动物发展得更为完善,从而使脊椎动物成为动物界占统治地位的类群。因此,脊索的出现在动物演化史上具有重要意义,主要表现在:①脊索(或脊柱)构成支撑躯体的主梁,是体重的受力者,也使内脏器官得到有力的支持和保护。②使与运动相关的肌肉获得坚强的支点,在运动时不致由于肌肉的收缩而使躯体缩短或变形,因而动物可向“大型化”发展。同时,脊索的中轴支撑作用使动物体可更有效地完成定向运动,有利于动物准确、迅速、主动地捕食和逃避敌害。③脊椎动物头骨

的形成、颌的出现及椎管对中枢神经的保护等，都是在此基础上进一步完善和发展的结果。

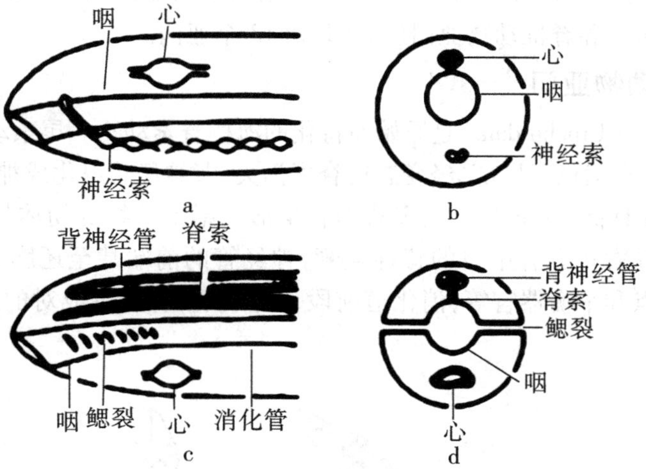

图 4-30　动物身体的纵切面（a：无脊椎动物；c：脊索动物）和横切面（b：无脊椎动物；d：脊索动物）

（二）背神经管

背神经管是位于脊索背面、中空、管状的中枢神经系统，由胚体背中部的外胚层内陷形成。在高等脊索动物，背神经管的前端膨大成脑，其余部分则形成脊髓。在脑内的神经管腔（neurocoele）成为脑室（cerebral ventricle），在脊髓中则成为中央管（centralcanal）。在无脊椎动物，神经系统的中枢部分则为一条实心的腹神经索（ventral nerve cord），位于消化道的腹面。

（三）鳃裂

鳃裂也称咽鳃裂，为消化道前段、咽部两侧左、右成对排列、数目不等的一系列裂孔，这些裂孔即为鳃裂，来源于外胚层和内胚层。鳃裂直接开口于体表或以一个共同的开口间接地与外界相通。低等水栖脊索动物的鳃裂终生存在，并附生着布满血管的鳃，作为呼吸器官，陆栖高等脊索动物仅在胚胎期或幼体期（如两栖纲的蝌蚪）具有鳃裂，发育至成体时则完全消失。在无脊椎动物，鳃并不位于咽部，用于呼吸的器官有软体动物的栉鳃以及节肢动物的肢鳃、尾鳃、气管等。

（四）其他特征

除上述的三大特征外，脊索动物还具有一些次要的特征，如：闭管式的循环系统（尾索动物除外），心脏如存在，总是位于消化管的腹面；肛后尾，即位于肛门后方的尾，存在于生活史的某一阶段或终生存在；具有由中胚层形成的内骨骼。至于后口、两侧对称、三胚层、真体腔和身体分节等特征，则亦见于某些无脊椎动物。这些共同点表明，脊索动物是由无脊椎动物进化而来的。

二、脊索动物的主要类群

现生的脊索动物种类约 40 000 种，可分为尾索动物亚门（Urochordata）、头索动物亚门（Cephalochordata）和脊椎动物亚门（Vertebrata）3 个亚门。

（一）尾索动物亚门

尾索动物亚门（Urochordata）是原始而特化的海栖脊索动物。尾索动物的幼体具有上述的 3 大特征，但脊索位于尾部，经变态后脊索消失；背神经管退化成神经节，鳃裂仍存在（图 4-31）。成体具被囊（tunic），大多营固着生活。尾索动物的幼体长约 0.5 mm，尾内有发达的脊索，脊索背方有中空的背神经管，神经管的前端甚至还膨大成脑泡（cerebral vesicle），内含眼点和平衡器官等；消化道前段分化成咽，有少量成对的鳃裂；身体的腹侧有心脏。

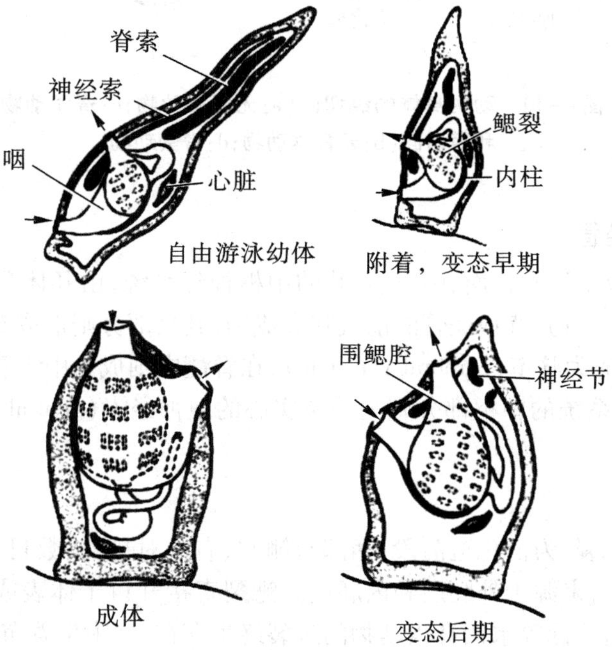

图 4-31　尾索动物的逆行变态

幼体经数小时的自由生活后，用身体前端的附着突起（adhesive papillae）黏着于其他物体，开始其变态。在变态过程中，海鞘幼体的尾连同内部的脊索和尾肌逐渐萎缩，并被吸收而消失，神经管及感觉器官也退化而残存为一个神经节。与此相反，咽部却大为扩张，鳃裂数急剧增多，同时形成围绕咽部的围鳃腔；附着突起也为海鞘的柄所替代。因为突起的背面生长迅速，把口孔的位置推移到另一端（背部），使内部器官的位置也随之转动了 90°～180°。最后，由体壁所分泌的被囊素构成保护身体的被囊，动物个体从自由生活的幼体变为营固着生活的成体。经过变态，尾索动物失去了一些重要的构造，形体变得更为简单，这种形式的变态被称为**逆行变态**（retrogressive metamorphosis）。

代表动物如异体住囊虫(*Oikopleura dioica*)、柄海鞘(*Styela clava*)。

(二)头索动物亚门

头索动物亚门没有分化出真正的脑,终生具有脊索动物的3大特征。

头索动物是一类终生具有发达脊索、背神经管和咽鳃裂等特征的无头、鱼形脊索动物,亦称无头类。脊索纵贯全身,并向前延伸超过背神经管前端(图4-32)。头索动物的分布遍及热带和温带地区的浅海海域,其中尤以北纬48°至南纬40°之间的沿海地区较多。头索动物包括头索纲(Cephalochorda,又名狭心纲 Leptocardii)、鳃口科(Branchiostomidae);已知种类约30种,分隶于文昌鱼属(*Branchiostoma*)和偏文昌鱼属(*Asymmetron*)2个属。

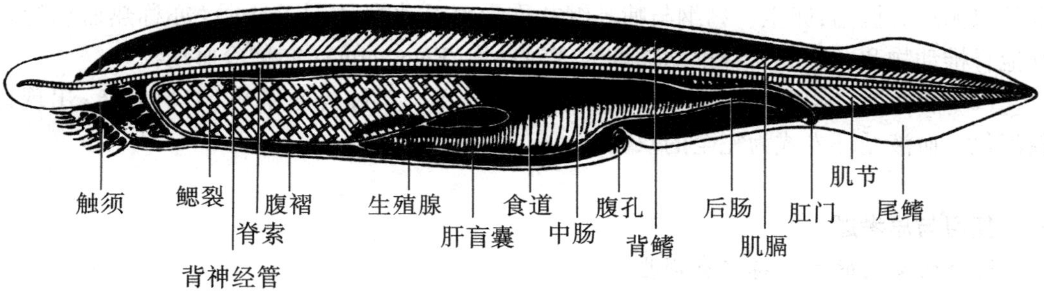

图4-32 头索动物的主要特征

代表动物如文昌鱼(*Branchiostoma belcheri*),已被列为国家二级重点保护野生动物。鉴于头索动物在动物进化研究中的重要意义,我国已在福建省厦门地区建立了以文昌鱼主要保护对象的国家级自然保护区。

(三)脊椎动物亚门

脊椎动物亚门是脊索动物门种类和数量最多、分布最广的类群,故学者们多以脊椎动物代称脊索动物。研究脊椎动物的形态、解剖、生理、繁殖、分类、进化、生态、分布等的科学即称为脊椎动物学(Vertebrate Zoology)。

脊椎动物的脊索或多或少地被脊柱所代替,脑和感觉器官集中于身体前端,形成明显的头部,故称有头类(Craniata)。脊椎动物具有一些共同的进步性特征:①在生活史的某个时期具有脊索动物的3大特征;②神经系统发达,有脑与脊髓的分化,感觉器官发达,适应环境的能力更强;③脊柱代替脊索成为支撑身体的中轴,且更加坚固而灵活;④具有心脏,使血液循环加速;⑤具有较完善的排泄系统,可更有效地排出代谢产物;⑥具有成对附肢(圆口纲除外),使动物的运动、觅食、避敌等方面的能力提高,活动范围扩大。

脊椎动物亚门包括圆口纲(Cyclostomata)、鱼纲(Pisces)、两栖纲(Amphibia)、爬行纲(Reptilia)、鸟纲(Aves)和哺乳纲(Mammalia)等6个纲。

(1)圆口纲 本纲动物无颌,故又称无颌类(Agnatha);无成对附肢。脊索终生存在,并出现雏形的脊椎骨。血液循环方式为闭管式单循环。

(2)鱼纲 自本纲动物开始,具有上、下颌,故鱼纲及后各纲脊椎动物合称有颌类

(Gnathostomata);体表被鳞,出现成对的鳍。血液循环方式为闭管式单循环。

(3)两栖纲　本纲动物是由水到陆的过渡类群,幼体呈鱼形,以鳃呼吸;成体出现五指(趾)型四肢,皮肤裸露,以肺和皮肤进行气体交换。血液循环方式为不完全的双循环。与爬行纲、鸟纲和哺乳纲共称为四足类(Tetrapoda)(或称四足动物)。

(4)爬行纲　本纲动物完全适应了陆地环境。皮肤干燥,被以角质鳞、角质骨片或骨板。以肺呼吸。血液循环方式仍为不完全的双循环,但心室中出现不完全的隔膜。繁殖过程中产羊膜卵,胚胎发育中出现羊膜,与鸟类、哺乳类共称为羊膜类(Amniotes)(或称羊膜动物);相应地,其他各纲脊椎动物则被称为无羊膜类(Anomniotes)(或称无羊膜动物)。

(5)鸟纲　本纲动物体表被羽,前肢特化为翼,适应于飞翔生活。血液循环方式为完全的双循环。恒温,卵生。鸟纲与哺乳纲共称为恒温动物(Endotherm)(亦称热血动物)。其他脊椎动物和全部的无脊椎动物均为变温动物(Ectotherm)(亦称冷血动物)。

(6)哺乳纲　本纲动物体表被毛,恒温,胎生(单孔类除外),哺乳(具乳腺)。出现口腔消化。血液循环方式为完全的双循环。

复习与思考题

1. 脊索动物的主要特征有哪些?
2. 脊索动物包括哪些类群?
3. 脊索的出现在动物进化中有何意义?
4. 掌握下列重要名词:脊索,(咽)鳃裂,背神经管,无颌类,有颌类,逆行变态,有头类,四足类,羊膜类,恒温动物,变温动物

第十三节　圆口纲

圆口纲(Cyclostomata)是脊椎动物亚门的低等类群。身体呈鳗形,体表裸露无鳞。无成对的附肢,具软骨,脊索终生存在。无上、下颌,故又称无颌类(Agnatha)。营寄生或半寄生生活。

一、圆口类的主要特征

圆口纲动物具有如下共同特征。①没有上、下颌,故称无颌类;②无成对附肢:只有奇鳍,没有偶鳍;③具有由表皮形成的角质齿;④脊索终生保留,仅有雏形的脊椎骨;⑤具独特的呼吸器官-鳃囊;⑥嗅囊和鼻孔均为单个,故称单鼻类;⑦脑分化为 5 部分,但不发达;⑧内耳只有 1 个或 2 个半规管;⑨生殖腺单个,无生殖管道。

二、形态

圆口纲动物亦称圆口类,身体呈鳗形,可分为头、躯干和尾 3 部分。体长随种类不同而异,从不足 20 mm 到约 1 m。头背侧中央有一短管状的单鼻孔(nostril),故又称单鼻类(monorhina)。鼻孔后方具松果眼(pineal eye),为圆口类所特有。松果眼具有晶状体

(lens)和视网膜(retina)。头侧有1对眼,较大,无眼睑(eye lid);盲鳗的眼退化、萎缩,埋在皮下,无晶状体。每个眼后有1~16个鳃裂。头部的腹面有杯形的口漏斗(buccal funnel),是一种吸盘式的构造,周边附生细小的穗状皮褶,内壁有黄色的角质齿;盲鳗的口不形成口漏斗。体侧和头部的腹面有排列成行的感觉小窝,也称侧线(lateral line)。无成对附肢,背中线上有1~2个背鳍,尾部侧扁,有尾鳍。肛门位于尾的基部,其后为泄殖乳突(urogenital papilla)。

三、体壁

圆口类的皮肤柔软,表面光滑无鳞。体壁由皮肤和肌肉构成,而皮肤可分为表皮和真皮两部分。实际上,脊索也参与了背部体壁的构成。

(一)皮肤及其衍生物

圆口纲动物的皮肤由表皮和真皮组成。**表皮**:由多层上皮细胞组成;**真皮**:由规则排列的结缔组织构成,具有一定韧性。

圆口类的皮肤衍生物主要是黏液腺。黏液腺分布于上皮细胞之间,可分泌大量黏液,以保持体表的湿润和黏滑。此外,圆口纲动物的皮肤衍生物还有角质齿。这些齿位于口漏斗的内表面和舌等处,可用于食物获取食物,是对寄生生活的适应。

(二)肌肉

真皮之下即为肌肉层。圆口类的肌肉具有明显的分节现象,肌节呈右侧立的"W"形,尖部向前,尚无水平肌隔的发生。在口漏斗处有辐射状排列的肌肉,可用于吸附他物。

四、运动

圆口纲动物的运动能力相对较弱。

(一)运动方式

圆口类的幼体营自由生活,大部分时间潜于水底的泥沙中,借肌肉收缩使身体扭曲摆动而在泥沙中钻行。在水中,亦可借连接背部、尾部和腹部的鳍褶游泳。圆口类的成体营寄生或半寄生生活,可在水中游泳,或随寄主移动。

(二)运动器官

圆口纲动物无成对的附肢(即偶鳍),仅有奇鳍。所有脊椎动物的运动均与骨骼系统和肌肉系统密切相关。

1.骨骼

圆口类动物的骨骼成分均为软骨,与运动相关的骨骼特点包括:

(1)脊索　圆口类的脊索发达,且终生保留。脊索仍为身体的主要支持结构。在脊索背方、脊髓的两侧,出现了分节排列的2对很小的软骨弧片,相当于脊椎骨的椎弓(亦称髓弓)。

(2)头骨　所有脊椎动物的头骨均包括脑颅和咽颅两部分。圆口类的脑颅仅有下方的软骨板,无顶壁,故不完整。咽颅无上、下颌;支持鳃的结构称为鳃笼,由9对垂直排列的弯曲鳃弓和4对纵行的杆状软骨相互编织形成。鳃笼不分节,紧贴于皮肤之下,包于囊鳃之外。鳃笼与其他脊椎动物的鳃弓并无同源关系。

(3)鳍　圆口类仅有奇鳍,鳍内有软骨质的鳍条支持。

2. 肌肉

圆口类无成对附肢(偶鳍),故亦无相应的附肢肌肉。尾鳍中基部肌肉收缩可推动身体前行。

五、消化

自圆口纲开始,所有脊椎动物均具有完整的消化系统,由消化道和消化腺构成。圆口类的消化道和消化腺均较为简单。

消化道:前端为口,位于口漏斗深处,口内有小齿。口内有舌,舌上有角质齿,称锉舌;舌可上、下运动并将口封闭。口后为咽,咽分为背、腹二管,背方者为食管,腹方者为呼吸管。咽后为食管,因没有胃的分化,故由食管直接入肠。肠为直管,无分化,也无弯曲,内有纵行的螺旋状垂膜,称为盲沟(typhlosole)或螺旋瓣(spiral valve),伸入肠腔,可增加消化与吸收的面积。末端为肛门,食物残渣经此排出体外。

消化腺:在肠的前端腹面,有独立的肝脏,分为左、右2叶,但无胆囊及胆管;无独立的胰脏,胰细胞散布于肝和肠壁。

圆口类尚无可主动捕食、闭合的上、下颌,故取食行为特殊。以七鳃鳗为例,常以口漏斗吸附于鱼体,以口漏斗内的角质齿、锉舌锉切鱼体,使之破损,进而吸食寄主的血肉。同时,口腔腺分泌抗凝血剂,可防止寄主血液的凝固。

六、呼吸

圆口类的呼吸系统由呼吸管、鳃囊等组成。呼吸管位于咽的腹方,后端为盲端。呼吸管两侧各有7个内鳃孔,每个鳃孔通入一球形的鳃囊(笼),各经外鳃孔通向体外。鳃囊内壁有许多鳃丝,其上有丰富的毛细血管,为呼吸的功能单位,在此进行气体交换。

当动物自由生活时,水流从口腔进入,经口腔→咽头→呼吸管→内鳃孔→鳃囊→外鳃孔,单向运行,在此过程中完成气体交换。

当营寄生生活时,鳃囊周围的肌肉收缩,鳃囊的弹性复位使鳃囊扩张(与其他动物相反),腔内压力降低,水从外鳃孔的前半部流入鳃腔,完成气体交换后从后半部流出。

七、循环

圆口纲动物的血液循环系统尚处于较低级的阶段。

(一)心脏

圆口纲动物的心脏由一心房、一心室和一静脉窦组成(图4-33)。心脏位于鳃囊后方的围心囊内。

(二)循环方式

从心脏输送血液到身体各部分的血管称为动脉。血液经过鳃部时进行气体交换,成为富氧血。引导血液回流心脏的血管称为静脉,大多数静脉与对应的动脉平行分布,但其血管壁不及动脉的管壁厚,弹性亦较小。毛细血管网是联系动脉与静脉的微血管网,分布于各组织器官内。血液在微血管中与组织液交换气体、营养物质和代谢产物。

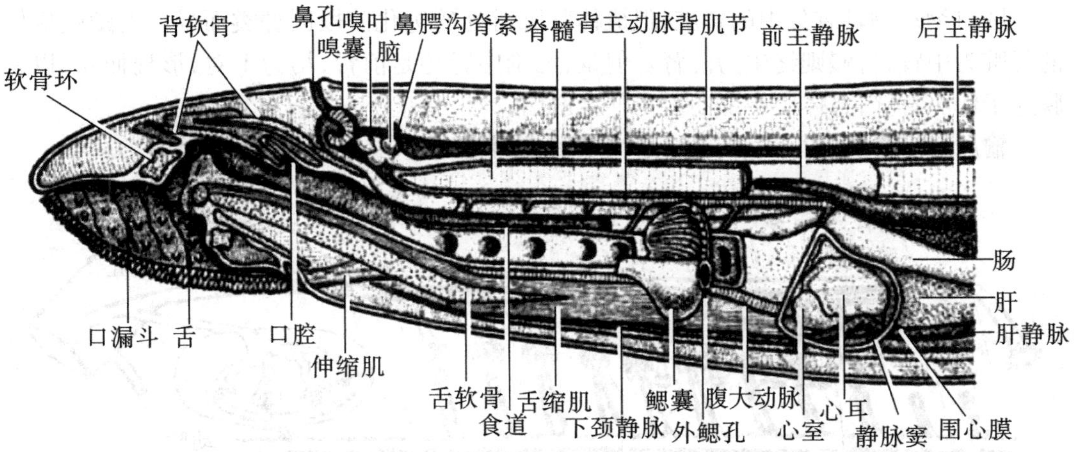

图 4-33 七鳃鳗的内部结构

血液自心室流至腹大动脉,经入鳃动脉、毛细血管、出鳃动脉至背大动脉根。背大动脉根向前流至颈动脉,向头部供应血液;向后经背大动脉分支,向体壁及各内脏器官供应血液(图 4-34)。

2 条前主静脉和 2 条颈静脉收集头部的血液,汇至静脉窦;尾静脉收集尾部的血液,经 2 条后主静脉至静脉窦;肝门静脉收集消化道的血液,经肝静脉通至静脉窦。

圆口类的血液循环方式为闭管式单循环,主要途径如图(图 4-34)。

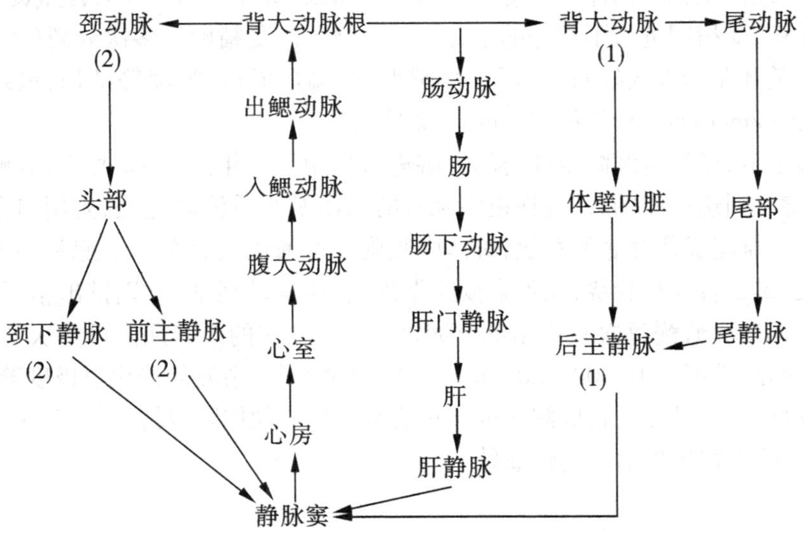

图 4-34 圆口动物的血液循环示意

八、排泄

从低等类群到高等类群的系统发育来看，脊椎动物的肾经历了前肾、中肾、后肾 3 个演化阶段（图 4–35），动物体内代谢产物的排出过程也由体腔联系发展到了血管联系。

圆口纲动物具有集中的肾脏，但成体肾脏所处的进化阶段因种类而异。七鳃鳗成体的肾脏为中肾，盲鳗则终生为前肾。但是，无论中肾还是前肾，均为 1 对，形扁而长，以系膜连于体腔背壁，自体腔中部向后延伸至肛门。

输尿管沿肾脏后行，末端开口于泄殖窦，经泄殖窦末端的泄殖孔通至体外。

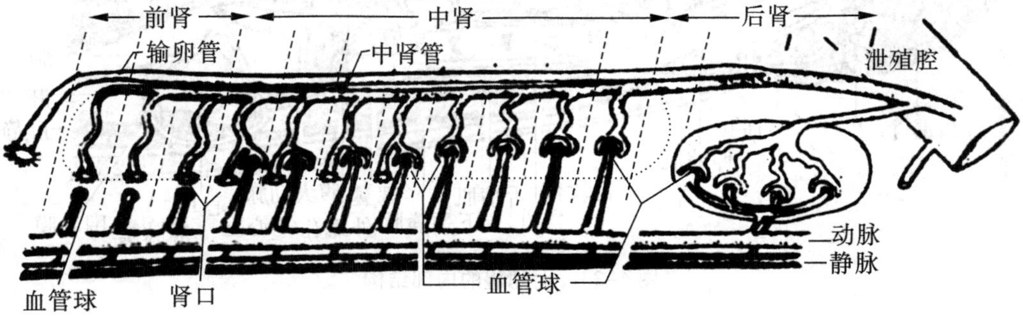

图 4–35　脊椎动物肾脏的演化

九、繁殖

圆口纲动物行有性繁殖。

圆口类雌雄异体（七鳃鳗）或雌雄同体（盲鳗），只有 1 个生殖腺，位于肾脏内侧；无生殖导管。成熟的卵细胞和精子突破生殖腺壁落入体腔，经泄殖窦上的 1 对小孔（腹孔）进入泄殖窦，再经泄殖孔排出体外。七鳃鳗的卵小而圆，直径约 0.7 mm，含卵黄少。卵在水中行体外受精，受精卵进行不均等的全分裂。七鳃鳗的受精卵经多次分裂（不等全卵裂）形成囊胚。随胚胎的继续发育，体后部呈梨形，前端形成口、嗅窝等结构，最终发育至幼体，称沙隐虫（ammocoete），长约 10 cm，似文昌鱼。

在繁殖季节，成鳗需洄游至江河的上游进行繁殖。每年的 5 ~ 6 月份，成鳗常聚集成群，溯河洄游。到达产卵场后，选择粗砂砾石的河床及水质清澈之处，先用口漏斗移去砾石，造成浅窝，雌鳗吸住窝底的石块，雄体则吸附于雌鳗的头背部。七鳃鳗因此又被称为石吸鳗。雌、雄二者互相卷绕，泄殖窦彼此靠拢，急速摆动尾部，分别排出精子和卵，在水中完成受精作用。雌鳗每次只产出部分卵，但在 2 ~ 3 d 的产卵期内可多次产卵，因而每尾雌鳗的产卵总量可达 14 000 ~ 20 000 枚。在繁殖季节，亲鳗的消化道极度萎缩，绝食时间可长达数月。繁殖期之后，成鳗多因疲惫衰竭而亡。幼体阶段持续 3 ~ 7 年才生长至成体，再经数月的半寄生生活即达性成熟。

十、神经与感官

圆口类的背神经管已分化为脑和脊髓。脑进一步分化为大脑、间脑、中脑、小脑和延脑等5部分,故称五部脑。但是,圆口类的脑尚处于较低的发育水平,脑的体积小,各部分基本在同一平面。大脑半球小,顶部全为上皮细胞,其前端的嗅叶较大。脊椎动物大脑的原始功能为嗅觉。中脑只有1对略膨大的视叶,顶上有脉络丛。有脊椎动物中,中脑脉络丛仅见于七鳃鳗。间脑背面有松果体(或称松果眼)。间脑底部有漏斗体和脑下垂体,脑下垂体不发达。小脑不发达,与延脑尚未完全分开。

圆口类具有10对脑神经;脊神经的背根和腹根尚未合并成复合神经,但背根已出现神经节。

圆口类有集中的感觉器官。视觉器官为1对眼,眼已具有脊椎动物眼的基本结构,即具备3套膜(巩膜、脉络膜、视网膜)、1套折光系统(角膜、房水、晶状体、玻璃体等)。但是,由于生活方式所限,眼尚不发达。嗅觉器官为单个的外鼻孔和单个嗅囊,再延伸为鼻垂体囊(为一盲管,不通至咽);听觉器官仅有内耳1个(盲鳗)或2个(七鳃鳗)半规管,主司平衡。

松果眼具有晶状体(lens)和视网膜(retina);在其腹面还有一个更小的结构,称顶体(parietal body)。这2个结构可能是退化了的感光器官。此外,在咽部还有味蕾;在体侧及部腹面有感觉小窝,成行排列,称侧线,为水流感觉器。

十一、栖息环境

圆口纲动物为水生的脊椎动物类群,栖息于江河(如东北七鳃鳗、雷氏七鳃鳗)或海洋(如日本七鳃鳗)环境。

十二、与人类关系

在现生圆口纲动物中,七鳃鳗成体营寄生生活,故可影响渔业生产。盲鳗常从鱼鳃钻入鱼体,吸食血肉,并致鱼死亡,对渔业生产造成严重危害。但是,盲鳗也取食病鱼、死鱼等,故对改善水体质量有积极意义。

十三、分类

现生圆口纲动物已知约70种,分属于七鳃鳗目(Petromyzoniformes)和盲鳗目(Myxiniformes)2个目。

七鳃鳗目:本目动物具吸附型口漏斗,鼻垂体囊为盲管,不通咽部。鳃囊7对,各自开口于体外。发育过程中有变态。成体营半寄生生活。分布于海洋、淡水。国内计有3种。日本七鳃鳗(*Lampertra japonica*),成体生活海洋,洄游至黑龙江繁殖。东北七鳃鳗(*L. mori*)和瑞氏七鳃鳗(*L. reissneri*),均为淡水种类,分布于我国的松花江、黑龙江等水域。

盲鳗目:本目动物无口漏斗,鼻垂体囊与咽部相通。眼退化,隐于皮下。鳃孔1~16对,鳃笼退化。雌雄同体,但雄性先成熟。直接发育,无变态。全部为海洋种类。盲鳗(*Myxine glutinosa*)产于大西洋海滨。粘盲鳗(*Eptatretus burgeri*)分布于日本海,偶见于我国的福建、浙江沿海。

复习与思考题

1. 为什么说圆口纲是脊椎动物中的低等类群?
2. 七鳃鳗有哪些适应于寄生生活的特征?
3. 圆口纲的主要特征是什么?
4. 脊椎动物大脑的功能是什么?
5. 掌握下列名词:圆口类,鳃囊,口漏斗,五部脑

第十四节 鱼纲

鱼纲(Pisces)是脊椎动物中最适于水生环境的类群,为体表被鳞、以鳃呼吸、用鳍作为运动器官、以可活动的上、下颌摄食的脊椎动物。在长期的进化过程中,鱼类经历了适应辐射阶段,演变成种类繁多、千姿百态、色彩绚丽和生活方式迥异的种类。对水环境的适应,使鱼类形成了区别于其他脊椎动物类群的主要特征。鱼纲是脊椎动物中种类最多的一个纲,超过其他各纲脊椎动物种数的总和,包括硬骨鱼和软骨鱼两大类。

一、鱼类的主要特征

鱼类具有如下共同特征。①无颈部,体多呈纺锤型,并覆有鳞(片);②终生生活于水中,以鳃呼吸;③具奇鳍和偶鳍,偶鳍不超过2对;④有发达的上、下颌,这是脊椎动物进化史上重要转折点,颌增加了动物获得食物的机会和适应性;⑤具完整的骨骼系统,脊柱彻底取代脊索,脊索残留于椎体间,椎体双凹型;⑥血液循环为单循环;⑦脑分为明显的5部分,具2个外鼻孔,内耳中具3个半规管。

二、形态

鱼类的身体一般可分为头、躯干、尾等3部分。无颈部是鱼类区别于其他高等脊椎动物的特征之一。头部和躯干部以最后1对鳃裂或鳃盖后缘为界;躯干部与尾部一般以肛门或泄殖孔的后缘为界。但是,由于生活习性、栖息环境等的不同,鱼类演化出了多种体型及某些外部器官。

(一)体型

鱼类的种类较多,其身体形态也表现出对水生生活适应的多样化。鱼类的体型大致可分为如下类型:

纺锤型:最为常见的鱼类体型。三个体轴中以前-后轴最长,背-腹轴次之,左-右轴最短。体呈流线型,可减少运动时的阻力。故此类鱼多善于游泳。如鲤鱼等。

侧扁型:这种体型的鱼类以头-尾轴较短,左-右轴最短,而背-腹轴相对较长,游泳能力稍弱。如团头鲂、胭脂鱼等。

平扁形:这种体型的鱼类背-腹轴特别短,左-右轴特别长,营底栖生活,行动迟缓。如鳐类。

棍棒型:这种体型的鱼类身体延长呈棍棒状,头小尾长。头-尾轴最长,左-右轴和背-腹轴较短,且几乎相等,身体的横切面呈椭圆形。常钻行于水底泥沙中。如鳗鲡、黄鳝。

特殊型:有些鱼类因适应于栖息环境,而表现出极为特殊的身体形态。如海马型(海马)、箱型(箱鲀)、带型(带鱼)等。

(二)鳍

鳍是鱼类体表与运动、身体平衡相关的器官,包括奇鳍和偶鳍两种类型。奇鳍包括背鳍、臀鳍、尾鳍等,偶鳍则包括胸鳍和腹鳍。各鳍的鳍膜内均有鳍条支持,鳍条可分为棘和软鳍条两种类型。

尾鳍在鱼类运动时起着类似于船舵的作用,除部分鱼类(如黄鳝、海马等)无尾鳍外,大部分鱼类的尾鳍的形态可归为正尾型、歪尾型和原尾型 3 种类型。

正尾型:在尾鳍内部,尾椎的末端上翘,但仅达尾鳍基部,尾鳍上、下叶外形对称。如鲤鱼的尾。

歪尾型:在尾鳍内部,尾椎的末端上翘,伸入尾鳍上叶;尾鳍上、下叶外形不对称,上叶长而大。如鲨鱼类的尾。

原尾型:在尾鳍内部,尾椎平直地伸入尾叶,尾鳍外形呈矛状,末端渐趋尖细。如肺鱼类的尾。

三、体壁

鱼类的体壁由皮肤、肌肉和部分骨骼等组成。

(一)皮肤及其衍生物

皮肤的主要功能是保护身体,还有辅助呼吸、感受外界刺激、吸收少量营养物质的作用。鱼类的皮肤由表皮和真皮组成。

表皮:可分为基部的生发层和上部的腺层。生发层细胞具旺盛的分生能力,是产生新细胞的增殖层;腺层因含有杯状细胞、颗粒细胞、浆液细胞、棒状细胞、线细胞等单细胞腺而得名。单细胞腺可分泌大量黏液以润滑鱼类的体表,减小游泳时的阻力。

真皮:位于表皮的下方,其厚度大于表皮,由纵横交错的纤维结缔组织(胶原纤维和弹性纤维)组成,自外向内可分为外膜层、疏松层和致密层等 3 层。真皮层之下为一层不甚发达的皮下层,内含色素细胞、脂肪细胞和供应皮肤营养的毛细血管等。

鱼类最为重要的皮肤衍生物是鳞(片)。大多数鱼类的体表全部或部分被有鳞,鳞具保护作用。少数种类无鳞。鱼类的鳞(片)可为分楯鳞(placoid scale)、硬鳞(gnaoid scale)、骨鳞(dermal bony scale)等 3 种类型。

楯鳞由表皮和真皮共同形成,为软骨鱼类所特有的鳞(片),呈对角线式排列。从发生来看,楯鳞与高等脊椎动物的齿为同源器官。硬鳞是硬骨鱼类最原始的鳞片,由真皮形成,见于鲟形目鱼类等。骨鳞是大多数硬骨鱼类所具有的鳞片,由真皮形成。略呈圆形,前端插入皮肤的鳞囊内,后端游离,彼此作覆瓦状排列,有利于增加身体的灵活性。游离端平滑的骨鳞称为圆鳞(cycloid scale),如鲤科鱼类的鳞片;游离端不平滑而呈锯齿状的骨鳞称为栉鳞(ctenoid scale),如鲈形目鱼类的鳞片。

在大多数硬骨鱼的身体两侧，有 1 列或数列穿有小孔(侧线孔)的鳞片，称为侧线鳞。侧线鳞数目是指从尾部直达鳃盖后缘，具有孔的鳞片数，侧线上鳞数目是从侧线鳞上方至背鳍前方的斜列鳞片数，侧线下鳞数目是从侧线下方至臀鳍(或腹鳍)前方的斜列鳞片数。把这 3 个数目用一个代分数式表达，即称鱼类的鳞式(scale formula)，一般表示为：

$$侧线鳞数目\frac{侧线上鳞数目}{侧线下鳞数目}$$

如，鲤鱼的鳞式为：$33 \sim 39\,\frac{5 \sim 6}{5 \sim 6}$

鳞式因种类而异，但在种内常保持相对稳定，故常作为鱼类分类的重要依据。

(二)肌肉

构成鱼类体壁的肌肉为骨骼肌，按体节排列，呈侧立的“W”形，并形成一整体，包于自头后肩带至尾鳍基部的脊柱两侧。体壁的肌肉可使鱼类保持一定的体型，同时也是鱼类身体屈曲、游动的主要动力。某些鱼类的肌肉特化为发电器官，有助于防御敌害或捕食猎物。放电的强度因种类而异，如电鳐为 70～80 V，电鳗可达 650～860 V。

(三)骨骼

鱼类骨骼系统的脊柱、肋骨等亦参与体壁构成，详见相关部分。

四、运动

鱼类为水栖脊椎动物，其运动能力、运动方式、运动器官等均体现出对水生生活的适应。

(一)运动方式

一般来说，鱼类以游泳为主要的运动方式。但是，一些生活习性特殊的鱼类可有爬行、短距离滑翔等形式的运动。如燕鳐类的胸鳍特别发达，可跃出水面而滑翔；营寄生生活的鱼类则可随寄主移动。

(二)运动器官

在鱼类的运动过程中，骨骼除支撑身体之外，还为与运动相关的肌肉提供附着点，并配合肌肉的收缩，共同完成运动。

1. 骨骼

根据骨骼的性质，鱼类的骨骼可分为软骨和硬骨两种类型。软骨鱼类的骨骼终生保持为软骨，绝大多数硬骨鱼类的骨骼为硬骨。依据着生部位的不同，鱼类的骨骼系统可分为中轴骨骼(包括头骨、脊柱和肋骨)及附肢骨骼(包括肩带、腰带、鳍骨)。

头骨：包括脑颅和咽颅两部分。脑颅系包围、保护脑和感觉器官的骨骼；咽颅位于脑颅之下，为一系列包围口腔和食道两侧的弧状骨骼，又称内脏弧。软骨鱼类的脑颅终生保持软骨状态，为一个盒状的整体。硬骨鱼类脑颅的骨块数目多于其他纲的脊椎动物。咽颅一般由左右对称且分节的 7 对骨片组成。第 1 对称颌弓，第 2 对称舌弓，第 3～7 对称鳃弓。舌弓为支持舌的骨骼，鳃弓则支持鳃。头骨形态结构和骨块组成在不同类群有较大差异，故可作为分类的依据。如鲤形目鱼类的第 5 鳃弓的角鳃骨扩大，称下咽骨，其上生有咽齿(pharyngeal tooth)(或称鳃齿、下咽齿、咽喉齿),咽齿的数目和排列方式也可作为分类的依据。

脊柱:脊柱由数目不等的脊椎骨连接而成,其主要作用是支持身体、保护脊髓、内脏器官。鱼类的脊椎骨为双凹型椎体,脊索残存于相邻两个椎体之间的空隙,并贯穿于椎体中心的小管内,整体呈念珠状。鱼类的脊柱可区分为躯干椎和尾椎两种类型,躯干椎的椎体两侧附有肋骨,而尾椎则无肋骨而有髓弓(或称椎弓)和脉弓。

附肢骨骼:鱼类成对的附肢(偶鳍)不与脊柱发生联系是其特点之一。鱼类的附肢骨骼包括鳍条、鳍棘、鳍担骨、带骨等。在大多数硬骨鱼类,最后的数枚尾椎愈合成1根尾杆骨,翘向后上方。尾杆骨的上、下分别有若干骨片或软骨愈合,形成支持尾鳍上、下叶鳍条的鳍担骨。

2. 肌肉

鱼类的肌肉既可保持鱼类的体型,同时也可通过收缩引起鱼整体和内脏器官的各种运动。根据结构、功能和分布等特征,可将鱼类的肌肉分为骨骼肌、平滑肌和心肌。骨骼肌构成鱼体的主要肌肉,控制着鱼类的各种运动。体壁肌肉是鱼运动的主要动力。鱼类的鞭状运动与鱼类体壁肌肉的分节特征有关。着生于附肢的肌肉称为肢肌,由大侧肌分化而来。肢肌可控制和调节各鳍的位置和状态,相互配合,使鱼体运动。

在运动时,尾鳍的主要作用是击水,加上身体后部两侧大侧肌的交替收缩,产生的力量传递到尾鳍,形成对周围水的压力,其反作用力推动鱼体呈"S"形前行。此外,尾鳍还具有类似于船舵的作用,故可控制运动的方向。背鳍和臀鳍可降低鱼体运动中旋转或滚翻的可能性。胸鳍主要用于保持身体的平衡及改变运动的方向,亦可推动鱼体前进。腹鳍的作用相对较小,主要协助背鳍与臀鳍维持身体平衡。

3. 鳔与运动

鳔是许鱼类体内位于消化道背面、脊柱和肾的腹面的一个囊状构造,一般为2室,亦有1室或3室者。有些鱼类的鳔以鳔管与消化道相通(鲤科鱼类),称喉鳔类;多数种类无鳔管,称闭鳔类。鳔的主要作用是通过其容积改变(气体的进入或排出)来调节身体比重,使鱼处于一定深度的水层中。但是,这一调节过程较为缓慢,故对快速运动的种类而言,鳔反而可能成为一种阻碍,而底栖鱼类则极少向上层水体移动。因此,这些鱼类均无鳔。此外,鳔还具有辅助呼吸、辅助听觉和传递压力变化等作用。

五、消化

鱼类的消化系统由消化道和消化腺组成。

消化道:包括口、口咽腔、食道、胃(有些种类无此)、肠(某些种类有幽门盲囊或螺旋瓣)、泄殖腔等部分。口中有齿,齿可着生于颌弓、腭骨、犁骨、咽骨等处。植食性或杂食性鱼类的胃、肠分化不明显,肠管较长;肉食性种类的胃与肠明显可区分,肠管较短。软骨鱼类和部分硬骨鱼类肠管内壁有螺旋状的瓣膜,伸向肠腔,称螺旋瓣可增加消化吸收的面积。某些鱼类在胃、肠交界处有一些盲囊状突起,称幽门盲囊(pyloric caecum),其周围有幽门腺,能分泌消化液。鳃弓的内缘着生有鳃耙,为滤食器官。肉食性鱼类的鳃耙短小而稀疏、较硬,可防止捕获物逃逸;植食性鱼类的鳃耙则长而细密。

消化腺:包括肝、胰、胃腺、肠腺。软骨鱼类有明显而定型的肝和胰;硬骨鱼类的肝和胰未完全分开,胰弥散地分布于肝中,故称为肝胰脏(Hepato-pancreas)。

在鱼类的生活史中,食物资源、营养状况等可体现在鳞片、耳石、脊椎骨和鳍棘等结构上。春夏季的食物资源丰富,鱼类生长较快,骨鳞上同心圆的环片较宽;秋冬季则因食物欠缺而生长较慢,环片较窄。夏环与冬环相组合,在鳞片上呈现出年轮结构。根据年轮可推算鱼类的年龄、生长速度、繁殖季节等。

六、呼吸

鱼类栖息于水生环境,故以鳃为主要呼吸器官。鱼类的鳃丝起源于外胚层(圆口类为内胚层)。软骨鱼类的鳃具有发达的鳃间隔,鳃间隔为结缔组织片。鳃瓣或鳃丝平行附着于鳃间隔,整片鳃呈板状,故称板鳃。硬骨鱼类的鳃间隔退化,故鳃丝分离,鳃的外观呈梳状。软骨鱼类无鳃盖,一般每侧有1个半鳃、4个全鳃;硬骨鱼类一般具4个全鳃(第5个特化为下咽骨),并有鳃盖将鳃遮盖。

鱼类依赖口、口咽腔、鳃盖的协调活动,使水流进出鳃区,并在此过程中完成呼吸作用。在鳃中分布有入鳃动脉、出鳃动脉及更细的分支进、出鳃小片和鳃丝,最终形成微血管网。在鳃部,水流方向与血液流动方向恰相反。在二者相向的流动过程中,于鳃丝处实现气体(O_2和CO_2)的交换。

除以鳃为主进行呼吸之外,鱼类还有不同形式的辅助呼吸器官。如,鳗鲡、鲶鱼、弹涂鱼等的皮肤中有丰富的血管,可通过湿润的皮肤进行呼吸;泥鳅的肠壁很薄,血管密集,在夏季可吞空气入肠,用肠直接呼吸;黄鳝的鳃退化,但口咽腔上皮细胞间密布毛细血管,可用于呼吸;乌鳢等具有**鳃上器官**(suprabranchial organ)(由第一鳃弓背面的上鳃骨和舌颌骨伸展出的骨片,上覆有密布毛细血管的皮肤以利于气体交换),可直接获取空气中的氧气;肺鱼类则可用鳔进行呼吸。

七、循环

循环系统承担着把营养物质和O_2运送到身体各部分,并将身体各部分的代谢产物和CO_2携带至排泄器官和呼吸器官排出的功能。

(一)心脏

鱼类的心脏相对较小,一般不到体重的0.5%。心脏位于体腔最前端的围心腔中,由心肌构成,具有强有力的自律性搏动能力,为血液循环的动力器官,也是循环系统的中心。软骨鱼类的心脏由1个静脉窦、2心房、1心室和1个动脉圆锥组成;硬骨鱼类的心脏由1个静脉窦、2心房、1心室组成(图4-36)。在静脉窦与心房之间、心房与心室之间、心室与动脉圆锥之间均有小的瓣膜,这些瓣膜的重要作用在于维持血液流动的单向性,以防止血液的倒流。

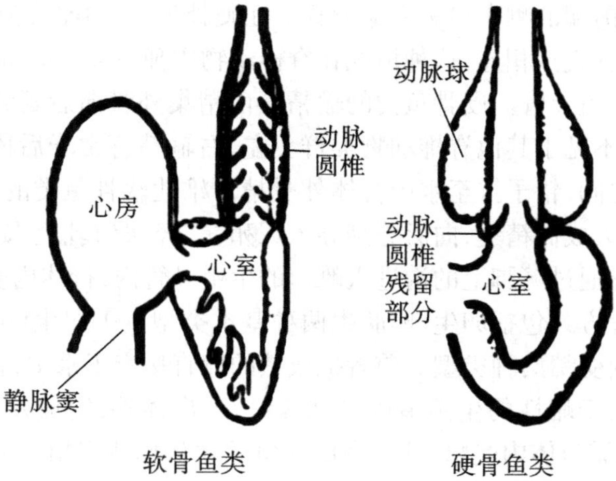

图4-36 鱼类的心脏

(二)循环方式

鱼类的血液循环途径与圆口纲动物基本相同,亦为闭管式的单循环。

需要注意的是:①在硬骨鱼类,腹主动脉基部有1个膨大的结构,称为动脉球,因其不具搏动能力,故不属于心脏的结构部分。心室与动脉球之间也有瓣膜,可防止血液倒流。②鱼类体内的血液量相对较少,仅占体重的1.6%~5.2%,而哺乳动物则占6.8%。③鱼类具有肝门静脉和肾门静脉。

八、排泄

鱼类成体的排泄器官为中肾,但在胚胎期须经历前肾阶段。

鱼类的肾脏(中肾)位于腹腔的背部,为1对狭长的紫红色器官。执行排泄功能的基本单位是由肾小体和肾小管组成的**肾单位**(nephron)。肾小体呈球状,由鲍氏囊(Bowmen's capsule)(肾球囊)及动脉球(肾小球)组成,鲍氏囊与肾小管相通。淡水鱼类的肾小体数目远多于海洋鱼类,某些海洋鱼类甚至完全无肾小体。鱼类尿液的主要成分为尿素和氨,尿液的含水量超过95%。

除肾脏之外,鱼类的鳃也具有辅助排泄的作用。

九、繁殖

鱼类行有性繁殖。

所有的软骨鱼和大多数硬骨鱼均为雌雄异体,故为异体受精。硬骨鱼类中的鲱、鳕、鲽等则为永久性的雌雄同体,且能自体受精。在黄鳝(合鳃目)的生活史中,发育至性成熟时为雌性,当其产卵之后,再次繁殖时则变为雄性,产生雄性生殖细胞。这种现象称为**性逆转**(sexual reversion)。

鱼类的繁殖器官由生殖腺和生殖导管构成。生殖腺包括精巢和卵巢,一般成对存在。

生殖导管则可分为输卵管和输精管。在软骨鱼类,卵巢与输卵管二者相互独立,成熟的卵落入体腔,经输卵管前端的喇叭口进入输卵管。在硬骨鱼类,输卵管为卵巢外膜向后延续形成,故卵巢与输卵管直接相连,这种情况在脊椎动物中独一无二。输精管是脊椎动物中自鱼类方始出现的生殖导管。硬骨鱼类的输精管由精巢外膜向后延续而形成,与肾脏无任何联系,此特征亦不见于其他脊椎动物类群。左、右输精管常于后段连合,以生殖孔开口于肛孔与泌尿孔之间,精子排至水中行体外受精。雄性软骨鱼类的输尿管兼有输精管的作用,管的后端膨大成储精囊,向后分别导入尿殖窦,经尿殖乳突末端的孔开口于泄殖腔。精子由泄殖腔并通过鳍脚上的沟进入雌鱼的生殖导管内,行体内受精。

鱼类的胚胎发育方式包括卵生、卵胎生两种基本类型。①卵生(oviparity):卵生鱼类具有体外受精和体内受精两种类型。前者把成熟的卵直接产于水中,在体外受精并发育。后者则是在卵产出前于雌性的生殖道内受精,随后产出体外,完成发育过程。②卵胎生(ovoviviparity):卵在雌鱼体内受精,并发育成幼鱼后才从母体产出。但是,幼鱼发育过程中并不与母发生营养联系,而是以卵黄作为营养来源,仅胚胎的呼吸依赖母体进行。这种方式见于软骨鱼类的部分种类,如真鲨科、鼠鲨科等及硬骨鳞鱼类的胎鳉。

与体内受精方式相适应,部分鱼类的雄性形成了辅助的交配器官。如,板鳃类的雄性有由腹鳍变化而来的鳍脚(clasper);雄性黄颡鱼(*Pelteobagrus fulvidraco*)肛门后方由泄殖腔变异形成突起,可用于交配。

在繁殖季节,因产卵、幼体发育等方面的特殊需要,某些鱼类常聚集成大群,并沿一定的路线移动,称为生殖洄游或产卵洄游。根据产卵地与生活地的关系,可分为:①降河洄游(catadromous migration):成体生活于江河等淡水环境,产卵、幼鱼发育等均需在海洋中完成,如鳗鲡(*Anguilla japonica*)。②溯河洄游(anadromous migration):成体生活于海洋,而产卵、幼鱼发育等过程须在淡水水体完成,如大麻哈鱼(*Oncorhynchus keta*)。

十、神经与感官

鱼类的神经系统由中枢神经、周围神经和植物性神经(亦称自主神经)组成。

中枢神经包括脑和脊髓,是鱼类重要的指挥器官。脑可明显地区分为 5 个部分。端脑(大脑)在最前方,包括嗅叶和大脑半球,为嗅觉神经中枢。大脑所占比例很小,且仅为上皮组织,尚无神经细胞。硬骨鱼类的间脑位于中脑腹面,主要由 1 对下叶和垂体组成。中脑在小脑前方和间脑背侧,为 1 对视叶,为视觉中枢。中脑与小脑、延脑间有神经联系,对鱼体的运动和平衡有调节作用。小脑在中脑与延脑之间,相对较大,为运动协调中枢,有维持平衡、运动协调和调节肌肉紧张的作用。延脑位于最后部分,其后接脊髓。延脑有多个中枢,包括味觉、皮肤感觉、听觉、侧线感觉、呼吸、色素调节等,并可调节消化、循环等内脏器官、系统的活动。

周围神经由中枢神经系统发出的神经纤维和神经节组成,包括脑神经和脊神经。鱼类的脑神经有 10 对,由脑的不同部分发出。脊神经则基于脊椎骨按节排列。中枢神经借周围神经与皮肤、肌肉及内脏器官发生联系,其作用是在中枢和外周器官、感受器之间传导感觉或运动信号。

植物性神经是一类专门协调内脏平滑肌、心肌、内分泌腺、血管扩张与收缩等活动的神经，与内脏器官的生理活动、新陈代谢密切相关。植物性神经亦由中枢神经系统发出，但并不直接到达所支配的器官，中途必须经过神经节的神经元的转换，最终才到达各器官、组织。

感觉器官是神经系统外围的特化构造。每一感觉器官都有各自独有的功能，感受外界的物理、化学等刺激。

视觉器官：鱼类的眼具有脊椎动物眼的基本结构（图 4-37）。鱼类的眼无眼睑和瞬膜，故不会闭合。角膜较扁平，晶状体大而圆，紧挨在角膜之后，适于近视。视力调节通过镰状突（falciform process）移动晶状体的位置来实现。虹膜内的肌肉不发达，故瞳孔的大小不能改变。最内层为视网膜；晶状体与视网膜之间充有玻璃液；晶状体与角膜之间充有水状液。

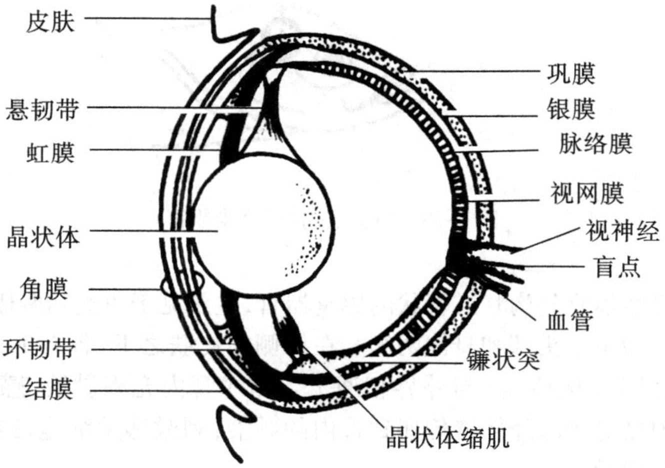

图 4-37　鱼眼的结构

嗅觉器官：鱼类的嗅觉器官主要由嗅囊构成。嗅囊呈圆形、椭圆形或不规则形。囊壁由多褶的嗅觉上皮构成，其中分布有成簇的菱形细胞，游离端有纤毛，基部有神经末梢分布。许多神经末梢汇集为嗅神经，通至端脑。嗅觉器官可接受水中低浓度的化学物质刺激，具感觉气味的能力。

听觉与平衡器官：鱼类的听觉器官是内耳，无中耳及外耳，体表无耳痕。内耳位于小脑两侧，为骨质的囊所包被，其中充满淋巴液。每侧的内耳包括 1 椭圆囊、1 球状囊和 3 个彼此垂直的半规管（图 4-38）。鱼类只有内耳，主司平衡感觉。内耳中有耳石，其形状、大小因种类而异。耳石上留有生长痕迹，称年轮。鱼类内耳的主要功能是听觉和平衡，以平衡更为重要。椭圆囊和半规管是平衡机构的中心，水平半规管对纵轴方位的运动有反应，对主轴和横轴方位的变动无反应，前、后半规管对 3 个轴向的方位变动均有反应。当外界声音传到鱼体时，内耳里的淋巴液被振动，进而刺激内耳的感觉细胞，再经过听神经传导到脑，即形成听觉（振动）。据测定，鱼类可听到 2～2 800 Hz（人类为 16～20 000 Hz）

的声音。

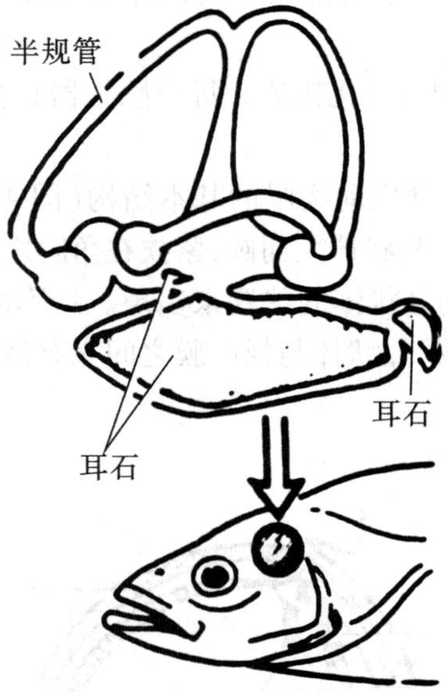

图 4-38 鱼类的内耳(示半规管)

侧线器官:侧线器官是沟状或管状的感觉器官,主要见于鱼类和两栖类。鱼类的侧线器官最为发达,一般位于头部和身体两侧。在体侧的皮肤之下,各有 1 条纵行的管,该管以众多小管穿过鳞片(侧线鳞)与外界相通上。侧线管内充满黏液,感觉器即浸润于其中,水流、振动、温度等刺激经体壁传递到管内的黏液,刺激感觉细胞,经迷走神经传递到脑,即形成振动等感觉。

味觉器官:鱼类通过味蕾感受化学刺激。味蕾呈椭圆形,由一组细胞集合而成,包括支持细胞和感觉细胞。感觉细胞上端有纤毛,自味蕾孔伸出,基部有神经分布。鱼类的味蕾不仅分布于唇、口、咽、鳃、食管,也可见于须、鳍、体侧等处。

十一、栖息环境

“鱼儿离不开水”。鱼类栖息于海洋、江河湖泊等多种水环境。在海洋中栖息着约 60% 的鱼类;栖息于江、河等淡水水域的鱼类约占已知种类的 40% 。相对而言,淡水环境更为复杂多变,易于形成地理隔离。

十二、与人类关系

鱼类可作为人类的重要食物资源,也是水产养殖的重要对象。从鱼类身体中还可提取化工原料(如鱼鳞胶)、药用成分(如鱼肝油、维生素)、作为传统中药,或可制成饲料(鱼粉)。食蚊鱼、斗鱼可取食孑孓(蚊类幼虫),改善环境,间接有益于人类。鱼类也是仿生学研究的重要材料。某些鱼类可作为绦虫、华枝睾吸虫等寄生虫的中间寄主,与人类的身体健康相关。

十三、分类

现生鱼类已知约 24 000 种。根据骨骼性质、结构特征等,可将鱼类分为软骨鱼类和硬骨鱼类 2 个类群。

(一)软骨鱼类

软骨鱼类是现存鱼类中的低等类群,全世界约有 800 多种,我国有 140 多种,绝大多数生活在海洋中。软骨鱼类的主要特征包括:①终生无硬骨,内骨骼由软骨构成;②体表大都被楯鳞;③鳃间隔发达,无鳃盖;④歪型尾鳍;⑤无鳔,绝大多数分布于海洋;⑥口位于腹面,横裂。软骨鱼类包括 2 个亚纲,即板鳃亚纲(Elasmobranchii)和全头亚纲(Holocephali)。

1. 板鳃亚纲

两鳃瓣之间的鳃间隔特别发达,甚至与体表相连,呈宽大的板状,故名板鳃类,鳃裂 5~7 对,不具鳃盖。口位于头部吻的腹面,宽大而横裂,亦有横口鱼类之称,大多数种类的眼后有喷水孔 1 个。鳍内具角质鳍条,歪尾型,不具鳔。输卵管前端开口于体腔。具泄殖腔,体内受精,卵生或卵胎生。现生类群包括鲨目(Squalifomes)和鳐目(Rajiformes)2 个类群。

(1)鲨目　鲨又称鲨鱼或鲛,为鲨目鱼类的统称。鲨类是一类比较凶猛的大型肉食性软骨鱼类,可分为 14 科,有 250~300 种,我国海域中约有 130 多种,最大的鲸鲨(*Rhincodon typus*)体重约 5 000 kg,体长可达 20 m。多数鲨鱼的身体呈长纺锤形,鳃裂 5 对(极少数 6~7 对),开口于头部两侧,又称侧孔类。鲨鱼类的肝脏是制鱼肝油的主要原料之一,鲨鱼鳍称为鱼翅,具有较高经济价值。有些鲨鱼的胆、卵、肝、肉、鱼胎等能作药用。本目的重要类群有须鲨科(Orectolobidae)、皱唇鲨科(Triakidae)、真鲨科(Carcharhinidae)、猫鲨科(Scyliorhinidae)、双髻鲨科(Sphyrnidae)、鲸鲨科(Rhincodontidae)等。

(2)鳐目　本目鱼类身体呈扁平形、菱形或圆盘形。胸鳍极度扩张,沿体侧直达头部,并与头部和躯干部相愈合,使鱼体的前部呈菱形或圆盘形。口和鼻孔位于腹面,鳃裂 5 对,开口在头部之腹面,故又称下孔类。眼和喷水孔在背面,躯干和尾部退化成细鞭状。鳐类是一类营海底栖生活的软骨鱼类,游泳能力不强,以贝类或其他底栖动物为食。重要类群包括魟科(Dasyatidae)、锯鳐科(Pristidae)等。

2. 全头亚纲

全头亚纲的鱼类头大而侧扁,两侧有鳃裂 4 对,并有鳃盖状的皮膜遮盖,故外观只可见 1 对鳃孔。体表光滑无鳞,侧线发达。尾细长呈鞭状,歪尾型。本亚纲因上颌骨与脑颅互相愈合而得名全头类,是一类原始的、为数不多的深海鱼类。可分为软鳍目(Chondrenchelyiformes)(化石)和银鲛目(Chimaeriformes)等 2 目。见于我国及日本、朝鲜等地的黑线银鲛(*Chimaera phantasma*),即为银鲛目代表种类。

(二)硬骨鱼类

硬骨鱼类是现存鱼类中种类最多的一个类群,已知种类超过 20 000 种,大部分生活在海洋中,部分栖息于淡水环境。其主要特征是:①骨骼不同程度地硬化为硬骨;②体表被硬鳞、圆鳞或栉鳞,少数种类的鳞退化或无鳞,皮肤的黏液腺发达;③鳃间隔部分或全部退化,鳃不直接开口于体外,有骨质的鳃盖遮护,从鳃裂流出的水,经鳃盖后缘排出;④大多数种类有鳔;⑤尾常呈正型尾,亦有原尾型或歪尾型者;⑥大多数种类行体外受精,卵生,少数在发育过程中有变态。

硬骨鱼类可分为总鳍亚纲(Crossopherygii)、肺鱼亚纲(Dipnoi)和辐鳍亚纲(Actinopterygii)3 个亚纲。

1. 总鳍亚纲

总鳍亚纲种类为原始硬骨鱼,出现于泥盆纪、繁盛于古生代和中生代。主要特征有:①具鳃、鳔(或肺)和内鼻孔;②体表覆以整列鳞(最原始的鳞片);③肠内具螺旋瓣;④偶鳍基部肌肉发达,骨骼似陆生四足类。代表动物如矛尾鱼(*Latimeria chalumnae*)。

2. 肺鱼亚纲

肺鱼亚纲是硬骨鱼中较为低等而形态特殊的一类淡水鱼,与总鳍鱼的亲缘关系密切。主要特征有:①具鳃、鳔(或肺)和内鼻孔,进入鳔(肺)的动脉来自胚胎期的第 6 对动脉弓(与肺动脉同源);②大部分骨骼为软骨;③口腔内具有特化的齿板;④脊椎骨无椎体,仅有椎弓和脉弓;⑤偶鳍内的骨骼呈双列式;⑥肠中具螺旋瓣,具动脉圆锥。现存种类有美洲肺鱼(*Lepidosiren paradoxa*)、非洲肺鱼(*Protopterus annectens*)、澳洲肺鱼(*Neoceratodus forsteri*)等 6 种。

3. 辐鳍亚纲(Actinopterygii)

辐鳍亚纲鱼类是现代鱼类中数量最多的一个类群,占现生鱼类总种数的 90% 以上。其主要特征包括:①偶鳍和奇鳍的鳍叶均由真皮性的辐射状鳍条支持;②体内骨骼几乎全为硬骨;③体表一般被有骨鳞(圆鳞或栉鳞);④多数为正尾型;⑤无内鼻孔;⑥无泄殖腔,肛门开口于泄殖孔的前方。辐鳍亚纲可分为古鳕总目(Palatonisci)、多鳍总目(Brachiopterygii)、硬鳞总目(Chondrostei)、全骨总目(Holostei)和真骨总目(Teleostei)等。代表性类群简介于后。

鲟形目(Acipenseriformes):为辐鳍亚纲中比较古老的类群,体型大。这些鱼类主要分布于北半球的太平洋、大西洋及北极海水系、密西西比河、黑海、里海。体型较大,身体呈纺锤形,具 5 纵行骨板状硬鳞或仅在尾鳍上叶背有 1 行棘状硬鳞;吻尖长或呈平扁匙状;歪尾型;口裂直或呈新月形,位于头腹面,能伸缩以吸取食物;口前须细小;眼小;外鼻孔 2 对,有小型的喷水孔;牙细小或消失;大部分骨骼为软骨;肠内具退化的螺旋瓣;一般背部深灰或灰黄色,侧部黄白或乳白色,幼体色较深。现生种类包括鲟科(Acipenseridae)和匙吻鲟科(Polyodontidae)2 科,计 6 属 25 种,其中纯淡水种类 15 种。中国有 3 属 8 种。代表种类如中华鲟(*Acipenser sinensis*)、长江鲟(达氏鲟)(*A. dabryanus*),这两种鱼均属于濒危物种,并被列为国家一级重点保护野生动物。

鲱形目(Clupeiformes):本目是现代真骨总目中最原始的类群,体表被圆鳞,头骨骨化程度低;膜骨仍保留着原始的表面位置,下咽骨不呈镰状;背鳍及臀鳍无硬棘,腹鳍腹位,鳍条柔软分节;脊柱由若干脊椎骨组成,脊椎骨大多骨化,中央有孔,无口须;鳔管发达,与食道相连通。多数种类分布于热带及亚热带地区,主要为海生,也有淡水生活者。有些洄游性种类在繁殖期进入河湖，完成产卵、受精、幼体发育等繁殖过程。代表种类如刀鲚(*Coilia ectenes*)、鲥鱼(*Macrura reevesii*)、大麻哈鱼(*Oncorhynchus reta*)。

鲤形目(Cypriniformes)：为鱼类中第二大目。体表被圆鳞或裸露，头部无鳞；有中喙骨弧，下咽骨呈镰状，脊柱的最前4枚脊椎骨常愈合，且两侧附有4对鳔骨(带状骨、舟状骨、间插骨及三脚骨)构成**韦伯氏器**(Weberian apparatus)，连接于鳔的前端和内耳之间，具有特殊的感觉功能。当外界声音传到鱼体时，鳔能加强这种声波的振幅，通过韦伯氏器可使鲤形目鱼类感受到高频率、低强度声音。背鳍1个，腹鳍腹位，鳍多无硬棘，或仅为不超过3根的假棘。至2013年时，本目已知种类超过5 000种，我国约有600种。本目鱼类多分布于温带和热带淡水水域，只有2科为海产。代表种类如青鱼(*Mylopharyngodon piceus*)、草鱼(*Ctenopharyngodon idellus*)、鲢(*Hypophthalmictuthys molitrix*)、鳙(*Aristichthys nobilis*)(合称四大家鱼)等。

鳗鲡目(Angviliformes)：本目鱼类体型圆而长。一般无腹鳍，背鳍、尾鳍、臀鳍连为一体，不能区分，鳞极细或退化。脊椎骨数目甚多，最多可达260枚。本目有100多种。在我国主要见于南海。代表种类如鳗鲡(*Anguillajaponica temmincket*)等。

海龙目(Syngnathiformes)：本目鱼类的口为前位，口裂上缘仅由前颌骨或前颌骨与颌骨共同组成管状吻。无颅顶骨和后耳骨。咽骨退化。鳃常呈簇状。背鳍、臀鳍及胸鳍均不分支，只有腹鳍与尾鳍部分分支；若第1背鳍存在则必为刺鳍，腹鳍如存在则必为腹位或前腹位。雄性腹部有由皮褶形成的育卵袋。本目为体形特殊的小型海产鱼类。代表种类如粗吻海龙(*Trachyrhamphus serratus*)、刺海马(*Hippocampus histrix*)等。

鲈形目(Perciformes)：本目鱼类无鳔管。鳞片多为栉鳞。背鳍通常由鳍棘和鳍条两部分组成；腹鳍多为胸位，也有喉位者，多为1鳍棘5鳍条。口先端常呈斜裂状，齿着生于颌骨、犁骨和腭骨等处，形成齿带。鳃盖发达。本科为硬骨鱼类中最大的一目，计有8 000多种。代表种类如鲈鱼(*Lateolabrax japonicus*)、大黄鱼(*Pseudosciaen acrocea*)、小黄鱼(*Larimichthys polyactis*)、鳜鱼(*Siniperca chuatsi*)等。

鳢形目(Ophicoephaliformes)：本目鱼类体被圆鳞。具鳃上器官(亦称褶鳃呼吸器，着生于鳃弓上方，由部分鳃弓和舌弓骨骼转化形成)，可作为辅助呼吸器官。副鳃腔及咽喉部分布有很多微血管，也可进行呼吸。鳃很长，无鳔管。鳍无棘。若有腹鳍则为前腹位。本目仅有鳢科(Ophicephalidae)1科。代表种类如乌鳢(乌鱼)(*Ophicephalus argus*)。

鲀形目(Tetraodontiformes)：本目鱼类的颌骨与头骨愈合。鳃孔小，鳃腔上无气室。一般体表裸出，或被硬盾或密生硬刺。前背脊不具吸盘。腹鳍左右不相并。有侧线。尾鳞形状不一。已知种类约200种，我国有60多种。主要分布于温带及热带的海域或江河。代表种类如短吻三刺鲀(*Triacanthus brevirostris*)等。

鲽形目(Pleuronectiformes)：本目鱼类的成鱼身体侧扁，左右不对称。体表被有小圆鳞或栉鳞。两眼位于头部的同侧，俗称比目鱼。有眼的一侧有色素。头骨不对称。背鳍与臀鳍的基底均长，一般无棘。腹鳍胸位或喉位，鳍条通常不超过6枚。成鱼无鳔。为近海的浅水性鱼类，少数种类可进入淡水水域。营身体平卧式的底栖生活。代表种类如牙鲆(*Paralichthys olivaceus*)、马来斑鲆(*Pseudorhombus malayanus*)等。

海蛾鱼目(Pegasiformes)：本目鱼类因体形似蛾而得名。体表被骨板。前鼻骨前部合并成一突起而呈齿状的吻部。后颞颥骨和头骨愈合。鳃呈梳状。胸鳍发达做水平状，有10～18枚不分支的鳍条，鳍条下部坚硬如刺，但末端软而分节。脊椎骨19～24枚，其中最前端的6枚愈合不能活动，无肋骨。无鳔。本目种类是一些海滨小型鱼类，已知仅有1科。代表种类如龙海蛾(*Pegasus draconis*)等。

灯笼鱼目(Scopeliformes)：本目鱼类似鲱形目，但口裂上缘仅由前颌骨组成，口裂宽，具齿。眶蝶骨有或无。肩带无中乌喙骨，腰骨及胸鳍的辐状骨皆已骨化。具有鳃弓收缩肌。背鳍和臀鳍不具鳍棘；腹鳍通常腹位；一般具脂鳍。鳔有或无，若有鳔时，具鳔管。有输卵管。多数种类体表被鳞。代表种类如大头狗母鱼(*Trachinocephalus myops*)等。

合鳃目(Symbranchiformes)：本目鱼类体形似鳗，体表光滑无鳞。鳃常退化，鳃裂移至头部腹面，左、右两鳃孔连接在一起形成一横缝，故称合鳃目。无鳔。奇鳍变为皮褶。口裂上缘由前颌骨组成。有性逆转现象。代表动物如黄鳝(*Monopterus alba*)。

复习与思考题

1. 鱼类的主要特征有哪些？
2. 简述鱼类的体形、尾型。
3. 鱼类的消化系统有哪些适应性结构？
4. 软骨鱼类和硬骨鱼类心脏构成的异同。
5. 简述鱼类的鳞式。
6. 软骨鱼类、硬骨鱼各有哪些主要类群？
7. 了解重点保护的鱼类。
8. 掌握下列重要名词：楯鳞，鳞式，动脉圆锥，动脉球，性逆转，侧线，肝胰脏，圆鳞，栉鳞，硬鳞，降河洄游，溯河洄游，双凹型椎体，单循环，螺旋瓣，鳃上器官，韦伯氏器

第十五节　两栖纲

两栖纲(Amphibian)是营水陆两栖生活的脊椎动物，具有水生脊椎动物与陆生脊椎动物的双重特征。两栖动物既有从鱼类继承而来、适于水生的性状，如卵和幼体的形态及产卵方式等，又有新生的、适应于陆栖的性状，如感觉器官、运动装置、呼吸系统和循环系统等。在两栖动物的发育过程中，需经历变态过程才能上陆生活。这是一种新生的适应，同时也反映了脊椎动物由水生向陆生进化过程中主要器官、系统的适应。

一、两栖动物的主要特征

两栖动物具有如下共同特征。①幼体以鳃呼吸，成体以肺呼吸；②皮肤裸露，表皮出现轻微角质化；③具五指(趾)型附肢；④脊柱出现颈椎和荐椎的分化；⑤血液循环为不完全的双循环；⑥出现中耳，具有犁鼻器；⑦具原脑皮；⑧体外受精，体外发育，发育过程中有变态。

二、形态

现生两栖动物适应于不同的栖息环境，身体可分为头、躯干、尾和附肢4部分，但在不同类群有所变化，大致可分为蚓螈型、鲵螈型、和蛙蟾型等3种类型。

蚓螈型两栖动物亦称无足类，其外观与蚯蚓相似。身体一般由头和躯干组成，无真正的尾部。四肢退化。头部多扁平呈楔状，口腔的开口较大；眼小而圆。此类动物营穴居生活。代表种类如蚓螈、鱼螈等。

鲵螈型两栖动物亦称有尾类，身体的4个组成部分齐全，且彼此可明显区分。头部多扁平，吻端略圆，眼位于头侧上方，具活动眼睑，但仅下眼睑可动。四肢发达，前足4指，后足5趾或4趾；尾甚发达。终生营水生生活或在繁殖期水生。在水中前行时，运动方式与鱼类相似。代表种类如大鲵、东方蝾螈等。

蛙蟾型两栖动物亦称无尾类，成体的身体仅有头、躯干和附肢3个部分。体型短宽，无尾，四肢强健，前足4指，指间一般无蹼，后足5趾，趾间多具蹼。头部扁平而略尖。口裂宽阔。大多数种类的眼大而突出，具活动眼睑。树栖蛙类的指、趾末端常膨大成吸盘。蛙蟾型两栖动物是适于陆地爬行和跳跃生活的特化分支，也是发展最为繁盛的两栖动物类群。代表种类如黑斑蛙、中华大蟾蜍等。

三、体壁

两栖动物的体壁由皮肤、皮下结缔组织、肌肉、部分骨骼等组成。在真皮底部有皮下结缔组织，并以此与体肌疏松地相连。

（一）皮肤及其衍生物

两栖动物的皮肤由表皮和真皮构成。

表皮：为皮肤的最外层，含有多层细胞，最内层由柱状细胞构成生发层。生发层可不断产生新细胞并向上推移。由此向外，细胞逐渐变为宽扁形，最外层细胞出现不同程度的轻微角质化，称为角质层（stratum corneum）。角质层可定期或不定期地从皮肤表面脱落，这种现象称为蜕皮（ecdysis）。

真皮：位于表皮层之下，较厚，可分为2层。外层为疏松层，由结缔组织构成。该层紧贴表皮层，其间分布着大量黏液腺、神经末梢和血管；内层为致密层，内含致密的结缔组织，其中的弹性纤维和胶原纤维横行或垂直排列。

两栖动物的皮肤衍生物包括腺体（黏液腺、毒腺等）和各种色素细胞（chromatophores）。表皮中含有丰富的黏液腺。黏液腺为多细胞构成的泡状腺，腺体的分泌部下沉于真皮层并外围以肌肉，有管道通至皮肤表面。黏液腺的分泌物可借真皮层中肌肉的收缩，自体表的腺孔排出，以保持体表湿润和空气、水的通透。蟾蜍眼后方的耳后腺（parotid）系由黏液腺特化而来，其分泌物可入药。色素细胞分布于表皮和真皮中。不同色素细胞的配置是构成各种两栖动物体色和斑纹的基础。在光线或温度的影响下，色素细胞还能通过其扩展、聚合等形态变化，引起动物体色改变，形成保护色。

（二）肌肉

肌肉也是两栖动物体壁的构成部分，与此相关的肌肉系统特点简列如下。

1. 除幼体(蝌蚪)和鲵螈类之外,大多数种类已无明显的、原始的肌肉按节排列现象。肌隔消失,大部分肌节由于运动方式的改变而发生愈合或移位,并分化成许多形状和功能不同的肌肉。位于腹部中线两侧的腹直肌(rectus abdominis muscle)和腱划(inscriptio tendineae)是显示肌肉原始分节现象的遗迹。但是,在水栖的鲵螈类,躯干部两侧的中轴肌和肌隔均甚发达,肌节数目与脊椎骨的数目相当,在身体扭曲、摆动时,仍保留其固有的作用。

2. 由于水平骨隔的位置上移至椎骨横突外侧,躯干背部的轴上肌体积大为缩减,仅占躯干肌的一部分。鲵螈类的轴上肌仍保持着分节状态,蛙蟾类则进一步分化为连接于横突之间的横突间肌和神经棘之间的棘间肌,并在轴上肌的外侧形成起于头骨基部、终于尾杆骨前部的背最长肌。躯干腹部的轴下肌分化明显,可分为腹直肌和腹斜肌;腹部中线有一条由结缔组织构成的腹白线,将腹直肌分成左、右对称的两部分。腹斜肌组成动物的腹壁,由外向内可再分为腹外斜肌、腹内斜肌和腹横肌 3 层。腹外斜肌呈薄片状,起自背侧的腱膜,肌纤维走向后下方,覆盖着整个腹腔的后半部,最终在腹直肌的内侧止于白线。腹内斜肌隐于外斜肌之下,肌纤维方向指向前上方,恰与腹外斜肌相反。这些肌肉的分化与其支持体壁、压缩肺囊、参与呼吸有关。腹横肌位于腹壁的最内层,肌纤维呈背腹走向,由耻骨伸向胸骨,有保护腹壁和向前牵动腰带的作用,以适应两栖动物的运动。

3. 大多数两栖动物在幼体时期用鳃呼吸,至上陆生活时,鳃已退化,而鳃弓和鳃肌则转化为支持喉头、舌的软骨及控制咽喉部和舌的骨骼和肌肉。

(三)骨骼

参与两栖动物体壁构成的骨骼成分包括脊柱、胸骨、肩带、腰带等。详见相关部分。

四、运动

在生活史的不同阶段,两栖动物营水、陆两栖生活,并在运动方式、运动器官等方面表现出相应的特征。

(一)运动方式

两栖动物的运动方式与其栖息环境、生态学习性等密切相关,主要包括跳跃(蛙蟾类)、游泳或爬行(有尾类及蛙蟾类幼体)、穴居(蚓螈类)等 3 种方式。有尾类的四肢短小,尾发达,栖息于水中,可做鱼样游泳,或在陆地爬行。无尾类的尾部退化消失,四肢强健,后肢特别发达,在水中用以游泳,在陆地用以跳跃。蚓螈类则失去四肢,营地下钻土、穴居生活,作蠕虫状运动。

(二)运动器官

在脊椎动物的演化过程中,两栖纲动物的运动器官发生了重大改变,首次出现了五趾型附肢,实现了真正的陆地运动。

1. 骨骼

在从水生向陆生的进化过程中,两栖动物的骨骼系统发生了巨大变化(图 4-38),较鱼类的骨骼更加坚韧、更为灵活,因而极大地增强了对动物身体、附肢的支持能力。

头骨:两栖动物的头骨具有如下主要特征(图 4-39)。

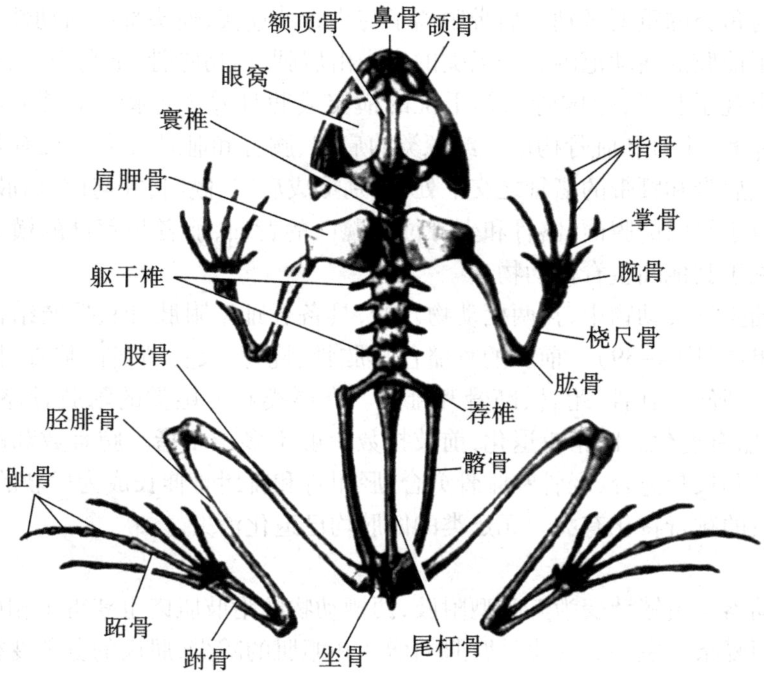

图 4-39　无尾两栖类的骨骼系统

（1）宽而扁，脑腔狭小，无眶间隔，属平底型，枕髁 2 个，由侧枕骨形成。

（2）骨化程度不高，骨块数目少。软骨性硬骨有侧枕骨、眶蝶骨（或单一的蝶筛骨）和前耳骨各 1 块；膜性硬骨仅有颅骨背面的鼻骨、额骨、顶骨（或愈合为额顶骨）各 1 对。颅侧有 1 块鳞骨，颅底由单块副蝶骨和 1 对犁骨组成。见于鱼类的许多骨块（如眼眶周围的膜性硬骨）已退化、消失，或处于软骨状态。

（3）颅骨通过方骨与下颌连接，此种颌骨-颅骨连接方式称为**自接式**。初生颌（腭方软骨和麦氏软骨）趋于退化，由其外所包的膜性硬骨（前颌骨、上颌骨和齿骨等）组成的次生颌代为执行上、下颌的功能。蚓螈类因颧骨和方轭骨消失，使颅骨的边缘变得不完整。

（4）舌弓背部的舌颌骨移至中耳腔内，转化成听小骨，称为**耳柱骨**。

（5）幼体时期的鳃弓退化，其残余部分在成体转变为支持舌和喉部的骨骼。

脊柱：两栖动物的脊柱进一步分化为颈椎、躯干椎、荐椎和尾椎等 4 部分（图 4-39）。颈椎 1 枚，呈环形故称寰椎。寰椎的椎体前有一突起与枕骨大孔的腹面相接，突起的两侧各有 1 对关节突与枕髁形成关节，这种结构使头部可上、下活动。躯干椎具有陆生脊椎动物的典型构造，每个椎骨均由椎体、棘突和成对的前、后关节突组成；椎体除少数种类为双凹型外，多为前凹型或后凹型，使脊柱的牢固性和灵活性增加。荐椎 1 枚，横突宽大，外端与腰带的髂骨相接，使后肢获得了强有力的支持。脊椎骨的数目变化较大，如无尾类仅有 9 枚躯干椎和 1 枚尾杆骨（urostyle，由尾椎愈合而成），而无足类的脊椎骨可多达 250 枚。两栖动物无肋骨（无尾类）或仅有短肋（有尾类、无足类和部分无尾类）。

附肢骨骼:两栖动物的肩带不附着于头骨,腰带借荐椎与脊柱相联结(图4-39),这也是四足动物与鱼类的重要区别。肩带脱离了与头骨的连接,使头部的活动性增加,同时也极大地扩展了前肢的活动范围。蛙蟾类的肩带由肩胛骨、乌喙骨、上乌喙骨、锁骨等构成。在腹面正中出现了胸骨,但胸骨与躯干椎的横突或肋骨并不连接。腰带(亦称骨盆、骨盘、盆骨)由髂骨、坐骨和耻骨构成。鲵螈类的肩带、胸骨和耻骨等大多没有骨化,亦缺乏锁骨。在组成肩带和腰带的诸骨之交汇处,分别形成肩臼、髋臼,并与前、后肢相关节。腰带中的耻骨位于髋臼的腹面,髂骨和坐骨位于髋臼的背面,前者与荐椎的横突相连,这种排列方式亦见于其他陆生脊椎动物。

在所有陆生脊椎动物中,自两栖动物开始,具备五趾型附肢,前、后肢结构基本相似,均由5部分组成(图4-39)。前肢的骨骼包括肱骨、桡骨、尺骨、腕骨、掌骨、指骨;后肢的骨骼包括股骨、胫骨、腓骨、跗骨、跖骨和趾骨。有尾类和无尾类的附肢骨骼多骨化不完全,且部分骨骼有退化。因指骨退化,前肢指数一般不多于4指。腕骨数和跗骨数减少。无尾类的桡骨和尺骨愈合,胫骨和腓骨愈合,胫跗骨和腓跗骨伸长成为后肢的一节。这种变化与其后肢的跳行特化有关。无足类的四肢均已退化消失。

2. 肌肉

随着运动器官由鳍转变为五趾型附肢,两栖动物的附肢肌肉也获得了相应的发展,变得更为强大而复杂。主要的变化是肢肌的增加和躯肌的减少,肌肉的分节变得模糊,躯干部的轴肌常分为数层(参见前述部分)。两栖动物具有一些起于头部、躯干、带骨而分布到附肢的肌肉,称为外来肌。如前肢腹侧的胸肌肌群和背侧的斜方肌、背阔肌、三角肌等,这些肌肉使前肢与躯干连接,稳固性增加。腰带与脊柱直接相连,使后肢得到有力支持,因而起于躯干、腰带及尾杆骨而止于股部的肌肉数有所减少,重要者如梨状肌、臀肌等。

由于四肢分节,并分别形成了前肢的肘关节、腕关节和后肢的膝关节、踝关节等,肌肉进而分化出一些起点和止点都位于附肢骨骼的成分,如肱三头肌、腕曲肌等前肢肌肉和胫伸肌、缝匠肌、腓肠肌等后肢肌肉。一般来说,后肢的肌肉较前肢更为发达,此与动物的运动相适应,这一现象在无尾类(蛙蟾类)尤为明显,其后肢肌肉极为发达。

五、消化

两栖动物的消化系统包括消化道和消化腺两部分。

消化道:包括口、口咽腔、食道、胃、肠、泄殖腔、泄殖孔等部分。口咽腔内除有齿、舌等器官之外,还有内鼻孔、耳咽管孔、喉门、食道口等开口,分别与鼻腔、中耳、呼吸道、食道相通。鲵螈类和蚓螈类的颌缘有1~2排单列的颌齿,蛙蟾类则无颌齿或仅有上颌齿。口咽腔顶壁和犁骨上还有两簇细小的犁骨齿,这些牙齿并无咀嚼食物的功能,仅可咬伤猎物或防止食物滑脱。舌由舌骨和舌肌构成。鲵螈类的舌呈盘状,贴于口底,活动性差;蛙蟾类除少数种类外,舌根均附生于下颌前部,舌尖游离且有深浅不等的分叉,朝向咽喉部,捕食飞行或爬行的猎物时可迅速翻出口外。蛙类的口腔中有可分泌黏液的颌间腺(口腔腺),位于前颌骨和鼻囊之间。这些分泌物并无消化食物的作用,仅用于湿润口腔和食物。口咽腔的后端缢缩成管状,即食道的开始。食道甚短,向后通入胃。胃位于体腔左侧,前端与食道相连,称为贲门,后端与十二指肠相连,称为幽门。肠分为小肠和大肠两部分。小肠始于幽门，其前段称为十二指肠，后段称为回肠，几经回旋后通入宽大的大肠，因其短而直，亦称直肠。大肠向后连接泄殖腔，食物残渣经泄殖孔排出体外。蚓螈类的消化道为一直管，由肠系膜固定于体腔的背壁。

消化腺：两栖动物的消化腺主要有肝脏和胰脏。肝脏位于体腔前半部，一般分2～3叶；胆囊位于肝叶之间或偏右部，用于储存肝细胞所分泌的胆汁，以数根输胆管与总输胆管相通，并由此将胆汁输送至十二指肠的远端。胰脏位于胃和十二指肠之间，形状狭长，为不规则的叶状器官，通过胰管与输胆总管汇合，然后开口于十二指肠。胰脏不仅是一个重要的消化腺，同时也是一个内分泌腺。此外，在胃内壁的黏膜中有胃腺，在小肠内壁的黏膜中有肠腺，皆可分泌消化液。

六、呼吸

随着栖息环境从水生到陆生的转换，两栖动物的呼吸系统也发生了本质的改变，即从鳃呼吸转变为肺呼吸，肺可直接获取空气中的O_2。这是陆生脊椎动物的重要特征之一。

呼吸系统包括外鼻孔、鼻腔、内鼻孔、口咽腔、喉气管室和肺等。肺是绝大多数两栖动物成体的主要呼吸器官，位于心脏和肝脏的背侧，为1对中空、半透明、富有弹性的薄壁囊状结构。肺的内部被网状隔膜分隔成许多小室，称为肺泡（alveolus），以此增大肺与空气的接触面积。肺泡壁密布肺动脉和肺静脉的微血管，使动物体的气体交换在肺内得以顺利进行。

两栖动物肺的结构较为简单，其呼吸能力尚难以满足动物代谢的需求，故需辅助呼吸器官予以弥补。两栖动物的皮肤即承担此任。两栖动物的皮肤薄而湿润，且在皮下分布着由肺皮动脉分支形成的皮动脉和肌皮静脉，在此可实现气体的交换。通过这些皮下血管的呼吸量约占总呼吸量的40%，足见其重要性。对鲵螈类和冬眠的蛙蟾类（此时肺呼吸停止）来说，皮肤呼吸几乎承担了动物全部的呼吸功能。分布于美洲和地中海地区的树螈（*Aneides lugubris*）既无鳃、也无肺，完全依靠皮肤和口腔黏膜来完成呼吸。

两栖动物用肺呼吸时，其呼吸动作主要依靠口咽腔底壁的升降来完成，称为**吞咽式呼吸**（bucco-pharyngeal respiration）或咽式呼吸。呼吸过程和动作主要包括：吸气时，鼻孔张开，喉门关闭，口底下降，空气进入口咽腔；鼻孔关闭，喉门打开，口底上升，将空气压入肺，在肺壁中的毛细血管处进行气体交换。体壁肌肉收缩，加上肺囊本身的弹性回缩，使空气由肺排出。由肺呼出的气体并不立即排出口外，而是重新压入肺，如此反复多次以充分利用O_2并减少失水。呼气时，鼻孔张开，喉门关闭，口底上升，使气体排出。

两栖动物有喉，喉部由1对杓状软骨和1个环状软骨围成喉腔。两块杓状软骨上缘之间的开口为喉门（glottis）。部分种类首次出现声带，为喉腔内的1对上皮膜，当空气急速出入时可使声带振动而发声。在能发声的无尾类雄性个体，其口咽腔常有1个或1对声囊（亦称鸣囊，vocal sac）。声囊为口咽腔壁向外的突起，可充气膨大并起共鸣作用。

七、循环

随着呼吸系统中肺的出现和呼吸方式的改变，两栖动物的循环系统也发生了相应的、极大的变化。

(一)心脏

两栖类动物的心脏由1个静脉窦、2心房、1心室和1个动脉圆锥组成(图4-40)。心室略呈三角形,为心脏的后端部分,壁厚,内有肌质的柱状纵褶,由中央向四周伸展。心房为心室的前端部分,壁薄而色深,内腔被房间隔分为左、右两室,即左心房和右心房。右心房经房窦孔与静脉窦相通,左心房的背壁有一孔与肺静脉相通。左、右心房分别以房室孔与心室相通。静脉窦为1个三角形的薄壁囊,位于心房的前端背面,是2条前大静脉和1条后大静脉内的血液流回心脏的汇合处。动脉圆锥自心室腹面的右侧发出,与心室连接处有3个半月瓣。动脉圆锥的前段为腹大动脉,是动脉系统的起点,由此导出颈动脉弓、体动脉弓和肺皮动脉弓(图4-40)。这3对动脉弓分别由鱼类的第3、4、6对动脉弓演化而来。

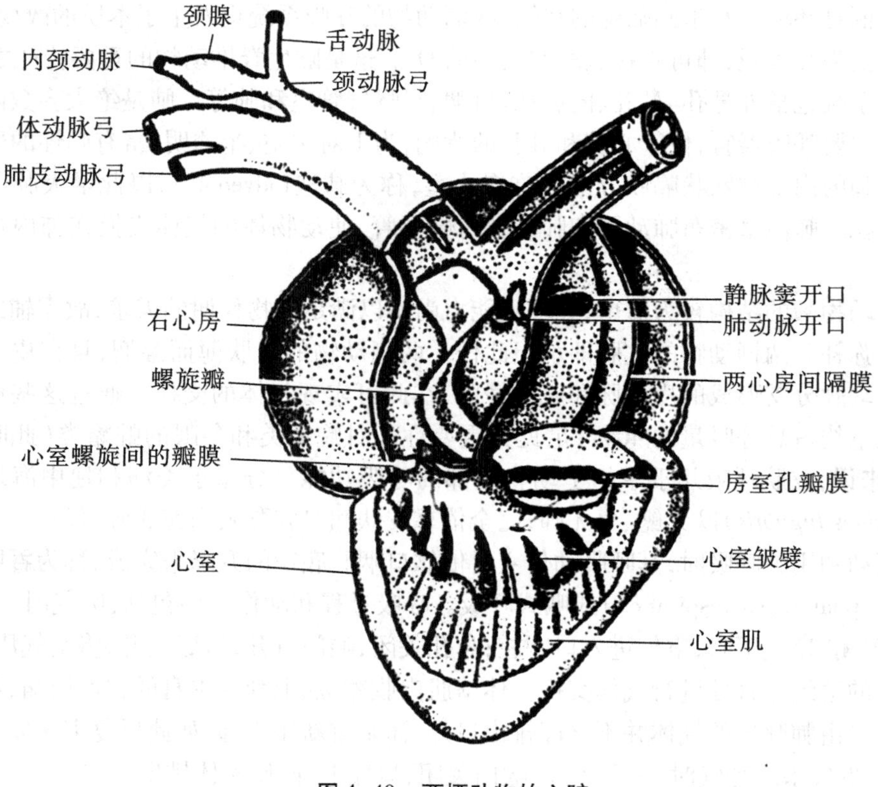

图4-40 两栖动物的心脏

(二)循环方式

两栖动物的血液循环方式也因为肺呼吸的出现而有了新的变化(图4-41)。在鱼类体循环(亦称大循环)(心脏→体动脉弓→背大动脉→组织、器官→静脉→静脉窦→右心房→心室)途径的基础上,出现了肺循环(亦称小循环)(心室→肺皮动脉→肺、皮肤→肺静脉→左心房→心室)这一新的途径,二者共同构成**双循环模式**。但是,因为只有1个心室,多氧血和缺氧血在心室中相混合。因此,两栖动物的血液循环方式为**不完全的双循环**。

淋巴系统是运送淋巴液的管道系统，组织液进入淋巴管即成为淋巴液。从两栖动物开始，出现了较为完整的淋巴系统，主要由淋巴管、淋巴腔、淋巴心等构成。具有极为发达的淋巴系统是两栖动物的特征之一，淋巴系统几乎遍及皮下组织。在两栖动物，自血管渗出组织液、自组织细胞渗出淋巴液的活动较其他脊椎动物更为旺盛，通过淋巴心、淋巴管道等可使这些渗出液返回心脏。由此可见，淋巴系统是血液循环的辅助通路。此外，淋巴系统还是动物免疫系统的重要组成部分。

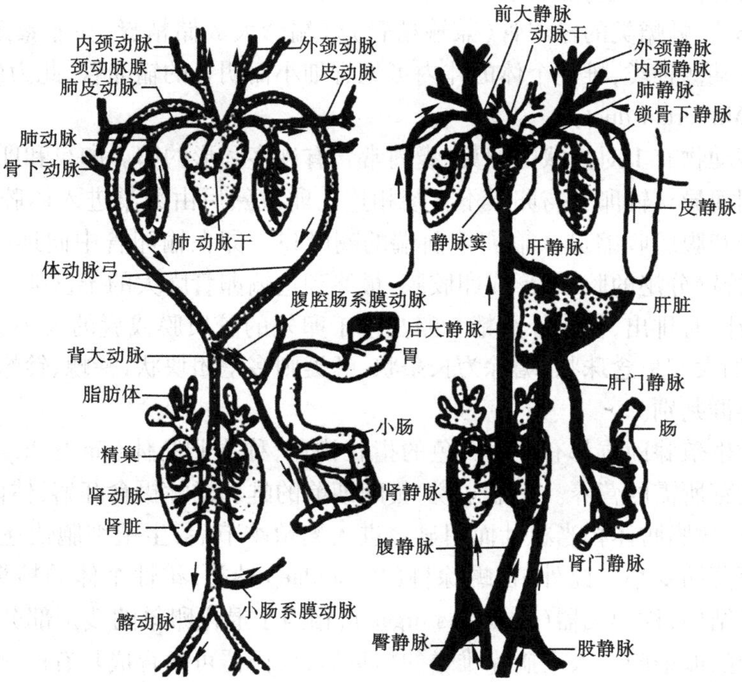

图 4-41　蛙的血液循环

八、排泄

两栖动物以中肾作为主要排泄器官。左、右肾的外缘各连一条输尿管，即中肾管，分别通入泄殖腔的背面。雄性个体肾脏的前部缩小并失去泌尿功能，由一些肾小管与精巢伸出的精细管相连通，并借输尿管输送雄性生殖细胞，故输尿管兼有输精的作用。雌性个体的肾脏及输尿管分别仅有泌尿和输尿功能，与生殖系统无任何联系。在蛙蟾类，由泄殖腔壁突出形成一个容积大而壁薄的囊，即为膀胱（称为泄殖腔膀胱）。膀胱是暂时储存尿液的器官，同时对水分具有重吸收的作用。膀胱与输尿管并不直接相连，尿液经输尿管先导入泄殖腔，再倒流入膀胱。肾脏除泌尿功能之外，还可调节体内水分平衡和维持渗透压的相对稳定。

两栖动物的皮肤、肺也可排泄部分代谢产物，故可视为辅助排泄器官。

九、繁殖

两栖动物行有性繁殖。分布于墨西哥的虎螈（*Ambystoma tigrinum*）可行幼体生殖，即处于幼态时期的个体即可进行繁殖。

两栖动物雌雄异体，在蛙蟾类个体常表现出一定的性别差异，雄性个体一般小于雌性。在繁殖季节，一些蛙蟾类雄性的前臂变得强壮，或前肢内侧的第1、2指基部局部隆起形成婚垫，垫上富有黏液腺和角质刺，以利抱持雌体。除蚓螈类、蝾螈科等少数种类外，两栖动物均行体外受精。

雄性两栖动物有1对精巢，呈椭圆形（蛙）、长柱形（蟾）或分叶状（蝾螈）。输精小管与肾脏前部的肾小管相连，然后借道输尿管把雄性生殖细胞送入泄殖腔，经泄殖腔排出体外。在繁殖季节，蛙蟾类的输尿管（兼输精管）末端膨大成储精囊，在非繁殖季节则恢复正常状态。在某些种类，雄性个体的体内可见有细小而明显的输卵管，此为处于退化状态的缪勒氏管（Mullerian duct）。

雌性两栖动物有1对囊状的卵巢，囊内常含有许多圆形的卵。卵巢和卵的大小、颜色可因季节不同而异。输卵管与卵巢不直接相连。卵成熟后由卵巢进入体腔，通过腹腔膜上纤毛的摆动和腹肌收缩进入输卵管前端的喇叭口。卵在输卵管中向远端移行的过程中，包被以由管壁分泌的胶质，形成卵胶膜，最终到达输卵管膨大的子宫部，于两性抱对后与雄性的精液同时排出，行体外受精。卵及包于卵外的胶质膜或囊的大小、颜色、形状等因种类而异，如大鲵呈念珠状、蟾蜍为长条状、蛙类则多呈团块状，蝾螈、铃蟾则产单生卵，借此可进行类群判别。

蛙蟾类的生殖腺前方都有1对黄色的指状构造，称为脂肪体（fat bodies）。脂肪体可提供生殖腺发育所需的营养。一般来说，蛰眠期前的蛙和蟾蜍摄食旺盛，体内均积累了丰富的营养物质，故脂肪体相当粗壮而明显。进入繁殖季节后，生殖细胞快速生长，脂肪体被大量消耗而萎缩变小。此外，在蟾蜍科（Bufonidae）种类，雄性个体的精巢前缘附生一个形态各异的结构，称毕氏器（Bidder' s organ），相当于退化卵巢的残余部分，内含尚未分化或发育不全的卵细胞。人工摘除雄蟾的精巢后，毕氏器可发育成具有产卵功能的卵巢。

在两栖动物的生活史中，蝌蚪必须经过变态（鲵螈类的变态不甚明显）才能成为幼蛙或幼鲵（螈）。在变态过程中，蝌蚪发生一系列的外部形态和体内结构的变化，这也是各种器官由适应水生生活转变为适应陆生生活的改造过程。在外形方面最显著的变化当为成对附肢（五趾型附肢）的出现、上、下颌的角质喙及角质唇齿连同表皮一起脱落、蛙蟾类尾部的消失等。

十、神经与感官

随着栖息环境复杂性及其变异性的增加、五趾型附肢的出现等，两栖动物的神经系统与感觉器官受到了明显的影响，并进而产生了相应的变化。两栖动物的神经系统包括中枢神经、周围神经和植物性神经等部分。

两栖动物的脑亦为五部脑，且无明显的脑曲（图4-42）。大脑的体积增大，向前延伸成2个小型的嗅叶；大脑半球之间以矢状缝相隔，位于脑内的左、右侧脑室，分别称为第一、第二脑室，两个脑室间经室间孔相通。侧脑室向前一直伸展到嗅叶中，往后则与间脑内的第三脑室相通。大脑半球不仅从腹面和侧面保护着神经细胞构成的古脑皮，而且在顶部出现了零散的神经细胞，称为**原脑皮**（archipallium），其机能仍与嗅觉有关。间脑顶壁呈薄膜状，覆以富有血管的前脉络丛，由背面正中部位伸出一个不发达的松果体（pineal body）。松果体的内腔与第三脑室相通。间脑背侧部的壁增厚，称视丘或丘脑，视丘的前下方为下丘脑，包括视交叉、脑漏斗及脑垂体等。中脑背部发育成1对圆形的视叶，腹部增厚为大脑脚。大脑脚既是两栖动物的视觉中枢，也是神经系统的最高中枢。左、右视叶内皆有宽大的中脑室，两室彼此相通，并以中脑导水管分别与第3、第4脑室连通。小脑略狭长，横跨于延脑菱形窝的前缘，紧贴于视叶之后。延脑内有三角形的第4脑室，与脊髓的中央管相通，延脑的顶壁下沉，形成菱形窝，上覆以后脉络膜。

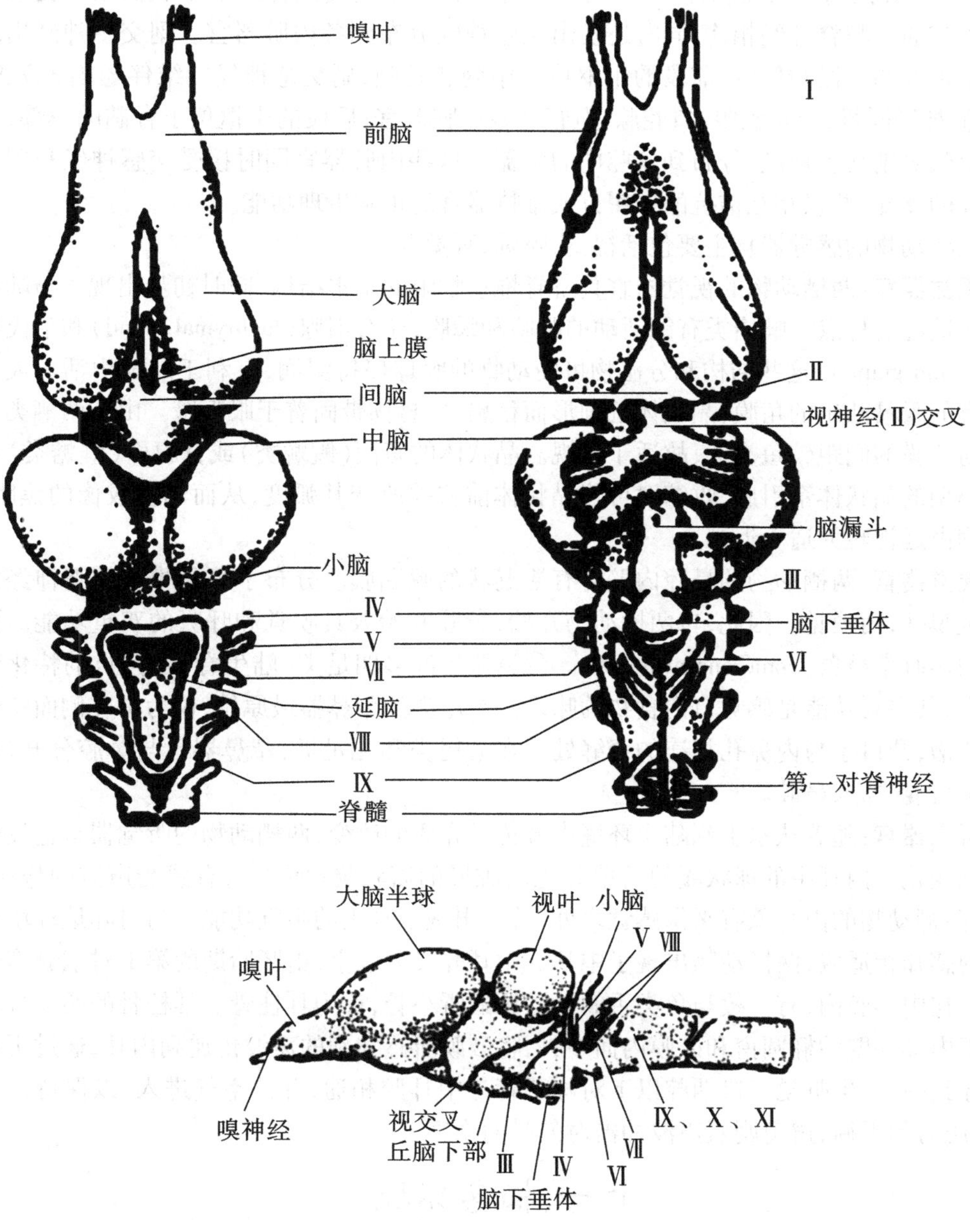

图4-42　蛙的脑及脑神经

两栖动物的脊髓除有背正中沟外，还出现了腹正中裂。由于四肢的出现及运动功能的增强，附肢肌肉完全失去了分节特征，并促使脊髓在肱部和腰部发展成两个明显的膨大部分，即颈膨大和腰膨大。

两栖动物的脑神经有 10 对，脊神经的对数则因种类而有较大差别。第 1 对脊神经由寰椎和第 2 椎骨之间的椎间孔穿出，其分支向前分布到舌肌及部分肩肌，支配舌的活动。部分脊神经分别聚集成臂神经丛和腰荐神经丛，分别进入前肢和后肢。

两栖动物的植物性神经系统较鱼类发达，但仍以交感神经为主。交感神经的主体是 1 对纵行于脊柱两侧的交感神经干，由神经纤维将一系列交感神经节串联而成。交感神经节以交通支与脊神经相连，同时还发出交感神经分布到各内脏器官。副交感神经出现于中枢神经的前段和后段，前段的中枢位于中脑和延脑，副交感神经纤维伴随第 3、7、9、10 对脑神经同行，分布到眼、口腔腺、血管和各内脏器官；后段的中枢位于脊髓的荐部，由此发出数对副交感神经，分布到盆腔内的脏器。这些内脏器官同时接受交感神经和副交感神经的支配，并以相互拮抗的作用方式维持器官的正常生理功能。

两栖动物的感觉器官主要包括视觉、嗅觉、听觉等。

视觉器官：两栖动物的视觉器官具备脊椎动物眼的基本结构，同时初步出现了与陆栖生活相适应的特点。蛙蟾类有能活动的眼睑和瞬膜，还有泪腺（lachrymal gland）和哈氏腺（Harderian gland），这些结构和分泌物可使动物的眼球保持湿润，有利于陆地生活。大多数种类的眼具凸出的角膜，晶状体近圆形而稍扁，以悬韧带固着于眼眶壁。由于两栖类晶状体与角膜的间距较鱼类远，故适于远视。晶状体的腹面（鲵螈类）或背腹面（蛙蟾类）有一块小型的晶状体牵引肌，收缩时可将晶状体前移并改变其弧度，从而调整成像的焦距，使动物由远视转为适于近视。

嗅觉器官：两栖动物的鼻腔内壁衬有褶襞状的嗅黏膜。分布于嗅黏膜上的嗅神经向后通至嗅叶，司嗅觉。因此，自两栖动物开始，鼻腔开始兼具嗅觉和呼吸的双重功能。两栖动物还有犁鼻器（vomeronasal organ）。犁鼻器是许多四足类（陆生脊椎动物）的特化嗅觉器官，其主要功能是感觉口内食物的味道。有尾类的犁鼻器最原始，仅为鼻腔侧面一个分离的槽，开口于与内鼻孔相连的窄缝处。在无尾类和无足类，犁鼻器已与鼻腔分开，成为一个盲囊，通入鼻腔。

听觉器官：随着从水生到陆生环境声音传导介质的改变，两栖动物的听觉器官也发生了深刻变化。内耳中的球状囊的后壁分化出雏形的瓶状囊（听壶），有感受声波的作用。因此，两栖动物的内耳除有平衡感觉之外，首次出现了真正的听觉功能。与对陆地环境中声波的感知相适应，两栖动物出现了中耳。中耳腔又名鼓室，由胚胎期的第 1 对咽囊演变而来。在中耳腔内，有一枚与鱼类舌颌骨同源的听小骨，称为耳柱骨。耳柱骨的两端分别紧贴于内耳外壁的椭圆窗和鼓膜内面中央，将鼓膜所感知到的声波传递到内耳，通过听神经传导到脑，产生听觉。口咽腔以 1 对耳咽管与中耳腔相通，并使空气进入，以保持鼓膜内、外压力的平衡，避免剧烈声波冲击对鼓膜的伤害。

十一、栖息环境

除南极洲和海洋性岛屿外，两栖动物的分布遍及全球。在地球表面的平原、丘陵、高山和高原等多种生境中均有两栖动物的分布，其垂直分布可高达海拔5 000 m。个别种类能耐半咸水环境。在热带、亚热带的湿热地区种类最多，而在南北、温带地区的种类趋减，仅个别种可达北极圈的南缘地区。两栖动物有水栖、陆栖、树栖和穴居等生态类型。

十二、与人类关系

绝大多数两栖动物有益于人类，在消灭农业害虫方面起着重要的作用。蛙类的食物中包括严重危害作物的蝼蛄、天牛、蚱蜢、稻螟等，也有携带、传播病原体的蚊、蝇、白岭等。两栖动物多于夜间出来觅食，并捕食那些夜行性昆虫，故有益于农业、林业生产。许多两栖动物整体或特殊腺体的分泌物可入药，用于人类疾病的治疗。蛙类和蟾蜍类是基础生物学实验教学中的重要实验动物，并可广泛用于动物学、生理学、组织胚胎学、发育生物学、遗传学等领域的基础科学研究。

十三、分类

现生两栖动物计4 200余种，中国约有280种。根据身体形态、结构特征、栖息环境等，可分为无足目（Apoda）、有尾目（Urodela）和无尾目（Anura）等3个目。

无足目：本目动物的身体呈长圆形，似蚯蚓或蛇，皮肤裸露，体表多有环状皱纹和黏液，无四肢及肢带。眼退化，隐于皮下，耳无鼓膜。嗅觉器官发达。体内具有肋骨，但无胸骨。雄性身体末端具有由泄殖腔壁突出而成的交接器，故为体内受精。卵生或卵胎生。无足目动物通常在潮湿地区营穴居生活，卵多产在地下洞穴中。幼体在孵出前需经历一个具3对外鳃的阶段，但外鳃仅具有吸收营养的作用。当幼体孵出时，外鳃已消失，幼体移行至水中完成发育。无足目动物广泛分布于赤道与南北回归线之间的热带、亚热带地区。代表动物如版纳鱼螈（*Ichthyophis bannanica*）。版纳鱼螈见于我国云南地区，已被列为国家二级重点保护野生动物。

有尾目：本目是两栖动物中特化程度最低的一类，终生具尾，多数有四肢，幼体与成体形态相似。有尾类是更适合于水中生活的较低等类群，多数种类终生生活在水中，部分种类在变态之后，可离开水域到陆地的潮湿处生活。代表动物如大鲵（*Andrias davidianus*）（国家二级重点保护野生动物）、商城肥鲵（*Pachyhynobius shangchengensis*）、东方蝾螈（*Cynops orientalis*）等。

大鲵是中国的特有物种，其原产地自然分布主要集中在中国的5个区域：一是湖南张家界、江永、岳阳和湘西自治州福建武夷山；二是湖北房县、神农架，麻城龟峰山，罗田天堂寨；三是陕西汉中、安康、商洛；四是贵州遵义地区及铜仁地区和四川宜宾、兴文、威远葫芦口、巴中南江等地；五是江西靖安。其他则零星分布于湖北鹤峰、利川、恩施，广西柳州、玉林，甘肃天水及文县，河南济源、栾川、卢氏、嵩县、内乡，山西垣曲、阳城、沁水，浙江庆元，贵州黔东南等地。从地理分布特征来看，中国的大鲵在中国可分为广西种群、湖南种群、陕西种群、四川种群、河南种群等5个地理种群，隶于3个水系：珠江流域（广西种群）、长江流域（湖南、陕西和四川种群）和黄河流域（河南种群）。大鲵的遗传分化呈现出地理区域上的连续性：即黄河流域和长江流域的地理种群之间、珠江流域和长江流域的地理种群之间存在较小的遗传差异，黄河流域与珠江流域的地理种群之间存在着最大的遗传分化。

长江流域种群充当了黄河流域种群与珠江流域种群之间的桥梁。目前，大鲵分布区已呈明显的片断化和岛屿化状态，主要位于中国大陆第二级阶梯上的一系列山系，从北面的秦岭，到岷山、大巴山、大娄山、武陵山，形成一个较大的分布区，其他的分布区基本上位于中南部山区。大鲵在许多地区已经灭绝。如湖南湘西自治州原本10个县有大鲵分布，如今有5个县的大鲵已绝迹。笔者于20世纪90年代野外调查时，曾于太行山区的济源林山地区发现过大鲵，但近年来多次调查均未有所获，不排除灭绝的可能性。

长期以来，学术界认为中国的大鲵为单一物种。中国科学院昆明动物所车静、张亚平研究组的最新研究表明，中国的大鲵至少由5个种组成（Current Biology，2018年）。

无尾目：本目是现代两栖类中较为高等、种类最多、分布最广的类群，通常营水陆两栖生活。无尾类的成体一般体形宽而短，头部略呈三角形；颈部不明显，躯干部宽而短；四肢发达，前肢短，后肢强大，适于跳跃或游泳；跗部自成1节，趾间一般有蹼；成体无鳃，无尾。皮肤一般光滑而湿润，有些种类的体表有疣粒或瘰粒，其上有角质刺或无，或头顶皮肤骨质化。皮肤与皮下肌肉之间有一些较大的淋巴囊。口大，舌后端多游离，可翻出口外，用以摄食。下眼睑连有透明的瞬膜。眼大，位于头侧，突出时可扩大视野。下颌无齿，上颌一般有细齿。中耳多完备，鼓膜显著或隐于皮下或无。大多数种类有明显的第二性征，如雄性有声囊，前肢粗壮，有婚垫或婚刺以及其他部位有角质刺，有较明显的大腺体等。代表种类如虎纹蛙（*Hoplobatrachus tigerinus*）（国家二级重点保护野生动物）、中华大蟾蜍（*Bufo bufo gargarizans*）、花背蟾蜍（*Bufo raddei*）、中国林蛙（*Rana chensinensis*）、黑斑蛙（*Pelophylax nigromaculatus*）、太行隆肛蛙（*Feirana taihangnicus*）、北方狭口蛙（*Kaloula borealis*）、饰纹姬蛙（*Microhyla ornata*）等。

复习与思考题

1. 两栖纲的主要特征有哪些？
2. 简述五趾型附肢在脊椎动物进化中的意义。
3. 分析两栖动物对陆地生活的初步适应及其不完善性。
4. 两栖动物呼吸系统的主要特征有哪些？
5. 掌握下列重要名词：五趾型附肢，肩带，腰带，尾杆骨，不完全双循环，原脑皮，体循环，肺循环，淋巴系统，前凹型椎体，（吞）咽式呼吸

第十六节　爬行纲

爬行纲（Reptilia）动物的形态结构和生理功能在两栖类的基础上获得了进一步发展、完善和复杂化，因而真正地适应了陆地生活。爬行动物最为显著而重要的进步性特征是，其繁殖过程完全摆脱了外界水环境的束缚。爬行类在中生代曾占据地球上的多种环境，统治地球达1.5亿年之久。

一、爬行动物的主要特征

爬行动物具有如下共同特征。①皮肤干燥，缺少腺体；表皮角质化，外被角质鳞（片）

或盾片；②五趾型附肢进一步完善，指（趾）端具爪；③骨骼骨化程度高，头骨具单枕髁，有颞窝；④脊柱进一步分化；⑤肺呼吸进一步完善，呼吸道延长，出现支气管；⑥心脏由1静脉窦、2心房和1心室构成；心室中出现不完全的隔膜；⑦产羊膜卵，体内受精，发育过程中无变态。

二、形态

爬行动物大多体表被鳞。身体可明显区分为头、颈、躯干和尾4部分，有活动的眼睑（壁虎科种类除外）。鼓膜下陷至外耳道的深处；四肢强健有力，前、后肢均具5指（趾），末端具爪，善于攀爬、爬行和挖掘等；泄殖孔纵裂（鳄、龟）、横裂（蜥蜴、蛇）或圆形（龟鳖类）；尾基部较为粗大，向后至尾之末端逐渐变细。随栖息环境、习性的不同，现生爬行动物的身体外形差异明显，可分为基本形态的蜥蜴型和特化形态的蛇型、龟鳖型。具有这些形态的动物分别适应于地栖、树栖、水栖、穴居等不同的生活方式。

三、体壁

爬行动物的体壁由皮肤、肌肉和部分骨骼等构成。

（一）皮肤及其衍生物

爬行动物的皮肤由表皮和真皮构成。**表皮**：为皮肤之最外层，极薄，约由10层细胞构成；**真皮**：爬行动物的真皮相对较厚，由致密结缔组织构成。

爬行动物的皮肤衍生物发达，包括角质鳞、骨板、爪、色素细胞、皮肤腺等。

爬行动物的表皮高度角质化，形成角质鳞，并构成完整的鳞被，可有效防止体水分的蒸发。在角质鳞彼此相邻的部分，角质层变薄，使鳞片具有一定的活动性。龟类具由表皮形成的角质盾片并兼有来源于真皮的骨板；鳖类只有来源于真皮的骨板，外覆以皮肤；鳄类在背部的角质鳞下还有真皮骨板；树栖或善于攀爬的种类体表被有发达的棱鳞（keeled scale）。爬行类指（趾）端的爪也源自表皮的角质层。在真皮的上层富含色素细胞（鳄的色素颗粒沉积于表皮角质层），由此组成动物体表的斑纹、斑点或图案。爬行动物的皮肤腺极不发达，因而皮肤干燥。某些雄性蜥蜴有股腺（femoral gland）。股腺位于后肢股基部的内侧，排成一列，其分泌物于繁殖期常积储于孔外，形成短刺状突起，有利于交配时把持雌性。在鳄的泄殖腔内、蛇尾的基部、龟类的颌下和股间均具1对臭腺（亦称味腺，scent gland），其分泌物有特殊气味，雄性个体可借此以招引雌性，或循味源搜寻家域内的雌性个体，以行求偶、交配等活动。

在生活史中，爬行动物的鳞被可定期更换，这种现象称为蜕皮（ecdysis）。蜕皮的次数、蜕皮方式等随种类而异。如生长迅速的蛇类约两个月蜕皮一次，且一般为整体蜕皮，蜥蜴类为成片脱落，龟类、鳄类的蜕皮无规律性，多为以新换旧式的不定期蜕皮。

（二）肌肉

爬行动物与体壁构成相关的肌肉包括躯干肌、肋间肌和皮肤肌等。①躯干肌：躯干肌因附肢发达而渐趋萎缩。背部的主要肌肉是背最长肌，主司脊柱的屈曲。背肌在身体两侧还分化出一层薄片肌，称髂肋肌，向下伸展到腹壁，止于肋骨侧面。背最长肌与髂肋肌均起于颅骨枕区后缘,其收缩与头、颈部的转动有关。腹肌由表及里仍为外斜肌、内斜肌、横肌构成,腹直肌亦发育良好。②肋间肌(intercostal muscle):肋间肌是营胸腹式呼吸的陆栖脊椎动物的特有肌肉,在爬行动物首次出现。肋间肌位于胸部表层、肋上肌下方的相邻两枚肋骨之间,可分为外肋间肌和内肋间肌,用于调节肋骨升降,控制胸腹腔的容积变化,并协同腹壁肌肉完成呼吸作用。③皮肤肌:皮肤肌(skin muscle)亦首次出现于爬行动物。皮肤肌一般起于躯干肌、附肢肌或咽部肌肉而止于皮肤。蛇类是爬行动物中皮肤肌最为发达的类群,肌肉收缩可引起皮肤及相关鳞片的活动,实现运动。

(三)骨骼

除皮肤、肌肉之外,骨骼系统的脊柱、胸骨、肋骨、带骨等也参与爬行动物体壁的构成。详见相关部分。

四、运动

爬行动物真正地适应了陆地环境,其运动能力也得以极大提升。

(一)运动方式

爬行动物的运动方式与动物的栖息环境、习性等有密切关系,主要有爬行、游泳、蜿蜒运动等类型。蜥蜴类、鳄类、陆生龟鳖类由于四肢着生于体侧,行爬行式运动;水生龟鳖类在其指、趾间具蹼,便于游泳。个别蜥蜴类(如斑飞蜥 *Draco maculatus*)在体侧有翼状皮膜,由延长的肋骨支持,可借以滑翔。蛇类的四肢已完全退化,其运动主要依靠身体腹面鳞片及其与脊柱、肋骨、皮肤肌等的密切配合与协调来完成。

(二)运动器官

1.骨骼

爬行动物的骨骼大多由硬骨构成,骨骼的骨化程度高,仅保留极少的软骨成分。

头骨:爬行动物的头骨全部骨化,外有膜成骨掩覆。主要特征包括:

(1)颅骨较高而隆起,为高颅型,表明爬行动物的颅腔扩展、脑容量明显增大。

(2)具单枕髁,与第1枚颈椎(寰椎)相关节。

(3)在脑颅底部,由前颌骨腭突、上颌骨腭突、腭骨和翼骨腭突共同构成次生腭(secondary palate),在鳄类尤为发达。次生腭的出现使内鼻孔的位置后移。

(4)在眼眶后方的颅骨两侧,出现1~2个孔洞,称为颞窝(temporal fossa)。颞窝是由原来附生咬肌的颞部骨骼下陷所形成,当咬肌收缩时,可使膨大的肌腹向颞窝突出并被纳入其间。根据颞窝的有无、位置等特征,可把爬行动物划分为无颞窝类、合颞窝类、双颞窝类等类型。

(5)许多爬行动物在两眼窝之间具有眶间隔,这是首次见于爬行动物的特征。

(6)除关节骨外,还有齿骨、隅骨、上隅骨和冠状骨等多块膜成骨参与下颌骨的组成。

脊柱:爬行动物的脊柱已分化成陆栖脊椎动物共有的颈椎、胸椎、腰椎、荐椎和尾椎等5个区域。第1、第2枚颈椎分别特化为寰椎和枢椎,寰椎的前部与颅骨的枕髁关联,枢椎的齿突伸入寰椎,构成可动联结,使头部获得更大的灵活性,既可上、下活动,又可转动。首次出现2枚荐椎,荐椎数目的增加及其与腰带的牢固连接,提升了后肢的承重能力。有些蜥蜴类的尾椎中部有一个能引起断尾行为的自残位点,这是尾椎形成时前、后两部分未曾愈合而特化的结构。当尾部一旦受到拉、压、挤等机械刺激时,附生于自残位点前、后的肌肉分别向不同方向做强烈的收缩,导致此位点皮肤和肌肉发生自断现象。由于自残位点的细胞具备增殖分化能力,断面处可再生失去的尾部。

颈椎、胸椎和腰椎两侧均附生有发达的肋骨,每条肋骨由背段的硬骨和腹段的软骨组成。爬行动物的前部胸椎、肋骨与胸骨连接,共同构成胸廓(throax)。胸廓为羊膜动物所特有,首次出现于爬行动物,与动物的呼吸作用、内脏器官保护等有关,同时也为前肢肌肉提供了附着点。

附肢骨骼:爬行动物具有典型而发达的五趾型附肢,前、后足各具 5 指(趾),指(趾)端具爪。肩带的基本结构与两栖动物相似,由肩胛骨、乌喙骨、前乌喙骨和锁骨组成。在蜥蜴类,除上述骨片外,还有位于肩胛骨背面的上肩胛骨。此外,蜥蜴类与鳄类的肩带中有一块十字形的上胸骨(间锁骨),借此将肩胛骨、胸骨和锁骨联结起来。

爬行动物的左、右耻骨仅在前端愈合,左、右坐骨只在后端愈合,且结合处介以软骨,分别称耻联合(上耻骨)和坐骨联合(上坐骨)。由于这种特殊方式的联合,使坐骨、耻骨之间形成一个大的空腔,称为坐耻孔。

蛇类的四肢及带骨完全消失;蛇蜥类的四肢消失但带骨尚存;蟒科(Boidae)、盲蛇科(Typhlopidae)等类群的体内残留有退化的髂骨和股骨,在泄殖腔孔两侧还有 1 对角质的爪状突起,为后肢的痕迹。水生种类的掌形如桨,指、趾间有蹼以利于游泳,足部关节不在胫跗间,而位于两列跗骨间,称为跗间关节(intertarsal joint)。四肢从体侧横出,不易直立;身体的腹面常着地,故爬行动物的行动为典型的爬行;只有少数体型瘦削的种类能疾速行进。

2. 肌肉

爬行动物对陆生环境适应能力的加强,有赖于肌肉系统、特别是附肢肌肉结构的分化与机能的提升。四肢上部的肌肉粗大,前臂肌大多起自背部、体侧、肩带(如背阔肌、三角肌、三头肌等),收缩时可使前臂上举和伸展;后肢的肌肉有位于腰腿之间的耻坐股肌、髂胫肌。腿部的股胫肌和臀部肌肉主要功能是把大腿拉向内侧、使膝关节闭合,将动物身体抬离地面并前行。

蛇类的肋骨具有较大的活动性,其远端和中段各附生 2 对肋皮肌,分别与紧贴皮肤肌的前、后腹鳞相连。肋皮肌收缩时能使腹鳞活动,并以腹鳞为支点,凭借反作用力,推动蛇体蜿蜒前行。

五、消化

爬行动物的消化系统包括消化道和消化腺两部分。

消化道:爬行动物的消化道包括口、口腔、咽、食道、胃、肠、泄殖腔、泄殖腔孔等部分。口腔与咽有明显的分界,口腔内有唇腺、腭腺、舌腺、舌下腺等口腔腺,这些腺体的分泌物有助于湿润食物、吞咽等。海龟和鳄类的口腔腺不发达。除龟鳖类的颌无齿而覆以角质鞘外,其他爬行动物的上、下颌均着生有齿,蛇类的齿甚至可见于犁骨、翼骨等处,且在受损脱落后可再生。根据着生位置的不同,爬行动物的牙齿可分为端生齿(如飞蜥、沙蜥)、侧生齿（如多数蜥蜴类和蛇类）和槽生齿（如鳄类）等3种类型。爬行动物牙齿的基本形态为同型齿，即所有齿具有相同的形态。某些蛇类、蜥蜴等有毒牙。毒牙是前颌骨或上颌骨上特化的齿，形大，因表面有沟或中央有管而分为沟（状）牙和管（状）牙两种类型。毒牙通过其基部的排毒导管与毒腺相连通。毒腺由上唇腺转化而来，一般位于眼后、口角上方或上颌外侧，其外常覆有坚韧的结缔组织，内侧具肌肉。当毒蛇咬物时，可通过肌肉收缩压挤毒腺，使毒液进入导管，经毒牙注入猎物体内。爬行动物口腔底部有发达的肌肉质舌。龟、鳄类的舌不能伸出口外；有鳞类的舌活动性较强，在许多种类除协助吞咽之外，还特化为捕食器和感觉器。

爬行动物消化道各部分的结构与两栖动物基本相同，重要的特征之一是，自爬行动物开始出现盲肠（caecum）。盲肠位于回肠与大肠相接处，与植物纤维的消化有关。蜥蜴类的盲肠相对短小，而在植食性的陆生龟类则极为发达。大肠的末端开口于泄殖腔，以泄殖腔孔通至体外。

次生腭使爬行动物的内鼻孔位置后移，口腔和鼻腔完全隔开，呼吸通道畅通，不影响吞咽食物。鳄类有完整的次生鳄，其他大多数爬行类的次生腭并不完整。

消化腺：爬行动物的消化腺组成与两栖动物相同，包括肝脏、胰脏、胃腺、肠腺等。爬行动物虽有较为发达的口腔腺，但其分泌物并无消化作用。

六、呼吸

随着对陆地环境适应能力的增强，爬行动物的肺呼吸功能进一步完善。

爬行动物的呼吸系统组成包括外鼻孔、鼻腔、内鼻孔、咽、喉、气管、支气管、肺等部分。内鼻孔呈裂缝状，开口于腭顶的中部或咽喉附近。随着颈的分化，呼吸道出现了管壁有软骨环支持的气管，并由此分成1对支气管分别通往左、右肺。肺呈囊状，内部有复杂的间隔将肺分成大量蜂窝状小室，并分布有丰富的微血管。因此，爬行动物的肺较两栖动物有更大的气体交换面积，大大提高了呼吸的效率。某些种类（如蝮蛇、避役）的肺结构特殊，前部为呼吸部，后部内壁平滑并伸出一些膨大的气囊，分布于内脏间，称储气部，无气体交换功能。这种结构（气囊）在鸟类得到了极大的发展。爬行动物的喉头与无尾两栖类近似，绝大多数种类都有1对上皮黏膜褶襞，但不形成声带，故不发声；部分蜥蜴（壁虎科）有声带，可发出高低不等的喉音。

爬行动物除可像两栖动物那样进行（吞）咽式呼吸之外，还发展出了胸式呼吸（为羊膜动物所特有），即通过胸腔有节奏地扩张和缩小来完成呼吸动作。当肋间外肌收缩时，肋骨提起，使胸腔扩大，空气进入肺内；当肋间内肌收缩时，肋骨下降，胸腔缩小，空气从肺呼出。如此循环往复，完成呼吸过程。

当水生爬行动物较长时间潜于水底时，主要以咽壁和突出于泄殖腔两侧的副膀胱作为辅助呼吸器官。

七、循环

爬行动物的血液循环系统有了进一步的发展，表现出一些新的特点。

(一)心脏

爬行动物的心脏包括2心房、1心室,1静脉窦;但静脉窦趋于退化,其一部分并入心房;动脉圆锥已退化消失。在心室中出现了不完全的隔膜(自下而上),称为室间隔。

(二)循环方式

在爬行动物,离心血液分别由左、右心室导出,流入3对动脉弓,其中肺动脉弓和左体动脉弓出自心室的右侧和中央部,右体动脉弓则从心室左侧发出。通入头部的颈总动脉由右体动脉弓发出。右体动脉弓远较左体动脉弓粗大。静脉系统与两栖动物相似,返回心脏的主要静脉包括1对前大静脉、1条后大静脉、1条肝门静脉和1对肾门静脉,但肾门静脉趋于退化。

爬行动物的循环方式与两栖动物相同,亦为**不完全的双循环**。但是,由于室间隔的出现,多氧血和缺氧血在心室、背大动脉等处的混合程度较两栖动物为低。

爬行动物的腰部有1对淋巴心,可迅速收缩,把淋巴压入静脉。爬行动物亦有复杂的淋巴系统。在体腔背部,常有1对纵行的淋巴管-胸导管。

八、排泄

爬行动物的排泄器官为后肾。肾脏紧贴于身体后半部的背壁,左、右各一,其位置在鳄类和蛇类并不完全对称,右肾较左肾稍靠前。肾脏的体积因种类而异,但大多呈分叶状。爬行动物肾脏的基本结构、功能与两栖动物并无本质区别,但肾单位的数目远多于后者,故泌尿能力大为增强,并通过专用导管(输尿管)输送尿液,在输精管或输卵管开口的前内侧进入泄殖腔,以泄殖腔孔通体外。

除鳄类和蛇类之外,大多数爬行动物泄殖腔的腹面均有膀胱。羊膜动物的膀胱由胚胎期的尿囊基部扩大形成,故称尿囊膀胱(allantoic bladder)。大多数爬行动物尿液中的代谢产物主要为尿酸,难溶于水,故常沉淀成白色的半固态,对减少体内水分散失具有重要的适应意义。

栖息于海洋或干旱环境的爬行动物发展出了肾外排盐结构-盐腺(salt gland)。盐腺多位于头部,并因种类而异。这类动物可通过盐腺将血液中多余的盐分排出体外。

九、繁殖

爬行动物绝大多数种类营有性繁殖。某些有鳞类爬行动物在特殊条件下,可行孤雌生殖(Parthenogenesis),见于壁虎科、蜥蜴科等。

爬行动物雌雄异体,因为外生殖器的不同,雌、雄个体常表现出一定的形态差异。雄性具精巢1对,以盘曲的输精管通至泄殖腔的背面。除楔齿蜥外,雄性均具交配器。蛇与蜥蜴的交配器为1对,称半阴茎(hemipenis),为泄殖腔后壁伸出的囊状物。半阴茎平时缩于体内的阴茎囊内;交配时,由于阴茎囊的肌肉收缩,合半阴茎翻出泄殖腔外,插入雌体的泄殖腔内,半阴茎的内侧表面有阴茎沟,精液沿此沟射出。龟鳖类、鳄类的交配器官(阴茎)为1个,内有海绵组织。半阴茎的形态、数目可作为分类的依据之一。

雌性具卵巢1对,位于体腔背壁的两侧。1对输卵管各以一个裂缝状的喇叭口开口于体腔。有些爬行动物的输卵管中段有可分泌蛋白的腺体（龟类、鳄类），有些种类输卵管的下段具有能分泌形成革质（蜥蜴、蛇）或石灰质（龟鳖类）卵壳的腺体，称为壳腺。输卵管末端开口于泄殖腔。

爬行动物繁殖过程中最为突出的特征是产**羊膜卵**（amniotic egg）（图4-43）。羊膜卵是指胚胎发育过程中出现羊膜结构的卵。产羊膜卵的动物特称为羊膜动物或羊膜类（amniote），包括爬行纲、鸟纲和哺乳纲3个类群。羊膜卵之外包有一层石灰硬壳或不透水的石灰质软壳，能防止卵内的水分蒸发，避免机械损伤和减少细菌的侵入。卵壳能透气，使 O_2 和 CO_2 进出，保证胚胎发育时的气体代谢。卵内有大的卵黄囊储存营养物质，以保证胚胎不经变态而直接发育的可能性。在羊膜动物胚胎发育的早期阶段，胚胎周围的胚膜向上产生环状的皱褶并不断生长，从背方包围胚胎之后愈合打通，这样在胚胎之外形成2个腔，即羊膜腔和胚外腔。羊膜腔的壁即称为羊膜（amnion），而胚外腔的壁称绒毛膜（chorion）。在羊膜腔内充满液体，称为羊水，胚胎即浸于羊水中，可防止胚胎的干燥和机械性（物理性）损伤。绒毛膜紧贴于卵壳内面。在羊膜形成的同时，自胚胎的消化管后端突出一个囊，称为尿囊（allantois），所形成的腔称尿囊腔。胚胎发育过程中所产生代谢产物即积于尿囊腔。此外，尿囊膜上有丰富的毛细血管，因而尿囊也是胚胎呼吸器官。羊膜卵使动物的胚胎发育完全摆脱了对外界水环境的依赖。羊膜卵最先出现于爬行动物，是脊椎动物进化史上的一个飞跃和重要事件，为动物成功登陆、向各种不同的栖息环境扩展、定居奠定了基础。

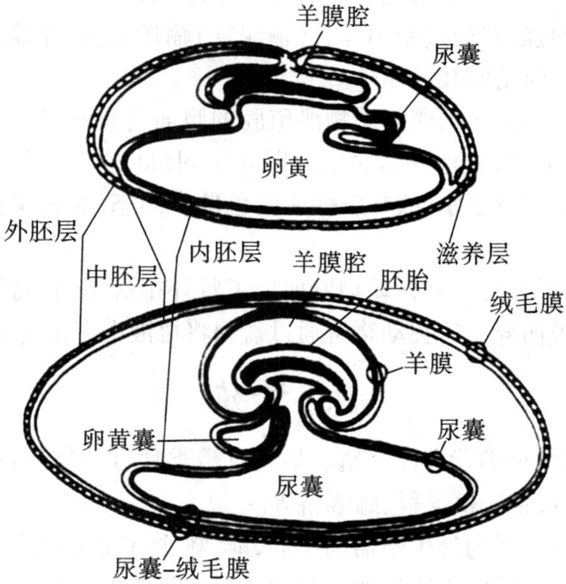

图4-43 羊膜卵结构示意图

绝大多数爬行动物以体内受精、体外发育的卵生方式繁殖。卵发育所需的热量和温度来自日光或植物残体的发酵。有些爬行动物（如海蛇、陆生毒蛇、部分蜥蜴）则以体内受精、体内发育的卵胎生方式繁殖，即受精卵不在体外发育，而是在母体的输卵管内发育，至发育成幼体时才产出,而发育过程中的营养和能量则主要来自卵黄。一些爬行动物繁殖和发育方式可随环境条件的不同而变化。如分布于海拔 2 000 m 处的西藏沙蜥(*Phrynocepallus theobaldi*)为卵生,而分布于 4 500 m 处者则表现为卵胎生,体现了环境条件对动物繁殖的影响。

十、神经与感官

爬行动物的神经系统较两栖动物获得了极大的发展,表现出一些明显的进步性特征。

爬行动物的脑亦为五部脑(图 4-44)。大脑半球增大,开始出现由灰质构成的大脑皮层,称新脑皮(neopallium),在皮层中第一次出现了锥体细胞。但是,新脑皮尚处于萌芽状态,大脑的增大仍以纹状体(corpus striatum)为主。在爬行动物,纹状体的重要性增加,仅次于中脑。脑的弯曲较两栖动物明显,间脑从背面几乎难以辨识,由此发出细小的脑上腺(epiphysis)和顶器(parietal organ)。中脑背面为 1 对圆形的视叶,作为爬行动物的高级神经中枢。由视神经传至下丘脑的神经纤维中,大部分都直接通至视叶,也有少数神经纤维经丘脑而达于大脑,表明从爬行动物开始,神经活动已有向大脑逐渐集中的趋势,这一特征至哺乳动物达到高峰。中脑在蟒蛇和响尾蛇等种类已分化为四叠体(corpora quadrigemina),但前面的 1 对视叶一般体积较小。小脑比两栖动物者大,但不及鱼类发达,这与爬行动物较为缓慢的活动习性有关。善于游泳的爬行动物则小脑发育良好,其后缘大多覆盖着延脑菱形窝的前半部;鳄类的小脑最为发达,已表现出分化为中央的蚓部和两侧的小脑卷的趋势。延脑发达,具有作为高等脊椎动物特征的颈弯曲。

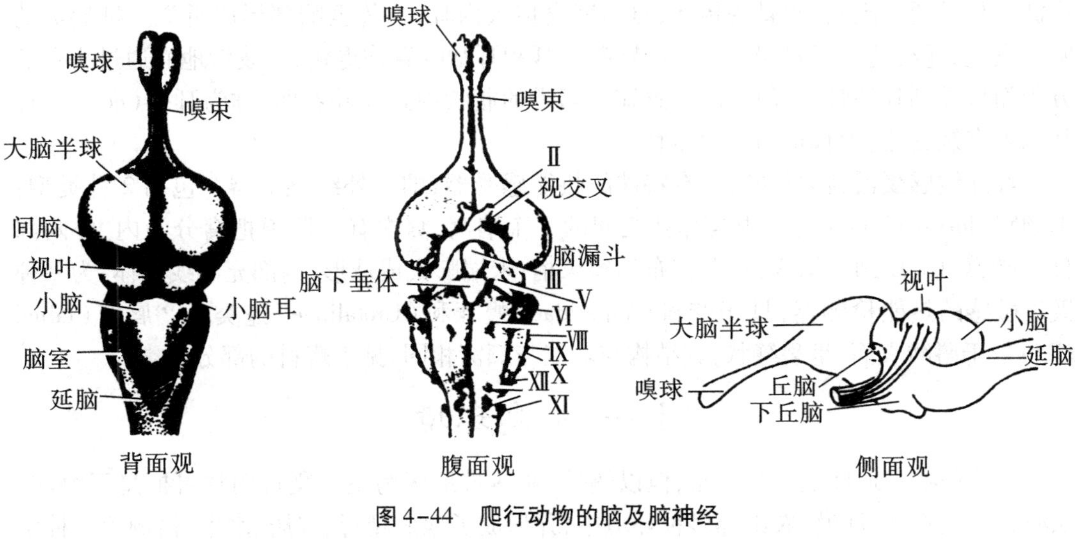

图 4-44　**爬行动物的脑及脑神经**

爬行动物开始具有 12 对脑神经,鳄类和龟鳖类的(脊)副神经已从迷走神经分化出来,并被包围于颅骨内。蛇和蜥蜴类仅有 11 对脑神经,蛇的迷走神经和(脊)副神经尚未从迷走神经中分化出来。

爬行动物的周围神经系统、植物性神经系统的构成、功能与两栖动物相似。随着前、后肢运动能力的加强,脊髓出现了明显的颈胸膨大和腰荐膨大。

爬行动物的感觉器官多发展良好,包括视觉、嗅觉、听觉等,但侧线器官已不见于爬行动物,即使在水生种类,侧线器官也不复存在。需要指出,爬行动物具有特殊的红外线感受器。

视觉器官:具有活动的眼睑和瞬膜以及泪腺以保护和湿润眼球。眼球的巩膜中有一圈呈覆瓦状排列的环形小骨片,称为巩膜骨(sclera bone)。爬行类与其他羊膜动物一样,可借改变晶状体距视网膜的位置和形状来调整视力;借横纹肌构成的睫状肌收缩来改变晶状体的曲度。此点与鸟类相似而与哺乳动物不同。后眼房内有一锥状突,含有丰富血管,有营养眼球的作用。间脑背方的顶体发达,在楔齿蜥、鬣蜥、蜥蜴类的颅顶中央形成顶眼。顶眼来自旁松果体,结构与真眼相似,具感光作用但不能成像。动物通过顶眼调节行为方式、体温和活动规律,以有效利用太阳能。爬行动物(除蛇类、壁虎类等之外)一般具有可活动的眼睑和瞬膜;龟鳖类、鳄类、蜥蜴类有泪腺。蛇眼的表面有一层透明的薄膜,是由上、下眼睑扩展、愈合、特化形成,可保护眼球,在蜕皮时连同整个鳞被一起蜕去。

嗅觉器官:爬行类的嗅觉比两栖类发达,鼻腔及嗅黏膜均有所扩大。由于次生腭的出现,嗅黏膜满布于鼻腔背侧、内侧和鼻甲骨的表面。鼻甲骨是爬行动物鼻腔内首次出现的结构,表面覆有嗅上皮,并有嗅神经和嗅觉细胞,故具有真正的嗅觉区。此外,蜥蜴类和蛇类的犁鼻器十分发达,开口于口腔顶部(而不与鼻腔通连),具有探知化学气味的感觉功能。龟鳖类的犁鼻器较退化,不通入口腔而突入鼻腔,鳄类则无犁鼻器。

听觉器官:耳的基本结构似两栖类,但内耳司听觉感受的瓶状囊显著增长,而且在鳄类有卷曲。此外,鼓膜下陷形成雏形的外耳道。中耳腔内的听小骨亦称耳柱骨。外界的声波和振动通过鼓膜、听骨的传递,自前庭窗传入内耳,再传至脑部形成听觉。蜥蜴类的听觉发达,蛇类适应于穴居生活,其鼓膜、中耳和耳咽喉管均退化,声波沿地面通过头骨的方骨而传导到耳柱骨,进而使内耳感知。鳄类的瓶状囊延长并卷曲,称为耳蜗(cochlea)。耳蜗内有螺旋器,为真正的听觉器官。

红外线感受器:爬行动物具有特殊的热能感受器,即红外线感受器。包括 2 种类型:①颊窝(loreal pit):是位于眼与鼻孔之间的一个陷窝,窝内有一薄膜把窝分为内、外两部分。薄膜由上皮细胞构成,其上密布神经末梢;末端膨大成球形,内部充满线粒体,为一种极为敏感的热能检测器;见于蝰科(Viperidae)蝮亚科(Crotalinae)蛇类。②唇窝(labial pit):位于唇鳞表面,呈裂缝状,其结构与功能与颊窝相同;见于蟒科的部分种类。

十一、栖息环境

爬行动物在地球上广泛分布,但以热带、亚热带地区为主。爬行动物可栖息于海洋、江河、草原、森林、沙漠、农田等多种环境中,并形成了地面爬行、穴居、水生、树栖等多种生态类型。

十二、与人类关系

爬行动物通过取食农、林业有害动物如一些鼠类、昆虫等,对生物灾害的控制具有积极意义,同时对维持自然生态系统的平衡有重要作用,而这些都与人类生活密切相关。在特定情况下，毒蛇类可能对人或动物产生一定的危害。毒蛇的蛇毒是一类复杂的蛋白质和多肽，根据成分、作用途径与特点等，可将蛇毒分为神经毒、血循环毒和混合型毒等 3 种类型。蛇毒进入人或动物体内之后，可随淋巴或血液扩散，引起中毒症状。尽管如此，蛇毒可入药，用于临床治疗，具有抗凝、止血、镇痛、降压等功效。

十三、分类

全世界现生爬行动物计 8 000 余种，中国约有 380 种。可分为喙头目(Rhynchocephalia)、有鳞目(Squamata)、龟鳖目(Testudinata)和鳄目(Crocodilia)等 4 个目。有学者将有鳞目分列为蛇目(Serpentiformes)和蜥蜴目(Lecertifromes)。

喙头目：喙头目动物的外形与蜥蜴相似，主要差别在于前者有犁骨齿；有发达的腹甲；雄性个体无交接器，这种现象在现代爬行类中是唯一的。头骨具上、下 2 个颞孔，椎体双凹型，肋骨的椎骨段具钩状突；腹部有腹膜肋；肱骨的远端有肱骨孔。现生仅 1 种，即喙头蜥(又名楔齿蜥)(*Sphenodon punctatus*)，因其头前端呈鸟喙状，故称喙头蜥，体长 500～800 mm。雄性较雌性大，通体橄榄棕色，背面被以颗粒状鳞片，每一鳞片中央具 1 个小的黄色点；背面和腹面皮褶处有大鳞片；背、尾脊部有由较大的三角形鳞片构成的鬣。喙头蜥白于隐匿于洞穴内，夜晚活动。在低温下较其他爬行动物活跃，其体温可比周围气温低。多栖居在海鸟筑成的地下洞穴中，彼此和睦相处。喙头蜥的主要食物包括昆虫、蠕虫和软体动物。卵长形，长径约 28 mm，白色，具硬壳。喙头蜥目前仅残存于新西兰北部沿海的少数小岛上，濒临绝灭边缘，属于世界上最珍稀的动物种类之一，有“活化石”之称。

龟鳖目：龟鳖目是古老而特化的爬行动物，与其他爬行动物的演化关系尚不明确。龟鳖目动物基本保留其原始体型。背、腹甲间有甲桥在体侧连接，甲由真皮骨化的膜成骨板与上面盖着表皮角化的盾片构成。盾片与骨板逐年增长，盾片上有生长线，而盾顶区与其邻近的小片则常磨损脱落。背甲有上穹突，正中一行脊板(连脊椎骨)8 枚，上盖脊盾 5 枚，两侧各有一行肋板(连接肋骨)8 对，上盖肋盾通常 4 对，其外围还有缘板 11 对和缘盾 12 对，鳖科无缘板或仅留痕迹。骨板、盾片的数目和大小不等，两相黏合，使龟壳的坚固性增加。腹甲平坦，包括骨板 9 枚(上、舌、下、剑腹板各 1 对，内腹板 1 枚)，上覆盾片 6 对(喉、肱、胸、腹、股、肛盾各 1 对)。鳖类的甲无角盾而以皮膜的鳖裙代替。棱皮龟无整块背甲，而有许多细小多角形骨片排列成行、紧贴在表皮上，不与深层的骨板连接成大块背甲。龟鳖类的四肢短粗，覆以角鳞，指、趾均为 5 枚，短小而有爪；头、颈、四肢都可部分或全部缩入骨匣。海生种类四肢鳍状如桨，指、趾较长，但爪数较少。尾短小。雄性尾较长，腹甲略为凹。交接器单枚。泄殖腔孔圆形或星裂。颅顶平滑无雕饰纹，腭缘平阔无齿，而覆以坚厚角鞘，前端狭窄成喙。喙尖有外鼻孔。头侧眼圆而微突，有眼睑与瞬膜，鼓膜圆而平滑。头顶后段覆以多角形细鳞；头颅骨片连接牢固，无顶孔，颞部无窝，或有次生小窝孔；次生腭骨质完整；舌短阔柔软，黏附于口腔底部，不能外伸。代表种类如四爪陆龟(*Testudo horsfieldii*)(国家一级重点保护野生动物)、乌龟(*Chinemys reevesii*)、棱皮龟(*Dermochelys coriacea*)(国家二级重点保护野生动物)、玳瑁(*Eretmochelys imbricata*)(国家二级重点保护野生动物)、黄缘盒龟(*Cuora flavomarginata*)等。

有鳞目：有鳞目为现代爬行动物中最为兴盛的一个类群。体表满被角质鳞(片)，一般无骨板,身体多为长形。前后肢发达或退化。体内受精,雄性有1对由泄殖腔壁向外突出形成的囊状交配器,称半阴茎。卵生或卵胎生。营水生、陆生、树栖或地下穴居等多种方式的生活。除南极外,分布遍及全球。全世界已知种类约7 000余种,我国约有290种。有鳞目种类较多,形态多样,分布遍及世界各地。长期以来,有鳞目动物被广泛应用于生态学、生物地理学及物种起源与进化等方面的研究。但是,迄今为止,有鳞目内部的系统发生关系一直存在许多争议,值得进行深入探讨。代表种类如王锦蛇(*Elaphe carinata*)、虎斑游蛇(*Rhabdophis tigrinus*)、蝮蛇(*Agkistrodon halys*)、眼镜蛇(*Naja naja*)、莽山烙铁头(*Zhaoermia mangshanensis*)、双斑锦蛇(*Elaphe bimaculata*)、王锦蛇(*Elaphe carinata*)。所有的蟒蛇均被列为国家一级重点保护野生动物。

鳄目:鳄目为进化最为高等的爬行动物类群,属双颞窝类。体大,头扁平、吻长,尾粗壮,侧扁。水陆两栖,外貌大致似蜥蜴,肉食性。腭强大,锥形齿很多,四肢粗短,有爪,趾间具蹼。体被大型坚甲,尾侧扁,长而粗壮。鼻孔在吻端背面。前肢具5指,后肢具4趾(第5趾常缺如),指(趾)间有蹼。眼小而微突。头部皮肤紧贴头骨,躯干、四肢覆有角质鳞片或骨板。颅骨坚固联结,不能活动;具顶孔。齿锥形,着生于槽中,为槽生齿。舌短而平扁,不能外伸。外鼻孔和外耳孔各有活瓣司开闭。心脏4室,左、右心室由潘尼兹氏孔(foramen of Painzzae)相沟通。有颈肋、腹膜肋。无膀胱。阴茎单枚,肛孔通至泄殖腔,孔之两侧各有1个臭腺;下颌内侧也各有1个较小的臭腺。营水陆两栖生活,分布于热带、亚热带的大河与湖泊;有极少数栖息于海洋。鳄类以鱼类、蛙类与小型哺乳动物等为食。代表种类如扬子鳄(*Alligator sinensis*)、美国短吻鳄(*Alligator mississippiensis*)。扬子鳄已被列为国家一级重点保护野生动物。

扬子鳄在19世纪时还广泛分布于长江下游的湖北、安徽、江西和江苏等省,它们喜在丘陵溪壑和湖河的浅滩上挖洞筑穴,但离不开水环境。正是这种水陆两栖的特点,导致扬子鳄的命运多舛。随着人类农业生产活动范围的扩张,扬子鳄筑穴的浅滩多被开垦为农田,丘陵植被遭到大量破坏,丘陵地带的蓄水能力大大降低,干旱和水涝频繁发生,使扬子鳄不得不离开其洞穴,寻找新的、适宜栖息地。这种迁移过程又使其自然死亡和被人为捕杀的概率增加。目前,扬子鳄的分布范围已缩减到江西、安徽和浙江三省交界的狭小地区。自20世纪70年代开始,扬子鳄的保护工作受到关注。1979年在安徽宣城建立了扬子鳄繁殖研究中心,1980年建立了扬子鳄自然保护区,对扬子鳄种群数量的回升起到了积极作用。1983年,野生扬子鳄数量仅有500条,1992年增加到900条。在扬子鳄的人工繁殖方面,我国已走在世界前列,每年的人工繁殖数量都超过1 000条。目前,在中国扬子鳄繁殖中心和国内的一些动物园里,圈养扬子鳄的总数量已超过10 000条。《濒危野生动植物物种国际贸易公约》(Convention on International Trade in Endangered Species of Wild Fauna and Flora,CITES)批准扬子鳄成为第一种可以进行商品化开发利用的受胁动物。

复习与思考题

1. 简述爬行纲动物的主要特征。
2. 简述羊膜卵在动物进化中的意义。

3. 总结并列出一些在爬行动物首次出现的特征。

4. 现生爬行动物可分为哪些主要类群?

5. 查阅文献,分析中生代爬行动物的兴盛与衰落。

6. 掌握下列重要名词:羊膜卵,胸廓,次生腭,爪,新脑皮,皮肤肌,槽生齿,犁鼻器,颊窝,颞窝

第十七节　鸟纲

鸟类是体表被羽、有翼、具喙、恒温和卵生的高等脊椎动物,其突出特征是能飞翔,这也是鸟类与其他脊椎动物的根本区别所在。此外,鸟类的新陈代谢旺盛。现生鸟类分布广泛,种类多样,现生种类约 9 700 种,为脊椎动物亚门的第二大类群。

一、鸟类的主要特征

鸟类具有如下共同特征。①具有高而恒定的体温(37.0 ~ 44.6 ℃);②具飞翔能力,能主动迁徙以适应多变的环境;③神经系统和感官发达;④具有较完善的繁殖方式和行为;⑤血液循环为完全的双循环;⑥具有双重呼吸;⑦骨骼为气质骨,并多有愈合。

二、形态

鸟类的身体呈流线型,适应于飞翔生活。身体可分为头、颈、躯干、尾和四肢等 5 部分。头部小而圆,先端具喙,头两侧各有 1 个圆而大的眼,具眼睑和能活动的瞬膜,有保护眼球的作用。眼后有耳孔,周围具耳羽,能收集声波。颈长而灵活,可弥补前肢变成翼后带来的不便。躯干呈纺锤形,具流线型的外廓,可减少飞行时的阻力,增加飞行速度。尾部短小,末端着生尾羽,飞翔时起着舵的作用。前肢特化成翼,翼上着生飞羽,构成飞翔器官。善飞的鸟类,其翼和飞羽均发达。后肢的下段覆有鳞片或羽。足通常具四趾(第 5 趾退化),趾端有爪。后肢的 4 个趾一般为 3 趾向前,拇趾(第 1 趾)向后。但也有退化成 3 趾或 2 趾者,如鸵鸟仅具 2 趾。

三、体壁

鸟类的体壁由表皮、真皮、皮下层、肌肉和部分骨骼等构成。

(一)皮肤及其衍生物

鸟类的皮肤由表皮和真皮组成。

表皮:鸟类表皮的角质层薄,原因在于体表覆羽,表皮不直接与空气相接触。在无羽的区域如跗蹠部、趾部等,则表皮层加厚,并有角质鳞覆盖。薄而松软的皮肤有利于羽的活动,也便于飞翔时肌肉的收缩。

真皮:鸟类的真皮亦较薄,由致密结缔组织构成,其中分布有血管和神经末梢。在真皮的深层有连接羽根部的皮肌,可牵制皮肤并使羽活动。真皮之下为皮下层,由疏松结缔组织构成。皮下层可积储脂肪。

鸟类的皮肤衍生物包括羽、角质鳞、角质喙、爪、尾脂腺等,其中以羽最为重要。羽也

是鸟类不同于其他脊椎动物的典型特征之一。羽着生于体表的一定部位,称为羽迹。有羽着生的区域称羽区,不着生羽的区域称裸区。羽的这种分布模式,有利于飞翔时肌肉的剧烈运动。失去飞翔能力的鸟类如鸵鸟、企鹅等,羽则均匀地布满全身,无羽区和裸区之分。鸟类羽的颜色多与栖息环境的颜色一致,起保护作用。羽有护体、保温和飞翔等作用。根据结构和功能的不同,羽可分为正羽、绒羽和纤羽3种类型。

(1)正羽　又称翮羽。是覆盖体表的羽毛。由羽轴和羽片构成。羽轴下部称羽根,插入皮肤中,末端的小孔称下脐,羽根上端与羽交界处称上脐;由此处向内方丛生的散羽称副羽。羽轴上部称羽片,其两侧的羽片称翈。羽片由两侧的羽枝和羽小枝组成。羽小枝上有许多羽小钩,可把相邻的羽小枝勾连起来,成为有弹性的羽片。若羽小枝被外力分开,鸟会用喙进行梳理,使之重新勾连在一起。

根据着生部位的不同,可将正羽分为3种类型:①飞羽:着生于前肢、构成飞翔器官的正羽。着生于手掌(即翼端部位)的飞羽称初级飞羽,着生于小臂处(尺骨)的飞羽称为次级飞羽,最内侧的一列飞羽称三级飞羽,亦着生于尺骨上。②覆羽:覆盖于体表的大型羽,构成鸟类流线型的外廓。③尾羽:着生于尾部的正羽,在鸟类飞翔过程中可调节方向,有类似于船舵的作用,故亦称舵羽。

(2)绒羽　一般着生于正羽之下。无羽干,羽根短,羽枝柔软,丛生在羽根的末端。羽小枝细长,不具钩,故蓬松似棉绒,保温能力强。尤其是水禽类在冬季具有丰厚的绒羽。

(3)纤羽　又称毛羽或发羽。形似毛发,有些纤羽的末端生有少量羽支和羽小枝。纤羽多着生于鸟的口鼻部,或散生于正羽、绒羽之间。

鸟类的羽可定期更换,这种现象称为换羽。通常每年更换两次。一次为繁殖结束后更换的新羽,称冬羽;另一次在冬末春初更换的新羽,称夏羽。换羽有利于鸟类的迁徙、越冬和繁殖等活动。除雁鸭类外,飞羽和尾羽的更换是逐渐进行的,故不影响鸟类的飞翔生活。

尾脂腺是鸟类唯一的皮肤腺,故鸟类的皮肤表现出薄、松、软、干的形态特点。尾脂腺位于尾部的背侧,所分泌的油脂可润泽羽被,雁鸭类的尾脂腺特别发达。

(二)肌肉

鸟类适应于飞翔生活,参与体壁构成的肌肉表现出明显的特点:①皮肤肌发达;②肋间外肌、肋间内肌不发达(与胸廓失去活动性有关);③胸肌极为发达,既参与体壁构成,又与飞翔密切相关;④躯干背部的肌肉不发达。

(三)骨骼

骨骼系统中的脊柱、胸骨、肋骨、带骨等也参与了部分体壁的构成。详见相关部分。

四、运动

鸟类是一个特殊的脊椎动物类群,其运动能力、方式、结构等方面均发生了重大的变化。

(一)运动方式

鸟类的运动方式包括飞翔、游泳、步行等。绝大多数鸟类营飞翔生活,具有较强的飞行能力;少数类群失去飞翔能力,以步行(平胸总目)或潜水(企鹅总目)方式运动。

(二)运动器官

1. 骨骼

鸟类适应于飞翔生活,骨骼系统发生了许多重大变化和特化(图4-45)。如骨骼轻而坚固;大骨骼中有充满空气的孔隙,故称气质骨;一些部位的骨块愈合;肢骨和带骨都有较大的变形等。

头骨:鸟类的头骨的基本结构与爬行类相似,但有明显的特化。头骨薄而轻且坚固,具有单枕髁。各骨块间的骨缝到成体时已完全愈合,骨内有许多小孔,可被充气。上、下颌骨极度前伸,构成鸟喙。鸟喙外具角质鞘,并形成锐利的切缘或钩。喙是鸟类的取食器官,也是鸟类区别于其他脊椎动物类群的特有结构。现代鸟类的口中无齿,一般认为这也是为了减轻体重,以适应飞翔生活。鸟类的眼眶膨大。由于脑颅和视觉器官的高度发达,使脑颅的形状发生改变。颅腔扩大,使头骨顶部呈圆拱形;枕骨大孔移至头骨的腹面,这是鸟类对直立身体姿态的适应。

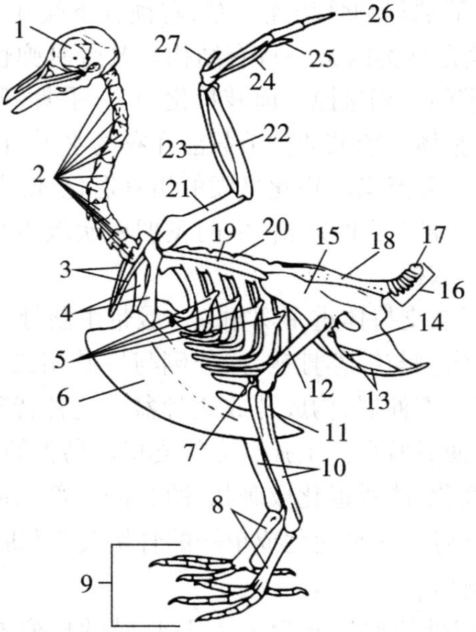

图4-45　鸟类的骨骼系统

1. 头骨　2. 颈椎　3. 锁骨　4. 乌喙骨　5. (肋骨)钩状突　6. (胸骨)龙骨突　7. 髌骨　8. 跗蹠骨　9. 趾骨　10. 胫骨　11. 腓骨　12. 股骨　13. 耻骨　14. 坐骨　15. 髂骨　16. 尾椎　17. 尾综骨　18. 愈合荐椎(综荐骨)　19. 肩胛骨　20. 腰椎　21. 肱骨　22. 尺骨　23. 桡骨　24. 掌骨　25. 指骨　26. 指骨　27. 指骨

脊柱:鸟类的脊柱由颈椎、胸椎、腰椎、荐椎和尾椎5部分组成。颈椎为14枚,椎骨间的关节面呈马鞍形,称为异凹型椎体或马鞍型椎体。这种特殊的连接方式,使椎骨间活动灵活。鸟类的第1枚颈椎呈环状,称为寰椎;第2枚颈椎称为枢椎。寰椎与头骨一起可在枢椎上转动,大大提高了头部的活动范围。一般鸟类的头部可转动180°,鸮形目鸟类(猫头鹰)头部的转动范围可达270°。颈椎这种特殊的灵活性,与鸟类前肢特化为翼和脊椎的其余部分大多愈合密切相关。胸椎为5~6枚,仅倒数第2枚能活动。最后1枚胸椎、全部腰椎、全部荐椎与部分尾椎愈合,称为愈合荐椎,或称综荐骨。最后的数枚尾愈合成尾综骨。胸骨与硬骨质的肋骨相连。肋骨分背、腹两段,两段间有可动的关节;前几对肋骨的背段后缘有钩状突,覆压在后1对肋骨之上,腹段则与胸骨相连,构成牢固的胸廓。鸟类脊椎骨的愈合和尾骨的退化,不仅使躯体的重心集中于身体中部,有利于保持飞翔时身体的平衡,而且又使骨架连接紧凑、牢固,能承受飞行时外界气流对身体的压力。

善飞鸟类的胸骨十分发达,腹中线处有高耸的龙骨突起,从而增大了胸肌的附着面。失去飞翔能力的种类如鸵鸟的胸骨则扁平。综荐骨是鸟类特有的结构,并进而与宽大的骨盆(由髂骨、坐骨和耻骨构成)相愈合,成为鸟类在地面行走时支持身体重量的坚强支架。

附肢骨骼:带骨和肢骨鸟类为适应飞翔生活,带骨和肢骨都发生了相应的变化。

鸟类的乌喙骨强大,下端与胸骨相连。左、右锁骨下端在腹中线处联合成"V"字形,称为叉骨(wishbone)。这是鸟类的又一特有结构。叉骨具弹性,避免了鸟类飞翔时翼在剧烈扇动过程中左右肩带的互相碰撞。前肢特化为翼,手骨(腕骨、掌骨、指骨)愈合或消失,使翼的骨骼构成一个整体。前肢的关节只能在翼的水平面上展开或褶合,有利于翼的扇动,这对鸟类的飞翔有重要意义。现化鸟类的指骨退化,使之大多无爪。鸟类手部所着生的飞羽称初级飞羽;下臂部(尺骨)所着生的飞羽称次级飞羽。这些羽的形状和数目,常被作为鸟类分类的重要依据。

鸟类腰带的变形与后肢支持体重密切相关。腰带由髂骨、坐骨和耻骨合并而成,称无名骨。无名骨宽大而薄,内侧与综荐骨愈合,外侧与后肢相关节。左、右无名骨不在腹中线处汇合连接,而是向侧后方伸展,构成开放式骨盆。这种特殊的结构与鸟类产大型、带硬壳卵的特征相适应,并使后肢得到了强有力的支持。鸟类的后肢骨强健,股骨与髓臼相关节。后肢骨有较大的变化,腓骨退化成刺状,跗骨的上部与胫骨合并成1根胫跗骨,下部与蹠骨愈合为1块跗蹠骨。这种简化成单一的骨块关节和胫跗骨、跗蹠骨的延长,能增加鸟类起飞、降落时的弹性。

鸟类后肢的趾从内到外依次编号为1、2、3、4,趾的排列方式称为趾型,主要类型包括:①常态足:第2、3、4趾向前,第1趾向后,如鸡形目鸟类;②并趾足:第2、3、4趾向前,但基部愈合,第1趾向后,如翠鸟;③不等趾足:基本结果属于常态足,但后趾强大、具利爪,如隼形目鸟类;④对趾足:第2、3趾向前,第1、4趾向后,如啄木鸟、鹦鹉等;⑤异趾足:第3、4趾向前,第1、2趾向后,如红头咬鹃;⑥前趾足:第1、2、3、4趾均向前,如雨燕;⑦离趾足:基本结构为常态足,但后趾与中趾等长,适于把握树枝,如雀形目鸟类。鸟类的趾型可作为分类依据。

营游泳或涉水生活的鸟类其趾间常有蹼相连,称为蹼型,主要类型包括:①蹼足,前三趾间有全蹼相连,如雁、鸭类;②凹蹼足,蹼的中部凹入,如鸥类;③全蹼足,四趾间均具蹼,如鸬鹚;④半蹼足,趾间微具蹼膜,如鹭类;⑤瓣蹼足,趾的两侧有叶状瓣膜,如鸊鷉目鸟类。鸟类的蹼型也可作为分类依据。

在飞翔过程中,鸟类的尾羽可调节飞行的方向,因而对鸟类的运动具有重要意义。

2.肌肉

鸟类的主要运动方式为飞翔,故其胸肌非常发达,而背部肌肉退化。为适应飞翔生活,主要肌肉集中于身体中部的腹侧,这对保持身体重心的稳定、维持飞行时的平衡具有重要意义。其中使翼下降的胸大肌和上举的锁骨下肌最为发达,约占鸟体重量的20%。这两块肌肉的交替张缩,可使两翼上、下扇动。鸟类的后肢肌肉也较为发达,主要集中在股骨和胫骨的上部,下部仅以肌腱与足趾相连。其中,贯趾屈肌自跗部以肌腱与趾端相连。当鸟栖于树枝时,由于体重的压力和腿部的弯曲,使屈肌的肌腱收缩,足趾随之紧握树枝。所以,当鸟类在树枝上卧栖时,一般不会从树上掉下来。

五、消化

鸟类的消化系统包括消化道和消化腺两部分。

消化道:鸟类的消化道包括喙、口、口腔、咽、食道、嗉囊、胃、肠、泄殖腔、泄殖腔孔等部分。现代鸟类均无齿,角质喙和砂囊(肌胃)可代行其部分功能。喙的形态与鸟类的食性密切相关,如食肉的鹰隼类的喙尖锐而钩曲;食鱼的雁鸭类的喙扁平而具缺刻;飞捕昆虫的家燕、夜鹰则喙短而基部宽阔;食种子鸟类的喙粗而短,呈圆锥状。口腔为上、下颌之间的空腔,其顶壁为1对硬褶,中央有一纵行裂隙,内鼻孔即开口于此缝中;后部有一排乳头状突起,作为口腔与咽的分界。口腔底部为三角形、可活动的舌,舌端多角质化。咽向后通入食道。鸟类的食道细长。以鱼和谷物种子为食的种类(如鹈形目、鸡形目鸟类)食道下部膨大成嗉囊(crop),有临时储存和软化食物的作用。雌鸽在育雏期间,嗉囊能分泌“鸽乳”以喂养幼鸽;鸬鹚和鹈鹕能在嗉囊内将食物做成食糜以喂养幼鸟。鸟类的胃分为腺胃和肌胃两部分。腺胃壁薄,内有丰富的消化腺,能分泌大量的消化液消化食物;肌胃外壁为发达的肌肉层,内壁为坚硬的角质层。肌胃内有鸟摄入的沙粒。在肌肉层的作用下,角质层与沙粒一起把食物磨碎。实验证明,肌胃内有沙粒的家鸡,对谷物或种子的消化能力可提高10倍。鸟类的小肠细长,在大、小肠交界处有一盲肠。盲肠有吸收水分和消化粗纤维的功能,以植物纤维为主食的种类(如鸡形目鸟类)的盲肠尤为发达。大肠的最后一段为直肠,末端开口于泄殖腔。由于直肠粗短,不能储存过多的粪便,故鸟类排便频繁。这也是鸟类对减轻体重、利于飞翔的适应。

鸟类消化系统的生理特点是消化力强,消化速度快。这也是鸟类食量大、需要频频进食的原因所在。如雀形目鸟类,一天中所取食的食物为其体重的10%~30%;雀鹰一天的进食量可达其体重的33%~66%。鸟类极强的消化能力是与其飞翔时高能量的消耗相适应的。

消化腺:鸟类的消化腺发达,主要的消化腺为肝脏和胰脏。消化腺所分泌的消化液均注入十二指肠。此外,在腺胃、小肠黏膜中也有一些腺体,可分泌消化酶。鸟类口腔和咽的黏膜中有一些腺体,但其分泌物对食物并无消化作用,仅用于润滑食物。

六、呼吸

鸟类营飞翔生活,新陈代谢旺盛,对能量需求极大,因而其呼吸系统的结构、呼吸方式等方面均有独特之处。鸟类的呼吸系统由呼吸道、肺及与肺相连的气囊组成。

呼吸道包括外鼻孔、鼻腔、内鼻孔、喉、气管、支气管等部分。咽底壁的后方为喉,具有一纵长的裂缝,称喉门。喉头由1对杓状软骨和1个环状软骨构成支架。喉部的软骨在成年后多硬化。喉门向后进入气管。气管为一圆柱形长管,由许多半骨化的软骨环构成支架。气管的长度一般与颈长相当,但有些鸟类(如鹤类)的气管长而弯曲,盘曲于胸骨的龙骨突附近,甚至穿入胸骨中。气管向后进入胸腔,进而分支成2个支气管入肺。肺的体积不大,为一个弹性较小的囊,内部为一个由各级支气管彼此吻合相通而形成的密网状管道系统。支气管入肺后,首先形成一个贯穿肺的主干,即初级支气管(也称中支气管)。初级支气管向背、腹、侧面发出许多分支,称为次级支气管。次级支气管随后分支,形成三级支气管(也称副支气管)。在三级支气管周围,辐射分出许多细小的微支气管,其外被众多的毛细血管包围,气体交换即于此进行。因此,微支气管是鸟类呼吸的功能单位。总体来看,鸟类的肺在体积或呼吸效能方面均大大超过了爬行类。鸟类的微支气管与背侧、腹侧的较大支气管相通,不具盲端。此点不同于其他陆生脊椎动物的肺泡(肺泡是支气管末端的盲囊)。

为满足飞行过程中的高氧、高能量消耗需求,鸟类的呼吸系统特化为以肺为主的气管系统和气囊结构。气囊最早出现于爬行动物,在鸟类获得极大发展。气囊与初级支气管和次级支气管末端相连,囊壁极薄,广布于内脏、骨骼、某些运动肌肉之间。气囊的壁由单层鳞状上皮细胞构成,另有少量结缔组织和血管,缺乏气体交换功能,其主要作用是储存气体。鸟类一般具有9个气囊,即1个颈气囊、1对锁间气囊、1对前胸气囊(以上合称前气囊)、1对后胸气囊和1对腹气囊(以上合称后气囊)。气囊除具储存气体、协助鸟类完成呼吸作用外,还能减轻鸟体的比重,减少肌肉以及内脏间的摩擦,并能散发飞行时所产生的大量热量,对鸟类飞翔时的体温调节起着重要作用。据计算,一只飞行中的家鸽,吸入的空气有3/4即被用于散热。

当鸟栖止时,呼吸运动同其他陆栖脊椎动物一样,主要依靠肋骨的升降,胸骨的上下移动以改变胸腔的容积来完成。但在飞行时,由于胸骨是扇翼肌(胸肌)的固着处和支撑点,不能上下移动,因而剧烈的呼吸运动主要靠随扇翅节律而动的气囊的张缩来完成。当鸟飞行过程中翼扬起时,气囊扩张,由于鸟体内外的气压差,一部分空气沿初级支气管迅速进入后气囊。这部分空气未经肺内进行气体交换,所以是富氧的;另一部分空气同时进入肺,在微支气管处直接进行气体交换。当翼下降时,肺内经过交换的空气经前气囊排出体外,与此同时,后气囊因受压收缩,将储存的富氧空气压入肺内进行气体交换。因此,鸟类在吸气或呼气时均有富氧空气在肺内进行气体交换。这种呼吸方式称为双重呼吸(dual respiration)(图4-46)。由此可见,气囊和双重呼吸作用是鸟类对飞翔生活的极好适应,满足了鸟类飞行过程中对氧的较大需求。

鸟类的鸣管是特化的发音器官。鸣管位于气管与支气管交界处。此处气管的内、外壁变薄,称为鸣膜。鸣膜可因气流的振动而发音。在气管的下方还附生有鸟类独有的鸣肌。鸣禽类的鸣肌、鸣膜均很发达,加上鸟类特有的双重呼吸,使之不论在呼气或吸气时都能发出多变悦耳的鸣叫声。这与其他陆栖脊椎动物的发音器官位于气管上端,且绝大多数只能在呼气时发音的情况截然不同。

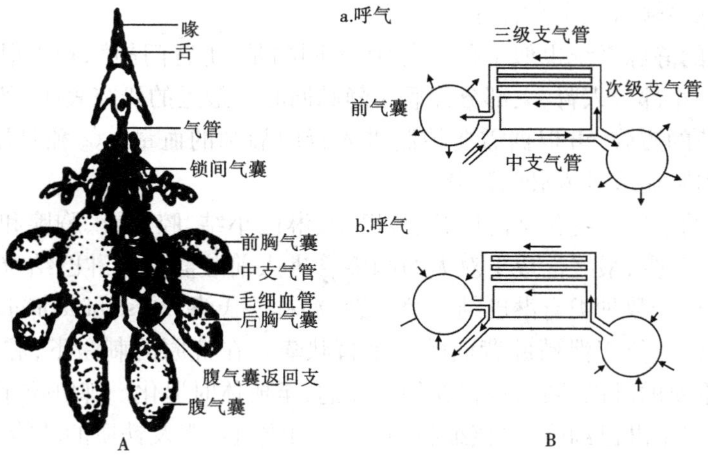

图 4-46　鸟类的双重呼吸

A:肺与气囊的关系;B:气体交换途径

七、循环

鸟类的血液循环系统在爬行类不完全双循环体系的基础上有了彻底的改变。源自爬行动物的室间隔已将心室完全分成左、右心室两部分,使富氧血与缺氧血完全分开,因而鸟类开始具备完全的双循环系统(图 4-47)。同时,鸟类心脏的容量大、心率快、血压高,故血液循环的速度快。这些特点与鸟类旺盛的新陈代谢和飞翔时的剧烈运动相适应。鸟类血液中的红细胞含量较哺乳动物少。鸟类的红细胞通常为卵圆形、有细胞核,含有大量的血红蛋白,担负着输送 O_2 和 CO_2 的任务。

心脏:鸟类心脏的相对大小居于脊椎动物的首位,为体重的 0.4% ~1.5% 。心脏分为 4 个完整的腔(左、右心房;左、右心室)。左房室孔间具二尖瓣,右房室孔间具肌肉瓣。二尖瓣和肌肉瓣均具有防止血液倒流的作用。同时,见于低等脊椎动物的静脉窦已完全消失。来自体静脉的血液,经右心房至右心室,再经肺动脉入肺,在肺内经过气体交换。含氧丰富的血液经肺静脉回心,先注入左心房,再经左心室压入右体动脉弓,终至身体各部分。鸟类的心跳频率快于哺乳动物,一般为 300 ~500 次/ min。动脉压较高,如家鸡为 22 ~25 kPa,故血液流通快。

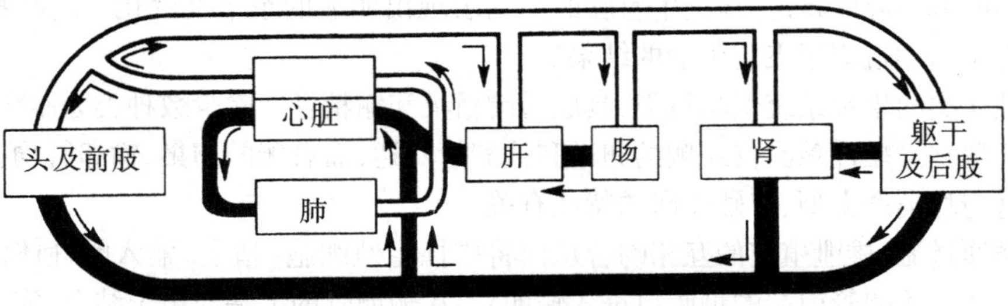

图 4-47　鸟类的双循环示意图

动脉：鸟类的动脉系统似于爬行类，区别在于鸟类的左体动脉弓消失，左心室压出的血液由右体动脉弓输送至全身各处。

静脉：鸟类的静脉系统也似于爬行类，所不同的是：①肾门静脉趋于退化。自尾部来的静脉血只有一小部分入肾，大部分经后大静脉回心。最近的研究表明，鸟类的肾门静脉内也有一块独特的瓣膜，可根据需要控制进入肾门静脉的血量。②独具尾肠系膜静脉。该静脉可收集内脏血液进入肝门静脉。

淋巴：鸟类的淋巴系统包括淋巴管、淋巴结、淋巴小结、腔上囊、胸腺和脾脏等。鸟类的淋巴管比哺乳类少，最终汇成1对大的胸腺管进入前腔静脉。淋巴结位于淋巴管的通路上，迄今只发现少数种类有淋巴结。腔上囊（亦称法氏囊，bursa of fabricius）是鸟类特有的中心淋巴器官，为位于泄殖腔背面的一个盲状囊。在抗原的刺激下，腔上囊可产生抗体。胸腺也是重要的淋巴器官，但仅在幼体发达，至成体时退化。脾脏位于腺胃与肌胃交界处的背侧，可产生淋巴细胞、单核细胞，并具有回收血红素及铁质的功能。

八、排泄

鸟类以后肾执行排泄功能，其排泄系统的特点是，膀胱消失，尿液可随粪便随时排出。鸟类具1对三叶形的肾脏，相对体积比哺乳动物大，占体重的比例可超过2%；肾小球的数目多，比哺乳动物多2倍左右。因无膀胱，肾脏经输尿管开口于泄殖腔。这一特征对鸟类迅速排出因旺盛的新陈代谢而产生的大量代谢产物、保持体内水盐平衡以及减轻体重等都具有重要意义。

鸟类尿液的主要成分为尿酸[uric acid，7，9-二氢-2，6，8(3H)三酮-1H-嘌呤，$C_5H_4N_4O_3$]。尿酸不像尿素[urea，碳酰胺，$CO(NH_2)_2$]那样易溶于水，常呈半凝固的白色结晶。这种特征有利于胚胎发育过程中不断排除废物，同时减少水分的散失。加之肾小管和泄殖腔都有重吸收水分的功能，使鸟类排尿时的失水极少。由于鸟类无膀胱、直肠很短，故尿液可随粪便及时排出体外。这也是鸟类为减轻体重、适应飞翔生活的需要。海洋性鸟类除依靠肾脏排尿以外，还通过位于眼眶上部的盐腺（分泌比尿液浓度更大的氯化物的腺体），把随海水进入体内的过多盐分排出体外，以维持正常的渗透压。

九、繁殖

鸟类雌雄异体，体内受精，卵生，行有性繁殖。大多数鸟类的雌雄个体并无明显的形态差异。在部分种类如鸡形目、雁形目鸟类，雌、雄个体表现出显著的形态区别（此称性二型，sexual dimorphism）。鸟类生殖腺的活动表现出明显的季节性变化。这些特点通常也被认为是鸟类适应于飞翔生活的结果。

雄性鸟类的生殖系统似爬行类，具成对的精巢和输精管。除少数种类如雁鸭类外，均不具交配器官。雌性鸟类仅左侧的卵巢和输卵管发达，而右侧的卵巢、输卵管均退化。一般认为这与鸟类产大型、带硬壳卵的特征有关。

鸟类通过雌、雄泄殖腔的互相吻合从而将雄性生殖细胞（精子）输入雌性体内。成熟的卵依次通过输卵管前端的喇叭口进入输卵管，在输卵管的上端与精子结合，完成受精作用。受精卵在输卵管内下行的过程中，依次被管壁分泌的蛋白、壳膜、卵壳所包裹。卵壳表面有数大量小孔，可保证卵在孵化时与外界进行气体交换。许多鸟类的卵壳表面有各种颜色，为输卵管下端管壁的色素细胞在产卵前约 5 hr 所分泌的色素形成。借助于泄殖腔壁肌肉的收缩，受精卵最终被排出体外，经孵化而发育成幼体。受精卵的孵化期因种类而异，可从 2 ~ 13 d（如小型鸟类）到 21 ~ 28 d（雉类、雁鸭类），大型猛禽的孵卵期可长达 2 个月。根据刚孵出来的雏鸟发育程度的不同，把雏鸟划分成早成鸟和晚成鸟两类等。凡是刚孵出时，身上长满羽，眼张开，羽干后就能站立、随亲鸟取食、活动的雏鸟，称早成鸟（雏）（praecoces），见于雁形目、鸡形目鸟类。凡是刚孵出身上无羽，眼未张开，不能站立、啄食，必须留在巢内由亲鸟喂养的雏鸟。称晚成鸟（雏）（altrices），见于隼形目、雀形目鸟类等。

鸟类的性成熟期为 1 ~5 年。繁殖期间绝大多数种类成对活动。有些种类的雌雄个体可多年结伴。有的种类一雄多雌，少数种类一雌多雄。成对生活的鸟类由雌雄共同育雏，一雄多雌的鸟类大都由雌鸟育雏，一雌多雄的鸟类则由雄鸟育雏。鸟类具有营巢、孵卵和育雏等完善的繁殖行为，因而提高了子代的成活率。鸟类在繁殖初期有发情活动，雌雄个体相遇时，雄鸟（少数为雌鸟）表现出特定的姿态和鸣叫。有些种类特别是一雄多雌制鸟类，在繁殖期间，雄性个体之间常发生激烈的争斗（可参阅动物生态之行为生态部分）。

与繁殖活动相关，鸟类每年在繁殖区与越冬区之间进行具有周期性、群体性、定向性的迁飞现象，称为迁徙（migration）。鸟类的迁徙通常在春、秋两季进行。秋季迁徙时离开营巢地区，速度缓慢；春季由于鸟类即将进入繁殖，故迁徙速度较快。根据迁徙特征，可把鸟类分成留鸟（resident birds）、候鸟（migrating birds）、旅鸟（transiant birds）、迷鸟（stragglar birds）等类型。凡有迁徙习性的鸟类，称之为候鸟，如家燕、大雁等。凡无迁徙习性的鸟类，称为留鸟，如麻雀、喜鹊等。迁徙是部分鸟类在长期演化过程中形成的本能行为，是鸟类对不利的外界环境条件的适应性表现。鸟类的迁徙受到多种因素的综影响，而季节变化（即光照、温度、湿度等变化）所引起的食物资源变化可能是导致鸟类迁徙的直接原因（可参阅动物生态之行为生态部分）。

十、神经与感官

鸟类的神经系统和感觉器官与爬行类相比，有了较大的进步，大脑的纹状体高度发达，但嗅叶趋于退化。鸟类的神经系统由中枢神经、周围神经和植物性神经等部分组成。

鸟类的脑为明显的五部脑（图 4-48），体积相对较大，在脊椎动物中仅次于哺乳动物。大脑的纹状体除有爬行类开始出现的新纹状体外，还增加了上纹状体，使整个大脑的体积增加。上纹状体是鸟类复杂行为（营巢、求偶、孵卵、育雏等）和“智慧”的中枢。间脑由上丘脑、丘脑和下丘脑组成。下丘脑是体温调控和植物性神经系统的中枢。中脑充满视神经，其背侧形成一对发达的视叶，故鸟类的视觉高度发达。小脑较爬行类发达，体积增大，由蚓状体、左、右小脑鬈组成。小脑的发达与鸟类飞翔时复杂运动的协调和保持身体的平衡相适应。延脑与脊髓直接相连，延脑内部具第 4 脑室。延脑内有许多重要的神经中枢，如呼吸中枢、心跳调节中枢、内分泌中枢和有关空间定位和身体平衡的调节中枢等。

鸟类的脊髓因为尾部的退化而明显缩短，但有两个明显的膨大，一个在颈部与胸部之间，称颈膨大；另一个在腰部，称腰膨大。腰膨大处的中央管扩展形成一菱形沟，为区别于延脑的菱形沟，特称为第2菱形沟。

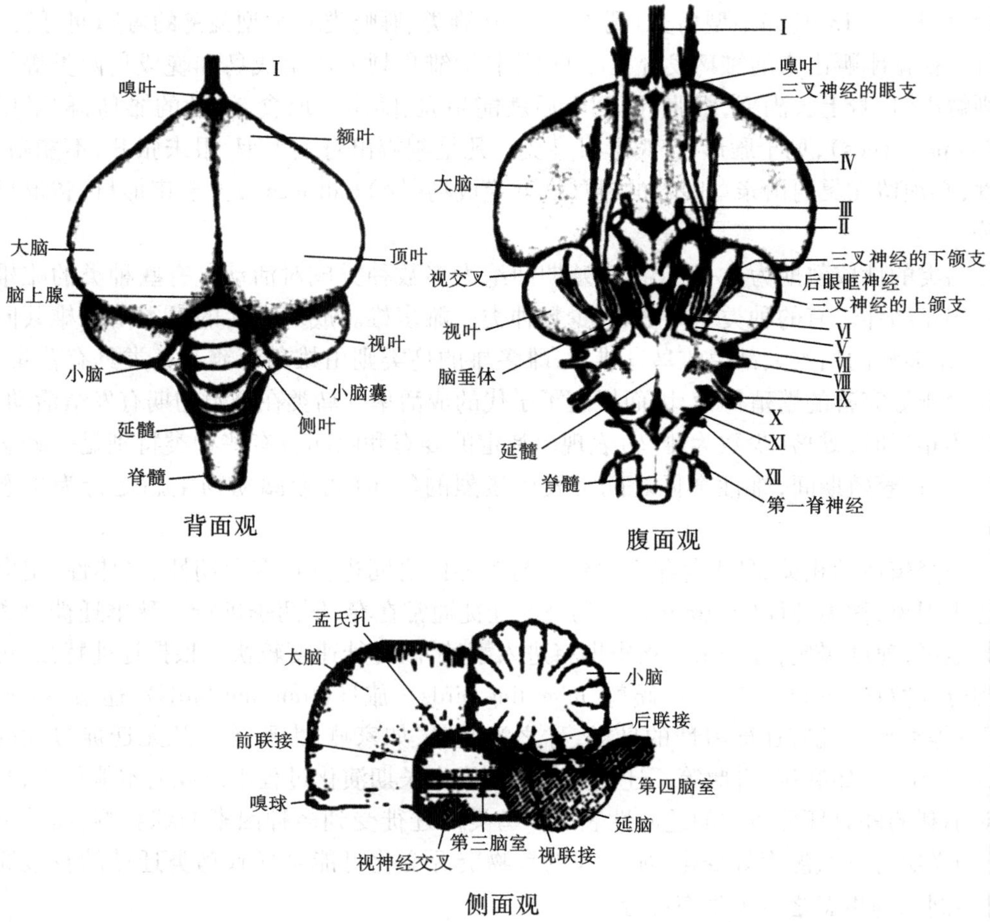

图4-48　鸟类的脑及脑神经

鸟类具有12对脑神经，但第11对不发达，直到1965年才证实其存在。鸟类的脊神经的数目因脊髓缩短而相应减少。与颈部脊髓相连的最后3对脊神经和第1、第2胸神经共同形成臂神经丛，分支进入肩带、翼和胸部的肌肉，支配其活动。腰间部的神经形成腰荐神经丛，支配后肢的肌肉和骨盆腔内的器官。

鸟类的感觉器官以视觉最为发达，听觉次之，嗅觉退化（部分类群除外）。

视觉器官：鸟类的视觉高度发达。鸟眼的相对大小在脊椎动物居于首位，其外形扁圆，适于远视。瞬膜发达，可覆盖眼球，有保护、润湿和清洁角膜的功能。在巩膜中有巩膜骨（始见于爬行动物），有保护和支持眼球的功能，可防止鸟在空中飞行时因气流压力而引起眼球变形。鸟眼内的睫状肌、角膜调节肌和环肌不仅能改变水晶体的形状和水晶体与角膜的距离，而且能改变角膜的凸度和水晶体与视网膜的距离，故鸟类的视力调节方式为**双重调节**（dual regulation）。由于鸟类具有这一特殊的双重调节机制，使鸟眼在一瞬间能由远视的“望远镜”变为近视的“显微镜”。这是鸟类在飞行中定向、寻食、捕猎、避敌所必需的。高度发达的视觉是鸟类对飞翔生活的重要适应。如鹰在高空飞行时，能清晰地看清地面的鼠类，并能在数秒之内俯冲下来，准确地捕获猎物。

嗅觉器官：大多数鸟类的嗅觉退化，但鹱形目鸟类和兀鹫等少数种类的嗅觉相当发达，成为其搜寻食物的重要定位器官。

听觉器官：鸟类的听觉器官似爬行类，只是内耳的瓶状体比爬行类长。鸟类的耳孔外周多具耳羽，有利于收集声波。夜间活动的种类如夜鹰的听觉器官较发达。

十一、栖息环境

鸟类具有飞翔能力，可主动迁移以避开不利的环境条件。因此，鸟类广泛分布于全球各地。在森林、荒漠、草原、海洋等各种自然生态系统和农田、城市等人工生态系统中均可见其踪迹。

十二、与人类关系

鸟类与人类具有极为密切的关系。人类可直接利用鸟类资源，包括食用（肉、卵、巢），可作填充材料用（绒羽）、肥料用（鸟粪）、役用、药用、装饰和观赏用等。鸟类对人类还有重要的间接利益。鸟类可控制或消灭各种害虫和害鼠，保护森林和农作物。有些鸟类（如许多鹀类、雀类）取食杂草种子，有益于农业生产。有些鸟类（如啄花鸟、太阳鸟、鸦类等）能通过其取食过程传播花粉或种子，有利于植物的结实、种子扩散、植被更新等。鹫类、渡鸦等嗜食动物的尸肉和秽物，猛禽可消灭猎物种群中的老年和病弱个体。总之，鸟类在自然生态系统的物质循环、能量流动过程中具有重要作用。

十三、分类

依据喙的形状、腭（口盖）的类型、羽（飞羽和尾羽）和趾的数目及其排列方式（趾型）、蹼的有无及其类型（蹼型）、雏鸟发育状态（是早成鸟还是晚成），以及有无迁徙习性（是候鸟还是留鸟）等形态结构特征与生活习性、方式的不同，可将鸟类分为古鸟亚纲（Archaeornithes）和今鸟亚纲（Neornithes）2 个亚纲。

古鸟亚纲包括始祖鸟（*Archaeopteryx lithographica*）等已灭绝的化石种类。始祖鸟的主要特征是外形似乌鸦，有羽和翼，具鸟类的基本特征。但口中有牙齿；肋骨后缘无钩状突起，胸骨不发达，不具龙骨突起；掌骨不愈合，翼上的 3 指具爪；尾长，尾椎骨超过 13 枚，不具尾综骨等特征，又似于爬行类。因此，一般认为始祖鸟是从爬行类进化到鸟类的中间过渡类型。

今鸟亚纲除黄昏鸟（*Hesperornis*）为化石种类外，其余均为现生种类。主要特征包括：口中无齿；胸骨发达，多数种类具龙骨突起；掌骨已愈合；尾短，尾椎骨不超过 13 枚。通常具尾综骨。现生鸟类计有 9 700 余种，可分为平胸总目（Ratitae）、企鹅总目（Impennes）和突胸总目（Carinatae）等 3 个类群。需要指出的是，我国已把所有鸟类均列为不同级别的保护动物。为加强对鸟类的有效保护，自 1981 年开始，中国开展了每年一度的“爱鸟周”活动，进行爱鸟护鸟知识的普及与宣传。河南省的“爱鸟周”为每年的 4 月 21 至 27 日。

(一)平胸总目

平胸总目为现生体型最大的鸟类(体重大者达 135 kg,体高 2.5 m),适于奔跑和行走。这类鸟具有一系列原始特征:翼退化、胸骨不具龙骨突起,不具尾综骨及尾脂腺,羽在体表均匀分布(无羽区及裸区之分)、羽枝不具羽小钩(因而不形成羽片),雄鸟具发达的交配器官,足趾适应于奔走生活而趋于减少(2~3 趾)。分布仅限于南半球(非洲、美洲和澳洲南部)。代表动物如非洲鸵鸟(*Struthio camelus*)、美洲鸵鸟(*Rhea americana*)及鸸鹋(或称澳洲鸵鸟)(*Dromaus novachollandeae*)、几维鸟(*Apteryx oweni*)。

(二)企鹅总目

本目为营潜水生活的中、大型鸟类,具有一系列适应于游泳和潜水生活的特征。前肢呈鳍状,适于划水。具鳞片状羽(羽轴短而宽,羽片狭窄),均匀分布于体表。尾短。腿短而移至躯体后方,趾间具蹼,适于水中生活。在陆地上行走时,躯体近于直立,行走时左右摇摆。皮下脂肪发达,有利于在寒冷地区及水中保持体温。骨骼沉重而不能充气。胸骨具有发达的龙骨突起,此特征与前肢划水有关。企鹅类游泳快速,或称之为"水下飞行"。分布局限于南半球。代表动物如王企鹅(*Aptenodytes patagonicus*)、帝企鹅(*A. forsteri*)等。

(三)突胸总目

突胸总目包括现生鸟类的绝大多数种类,分布遍及全球,总计约 35 个目,9 000 种以上。本目鸟类的共同的特征是:翼发达,善于飞翔,胸骨具龙骨突起。最后的 4~6 枚尾椎骨愈合成一块尾综骨。骨骼可充气。正羽发达,构成羽片,体表有羽区、裸区之分。雄鸟绝大多数不具交配器官。根据形态结构特点和生态习性,可将突胸总目的鸟类分为游禽、涉禽、陆禽、攀禽、猛禽和鸣禽等生态类型。

潜鸟目(Gaviiformes):本目鸟类的喙一般直而尖;两翼短小;尾短,被覆羽所掩盖;脚在身体的后部,跗骨侧扁,前 3 趾间具蹼。分布于北极圈、地中海、里海、北美南部及中国沿海地区。在岛上或水边的沼泽地营巢。雏鸟为早成性。潜鸟类的食物广泛,包括鱼类、甲壳类和软体动物等,甚至也包括乌贼。此类鸟的巢通常都建造在小岛上或芦苇丛中的平坦之处。现生的潜鸟目仅有 1 科 1 属 5 种。中国有 4 种。代表动物如红喉潜鸟(*Gavia stellata*)。

䴙䴘目(Podicipediformes):在传统的分类系统中,䴙䴘目只包括䴙䴘科,科下有 6 属 22 种,中国有 2 属 5 种。基于 DNA 的鸟类分类研究结果建议,䴙䴘目与鹳形目合并,䴙䴘科(Podicedidae)成为新鹳形目的一个科,但新分类系统对䴙䴘科本身并未作调整。䴙䴘目的分布广泛,几乎遍及全球。平时栖息于水草丛生的湖泊。主要在淡水湖区域繁殖,在水边筑巢,游泳和潜水能力极强,以鱼为食。代表动物如角䴙䴘(*Podiceps auritus*)(国家二级重点保护野生动物)、赤颈䴙䴘(*P. grisegena*)(国家二级重点保护野生动物)、小䴙䴘(*Tachybaptus ruficollis*)、凤头䴙䴘(*P. cristatus*)等。

鹱形目(Procellariiformes):鹱形目是中、大型海洋鸟类,大多数有窄长的翼,尾羽较短。趾间有蹼,后趾退化或完全消失。鹱形目鸟类一般在海洋上飞行和觅食,许多种类只在哺育幼鸟时才上陆,以鱼、软体动物、海蜇或其他海洋动物为食。喙直而长,由多块平行狭窄的角质物构成,在端部形成一个向下的钩。鼻呈管状,故又名管鼻类。两翼长而尖,善于飞行，几乎终日翱翔于海上。尾为凸尾或方尾。前3趾具蹼，后趾甚小或不存在。鹱形目鸟类一般在远岛的地面或岩崖上营巢，集群孵卵。雏鸟为晚成性。本目鸟类包括4科90余种，中国有信天翁科(Diomedeidae)、鹱科(Procellariidae)和海燕科(Hydrobatidae)等3科。代表动物如短尾信天翁(*Diomedea albatrus*)、灰鹱(*Puffinus griseus*)、黑叉尾海燕(*Oceanodroma monorhis*)等。

鹈形目(Pelecaniformes)：鹈形目鸟类为分布于温带和热带水域的大型游禽，是热带海洋鸟类的重要成员，但全球大部分地区都可见到，有些种类甚至扩展到两极地区。4趾间具完整蹼膜(全蹼)，四趾均向前；喙强大具钩，喙下常有发育程度不同的喉囊；以鱼、软体动物等为食。鹈形目鸟类包括6科7属60余种，中国有5科5属15种。代表动物如卷羽鹈鹕(*Pelecanus crispus*)(国家二级重点保护野生动物)、白鹈鹕(*Pelecanus onocrotalus*)(国家二级重点保护野生动物)、普通鸬鹚(*Phalacrocorax carbo*)等。

鹳形目(Ciconiiformes)：本目鸟类多为长颈、长腿的种类，喙形不一，但多较大而长。栖于水边或近水处如沼泽地、水田等，适于涉水。鹳形目鸟类的眼先裸出；胫的下部裸出；后趾发达，与前趾同在一平面上。鹳形目鸟类常在浅水处或者开阔地涉行觅食，以小鱼、虫类及其他小型动物为主要食物。本目鸟类多在高树或岩崖上营简陋的巢，以树枝等为巢材。雏鸟为晚成性。鹳形目有6科11属约120种，中国有3~4科30余种，代表动物如黑鹳(*Ciconia nigra*)、东方白鹳(*Ciconia boyciana*)、朱鹮(*Nipponia nippon*)，均为国家一级重点保护野生动物。此外，尚有大白鹭(*Ardea alba*)、苍鹭(*Ardea cinerea*)、夜鹭(*Nycticorax nycticorax*)、池鹭(*Ardeola bacchus*)等多种鹭类。

朱鹮古称朱鹭、红朱鹭，系东亚特有种，为世界性濒危鸟类。朱鹮的体型中等，体羽白色，后枕部有长的柳叶形羽冠，额至面颊部皮肤裸露，呈鲜红色；繁殖期间用喙不断啄取从颈部肌肉中分泌的灰色素，涂抹到头部、颈部、上背和两翅羽毛上，使其变成灰黑色。栖息于海拔1 200~1 400 m的疏林地带，在附近的溪流、沼泽及稻田内涉水，漫步觅食小鱼、蟹、蛙、螺等水生动物，兼食昆虫；在高大的树木上休息及夜宿；留鸟，秋、冬季成小群向低山及平原作小范围游荡；曾广泛分布于中国东部、日本、俄罗斯、朝鲜等地，由于环境恶化等因素导致种群数量急剧下降，至20世纪80年代仅在秦岭南麓的陕西省洋县发现7只野生个体，后经特别保护和人工繁殖，种群数量已达到3 000多只(2017年)，其中野外种群数量突破2 000多只。2004年9月，经专家实地考察和评估，河南省罗山县的董寨国家级自然保护区被国家林业局批准为全国首个朱鹮迁地保护研究基地。2007年，国家林业局相继调拨两批种源共计17只朱鹮，在董寨地区开展人工繁育研究。截至2016年9月，已成功繁育朱鹮幼鸟196只。为尽快形成稳定的河南大别山区野生朱鹮种群，董寨保护区分别于2013年10月、2014年8月、2015年11月先后野化放飞34只、26只、18只朱鹮。朱鹮的迁地保护取得初步成功。

雁形目(Anseriformes)：本目鸟类多为游禽，主要特征是喙扁平，边缘具栉状缺刻，先端有“嘴甲”；翼长短不一，飞羽上常具闪光的绿色、紫色或白色的“翼镜”；腿后移，前三趾间有蹼；尾脂腺发达；雄鸟具交配器；气管基部有膨大的骨质囊；幼鸟早成性，候鸟。本目在中国只有鸭科(Anatidae)。全世界约有鸭科鸟类150种，中国已知有19属46种。本科在全球均有分布，主要在北半球繁殖，喜在水中游泳，为典型的游禽。常见种类有中华秋沙鸭(*Mergus squamatus*)(国家一级重点保护野生动物)、大天鹅(*Cygnus cygnus*)(国家二级重点保护野生动物)、鸳鸯(*Aix galericulata*)(国家二级重点保护野生动物)、绿头鸭(*Anas platyrhynchos*)、豆雁(*Anser fabalis*)等。

隼形目(Falconiformes):本目鸟类为肉食性猛禽,包括了汉语中常说的鹰、隼、鵟、雕(鹫)、鸢、鹞等。喙粗壮有钩,基部被蜡质;翼发达,善于疾飞和翱翔;尾羽大多为12枚;脚强健,趾端具利爪;视觉敏锐;晚成鸟。有吐"食丸"的习性。重要的类群包括鹗科(Pamdionidae)、隼科(Falconidae)和鹰科(Anciptridae)。其中,鹰科多是大型的肉食性猛禽,喙、爪粗壮锐利,翼宽大有力,善于发现、追捕猎物。上喙左、右两侧无齿状突或具双齿状突为该科典型特征。本目共有5科290余种,中国有鹰科和隼科鸟类2科23属59种。代表动物如金雕(*Aquila chrysaetos*)(国家一级重点保护野生动物)、鸢(*Milvus korschuslineatus*)、苍鹰(*Accipiter gentilis*)、鹗(*Pandion hailiaetus*)等。本目动物除一级保护种类之外,其余种类均被列为国家二级重点保护野生动物。

鸡形目(Gallifmes):本目鸟类为地栖鸟类。躯体结实,喙短,呈圆锥形,适于啄食植物种子;翼短圆,不善飞;脚强健,具锐爪,善于行走和掘地寻食;雄鸟巨大的肉冠和美丽的羽毛;有的还在跗蹠后缘具距。早成鸟。本目鸟类有7科276种,中国有2科26属57种。代表动物如褐马鸡(*Crossoptilon mantchuricum*)(中国特产鸟类,国家一级重点保护野生动物)、绿孔雀(Pavo muticus)(国家一级重点保护野生动物)、红腹锦鸡(*Chrysolophus pictus*)(国家二级重点保护野生动物)、白冠长尾雉(*Syrmaticus reevesii*)(国家二级重点保护野生动物)、雉鸡(*Phasianus colchicus*)等。河南董寨国家级自然保护区对白冠长尾雉的人工繁殖、生态学等进行了长期的探索与研究,取得了显著成果。

鹤形目(Gruiformes):本目鸟类多为涉禽,主要特点是颈长,喙长,腿长,胫的下部裸露,蹼不发达,后趾细小,着生的位置较高;翼圆而短;尾短,无真正的嗉囊;气管长而盘曲。早成鸟。多栖于水边。本目鸟类全世界有12科约189种,中国有3科20余种。①鹤科(Gruiuae):本科为地栖性的大型候鸟。头顶多少裸露,后趾小而位置稍高。代表动物如丹顶鹤(*Grus japonicus*),其气管特别长,穿入胸骨内弯曲盘转。丹顶鹤是世界上的珍禽之一,已被列为国家一级重点保护野生保护动物。②鸨科(Otidae):本科动物体型大,只有3趾,多栖息于开阔的草原或沙地。代表动物如大鸨(*Otis tarda*)(国家一级重点保护野生动物)等。③秧鸡科(Rallidae):本科动物体中型,喙短而健壮,跗蹠部长,4趾位于同一水平面上,趾间无蹼或具瓣蹼。代表动物如秧鸡(*Rallus aguaticus*)等。

鸽形目(Columbiformes):本目鸟类为地栖或树栖种类。喙短,基部大多柔软,被有蜡质;翼发达,善飞行;尾短而圆;腿短健,无蹼,后趾与前3趾同在一个水平面上或缺后趾。本目鸟类有3科300余种,中国有2科30余种。1)鸠鸽科(Columbldae):喙基部被蜡质,翅端不呈尖形,跗蹠部裸露,后趾存在,适于地面行走。育雏期间,能由嗉囊分泌"鸽乳"育雏。晚成鸟。多栖于岩石或山林之中。代表动物如山斑鸠(*Steptopelia orientalis*)和珠颈斑鸠(*S. chinensis*)、岩鸽(*Columba rupestris*)等。2)沙鸡科(Pteroclicliolae):外形似鸽,但嘴基不被蜡质,翅、尾长而尖,跗蹠部被羽,后趾退化或不存在,嗉囊不能分泌"鸽乳"育雏。早成鸟。喜群居于沙漠地区。代表动物如毛腿沙鸡(*Syrrhaptes paradoxus*)等。

鹃形目(Cuculiformes):本目鸟类一般躯体修长,翅长而尖,善飞翔,尾长,对趾型,候鸟,幼鸟晚成性。营树栖生活。大多数种类在繁殖期间不营巢、不孵卵、不育雏,有寄生性繁殖习性,即将卵产于他鸟的巢内,由他鸟孵卵、育雏。本目全世界约有 3 科 160 种,中国有 1 科 17 种。代表动物如大杜鹃(*Cuculus canorus*)、四声杜鹃(*C. micropterus*)和小杜鹃(*C. po1icephalus*)、红翅凤头鹃(*Clamator coromandus*)等。

鸮形目(Strigiformes):本目鸟类为肉食性夜行性猛禽。头、眼大,两眼并位向前,面部四周的羽呈放射状排列,颇似猫的头部形态,故统称猫头鹰。喙和爪均强大锐利,弯曲成钩。第 4 趾能反转,构成对趾型。晚成鸟。本目鸟类全世界有 3 科 136 种,中国有 2 科 27 种。代表动物如雕鸮(*Bubo bubo*)、长耳鸮(*Asio otus*)、短耳鸮(*A. flommeus*)、纵纹腹小鸮(*Athene noctua*)、斑头鸺鹠(*Glaucidium cuculoides*)等。本目所有现生种类均被列为国家二级重点保护野生动物。

雨燕目(Apocliformes):本目鸟类一般体型小,喙宽短而扁平,口裂极深,口腔腺发达,翅长而尖,善疾飞。适于在飞行中捕食昆虫。尾呈叉状,尾羽 10 枚,脚短而强健,前趾型。晚成鸟。本目鸟类多栖息于海边悬崖峭壁上的洞穴之中。全世界有 3 科 417 种,中国有 1 科 8 种。代表动物如金丝燕(*Collocalia esculenta*)等。金丝燕用以造巢的唾液一经风吹即凝固,形成半透明的胶质物,商品名燕窝(cubilose),被认为是名贵的滋补食品。

佛法僧目(Coraciiformes):本目鸟类多为体色艳丽的攀禽。喙长而直,或细而弯曲,腿短,并趾型。晚成鸟。全世界有 9 科约 200 种,中国有 5 科 25 种。主要类群包括:①翠鸟科(Aleecliclae):嘴粗直,翅短圆,尾、腿均短,第 2、3 趾基部相连。代表动物如蓝喉蜂虎(*Merops viridis*)(国家二级重点保护野生动物)、普通翠鸟(*Alcedo atthis*)、冠鱼狗(*Megaceryle lugubris*)等。②戴胜科(Upupidae):本科鸟类的喙细长而向下稍弯曲,头顶常有显著的羽冠,形似僧帽。代表动物如戴胜(*Upupa epops*)等。③犀鸟科(Bucerotidae):因嘴形粗厚而直,嘴上通常具盔突,形似犀牛角而得名。有 12 属 45 种。该科鸟类为善于攀缘并趾型鸟,其外趾和中趾基部有 2/3 部分互相并合,中趾与内趾基部也有些并合。广泛分布于非洲中南部、印度、中南半岛、大洋洲和太平洋群岛,为典型热带森林鸟类。犀鸟在中国仅见于云南南部西双版纳地区和广西西南部,包括 4 属 4 种:冠斑犀鸟(*Anthracoceros coronatus*)、白喉犀鸟(*Anorrhinus austeni*)、棕颈犀鸟(*Aceros nipalensis*)及双角犀鸟(*Buceros bicornis*)均被列为国家二级重点保护野生动物。

鴷形目(Picifomes):亦称啄木鸟目。本目鸟类的喙粗长而侧扁,呈凿状。舌长,先端具角质小钩,可自如地伸缩于口内外,可用以钩取树洞或树皮下的昆虫等。脚短而强健,跗蹠前缘被盾状鳞。尾羽 12 枚,羽干通常坚硬。对趾型,趾端有锐爪,尾呈楔形,羽干坚硬,富有弹性。本目鸟类全世界有 4 科约 400 种,中国有 2 科 37 种。代表动物如黑枕绿啄木鸟(*Picus canus*)、大斑啄木鸟(*Dendrocopos major*)、白背啄木鸟(*D. leucotos*)、棕腹啄木鸟(*D. hyperythrus*)、星头啄木鸟(*Dendrocopos canicapillus*)等。本目鸟类有益于森林保护,故有“森林医生”之称。

雀形目(Passeriformes):本目鸟类一般体型较小,属鸣禽。外部形态、大小不一,喙、翼的变化很大,腿细弱,趾 3 前 1 后,后趾与中趾等长。鸣肌发达,善于鸣叫,鸣声婉转悦耳。晚成鸟。雀形目为现生鸟类中种类最多的类群,计有 100 科约 5 400 种,占鸟类总数的 60%;中国有 34 科 700 余种。主要类群包括燕科、鸦科、文鸟科、雀科等。①燕科(Hirunclinidae):本科鸟类体型小,喙短而扁,基部宽大,口裂极深,嘴须不发达。翅长而尖,尾呈叉状,脚短而细弱。喜栖于房前屋后的墙壁等处。代表动物如家燕(*Hirundo rustica*)、金腰燕(*H. daurica*)等。②鸦科(Corvidae):本科鸟类一般体型较大,喙粗而长,鼻孔被羽覆盖,脚强健。多栖于山区、丘陵的林缘、灌丛地带。代表动物如秃鼻乌鸦(*Corvus frugilegus*)、大嘴乌鸦(*C. macroyncos*)、喜鹊(*Pica pica*)、灰喜鹊(*Cyanopica cyanus*)、红嘴蓝鹊(*Urocissa erythrorhyncha*)、松鸦(*Garrulus glandarius*)等。③文鸟科(Sturnidae):本科鸟类的喙呈粗短的圆锥形,中央尾羽特长,故形成楔形尾。分布广泛,喜栖于城镇、乡村的丛林之中。在农作物收获季节,可取食谷物种子。代表动物类如树麻雀(*Passer montamus*)、山麻雀(*P. rutilans*)、白腰雪雀(*Montifringilla taczanowskii*)等。④雀科(Fringillidae):本科鸟类的初级飞羽为9枚,中央尾羽不特别延长,余同文鸟科。代表动物如北朱雀(*Carpodacus roseus*)、暗胸朱雀(*C. nipalensis*)、酒红朱雀(*C. vinaceus*)等。

复习与思考题

1. 鸟纲有哪些主要特征?
2. 简述鸟类适应于飞翔生活的特征。
3. 试述鸟类在外形、消化、呼吸、循环、排泄、生殖、神经等方面对飞翔生活的适应性。
4. 鸟类有哪些生态类群?
5. 掌握一些国家重点保护鸟类的名称及主要特征。
6. 查阅文献,掌握爱鸟护鸟的意义和基础知识。
7. 掌握下列重要名词:气质骨,正羽,双重呼吸,双重调节,龙骨突,巩膜骨,愈合荐椎,尾综骨,早成鸟(雏),晚成鸟(雏),迁徙,完全双循环,趾型,蹼型,尾脂腺,腔上囊,异凹型(马鞍型)椎体

第十八节　哺乳纲

哺乳动物具有全身被毛、恒温、胎生和哺乳等特征,是脊椎动物中躯体结构、功能和行为最为复杂的高等类群。已知种类约5 000余种,广泛分布于全球各地,栖息于多种环境中。

一、哺乳动物的主要特征

哺乳动物具有如下共同特征。①全身被毛;②神经系统和感觉器官高度发达,能够协调复杂的功能活动,适应多变的环境;③出现口腔咀嚼和消化,对能量的摄取和利用能力加强;④具有高而恒定的体温;⑤具有在陆地上快速运动的能力;⑥胎生、哺乳使繁殖方式更加完善,提高了后代的成活率。

二、形态

哺乳动物外形最显著的特点是体表被毛,其躯体结构与四肢的着生位置均适应于在陆地上快速运动。前肢的肘关节向后转、后肢的膝关节向前转,从而使四肢紧贴于躯体下

方,大大提升了支撑力和跳跃力,有利于步行和奔跑,结束了低等陆栖动物以腹壁贴地、用尾作为辅助运动器官的局面。哺乳动物的头、颈、躯干和尾等部分在外形上可明显区分;尾大多趋于退化,在许多种类作为平衡器官。

哺乳动物适应于不同的栖息环境和生活方式,在形态上有较大的改变。水栖种类(如鲸)体呈鱼形,附肢退化呈桨状;飞翔种类(如蝙蝠)前肢特化,具有翼膜;穴居种类的体躯粗短,前肢特化呈铲状,适于挖掘洞道以穴居。

三、体壁

哺乳动物的体壁由皮肤、肌肉和部分骨骼等构成。

(一)皮肤及其衍生物

与低等陆栖脊椎动物相比,哺乳动物的皮肤不仅结构致密,具有良好的抗透水性,而且具有敏感的感觉和体温调节功能。致密的皮肤还能有效地抵抗张力和阻止细菌侵入,起着重要的保护作用。因此,皮肤是脊椎动物中皮肤结构和功能最为完善、适应于陆栖生活的防卫器官。哺乳类的皮肤在整个生命过程中不断更新,并保持相对稳定,使动物具有一定的外廓。皮肤的质地、颜色、气味、温度等特性,与栖息环境相协调。

哺乳动物的皮肤由表皮和真皮组成。

表皮:由复层上皮细胞组成。表皮的角质层发达。小型种类如啮齿动物的表皮只有数层细胞,人有数十层,大象、犀牛、河马及猪的细胞可达数百层,故称硬皮动物。

真皮:由致密的纤维性结缔组织构成,内含丰富的血管、神经和感觉神经末梢,能感受温度、压力和疼觉等。真皮的坚韧性极强,为制革的原料。

哺乳动物的表皮和真皮内有黑色素细胞,能产生黑色素颗粒,使皮肤呈现黄、暗红、褐、黑等不同的颜色。在真皮之下,有发达的蜂窝(状)组织,能储蓄大量的脂肪,构成皮下脂肪层,起着保温和隔热作用,也是能量的储备场所。

毛是哺乳动物最为重要的皮肤衍生物,由表皮角质化形成。典型的毛包括毛干和毛根两部分。毛根埋于皮肤深处的毛囊中,外被毛鞘,毛根末端膨大部分为毛球。毛球基部即为真皮构成的毛乳突,内具丰富的血管,可供应毛生长所需的营养物质。皮脂腺开口于毛囊内,其所分泌的油脂能润泽皮肤和毛发。毛囊基部有竖毛肌附着。竖毛肌为起于真皮的平滑肌,收缩时可使毛直立,有辅助调节体温的作用。哺乳动物皮肤的少毛区域(如鼻、唇及生殖孔周围)富有血管,可通过快速散热来调节体温。

毛是哺乳动物的保温器官。水生哺乳类(如鲸)的毛退化、皮下脂肪层发达。毛的颜色还可使动物与其所栖息的环境相协调,这些功能都与毛的结构相关。毛干由皮质部和髓质部构成,内具黑色素,色素主要集中于皮质内。髓质部内含空气间隙。髓质部愈发达的毛,保温性能愈强。毛也是重要的触觉器官,许多种类(如食肉类、啮齿类)吻端的触毛,是特化的感官。有学者认为,毛的基本功能为触觉,在进化过程中发展了保温及调温功能。毛的形态、长短和疏密等,均与保温的效能有关。

根据结构特点,可将毛分为针毛(刺毛)、绒毛和触毛。针毛长而坚韧,依一定的方向着生(毛向),具有保护作用。绒毛位于针毛的下层,无毛向,毛干的髓部发达、保温性强。触毛为特化的针毛,具感觉作用。

哺乳动物的毛在春、秋季可季节性地更换,这种现象称为换毛。

哺乳动物的皮肤腺特别发达。皮肤腺来源于表皮的生发层,为多细胞腺,其种类繁多、功能各异。哺乳动物的皮肤腺主要包括皮脂腺、汗腺、乳腺和味腺(臭腺)4 种类型。皮脂腺为泡状腺,多开口于毛囊基部。汗腺为管状腺,下陷于真皮深处,盘卷成团,外包以丰富的血管。血液中所含的部分代谢产物(如尿素),可从汗腺管通过渗透而达于体表,随后蒸发(即通常所说的出汗)。实际上,体表的水分蒸发散热是哺乳动物调节体温的一种重要方式(哺乳类散热的主要方式为出汗、呼吸加速和饮水以增加排尿)。从这种意义上说,哺乳动物的皮肤还具有排泄和体温调节功能。在一些汗腺不发达的种类,其体热的散发主要通过口腔、舌和鼻表面的蒸发来实现。乳腺为哺乳动物所特有的腺体,是一种管状腺与泡状腺复合的腺体,是特化的汗腺。乳腺常丛聚开口于躯体的特定部位,如鼠蹊部(牛、羊)、腹部(猪)和胸部(灵长类)。从发育生物学的角度来看,胎儿腹部上皮的一对乳嵴,从腋部延伸至鼠鼷部,以后在特定的部位加厚,最终形成乳腺。乳腺借乳头开口于体表,乳头的数目因种类而异。一般来说,乳头的对数与所产幼仔的数目相当,如猪为4 ~ 5 对、牛羊为 2 对、灵长类与翼手类为 1 对。低等哺乳类(如鸭嘴兽)不具乳头,乳腺所分泌的乳汁沿毛流出,供幼兽舐吮,且其乳汁内仅含蛋白质和脂肪,可能不含乳糖。味腺为汗腺或皮脂腺的衍生物(如麝的麝香腺、黄鼬的肛腺),对哺乳动物(特别是社会性种类)的个体识别、繁殖、逃避捕食者等有重要作用。味腺的出现,与哺乳类以嗅觉(化学感受器)作为主要的猎食方式相联系。在以视觉为主要定位器官的类群(如鸟类和哺乳类的灵长目),嗅觉以及味腺均大为退化。在哺乳动物皮肤内还有一种顶泌腺,其结构似汗腺,开口于近毛囊处。顶泌腺的确切功能尚不清楚,人的顶泌腺分泌物能被体表细菌转化为一种嗅产物。哺乳类的各种香腺及麝香腺,可能是一种变形的顶泌腺。

除上述的毛和皮肤腺以外,哺乳动物的皮肤衍生物还有爪、角、鳞等。哺乳类的爪与爬行动物的爪同源,皆为指(趾)端表皮角质化的产物,为陆栖步行时指(趾)端的保护器官。某些哺乳动物的指(趾)端具有蹄或甲,均为爪的变形。

角为哺乳动物头部表皮及真皮部分特化的产物,由真皮骨化后,穿出皮肤而成,主要包括洞角(牛角)和实角(鹿角)两种类型。洞角不分叉,终生不更换,为头骨的骨角外面套以由表皮角质化形成的角质鞘构成。刚生出的鹿角外包富含血管的皮肤,此期的鹿角称鹿茸,为名贵中药。实角为分叉的骨质角,通常多为雄兽发达,且每年脱换一次;长颈鹿的角终生包被有皮毛,是一种特殊结构的角;犀牛角则为毛的特化产物。

(二)肌肉

哺乳动物的肌肉系统与爬行类基本相似,但结构与功能均进一步复杂化。部分肌肉也参与哺乳动物体壁的构成,其重要特征是皮肤肌极为发达。

(三)骨骼

参与哺乳动物体壁构成的骨骼成分包括脊柱、胸骨、肩带、腰带等。详见相关部分。

四、运动

大多数哺乳动物是适应于陆地生活的高等脊椎动物类群。随着生活方式和栖息环境的不同，原始哺乳动物适于在地面行走的五趾型四肢衍生出许多特化类型，如营水生生活的鲸类和海牛类的后肢退化，前肢演变为鳍状；适应飞翔生活的翼手类的指骨延长，指和四肢间发展了翼膜；营地下生活的鼹鼠类的前肢呈铲形；在开阔草原地区奔跑的有蹄类的四肢趾端具蹄；树栖哺乳类具锐爪以便在树干上攀爬（如松鼠类），或具长指（趾）以抓握树枝（如灵长类），还有极为特殊的适应于树间运动的哺乳类，如南美热带森林中的树懒，其趾端具钩状爪，用以在树上攀爬和悬挂身体。

（一）运动方式

哺乳动物的运动方式与栖息环境密切相关，主要包括奔跑、飞翔、游泳 3 种方式。陆栖哺乳动物适应于不同的生活方式，在足型上有蹠行、趾行和蹄行性 3 种类型。

（二）运动器官

哺乳动物具有在陆地上快速运动的能力，部分种类适应于特殊的生活环境，可营飞翔、游泳、穴居等生活。这些均有赖于强有力的运动器官。

1. 骨骼

哺乳动物的骨骼系统非常发达，支持、保护和运动的功能得到进一步加强。其主特征是：脊柱分区明显，结构坚实而灵活；四肢下移至腹面，出现肘（关节）和膝（关节），将躯体撑起，适于在陆上快速运动。头骨因脑与嗅囊（鼻囊）的高度发达而有较大特化。从形态解剖特征来看，哺乳动物的颈椎恒为 7 枚、下颌由单一的齿骨构成，头骨具 2 个枕骨髁和异型牙齿，这些都是哺乳动物骨骼的鉴别性特征（图 4-49）。

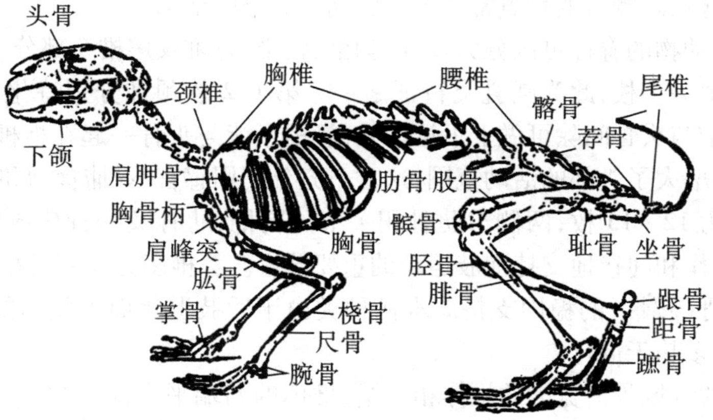

图 4-49　家兔的骨骼系统

哺乳动物骨骼系统的演化趋势是：①骨化完全，为肌肉的附着提供充分的支持；②愈合和简化，增大了坚固性并保证轻便；③提高了中轴骨的韧性，使四肢得以较大的速度和范围（步幅）活动；④长骨的生长仅限于发育早期，与爬行类的终生生长不同，提高了骨骼的坚固性并有利于骨骼肌的附着与发育。

头骨：哺乳动物的头骨由于脑、感官（特别是鼻囊）的发达和口腔咀嚼的产生而发生显著变化。脑颅和鼻腔扩大、出现次生腭（始见于爬行动物），使头骨的一些骨块消失、变形和愈合。余留的骨骼因而获得了扩展的可能性，使头骨有较大的变形：顶部有明显的

"脑杓"以容纳脑髓,枕骨大孔移至头骨的腹侧。头骨骨块数目的减少和愈合,是哺乳类的一个明显特征。例如,哺乳类的枕骨、蝶骨、颞骨和筛蝶骨等,均系由多个骨块愈合而成。骨块愈合是解决坚固与轻便之间矛盾的有效途径,类似的例子在脊椎动物中不在少数。

哺乳动物的嗅觉(鼻囊)和听觉(耳囊)非常发达,表现在鼻囊容积扩大的同时,在鼻腔内出现复杂的鼻甲骨(嗅黏膜即覆于鼻甲骨表面),使嗅觉的表面积增大,这是哺乳动物具有灵敏嗅觉的基础。相当于爬行动物的副蝶骨向前伸入鼻腔,构成鼻中隔的一部分,称为犁骨。哺乳动物头骨因鼻腔的扩大而形成明显的"脸部",此点与其他陆生脊椎动物不同。陆地四足动物所特有的犁鼻器,在哺乳类中的单孔目、有袋目和食虫目比较发达,在其他类群则大多退化。在听觉的复杂化方面,表现在中耳腔被硬骨(鼓室泡)所保护,腔内有 3 块互为关节的听小骨(锤骨、砧骨及镫骨)把鼓膜与内耳相联结。鼓膜受到声波的轻微震动,即被这些精巧的装置加以放大并传递至内耳。

鼻腔扩大必然导致内鼻孔的扩大,加上口腔咀嚼的出现,哺乳动物产生了咀嚼食物时"消化"与"呼吸"的矛盾。哺乳类通过次生腭(硬腭)解决了这一矛盾。次生腭由前颌骨、颌骨及腭骨的突起拼合而成。硬腭与软腭一起使空气沿鼻通路向后输送至喉部,从而使动物在咀嚼时仍可进行正常呼吸。

哺乳动物头骨的一个标志性特征是下颌由单一的齿骨构成。齿骨与头骨的颞骨鳞状部直接关节,从关节所处的(支点)位置和关节的方式来看,均加强了咀嚼的能力。与此相联系的是头骨具有**颧弓**(由颌骨与颞骨的突起以及颧骨本体所构成),以此作为强大的咀嚼肌的附着起点。颧弓的特点常作为哺乳动物分类的依据。

脊柱:哺乳动物的脊柱可区分为颈椎、胸椎、腰椎、荐椎及尾椎 5 部分。

颈椎数目恒为 7 枚,此为哺乳类特征之一。第 1、2 枚颈椎分别特化为寰椎和枢椎。这种结构使寰椎与头骨间除可做上下运动外,寰椎还能与头骨一起在枢椎的齿突(枢突)上转动,进一步增大了头部的活动范围,这对于充分利用感官、寻捕食物和防卫,都是有利的适应。胸椎为 12 ~ 15 枚,两侧与肋骨相关节。胸椎、肋骨及胸骨构成胸廓,是保护内脏、完成呼吸动作和间接地支持前肢运动的重要器官。荐椎多为 3 ~ 5 枚,且有愈合现象,构成对后肢带骨(腰带)的稳固支持。水栖种类由于后肢退化而无发达的荐椎。尾椎数目因种类而异,多趋于退化。

哺乳动物的脊椎骨借宽大的椎体相联结,椎体的两端平直,故称双平型椎体,这种椎体类型提高了脊柱的负重能力。相邻的椎体之间具有由软骨构成的椎间盘。椎间盘内有一髓核,是脊索退化的痕迹。坚韧而富有弹力的椎间盘,能缓冲运动时对脑及内脏的震动,提高了动物的活动能力和范围。

带骨及肢骨:哺乳动物的四肢主要作前后运动,肢骨长而强健,与地面垂直,指(趾)朝前。疾走种类的前后肢均在一个平面上运动,与屈伸无关的肌肉均趋于退化,以减轻肢体重量。

肩带呈薄片状,由肩胛骨、乌喙骨及锁骨构成。肩胛骨极为发达,乌喙骨已退化成肩胛骨上的一个突起(称乌喙突)。锁骨多趋于退化,仅在攀缘(如灵长类)、掘土(如鼹鼠)和飞翔(翼手目)等类群较为发达。在单孔目尚有前乌喙骨及间锁骨。哺乳动物肩带的简化与运动方式的单一化密切相关。前肢骨的基本结构与一般陆生脊椎动物类似,但肘关节向后转,使动物对身体的支撑和运动能力显著提升。

腰带由髂骨、坐骨和耻骨构成。髂骨与荐骨相关节,左、右坐骨与耻骨在腹中线缝合,构成封闭式骨盆。哺乳动物的腰带愈合,使牢固性增加,加强了对后肢的支持作用。后肢骨的基本结构与一般陆生脊椎动物类似,但膝关节向前转,提高了对躯体的支撑作用,也使运动能力得以加强。

2. 肌肉

哺乳动物的肌肉系统与爬行类基本相似,但结构与功能均进一步复杂化,特别表现在具有强大的四肢肌肉,可适应快速的奔跑和运动。哺乳动物肌肉系统的其他特征包括:①具有特有的膈肌(亦称横隔膜)。膈肌起于胸廓后端的肋骨缘,止于中央腱,构成分隔胸腔与腹腔的隔挡。在神经系统的调节下,膈肌发生运动而改变胸腔容积,对完成呼吸作用具有重要作用。②咀嚼肌强大,具有粗壮的颞肌和嚼肌,分别起自颅侧和颧弓,止于下颌骨(齿骨)。这一特征与口成为主要的捕食和防御器官及用口腔咀嚼等特征密切相关。

五、消化

从结构和功能方面看,哺乳动物消化系统的特征主要表现在消化道分化程度高、出现了口腔消化,使消化能力进一步提高。与此相关联的特征则是消化腺极为发达。从行为方面看,哺乳类凭借各种灵敏的感官和有力的运动器官,能主动、有效地觅食,这是其他脊椎动物所不及的。

消化道:消化道的基本功能是传送食糜、完成机械消化、化学消化和吸收养分。就基本结构和功能而言,哺乳动物的消化道与其他脊椎动物并无本质的区别,只是在结构和功能方面进一步完善化。直肠直接以肛门开口于体外(泄殖腔消失)是哺乳类与低等脊椎动物的显著区别。由于胃的扩大和扭转,使胃系膜的一部分下垂呈袋状,即为大网膜,其上常有丰富的脂肪储积。

口腔及咽部位于消化道的前端部分。自哺乳动物开始出现了肉质的唇,并有颜面肌肉附着以控制运动,为吸乳、摄食及辅助咀嚼的重要器官。草食性种类的唇甚为发达。与口腔咀嚼活动相适应,哺乳动物的口裂已大为缩小,在两侧牙齿的外侧出现了颊部,使咀嚼的食物碎屑不致掉落。某些种类(特别是树栖生活种类如松鼠、猴)的颊部还发展出袋状构造,称为颊囊,用以暂时储存食物。肌肉质的舌在哺乳类最为发达,与摄食、搅拌及吞咽动作有密切关系。舌表面分布有味觉器官即味蕾(taste bud),为一种化学感受器。舌也是人类的辅助发音器官。

口腔的顶壁由骨质的硬腭(次生腭)以及从硬腭向后的延伸部分-软腭所构成。这个顶壁把鼻腔开口(内鼻孔)与口腔分隔开,使鼻通路沿硬腭、软腭的背方后行,直至正对喉的部位,借内鼻孔而开口于咽腔。腭部常有成排的、具角质上皮的棱,与咀嚼时防止食物滑脱有关。草食性及肉食性种类的角质棱发达;鲸须即为此种角质棱的特化物所构成的特殊滤食器官。

哺乳动物的前颌骨、颌骨及下颌骨(齿骨)上着生有异型齿(图 4-50)。哺乳动物的牙齿为槽生齿(亦见于某些爬行类),但牙齿形态有分化现象,即分化为门齿(i-incisor)、犬齿(c-canine)、前臼齿(p-pre-molar)和臼齿(m-molar)。门齿有切割食物功能,犬齿具撕裂功能,前臼齿和臼齿具有咬、切、压、研磨等多种功能。牙齿与食性的关系十分密切,因而生活习性不同的哺乳类,其牙齿的形状和数目均有很大变异。齿型和齿数在同一种类基本稳定,通常以一侧上颌/下颌牙齿(门齿・犬齿・前臼齿・臼齿・门齿・犬齿・前臼齿・臼齿)的数目来表示,称为**齿式**(dental formula)。齿式可作为哺乳动物分类的依据之一。如人的齿式为:

2・1・2・3/2・1・2・3

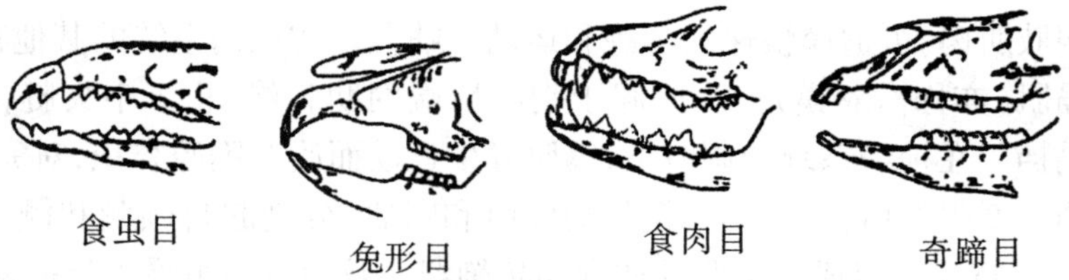

图4-50 哺乳动物的牙齿

从发育特征来看,哺乳动物的牙齿可区分为乳齿与恒齿。乳齿脱落后即代以恒齿,恒齿终生不再更换,这种类型的牙齿称为再出齿。在低等动物,牙齿易脱落,一生中多次替换,随掉随生,故称多出齿。哺乳动物的前臼齿和门齿、犬齿有乳齿,臼齿无乳齿。牙齿是真皮与表皮(齿的釉质)的衍生物,由齿质、釉质(珐琅质)和齿骨质(白垩质)所构成。齿质内有髓腔,充有结缔组织、血管和神经,可供应牙齿所需的营养。釉质是哺乳动物体内最坚硬的组织,覆盖于齿冠部分。齿骨质覆于齿根外周,与颌骨的齿槽相联合,其成分以磷酸钙为主。

从哺乳动物的系统发展历史来看,中生代白垩纪(距今约7 000万年)的有胎盘哺乳动物为食虫类。在进化过程中出现了多种适应辐射,分化形成肉食类、草食类和杂食类等。这一方面反映了哺乳动物在食性上的高度适应能力,同时也必然引起齿型(特别是臼齿)形态的剧变。目前一般认为,原始哺乳动物(以现存食虫目为代表)臼齿的基本形态为三角型,其上有3个齿尖,以增强对食物的研磨功能(下颌臼齿的三角型齿后方,尚有带有2个齿尖的附属结构)。在进化过程中产生"方化"现象,使臼齿的研磨面扩大,成为四方型的臼齿。以干草为食者(如牛、鹿和马等),其齿冠加高成高冠齿。臼齿面上的锥尖也特化为多种形态,以加强臼齿的耐磨性。这些结构特征既可作为分类依据,也可基于磨损程度鉴定个体的年龄。

口腔后方即为咽部。内鼻孔即开口于软腭后端而达于咽部。在咽部两侧还有耳咽管(欧氏管)的开口。耳咽管连通咽部与中耳腔,可调整中耳腔内的气压而保护鼓膜。咽部周围还分布有大的淋巴腺体,即扁桃体。为防止食物碎屑进入气管,哺乳动物在喉门处形成一个软骨的"喉门盖",即**会厌软骨**(epiglottic cartilage)。当完成吞咽动作时,先由舌将食物后推至咽,食物刺激软腭而引起一系列的反射:软腭上升、咽后壁向前封闭咽与鼻道的通路;舌骨后推、喉头上升、使会厌软骨紧盖喉部,封闭咽与喉的通路。此时呼吸暂停,食物经咽部进入食管,由此解决咽交叉部位的呼吸与吞咽之矛盾。

哺乳动物胃的形态与食性相关。大多数种类为单胃。食草动物中的反刍类则具有复杂的复胃(反刍胃)。反刍胃一般由4室组成,即瘤胃、网胃(蜂巢胃)、瓣胃和皱胃。其中前3个胃室均为食道的变形,皱胃为胃本体,具有腺上皮,能分泌胃液。新生幼兽的胃液中凝乳酶特别活跃,能使乳汁在胃内凝结。从胃的贲门部开始,经网胃至瓣胃孔处,有一肌肉质的沟褶,称食管沟。食管沟在幼兽较发达,借肌肉收缩可构成暂时的管(如同自食管下端延续而成一管),使乳汁直接流入皱胃内。至成体时食管沟退化。

反刍(rumination)的简要过程是:当混有大量唾液的纤维质食物(如干草)进入瘤胃后,在微生物(细菌、纤毛虫和真菌)作用下发酵分解(有时也能进入网胃)。存于瘤胃和网胃内的粗糙食物上浮,刺激瘤胃前庭和食道沟,引起逆呕反射,使粗糙食物逆行,经食道进入口中再行咀嚼。咀嚼后的细碎和比重较大的食物再经瘤胃与网胃的底部下行,最后达于皱胃。这种反刍过程可反复进行,直至食物被充分分解、消化。

哺乳动物的小肠高度分化,小肠黏膜富有绒毛、血管和淋巴管,增强了对营养物质的吸收作用。小肠具乳糜管,为输送脂肪的一种淋巴管,外观呈乳白色。

小肠与大肠交界处为盲肠,草食性种类的盲肠特别发达。盲肠的主要功能是在细菌的作用下,进行植物纤维质的消化。大肠可区分为结肠与直肠,直肠经肛门与体外相通。

消化腺:绝大多数哺乳动物的口腔内有耳下腺、颌下腺和舌下腺3对唾液腺,少数种类(如兔)还具有1对眶下腺。唾液腺的分泌物中除含有大量黏液外,还含有唾液淀粉酶,能把淀粉分解为麦芽糖。因此,哺乳动物的口腔首次具备了对食物的初步消化作用,即口腔消化。有学者认为,哺乳动物的唾液腺分泌物(以及眼泪)中还含有溶菌酶,具有抑制细菌的作用。除唾液腺之外,哺乳动物的消化腺尚有见于其他脊椎动物的肝脏和胰脏,分别分泌胆汁和胰液,最终均注入十二指肠。

六、呼吸

哺乳动物的呼吸系统发达,由呼吸道和肺组成。空气经外鼻孔、鼻腔、内鼻孔、咽喉、气管而最终入肺。

外鼻孔和内鼻孔:分别为鼻腔与外界和内侧开口,均成对。

鼻腔:分为上端的嗅觉部分和下端的呼吸通气部分。嗅觉部分有发达的鼻甲,其黏膜表面满布嗅觉神经末梢。哺乳动物还有伸入到头骨骨腔内的鼻旁窦,加强了鼻腔对空气的温暖、湿润和过滤作用。鼻旁窦也是发声的共鸣器。

咽:位于软腭后方的空腔,为呼吸系统和消化系统共同的通道。

喉:为气管前端的膨大部,紧接于咽之后,是空气的入口和发声器官。

喉部除喉盖(会厌软骨)外,还由甲状软骨和环状软骨构成喉腔。在环状软骨上方有1对小形的杓状软骨。甲状软骨与杓状软骨之间有黏膜皱襞构成声带,为哺乳类的发声器官。声带紧张程度的改变和呼出气流的强度可调节音调。

肺:哺乳动物的肺呈海绵状,由很多微细支气管和肺泡构成。肺泡是呼吸性细支气管末端的盲囊,由单层扁平上皮组成,外面密布微血管,是气体交换的场所。哺乳动物的肺由复杂的“支气管树”所构成,其盲端即为肺泡。这种结构使呼吸表面积极度增大,如人的肺泡约有7亿个,总面积可达60~120 m^2。肺泡之间分布有弹性纤维,伴随呼气动作可使肺被动地回缩。肺的弹性回位,致使胸腔内呈负压状态,从而使胸膜的壁层和脏层紧贴在一起。胸腔为哺乳类特有的、容纳肺的体腔,借横隔膜(膈肌)与腹腔隔开。横隔膜的运动可改变胸腔容积(腹式呼吸),加上肋骨的升降以扩大或缩小胸腔容积(胸式呼吸),使哺乳类的肺被动地扩张和回缩,以完成呼气和吸气动作。

四足动物的胸廓因参与支持体重而趋于稳定,加以肩带及前肢位于胸廓两侧,使肋骨的活动范围受到限制,因而膈肌的出现对哺乳动物加强呼吸功能具有重要意义。肋间肌和膈肌均受来自脊髓的运动神经元支配。呼吸中枢位于延脑。血液中 CO_2 含量的改变及肺内压力的变化,均能反射性地刺激呼吸中枢,借以调整呼吸频率。吸气运动使肺泡膨大,位于肺泡周围的牵张感受器兴奋,所产生的冲动可沿迷走神经传入延脑的吸气中枢,使其抑制而产生被动的呼气运动,称为肺牵张反射(pulmonary stretch reflex)。大脑皮质控制着呼吸中枢的活动,可直接调整呼吸运动和发声。

七、循环

血液循环系统是生命活动持续的最显著信号之一。血液循环停止就意味着生命的结束。与变温动物相比,哺乳动物的生命活动强烈而旺盛,在循环系统方面的表现就是血流速度快、血压高,从而保证了 O_2 的供应和 CO_2 的及时排出,并维持体温的恒定。在恒温条件下,动物的各种生理生化反应均被促进,并能快速运动。同时,动物对能量的需求也进一步增加。哺乳动物的红血细胞呈双凹透镜形(骆驼为卵圆形),大多数种类成体后无核,此点显著不同于其他脊椎动物。

心脏:哺乳动物的心脏分为 4 腔。右心室中的血液经肺动脉、肺、肺静脉返回左心房,构成肺循环。左心室中的血液经体动脉弓、背大动脉、各器官和系统、静脉回右心房,构成体循环(图 4-51)。右心房与右心室的壁均较薄,内储静脉血,房、室间有右房室瓣。左心房与左心室的壁较厚,其内的血液为多氧血,房、室间具有左房室瓣。从心脏发出的大动脉基部内也有 3 个半月瓣。所有这些瓣膜的功能均为防止血液逆流,以保证血液沿既定的方向流动。心脏肌肉的血液供应基于由冠状循环完成。

动脉:哺乳动物仅具有左体动脉弓,这一点与鸟类有根本的不同(二者恰相反)。左体动脉弓弯向背方,成为背大动脉,直达尾端。沿途发出各个分支到达全身各内脏器官。

静脉:哺乳动物的静脉系统主干趋于简化,主要特征表现在:①相当于低等四足动物的成对的前主静脉和后主静脉,大体上被单一的前大静脉(上腔静脉)和后大静脉(下腔静脉)所代替。②肾门静脉消失。来于尾部及后肢的血液直接注入后大静脉回心。肾门静脉(以及腹静脉)的消失,使尾及后肢血液回心时,减少了一次通过微细血管的步骤,有助于加快血流速度和提高血压。③腹静脉在成体消失。④新出现奇静脉(右侧)和半奇静脉(左侧),相当于低等四足动物的退化的后主静脉前段,收集背侧及肋骨间的静脉血液,注入前大静脉回心。

淋巴:哺乳动物的淋巴系统极为发达。淋巴管发源于组织间隙间的、先端为盲端的微淋巴管,组织液通过渗透方式进入微淋巴管,微淋巴管再逐渐汇集为较大的淋巴管,最后主要经胸导管注入前大静脉回心。因此,淋巴系统是一个静脉血液回心的辅助系统。哺乳动物的淋巴系统发达可能与动静脉内血管压力较大、组织液难于直接经静脉回心有关。

肌肉收缩可促进淋巴液流动。淋巴管内有瓣膜，可防止淋巴液逆流。来自小肠的淋巴管（乳糜管）携带脂肪，经胸导管注入前大静脉回心。

微淋巴管是一种可变的结构（时时刻刻都在改变），因而管壁的缺口时开时闭，可将不能进入微血管的大分子结构（如蛋白质、异物颗粒、细菌及抗原）从组织液中摄入，并将其过滤掉或加以中和。过滤异物在淋巴结内进行。淋巴结遍布于淋巴系统的通路上，在某些重要部位如颈部、腋下、鼠蹊部及小肠尤为发达。扁桃体、脾脏和胸腺也是淋巴器官。淋巴结除具有阻截异物、保护机体的功能之外，还可制造各种淋巴细胞。研究表明，把严重感染葡萄球菌的液体注入狗的后肢，检查其胸导管内的淋巴仍然无菌。这种过滤功能主要由淋巴结的巨噬细胞完成。哺乳动物淋巴结的极度发达和全身分布，可能是恒温动物防御细菌等异物滋长的一种特殊适应。

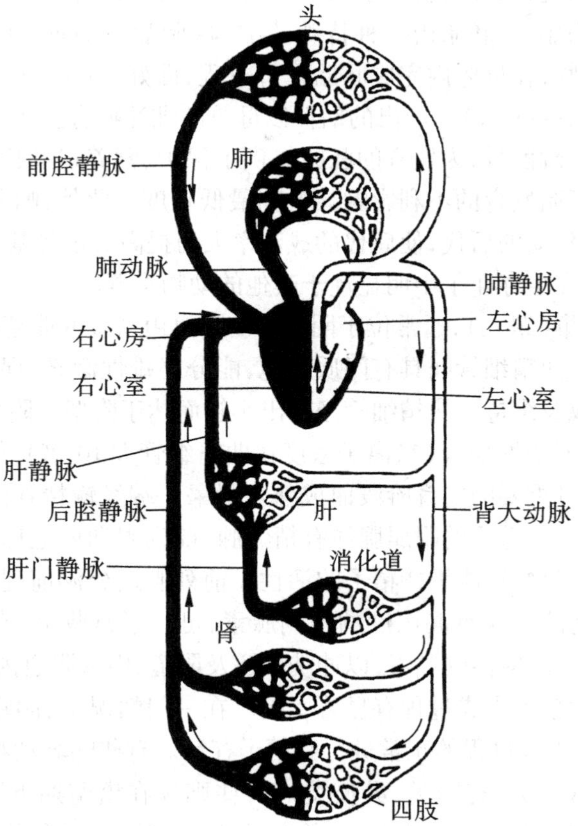

图 4-51　哺乳动物的血液循环

八、排泄

哺乳动物以肾脏（后肾）执行排泄功能，其排泄系统是由肾脏（泌尿）、输尿管（导尿）、膀胱（储尿）和尿道（排尿途径）组成。肾脏的主要功能是排泄代谢废物，参与水分和盐分调节以及酸碱平衡，以维持动物体内环境理化性质的稳定。肾脏的肾小球附近的球旁细胞能产生肾素(renin)，也称血管紧张素原酶，有助于促进内分泌腺所分泌的血管紧张素的活性。除肾脏之外，皮肤也是哺乳类特有的排泄器官。哺乳动物的排泄器官还参与体温调节：水随汗蒸发，可使体温降低。

哺乳动物的新陈代谢活动异常旺盛，较大的能量消耗、食物中含有丰富的蛋白质，使动物机体在代谢过程中所产生的尿量极大。要避免这些含氮产物在体内的累积，就需要有大量的水将废物溶解并排出体外，而这又与陆栖生活所必需的"保水"形成尖锐矛盾。哺乳动物所具有的高度浓缩尿液的能力则是解决这一矛盾的重要适应。

九、繁殖

哺乳动物行有性繁殖。

从进化的角度来说，哺乳动物基于胎生和哺乳等特征，进而发展了完善的繁殖能力。绝大多数哺乳类均为胎生，胚胎借一种特殊的结构-胎盘(placenta)-与母体相联系并取得营养、排出代谢产物，在母体内完成胚胎发育过程，即妊娠(encyesis)，发育至幼儿时始产出体外(称为分娩，delivery)。产出的幼仔以母兽的乳汁哺育。胎生方式为哺乳动物的生存和发展提供了广阔前景，为发育的胚胎提供了保护、营养以及稳定的恒温发育条件，使外界环境条件对胚胎发育的不利影响减低到最低程度。此外，哺乳动物还具有一系列复杂的行为，以保护年幼的后代，使后代的成活率大为提高。正是基于上述繁殖方面的特征和优势，哺乳动物在生存斗争中明显优于其他的动物类群。

雄性：有1对精巢(睾丸)，通常位于阴囊中。精巢由众多的曲精细管(精小管)构成，是产生精子的场所。曲精细管间具有间质细胞，能分泌雄性激素、促进生殖器官发育、成熟和第二性征的形成及维持。曲精细管经输出小管而达于附睾。附睾是管径细而卷曲的管，其壁细胞可分泌弱酸性黏液(氢离子浓度比曲精细管大10倍)，构成适于精子存活的条件；精子在这里经过重要的发育阶段而成熟。附睾下端经输精管而达于尿道。精液经尿道、阴茎而通至体外。重要的附属腺体有精囊腺、前列腺和尿道球腺，其分泌物构成精液的主体，所含的营养物质，能维持精子的活性。前列腺还分泌前列腺素，对于平滑肌的收缩有强烈影响。精液中含有高浓度的前列腺素，可使子宫收缩，有助于受精。在交配时，尿道球腺首先分泌弱碱性的黏液，以冲洗尿道及阴道、中和阴道内的酸性，从面有利于精子的存活。温度对精子生成过程有显著影响。在一般情况下，阴囊中的温度比腹腔低3～4℃，可保证精子生成过程的正常进行和精子存活。有些哺乳动物的精巢终生下降于阴囊中(如有袋类、食肉类、有蹄类、灵长类)；有些则仅在繁殖期下降于阴囊中(如啮齿类、翼手类)。少数终生保留在腹腔内(如单孔类、鲸、象等)。精巢终生下降的种类，在胚胎发育早期，精巢仍位于腹腔内，至后期才降入阴囊。精巢降入阴囊的通路即为腹股沟管(鼠蹊管)。阴茎为雄兽的交配器官，由附于耻骨上的海绵体所构成，海绵体包围尿道。尿道兼有排尿及输送精液的双重功能。

雌性：有1对卵巢。卵巢主要由3部分构成：①结缔组织构成的基质；②围绕表层的生殖上皮；③数目繁多、处于不同发育阶段的滤泡。

每个滤泡内含有1个卵细胞，其外有滤泡液并含有雌性激素，能促进生殖管道及乳房的发育以及第二性征的出现。卵成熟后，滤泡破裂，卵及滤泡液同时排出。残余的滤泡随后逐渐萎缩，并由一种黄色细胞所充满，成为黄体。黄体是一种内分泌组织，所分泌的激素（孕酮）可抑制其他滤泡的成熟和排卵，并促进子宫和乳腺发育，为妊娠做好准备。成熟卵排出后，进入输卵管前端的开口（输卵管伞），沿输卵管下行并达于子宫。受精作用发生于输卵管上段，随后，受精卵即种植于子宫壁，在此处经胎盘与母体建立联系。哺乳动物子宫的原始类型为双体子宫（如啮齿类），较高等种类则为分隔子宫（如猪）、双角子宫（如有蹄类、食肉类）和单子宫（如蝙蝠、灵长目）。单子宫动物一般产仔数目较少。雌性的生殖道经阴道开口于体外。

胎盘：胎盘是雌性哺乳动物妊娠期间，由母体的子宫内膜、胎儿的绒毛膜、尿囊等共同构成的结构，是母体与胎儿之间进行物质交换的器官，是胚胎与母体组织的结合体（图 4-52）。胎盘见于后兽亚纲和真兽亚纲的哺乳动物。胎儿在子宫内发育，通过胎盘从母体取得营养，但双方保持相对独立。在胚胎的发育过程中，胎盘还可产生多种维持妊娠的激素，因而胎盘也是一个重要的内分泌器官。

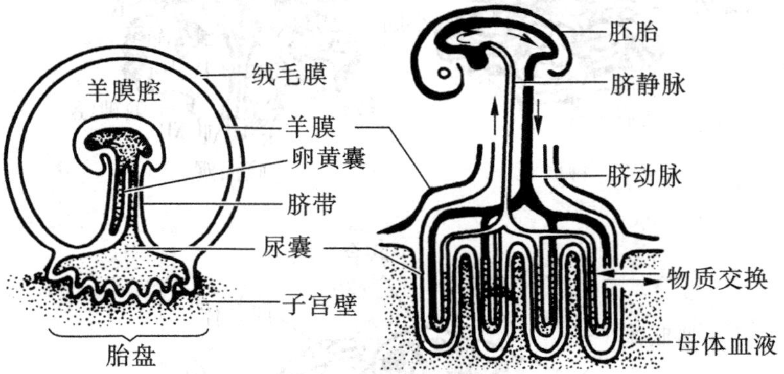

图 4-52　哺乳动物的胎盘

十、神经与感官

哺乳动物具有高度发达的神经系统，能够有效地协调体内环境的统一与稳定，并对复杂的外界条件及其变化做出迅速反应。神经系统伴随着躯体结构、功能和行为的复杂化而发展，其特征主要表现在大脑和小脑体积增大、神经细胞所聚集的皮层加厚、大脑表面出现皱褶（沟和回）等方面。

哺乳动物的脑可分为大脑、中脑、间脑、小脑和延脑等 5 个部分（图 4-53）。大脑皮质由发达的新脑皮层构成。大脑皮质接受来自全身的各种感觉器传来的冲动，通过分析综合，并根据已建立的神经联系而产生合适的反应。见于低等陆栖脊椎动物（如爬行类、鸟类）的高级神经活动中枢-纹状体（基底核）在哺乳动物已显著退化；见于低等动物的古脑皮层在哺乳动物称为梨状叶（pyriform lobe），为嗅觉中枢。原脑皮层显著萎缩，称为海马（hippocampus），主司嗅觉。左、右大脑半球通过许多神经纤维所构成的通路互相联络，称为胼胝体（corpus callosum），是哺乳动物所特有的结构。

间脑大部被大脑所覆盖。视神经从间脑的腹面发出,构成视神经交叉。其后借一柄联结脑垂体(pituitary)。脑垂体为重要的内分泌腺。间脑顶部尚有松果腺(pineal gland),也是内分泌腺,可抑制性早熟和降低血糖。间脑壁内的神经结构主要包括背侧的丘脑(视丘)与腹侧的丘脑下部。丘脑是低级中枢与大脑皮质分析器之间的中继站,来自全身的感觉冲动(嗅觉除外)均集聚于此处,经更换神经元之后达于大脑。丘脑下部与内脏活动的协调密切相关(交感神经中枢),并为体温调节中枢。

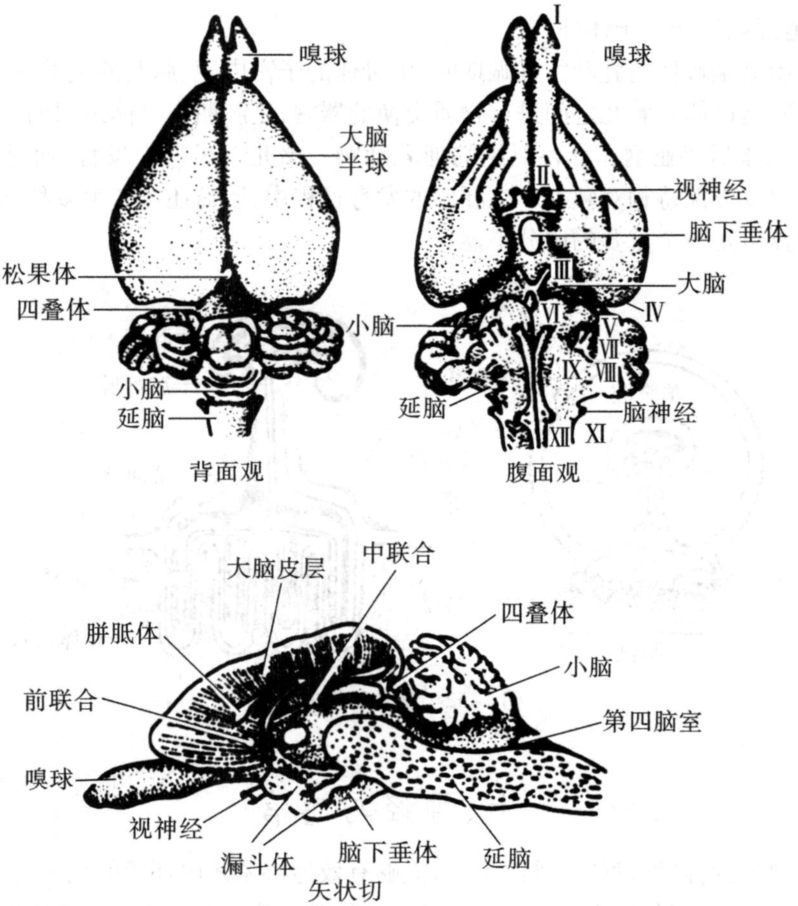

图 4-53　家兔的脑及脑神经

相对于低等脊椎动物而言,哺乳动物的中脑不甚发达,这与其大脑发达、取代了很多低级中枢的作用有关。中脑的背侧为四叠体(quadrigemia),前面的 1 对为视觉反射中枢,后面的 1 对为听觉反射中枢。中脑底部的加厚部分称为大脑脚(cerebral peduncle),为下行的运动神经纤维束所构成。

哺乳动物的小脑极为发达。小脑是运动协调和维持躯体正常姿势的平衡中枢。小脑皮质又称新小脑,是哺乳动物所特有的结构。小脑的腹面较为凸出,称为脑桥(pons),由横行神经纤维构成的隆起。脑桥是小脑与大脑皮质之间联络通路的中继站,也是哺乳动物的特有结构；大脑及小脑愈发达的种类，其脑桥愈发达。

延脑后连脊髓，二者的构造可互相比较。除构成脊髓与高级中枢联络的通路外，延脑还具有一系列的脑神经核。脑神经核的神经纤维与相应的感觉和运动器官相联系。此外，延脑也是重要的内脏活动中枢，可节制呼吸、消化、循环、汗腺分泌及各种防御反射（如咳嗽、呕吐、泪分泌、眨眼等），故又称活命中枢。

脑内具有脑室，与脊髓的中央管相通连。脑与脊髓外面包有硬膜、蛛网膜（或称蜘蛛膜）和软膜等脑膜。在脑室、脊髓中央管及各种脑膜之间，充满脑脊液。脑脊液对保证脑颅腔内压力的稳定、缓冲震动、维持内环境（盐分和渗透压）平衡和营养物质代谢等均具有重要作用。

哺乳动物具有12对脑神经，脊神经的数目则因种类不同而有较大的差异。由脑神经和脊神经构成周围神经系统（peripheral nervous system，PNS），这是中枢神经系统发出、导向身体各部分的神经，也称外周神经系统。根据连于中枢部位的不同，可分为连于脑的脑神经和连于脊髓的脊神经；还可根据分布的对象不同分为躯体神经和内脏神经。周围神经系统担负着与身体各部分的联络工作，起着传入和传出信息的作用。

哺乳动物的植物性神经系统（vegetative nervous system）（或称自主神经系统、不随意神经系统）十分发达。植物性神经系统是脊椎动物的末梢神经系统，由躯体神经分化、发展，形成功能上独立的神经系统。主要由传出神经组成，具有不受意志支配的自主活动。植物性神经系统是外周传出神经系统的一部分，其主要功能是调节内脏活动和新陈代谢过程，保持体内环境的稳定。植物性神经系统与一般脊神经和脑神经的主要不同之处在于：①中枢位于脑干、胸、腰、荐髓的特定部位；②传出神经不直接达于效应器，而是在外周的自主神经节内更换神经元，再由这个更换后的节后神经纤维支配有关器官；③支配并协调内脏器官、腺体、心脏和血管及平滑肌的感觉和运动。

植物性神经系统包括交感神经系统（sympathetic nervous system）和副交感神经系统（parasympathetic nervous system）（图4-54）。交感神经的中枢位于胸髓至腰髓前段的侧角，所发出的节前神经纤维达于脊柱两侧的交感神经链，在其神经节更换神经元，或越过交感神经链至独立的神经节（如肠系膜上的神经节）更换神经元，然后以节后神经纤维支配效应器。副交感神经的中枢位于脑干的一些神经核以及荐髓的侧角，副交感神经节的位置距效应器较近，或就在效应器中，因而节后神经纤维很短，此点显著不同于交感神经。

交感神经和副交感神经一般同时分布到同一器官，但二者具有互相拮抗的作用（或称相反相成）。交感神经兴奋引起心跳加快、血管收缩、血压升高、呼吸加深加快、瞳孔放大、竖毛肌收缩、消化道蠕动减弱、部分腺体（如唾液腺）停止分泌等，使有机体处于“应激”状态，而副交感神经兴奋则引起相反的效果。

感觉器官：哺乳动物的感觉器官发达，尤其表现在嗅觉和听觉的高度灵敏。感官是动物得以感知环境条件变化，并通过中枢神经系统的控制而产生反应的重要器官，是在对环境条件的长期适应中发展起来的。哺乳动物对光（视觉）、声（听觉）和嗅（嗅觉）的感觉能力强，这对远距离定向、定位、觅食、寻找配偶、躲避捕食者等均有积极意义。例如，空气中极微量的麝香（4×10^{-5} mg · L^{-1}）即能被动物嗅知。某些哺乳动物为适应在视力不足的条件下的快速运动，还发展了特殊的高、低频声波脉冲系统，借听觉感知声波回声而定位

(回声定位,echolocation)。例如,蝙蝠以高频声波回声定位;海豚以高频及低频 2 种水内声波(声纳)回声定位。这些也是仿生学研究的课题,具有重要的应用价值。

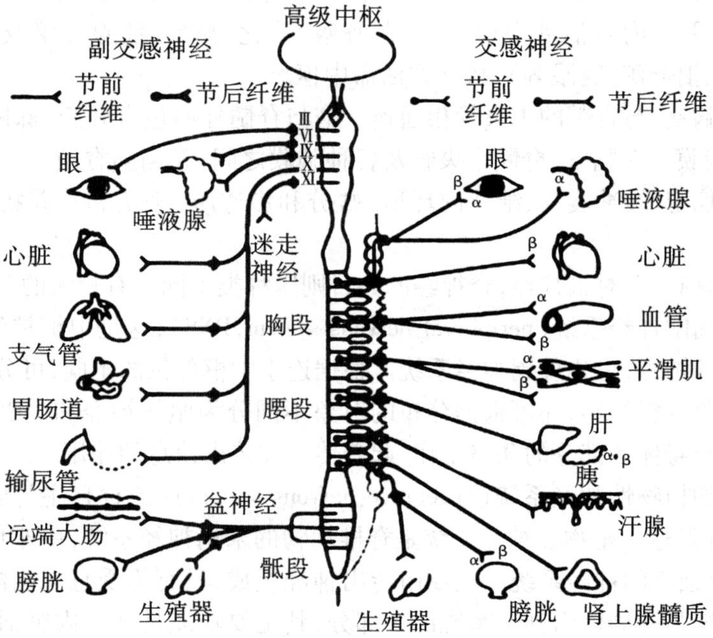

图 4-54 植物性神经系统

视觉器官:哺乳动物的视觉器官(眼球)的结构与其他陆栖脊椎动物并无本质的差异(图4-55)。哺乳类对光波的感觉灵敏,但对色觉感受力差,这与大多数哺乳动物为夜间活动的习性有关。灵长目动物的辨色能力、对物体大小和距离的判断均较准确。

嗅觉器官:哺乳动物的嗅觉高度发达,表现在鼻腔的扩大和鼻甲骨的复杂化。鼻甲骨是盘卷而复杂的薄骨片,其外覆有满布嗅神经的嗅黏膜,使嗅觉的表面积大为增加(例如,兔的嗅神经细胞多达 10 亿个)。因此,嗅觉是哺乳动物(特别是夜行性种类)的重要感官。水栖种类(如鲸、海豚、海牛)的嗅觉器官则退化。

听觉器官:哺乳动物的听觉敏锐,主要特征是:内耳具有发达的耳蜗管、中耳内具有 3 块彼此相关节的听小骨(锤骨、砧骨和镫骨,三者构成听骨链)及发达的外耳道和耳壳。耳壳可转动,借此可更有效地收集声波。鼓膜随声波的振动以推动听骨,听骨撞击耳蜗管(前庭窗部分),引起管内淋巴液的震动,从而刺激听觉的感受器(柯蒂氏器,organ of corti),将神经冲动传入脑而产生听觉。在水生哺乳动物,由于其躯体与水的密度相近,声波可以直接穿过躯体而达于中耳及内耳。研究表明,某些齿鲸的下颌骨内部具空腔,充满油液,为声波的优良导体,可将声波迅速地传递至紧靠其后的中耳和内耳。

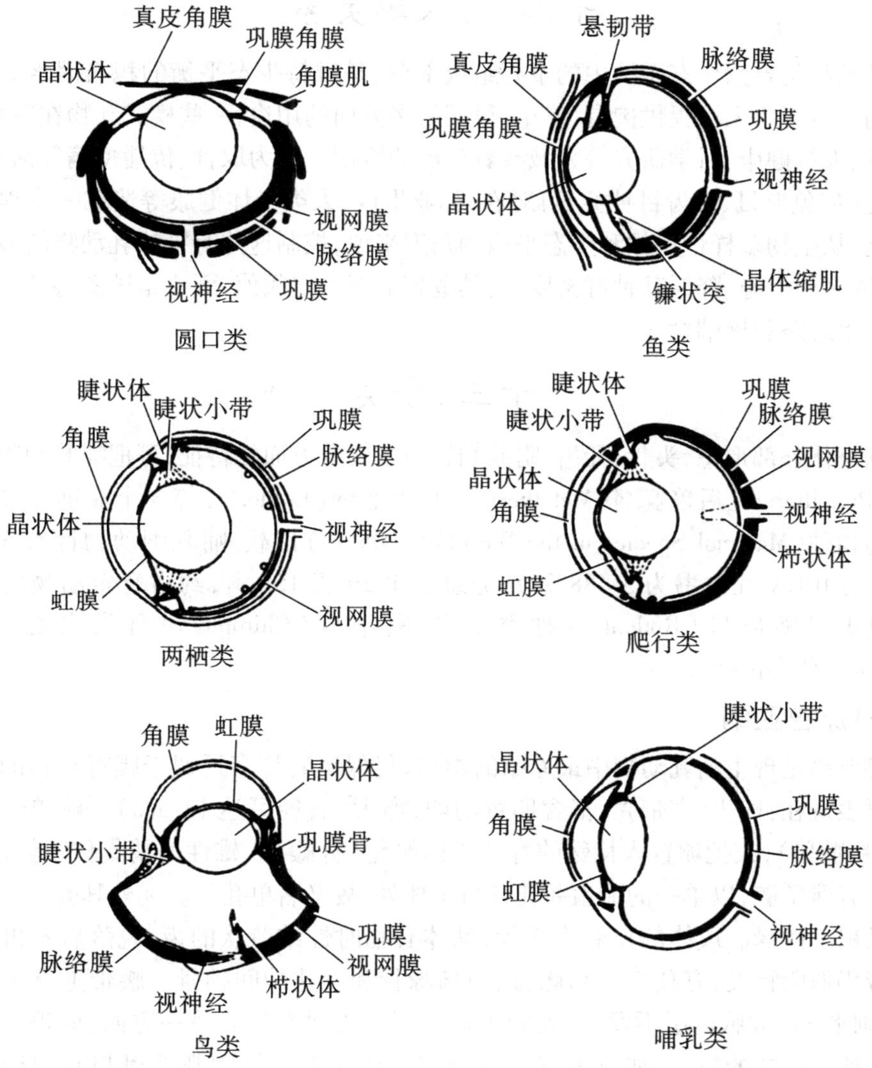

图 4-55 脊椎动物眼的比较

十一、栖息环境

哺乳动物是动物界分布最为广泛的类群。作为恒温动物，哺乳动物能在较寒冷的环境中保持活动能力，而汗腺等器官则可协助其在炎热的环境中调节体温，因而能够适应各种不同温度和地形的生存环境。从热带草原上的羚羊到极地的北极熊、再到高山上的鼠兔和沙漠中的骆驼，到处都可见到哺乳动物的身影。哺乳动物主要栖息于陆地环境，也有一些种类已适应在陆地以外的环境中生活，如飞行的蝙蝠类和在水体中生活的海豹、海豚、鲸等。

十二、与人类关系

哺乳动物是自然生态系统中的重要组成部分，是维持生态平衡的积极因素。源自野生祖先的家畜可为人类提供肉食、皮革、役用等多方面的用途；一些模式动物在医药卫生、生物医学、人类健康、科学研究等领域有着广泛的应用。因为取食、传播疫病等活动，部分哺乳动物（如兔形目、啮齿目种类）可对农、林业生产、人类身体健康等造成一定程度的危害。但是，从生物多样性保护和生态平衡的角度来说，控制这些有害哺乳动物的最佳方式应是，采取多种措施，降低其种群密度，使其危害低至一定阈值，而不是试图将其物种彻底消灭的简单思路和极端做法。

十三、分类

根据身体外部形态、头骨、牙齿、附肢和繁殖方式等方面的特征，可把哺乳动物分为原兽亚纲（Prototheria）、后兽亚纲（Metatheria）、真兽亚纲（Eutheria）等 3 个亚纲。根据世界哺乳动物物种（Mammal Species of the World）（2005 年）记载，哺乳纲动物计有 5 676 种（2008 版的 IUCN 红皮书为 5 488 种），分隶于 1229 属 153 科，约占脊索动物门种类的 10%。其中以啮齿目（Rodentia）种类最多，翼手目（Chiroptera）种类次之，食虫目（Insectivora）种类位列第三。

（一）原兽亚纲

原兽亚纲是现生哺乳动物中最原始的类群，仍保留着许多近似于爬行动物的原始特征。主要表现在：卵生，产带壳、富含卵黄的卵，卵大（直径可达 14 mm）。雌兽还有孵卵习性（如鸭嘴兽），或把卵置入特殊的育儿袋内孵化（针鼹）。雄性的精巢位于体内，体外无阴囊。有泄殖腔，以单一的泄殖腔孔开口于体外，故又名单孔类。无外耳壳。口缘无肉质唇而具扁平的喙。成体的口腔内无齿，幼体有临时性结节状的齿，脱落后不再生出恒齿。肩带仍似爬行类，有独立的乌喙骨、前乌喙骨和发达的间锁骨。腰带上有 1 对袋骨（或称上耻骨）。大脑皮层不发达，大脑半球之间尚无胼胝体。另一方面，原兽亚纲动物也具备了哺乳动物的特征，如体表有毛，有乳腺，但不具乳头，乳腺管开口在腹壁的乳腺区，由仔兽舐吮乳汁。具肌肉质横隔膜。下颌由单一的齿骨组成。体温波动在 26 ~ 35 ℃，处于由变温向恒温过渡的阶段。因此，原兽亚纲为原始的哺乳动物，目前仅分布在大洋洲地区。

现生的原兽亚纲只有 1 目，即单孔目（Monotremata），可分为针鼹科（Tachyglossidae）、鸭嘴兽科（Ornithorhynchidae）等 2 个科。代表动物如鸭嘴兽（*Ornithorhynchus anatinus*）、长吻针鼹（*Zaglossus bruijni*）等。

（二）后兽亚纲

后兽亚纲是哺乳动物中的低等类群，其主要特征包括：胎生，但大多数种类无真正的胎盘，母兽具特殊的育儿袋。发育不完全的幼仔出生后在育儿袋内继续完成发育。乳腺具乳头，乳头开口在育儿袋内。骨骼结构已接近于有胎盘哺乳类，不具颈肋，具 13 枚带有肋骨的胸椎，通常具 7 枚腰椎。肩带中的乌喙骨、前乌喙骨、间锁骨均已退化，肩胛骨增大且具肩胛冈。腰带上具上耻骨(袋骨),用以支持育儿袋。大脑半球体积小,表面无沟和回,也没有胼胝体。体温在33~35℃之间波动。雌性个体具子宫、双阴道。与此相应,雄性阴茎的末端也分成两支,交配时每一分支进入一个阴道。雄性体外具阴囊。牙齿为异型齿,门齿数目较多且变化较大。本亚纲的动物主要分布于澳洲大陆及其附近的岛屿,少数种类分布在南美洲和中美洲,仅有1种分布于北美洲。从系统进化来看,后兽亚纲的分类地位介于原兽亚纲和真兽亚纲之间。

现存后兽亚纲只有一个目,即有袋目(Marsupialia),统称有袋类。根据门齿数目可分为多门齿亚目、新袋鼠亚目和双门齿亚目等3个亚目。代表动物如东部灰大袋鼠(*Macropus giganteus*)、灰袋鼠(*Macropus giganteus*)、塔斯马尼亚袋熊(*Vombatus ursinus*)等。

(三)真兽亚纲

真兽亚纲是躯体结构、功能、行为等最为复杂的高等哺乳动物类群,其主要特征有:全身被毛、运动快速、恒温、胎生的脊椎动物;体温恒定;胎生和哺乳;左心室与右心室完全分开,左心室将鲜血通过左动脉弓输送至身体各部;脑颅扩大,脑容量增加;中耳腔内具有3块听骨;下颌由1块齿骨构成,与头骨为齿骨-鳞骨关节式;牙齿分化为门齿、犬齿和前臼齿和臼齿;颈椎7枚,第1、2颈椎分别分化为寰椎和枢椎。除南极、北极地区和个别岛屿外,分布几乎遍及全球。

真兽亚纲的现生种类约有19个目,重要者如食虫目(Insectivora)、翼手目(Chiroptera)、贫齿目(Xenarthra)、鳞甲目(Pholidota)、兔形目(Lagomorpha)、啮齿目(Rodentia)、食肉目(Carnivora)、鲸目(Cetacea)、偶蹄目(Artiodactyla)、奇蹄目(Perissodactyla)、长鼻目(Proboscidea)、灵长目(Primates)等。

食虫目:本目是一类身体被以柔毛或硬刺、外形似鼠的小型有胎盘类动物,为真兽亚纲中最原始的类群,也是哺乳动物中的第3大类群。食虫目动物在中生代的白垩纪地层中即已出现。此类动物体型较小,吻部多细尖,活动灵活;大脑无沟和回。门齿大而呈钳形,犬齿小或无,臼齿多尖,齿尖多呈"W"形,适于食虫。四肢短小,通常为5趾,蹠行性。广泛分布于全世界(除大洋洲和南极洲外)。在南美洲,仅见于最北部地区。已知种类约400种,隶属于9科。我国计有80余种。代表动物如普通刺猬(*Erinaceus eiropaeus*)、臭鼩(*Suncus murinus*)、麝鼹(*Scaptochirusmoschatus*)、鼩鼱(*Sorex araneus*)等。

翼手目:本目动物俗称蝙蝠,是哺乳动物中仅次于啮齿目的第二大类群,计有2亚目19科185属960余种。翼手目动物的四肢和尾部之间有薄而坚韧的皮质膜,故可像鸟一样鼓翼飞行,这一点是其他任何哺乳动物所不具备的。翼手目动物具有特化伸长的指骨和连接其间的皮质翼膜、前肢拇指和后肢各趾均具爪、发达的胸骨形成类似鸟类的龙骨突以利胸肌着生、发达的听力等特征,这些均是对飞翔生活的适应。翼手目动物为夜行性种类,其中以昆虫为食的种类在不同程度上都有回声定位系统。借助这一系统,它们能在完全黑暗的环境中飞行和捕捉食物。翼手目种类的食性相当广泛,有些种类以花蜜、果实等植物性食物为食,有的则捕食鱼类、青蛙、昆虫或吸食动物血液。一般来说,大蝠类主要以植物的果实、花蜜等为食,而大多数小蝠类则以捕食昆虫为主。除极地和大洋中的一些岛屿外,翼手目的分布遍于全世界。已知种类19科185属960余种,我国计有110余种。

代表动物如马铁菊头蝠(*Rhinolophus ferrumequinum*)、普通伏翼(*Pipistrellus abramus*)、大蹄蝠(*Hipposideros armiger*)、大足鼠耳蝠(*Myotis ricketti*)等。

贫齿目:又称异关节目,是现存最古老的真兽类,保留着一些独特的原始特征,如脊柱后部的胸椎和腰椎上有附加关节。多数有齿(食蚁兽没有牙齿)但无齿根(故名),牙齿构造简单,没有釉质。齿可终生生长。不具门牙和犬牙。贫齿目是美洲的特产,原本仅分布于南美洲,但在南北美洲再次相连后,部分贫齿目成员进入北美洲。已知种类有 24 种。代表动物如大食蚁兽(*Myrmecophaga tridactyla*)、九带犰狳(*Dasypus novemcinctus*)等。

鳞甲目:体外覆有角质鳞甲,鳞片间杂有稀疏硬毛。头小,不具齿,吻尖、舌发达,前爪长,适应于挖掘蚁穴、舐食蚁类等昆虫。头骨粗大,呈圆锥形,颧弓不完整。鼻骨大,上枕骨也大。耳壳呈环形。头顶、头侧、颈部、身体和尾均覆盖着大而呈覆瓦状排列的硬角质厚鳞片。颏部、颈部下方及腹部具毛而无鳞片。爪长,尤其是前足中趾的爪特长,可用于挖掘蚁巢。尾扁而阔。鳞甲目动物栖息于森林、浓密的灌丛、开阔地带或大草原等地。陆栖或树栖。以蚁类为主要食物。分布于亚洲、非洲的热带、亚热带地区。在欧洲德国南部和西班牙渐新世和中新世地层和亚洲更新世地层中发现有鳞甲目动物的化石。本目仅包含穿山甲科(Manidae)穿山甲属。现生种类有 1 属 7 种。我国有 2 种。代表动物如穿山甲(*Manis pentadactyla*)(国家二级重点保护野生动物)、长尾穿山甲(*M. tetractyla*)等。

兔形目:本目动物的上颌具有 2 对前后重叠的门齿。其中,前 1 对较大,前方有明显的纵沟;后 1 对极小,隐于前 1 对的后方,呈圆柱状。下颌具有门齿 1 对,无犬齿,在门齿与前臼齿之间有很长的齿隙。门齿的釉质为单层。颊齿为单侧高冠齿,上颊齿的间距比下颊齿的间距宽,上下颌颊齿每次仅能在单侧交合,但门齿却能同时咬合,咬肌的特化程度比较低,咀嚼食物时以下颌骨左右移动为主,使植物性食物能在棱状颊齿的咀嚼面上充分研磨。上唇中部有纵裂。耳长。尾巴短小。后肢显著长于前肢,善于跳跃;前肢不能抱着食物吃。阴囊位于阴茎的前面,没有阴茎骨。头骨的门齿孔极大,左右门齿孔常汇合于一处,使腭部骨质部分相当不完整,腭骨与上颌骨相连接,仅成为一个窄的骨桥。具典型的双角子宫。盘状蜕膜胎盘。胸椎 12 块,腰椎 7 块。分布于亚洲、欧洲、非洲、北美洲和南美洲的广大地区。现生兔形目动物包括鼠兔科(Ochotonidae)(约 30 种)和兔科(Leporidae)(约 44 种)等 2 个科。我国有 30 余种。代表动物如草兔(*Lepus capensis*)、达乌尔鼠兔(*Ochotona daurica*)和黑唇鼠兔(高原鼠兔)(*Ochotona curzoniae*)、藏鼠兔(*O. thibetana*)等。

啮齿目:通称鼠类。本目动物的上下颌有 1 对门齿,喜啮咬坚硬的物体;啮齿动物多在夜间或晨昏活动,许多种类的繁殖能力很强。啮齿动物的种数占哺乳动物的 40% ~ 50%,个体数目则远远超过其他类群的总和,几乎遍及除南极和少数海岛以外的世界各地。啮齿动物的门齿无根,能终生生长。均无犬齿,门齿与颊齿间有很大的齿隙,此称犬齿虚位;下颌关节突与颅骨的关节窝联结比较松弛,既可前后移动,又能左右错动,既能压碎食物,又能碾磨植物纤维。听泡较发达,盲肠较粗大。雌性具双子宫,雄性的睾丸在非繁殖期间萎缩并隐于腹腔内。部分种类有颊囊,可暂时储藏食物。啮齿动物大多居住在洞穴中,也有一部分栖息于树丛和水中。几乎所有的啮齿动物都是植食性种类,但也有少数种类为杂食性。有些啮齿动物能传染多种疾病,危害人类生命健康。有不少种类具有经济价值,不仅可供肉、毛皮和科学实验用,而且对于人类的农、林业生产、卫生防疫、资源利用、环境保护和科学研究等方面具有重要的实际和理论意义。更为重要的是,在自然界,啮齿动物是许多食肉动物的主要食物来源,是许多陆地生态系统食物链(网)的重要环节,对维持生态平衡具有不可替代的作用。

有关啮齿目的分类问题,学者们尚有不同见解。尽管最近的形态学研究结果强烈地支持啮齿动物是单系群,但长期以来对此争议颇多。最古老的啮齿类化石发现于北美的古新世地层中。经过漫长的进化过程,特别是第三纪和第四纪早期的两次大分化,啮齿目动物在形态上已极为多样化。除了少数种类外,啮齿动物一般体型较小,数量多,繁殖快,适应性强,能生活在多种多样的生境中,其中大多数种类营穴居生活。从进化角度来讲,啮齿动物是现存哺乳类中适应和进化最为成功的类群。啮齿动物善于利用洞穴作为隐蔽所,以躲避天敌,保护幼仔,储存食物,适应不良的气候条件。据估计,全世界现生啮齿动物有 1 590 ~ 2 000 种,分隶于 28 ~ 34 科,中国约有 12 科 180 余种。代表动物如河狸(*Castor fiber*)(国家二级重点保护野生动物)、复齿鼯鼠(*Trogopterus xanthipes*)(中国特有物种)、岩松鼠(*Sciurotamias davidianus*)(中国特有物种)、花鼠(*Tamias sibibiricus*)、大仓鼠(*Tscherskia triton*)、棕色田鼠(*Lasiopodomys mandarinus*)、黑线姬鼠(*Apodemus agrarius*)、褐家鼠(*Rattus norvegicus*)、小家鼠(*Mus musculus*)、东北鼢鼠(*Myospalax psilurus*)、豪猪(*Hystrix hodgsoni*)等。

食肉目:本目动物的牙齿强大,尖锐而有力,犬齿发达。上颌的最后一枚前臼齿和下颌的最前一枚臼齿在咬合时呈剪刀状交错,可将猎物的韧带、软骨切断、撕裂,故称裂齿(carnassial tooth)。犬齿异常粗大,长而尖,颇锋利,起穿刺作用。灵猫科只分布于旧大陆;浣熊科几乎集中分布于新大陆;其余各科的分布均较广泛,除大洋洲外,几乎遍及世界各地。全世界现生食肉目动物计 9 科 101 属,约 250 种;中国有 7 科 33 属,约 55 种。中国特产的食肉兽类有大熊猫(*Ailuropoda melanoleuca*)、小熊猫(*Ailurus fulgens*)、貉(*Nyctereutes procyonoides*)、花面狸(*Paguma larvata*)、荒漠猫(*Felis bieti*)和雪豹(*Panthera uncia*)等 6 种;其中尤以大熊猫最负盛名。此外,尚有紫貂(*Martes zibellina*)、白鼬(*Mustela erminea*)、伶鼬(*M. nivalis*)、水獭(*Lutra lutra*)、大灵猫(*Viverra zibetha*)、小灵猫(*Viverricula indica*)、熊狸(*Arctictis binturong*)、豺(*Cuon alpinus*)、兔狲(*Otocolobus manul*)、猞猁(*Lynx lynx*)、金猫(*Catopuma temminckii*)、虎(*Panthera tigris*)、豹(*P. pardus*)和云豹(*Neofelis nebulosa*)等,均被列为国家重点保护野生动物。

自 2011 年开始,中国政府组织相关单位和研究人员,开展了全国第 4 次大熊猫调查工作。本次调查共投入 2 000 多人,设置调查样线 20513 条、植被调查样方 11901 个,历时 3 年,到 2014 年底调查工作全部完成。调查结果表明,截止到 2013 年底,全国野生大熊猫种群数量达到 1 864 只,增长了 16.8%;栖息地面积达到 258 万公顷,增长了 11.8%;全国圈养大熊猫种群数量达到 375 只。

鲸目:本目动物除少数几种栖息于淡水之外,其他种类均栖息于海洋,可分为须鲸(Mysticeti)和齿鲸(Odontoceti)两个类群。鲸类体长 1 ~ 30 m,体形似鱼,皮肤裸露,仅吻部具有少量的毛,无汗腺和皮脂腺。前肢特化成鳍状,后肢完全退化,仅在体内保留 1 对小骨片。尾端左右扩展,形成水平的尾鳍。无耳廓,皮肤之下有一层较厚的脂肪,可借此保温,并减小身体的比重,有利于游泳。有的种类具有背鳍。眼小,无瞬膜,也无泪腺,视力较差。外鼻孔1~2个,位于头顶,俗称喷水孔。虽无耳郭,但听觉灵敏。肺左、右各1叶。水中哺乳。胃分4室。鲸目是完全水栖的哺乳动物,有的主要依赖回声定位寻食、避敌。一般以软体动物、鱼类和浮游动物为食,有的种类也能捕食海豹、海狗等。在水中生活时,每隔一段时间,必须浮出水面换气。一般在冬季从高纬度的冷水区游向低纬度的热水区产仔,夏季又由低纬度热水区游回高纬度冷水区捕食。鲸目的现生种类有90余种,中国约有30种。代表动物如白鳍豚(亦称白鱀豚)(*Lipotes vexillifer*)、长江江豚(*Neophocaena asiaorientalis asiaorientalis*),均被列为国家一级重点保护野生动物。

白鳍豚是我国长江中、下游水域独有的古老物种,早在2500万年前就生活在长江中,被称为"活化石",有"长江女神"之誉,已被列为国家一级重点保护野生动物,也是世界12种最濒危的物种之一。2006年12月,中外科学家在长江中进行了40多天的大规模搜寻活动,未发现白鳍豚的踪迹。2007年8月8日,Biology Letters(生物学快报,英国皇家学会)据此发表报告,正式公布白鳍豚的功能性灭绝(functional extinction)。2016年10月4日,一支由民间爱好者组成的考察队称,他们在长江流域的安徽芜湖黑沙洲附近的水域目击了疑似白鳍豚的动物。因此,有关白鳍豚的生存现状尚需进一步的调查研究。

奇蹄目:本目动物因趾数多为单数(奇数)而得名。原始奇蹄动物的指(趾)数目为前肢4指,后肢3趾,现生的貘类即具有这样的脚趾结构。奇蹄目动物的胃简单,不具备偶蹄目部分成员那样多的胃室,但盲肠大而呈囊状,可协助消化植物纤维。脚的中轴通过中趾,第1指(趾)(大拇指)和第5指(趾)一般都已消失。故前、后肢通常只有3个指(趾)起作用,在较为进步的马类甚至只有1个指(趾)。多数动物的指(趾)端具蹄。在奇蹄目动物的踝部、距骨的近端,有1个双重隆起的滑车形的关节面,以此与胫骨相关节,远端与踝部其他骨头相连处则为一扁平的关节面。奇蹄目动物股骨的骨干外侧有一显著的突起,名为第三转子。这类动物的门齿通常齐全,共同组成剪割植物茎叶的有效器官,犬齿退化或消失;前臼齿在进化过程中逐渐趋向高度臼齿化。奇蹄目的现生类群包括马科(Equidae)、貘科(Tapiridae)和犀科(Rhinocerotidae)等3科7属约17种。代表动物如普氏野马(*Equus caballus przewalskii*)(国家一级重点保护野生动物)、马来貘(印度貘)(*Tapirus indicus*)、蒙古野驴(*Equus hemionus*)(国家一级重点保护野生动物)、藏野驴(*E. kiang*)(国家一级重点保护野生动物)、白犀(*Ceratotherium simum*)等。

偶蹄目:本目多为大型、中型的草食性陆生有蹄类哺乳动物。由于这类动物的第3和第4指(趾)特别发达,长短相等;第1指(趾)完全退化,第2和第5指(趾)不发达或缺如。故其指(趾)为双数(偶数),指(趾)端又有鞘状蹄,偶蹄目即由此而得名。偶蹄目动物大多有角;胸、腰部椎骨较奇蹄目为少,股骨无第3转子;四肢中第3、第4趾同等发育以支持体重,胃大多为复胃,盲肠短小。偶蹄目的现生种类计有10科75属180余种,中国有41种,其中有一些为特产种类。代表动物如野骆驼(*Camelus ferus*)(国家一级重点保护野生动物)、林麝(*Moschus berezovskii*)(国家二级重点保护野生动物)、马麝(*M. chrysogaster*)(国家二级重点保护野生动物)、白唇鹿(*Cervus albirostris*)(国家一级重点保护野生动物)、麋鹿(*Elaphurus davidianus*)(国家一级重点保护野生动物)、野牦牛(*Bos mutus*)(国家一级重点保护野生动物)、藏羚(*Pantholops hodgsonii*)(国家一级重点保护野生动物）和羚牛（*Budorcas taxicolor*）（国家一级重点保护野生动物）等。

在偶蹄目动物中，麋鹿值得一提。麋鹿被视为世界性珍稀动物。因为其头脸像马、角像鹿、颈像骆驼、尾像驴，故得名四不像。麋鹿为我国的特产哺乳动物，原产于中国长江中、下游的沼泽地带。性好集群，善游泳，喜好以嫩草和水生植物为食。在繁殖期，求偶发情活动始于6月底，持续6周左右。麋鹿曾广布于东亚地区，其人工圈养历史可以追溯到周朝（公元前1100～250年）。1865年法国人Pere Armand David发现了麋鹿，并于1866年订立*Elaphurus davidianus*为麋鹿的学名。麋鹿的野生种群在清代末叶绝灭。1900年，由于八国联军入侵北京的战乱影响，生存于北京南海子皇家猎苑中、已有数百年人工圈养历史的麋鹿圈养种群消失。国内的最后1只麋鹿于1920年死于北京的万牲园。至此，中国境内的麋鹿全部灭绝。为拯救这一物种，自1898年起，Herbrand Arthur Russell（英国第十一世贝福特公爵，The 11th Duke of Bedford）陆续收集了散落在欧洲动物园中的18只麋鹿，饲养在自己的庄园中，以实施保护。这群麋鹿即成为全球现生麋鹿的祖先种群。我国从1985年起重新引进麋鹿，希望能够最终重建麋鹿的自然种群。经过30多年的风土再驯化，麋鹿的重引进已获成功。截止到2016年底，全国的麋鹿数量已达5 600余头。

长鼻目：本目动物因上唇和鼻均延长，共同形成灵活的象鼻而得名。此类动物的主要特征是：体型巨大，鼻长，耳大，生有较长的獠牙。四肢粗大似柱，每足5指（趾），指（趾）端有短蹄。植食性。仅有1对上门齿（第3对门齿），因其持续生长而形成硬齿质的獠牙，俗称象牙（ivory）；无其他上门齿，也无下门齿。没有犬齿；颊齿为高冠齿及脊形齿；有8颗乳齿的前臼齿和8颗门齿，所有的颊齿外形均相似，有许多横的釉质脊，磨损的牙齿脱落后，由其后毗邻的齿向前顶替。头骨短而高，骨骼内有许多空气腔；上唇和鼻愈合并延长，形成长且能弯曲的肉质鼻。鼻孔位于鼻的末端，高出颜面，鼻尖如手指状。皮肤厚，体表有一层稀疏的须状毛。胃简单，盲肠较大。乳头1对，位于胸部。精巢（睾丸）终生保留在腹腔中，没有阴茎骨。没有眶后条；泪骨在眼眶的内侧。嗅觉、听觉发达，但视觉较差。现生种类只有象科（Elephantidae）。代表动物如亚洲象（*Elephas maximus*）（国家一级重点保护野生动物）、非洲草原象（*Loxodonta africana*）。

灵长目：本目是动物界进化最为高等的类群。其主要特征包括：大脑发达；眼眶朝向前方，眶间距窄；前、后肢的指（趾）分开，大拇指灵活，多数能与其他指（趾）对握。多数灵长目动物的鼻较短，嗅觉的发达程度次于视觉、触觉和听觉。指（趾）端多具扁甲，蹠行性。猿类和人无尾。在有尾的种类，其尾长的差异很大，卷尾猴科大部分种类的尾可卷曲，具抓握功能。一些旧大陆猴（如狒狒 *Papio*）的脸部、臀部或胸部的皮肤具鲜艳色彩，在繁殖期尤其显著。臀部有由粗硬皮肤形成的硬块，称为臀胼胝。多数种类在胸部或腋下有1对乳头，雄性的阴茎呈悬垂状，多数种类具阴茎骨，雌体具双角子宫或单子宫。灵长类的食性和取食方式因种类而异，但大多为杂食性。每年繁殖1～2次，每产1仔，少数种类可多达3仔。幼体生长较慢。高等种类的成年雌性有月经，而雄性可在任何时间交配。与体型大小相近的其他哺乳动物相比，灵长类动物发育较慢、性成熟较晚，但寿命更长。灵长类动物有多种方式的移动行为，包括四肢行走、直立行走、树间跳跃、树丛中摆荡（或称臂行，如长臂猿）等。灵长类动物有多种不同的社会结构、组织类型和婚配制度。

除人类遍布全球之外，多数灵长类动物分布于美洲、非洲和亚洲的热带、亚热带地区。

现生灵长类动物可分为原猴亚目(Prosimii)和猿猴亚目(或称类人猿亚目,Anthropoidea)。原猴亚目种类的颜面部似狐;无颊囊和臀胼胝;前肢短于后肢,拇指(趾)发达,能与其他指(趾)对握;尾缺如或有而不能卷曲。猿猴亚目动物的颜面似于人类;大都具颊囊和臀胼胝;前肢多长于后肢,个别种类的拇指(趾)退化;尾长、有的能卷曲,有的无尾。根据现生种类的地理分布或鼻孔的结构特征,猿猴亚目又可分为阔鼻猴(新大陆猴)类和狭鼻猴(旧大陆猴)类。灵长目已知种类有500余种,中国有28种。代表动物如川金丝猴(*Rhinopithecus roxellana*)(国家一级重点保护野生动物)、海南长臂猿(*Nomascus hainanus*)(国家一级重点保护野生动物)、怒江金丝猴(*Rh. strykeri*)(国家一级重点保护野生动物)、猕猴(*Macaca mulatta*)(国家二级重点保护野生动物)。2016年,中山大学的范朋飞等学者发表了高黎贡长臂猿(*Hoolock tianxing*)新种,这是迄今为止由中国学者命名的第一个长臂猿物种。高黎贡长臂猿主要分布于我国云南省的高黎贡山地区。

猕猴华北亚种(*M. m. tcheliensis*)是中国猕猴的特有亚种,目前仅分布于河南、山西两省交界的太行山南端和中条山地区,故学术界多以太行山猕猴称之,其现生种群数量约30群4 000余只(路纪琪等,2018)。目前,已建立了太行山猕猴国家级自然保护区(河南)、历山国家级自然保护区(山西)、阳城莽河猕猴国家级自然保护区(山西)和一些省级自然保护区,对猕猴等野生动物和森林生态系统实施保护。郑州大学的路纪琪研究组在保护区建立了野外研究基地,对太行山猕猴的行为、社会结构、生态学、保护生物学等进行了长期的观察与研究,积累了大量的研究数据,对这一非人灵长类物种有了较为充分的了解。

复习与思考题

1. 哺乳动物有哪些进步性特征?
2. 胎生、哺乳有何重要意义?
3. 简述哺乳动物的齿式并举例。
4. 哺乳动物有哪些特有结构?
5. 简述哺乳动物的主要类群。
6. 查阅文献,了解一些国家重点保护的哺乳动物。
7. 查阅文献,了解有关灵长目、啮齿目、食肉目、翼手目等类群的研究进展。
8. 掌握下列重要名词:颧弓,膈肌,会厌软骨,裂齿,胎盘,妊娠,双平型椎体,胼胝体,恒温动物,植物性神经系统,听骨链,胎生,犬齿虚位,换毛,左体动脉弓,淋巴系统

第五章　动物的进化

从词源学来看,英文的“evolution”一词源自拉丁文的“evolvere”,意为将一个卷在一起的东西打开,也指任何事物的生长、变化或发展,包括恒星的演变、化学的演变、文化的演变或者观念的演变等等。自19世纪之后,“evolution”通常用来表示生物学上不同世代之间外表特征与基因频率的改变。

第一节　生物进化

生物进化是指一切生命形态发生、发展、演变的过程,是生物历史发展的同义词,是生物世代延续过程中所发生的累积性变化。瑞士学者邦尼特(A. Bonnet)于1762年首先将“evolution”一词应用于生物学。“进化”之于生物学具有极大的重要性!

一、概述

生物进化是在生物与其生存环境相互作用的过程中,遗传系统随时间所发生的一系列不可逆的改变,并导致其表型产生相应的改变。在大多数情况下,这种改变导致生物总体对其生存环境的进一步适应,或导致新物种的形成与分化。生物界的发展历史表明,生物进化是从简单到复杂、从低等到高等的过程,从而呈现出一种进步性发展的趋势。生物进化的基本单位是种群而非个体,而进化的方向则由自然选择所决定。经过无数次选择,使某物种的有利于变异的基因得到加强,不利于变异的基因被逐渐清除,从而改变了物种在同一区域或不同区域内的基因频率(达尔文只是在个体水平上注意到不同性状的保留与否,而未能从分子水平对自然选择的结果进行分析),形成同一区域内物种的新类型或不同区域内同一物种的亚种,或经长期的选择,使基因频率的改变达到生殖隔离的程度,最终形成新的物种。

动物的进化遵循一定的规律,沿着从水生到陆生、从简单到复杂、由低等到高等的主线不断发展。对动物进化的大量证据的分析表明,动物进化的主要规律包括趋异律(divergence law)、适应辐射律(adaptative radiation law)、趋同律(convergence law)、不可逆律(irreversible law)与平行律(parallelism law)等。掌握这些规律有助于全面认识动物的适应与进化问题。

趋异律:或称趋异进化、分歧进化(divergent evolution),是指生物进化过程中,由于共同祖先适应于不同环境,向两个或者多个方向发展的现象。

适应辐射律:是指发生于一个祖先种或线系,在短时间内经过迅速扩展而占据了许多不同的生态位,从而发展出许多新的物种或新的分类阶元的现象。也有学者认为,适应辐射是一种特殊的趋异进化,当某一类群的趋异呈辐射状、向着多个方向不断发展时,即称为适应辐射。

趋同律:或称趋同进化(convergent evolution),是指不同的生物,甚至在进化上相距甚远的生物,如果生活在条件相同的环境中,在同样的选择压力作用下,有可能产生功能相同或极为相似的形态结构,以适应相同的条件的现象。

不可逆律:或称进化不可逆法则,是指退化或者完全消失的器官在以后的进化过程中绝不会重新出现的现象。

平行律:或称平行进化(parallel evolution),是指不同类群的动物,由于生活在极为相似的环境条件下,对等的器官出现了相似性状的现象。如,有袋目的大袋鼠和啮齿目的跳鼠均营地面跳跃式生活,因而都具有较长的、以适应于跳跃生活的后肢。

基于不同的研究尺度,对同一进化现象可能提出不同的理解和表述。总体来看,进化包括两个层次:一类进化现象(如群体的变异性、适应性变化、地理变异和成种事件等)发生在物种或以下层次,由突变、遗传漂变、基因流和自然选择导致等位基因频率的改变,称为微进化(microevolution),亦称种内进化(intraspecific evolution);另一类进化现象(如鸟的翼、鸟类与哺乳动物的恒温性等)则发生在物种层次以上,特别是新的更高分阶元的起源、侵入新的分布区以及与此相关的关键性进化新特征的获得,称为宏进化(macroevolution)。

自达尔文时代以来,关于宏进化到底只是微进化的连续,还是与微进化无关且需要用一套不同的理论来解释,学者们曾有过激烈的争论。拥有许多微进化证据的达尔文主义者坚定地支持渐变式的进化机制,而一些掌握宏进化证据的古生物学家和系统分类学家则相信,自然界还存在着跃变式的进化机制。从本质上来看,微进化是生物多样性的来源,宏进化则反映了物种的纵向演化。二者是相互交织在一起的整体,而不宜被相互割裂、单独分析。

二、进化生物学

进化生物学(evolutionary biology)是研究物种的起源和改变,以及物种之间亲缘关系的科学。进化生物学不仅研究进化的过程,更重要的是探讨进化的原因、机制、速率和方向,即回答"为什么"的问题。

著名生物学家迈尔(E. Mayr)认为,进化论是生物学最大的统一理论。综合进化论的奠基者之一、著名遗传学家杜布赞斯基(Theodosius Dobzhansky,1900~1975年)亦指出(1973年):如果不从进化(论)的角度分析问题,生物学的一切都将毫无意义(nothing in biology makes sense except in the light of evolution)。通过进化生物学的研究与学习,可以深入了解生命起源及其演化的历程和脉络,明晰不同生物类群或种类间的亲缘关系;揭示生物进化的规律,进而从更广泛的角度深刻理解复杂而多样化的生命现象。作为一门内容丰富的综合性学科,进化生物学对促进生命科学各分支学科间的沟通与联系具有极为重要的意义。

三、进化思想的发展

生物进化的思想早在古希腊时代即已出现。例如,阿那克西曼德(Anaximander,约公元前610—前545)认为人类祖先来自海洋。至18—19世纪时,即有许多关于生命源自共同祖先的观念。拉马克(J. B. Lamarck,1744—1829 年)是第一位对生物演化提出科学理论的学者,而达尔文与华莱士(A. R. Wallace,1823—1913 年)所提出的以自然选择为主要机制的进化论则成为第一个具有说服力的解释。在达尔文发表《物种起源》并成名之后,许多先前没有发表、发展较少的类似理论被发现。但是,达尔文尚未认识任何遗传机制,因而无法解释为何不同世代具有不同特征。而且,当时流行的观点认为,子代的性状为两位亲代性状的混合,而任何变异终将逐渐消失。

孟德尔(G. J. Mendel,1822—1884 年)发现了遗传性状的分离现象,解决了原本性状混合的难题。但是,孟德尔的理论一开始却被忽视。此外,遗传学家原本并不接受达尔文的自然选择观念,而是以突变作为进化的原动力。直至 20 世纪,英国统计学家费希尔(Sir R. A. Fisher,1902—1962 年)、生物学家莱特(S. Wright)与霍尔登(J. B. S. Haldane)建立了群体遗传学,并将其与进化论相结合。随后,加上摩尔根、杜布赞斯基、赫胥黎、麦尔、辛普森(G. G. Simpson,1902—1986 年)、斯特宾斯(G. L. Stebbins)等的工作,被称为新达尔文主义的现代综合进化理论于 1920—1940 年代开始成形。至于详细的遗传机制,在埃弗里(O. Theodore Avery,1877—1955 年)发现核酸为遗传物质、沃森(J. D. Watson)与克里克(F Crick)发表脱氧核糖核酸双螺旋结构以及分子生物学的建立之后,才有清晰的认识。到 1960 年代,许多生物学家开始以基因中心进化观点探讨进化过程。道金斯(C. R. Dawkins)进一步认为,基因是唯一的自然选择单位。此外,汉弥尔顿(W. Hamilton)提出以利他行为为基础的亲属选择理论。与此同时,古尔德(S. J. Gould,1941—2002 年)与艾崔奇(N. Eldredge)重新诠释了进化的速率,并提出间断平衡论(punctuated equilibrium),认为生物的演化由长期的停滞与短暂的爆发组合而成。自此以后,进化生物学渐趋成形,并发展出许多分支。

进化生物学探讨物种的起源和改变、物种及其他分类阶元之间的亲缘关系,其研究成果也影响了诸多学科的发展。例如,传统的分类学受到了进化生物学的深刻影响,并导致系统分类学的形成;进化发育生物学重在比较动物发育过程中的变化,由此探讨不同类群动物的亲缘关系与演化过程;体质人类学(或称生物人类学)专注于人类的起源与演化研究,并分析人种间的差异;谱系地理学着重研究一个物种基因谱系的当前地理分布格局的历史成因,同时对种内居群的扩散、迁移等微观进化历史进行有效的推测。等等,不胜枚举。

四、进化与演化之辨

迄今为止,学者们对"evolution"有"进化"和"演化"两种中文译法。"进化"一词来自日语(日制汉语),而中国近代著名翻译家、教育家严复是"进化"一词的最早反对者之一。后人在《天演论》书尾的名词表中写道:"evolution 一词,严氏译为天演,近人撰述多以进化二字当之。严复主张以'天演'取代'进化'"。实际上,严复所翻译的并非达尔文的《物种起源》,而是赫胥黎(T. H. Huxley,1825 ~ 1895 年)的《进化论与伦理》,其中的部分内容与生物学无关。赫胥黎于该书导言中设有一节,立 evolution 之界说,"谓为初指进化而言,继则兼包退化之义。严氏于此节略而未译,然其用天演两字,固守赫氏之说也"。就是说,严复认识到使用"进化"一词的缺憾,故自创"天演"二字以取代"进化"之表述。

目前,支持使用"演化"一词的学者认为,演化在字面上的意义较为中性,能表达连续与随机之义,进化则有"进步"的含意。由于汉语中"进"与"退"互为反义词,故若使用进化一词,则在逻辑上不易将"退化"理解为进化的一种类型。从某种意义上来说,对"evolution"翻译用词的争论也反映了人们对进化论理解的变化,"进化"以往多表示生物向着适应环境的方向演化,而当时许多人认为生物的演化是随机的,并没有进步与退步之分。从目前的情况来看,学者们似倾向于采用"进化"一词。

复习与思考题

1. 查阅文献,了解进化生物学研究的新进展。
2. 比较趋异进化与适应辐射。
3. 查阅文献,整理生物进化思想的发展过程。
4. 掌握下列名词:(生物)进化,进化生物学,微进化,宏进化,趋异律,趋同律,不可逆律,平行律,适应辐射

第二节 进化的证据

时至今日,生物是进化的、发展变化的观点早已人所共知并被普遍接受,而人类迄今为止的科学研究成果也为生物进化提供了充足的、来自多个领域的证据。

一、古生物学与化石记录

动物进化最直接的证据当为地质史上的化石记录。化石是那些现今已经绝灭的生物的遗体、遗迹或遗物,主要包括石化了的动物硬体部分,如贝壳、骨骼、牙齿等。化石也可能是动物的遗迹(如足迹等)或遗物(如卵、胚胎、粪便、毛发等)。在特殊情况下,动物的软体部分也能未经任何改变地保存下来,如发掘于西伯利亚冻土地带的猛犸象,虽然已经死亡万年之久,但其皮肉仍完整无损。

按地层形成的历史顺序和生物(化石)出现的先后,可将地质年代分为太古代、元古代、古生代、中生代和新生代等5个代。每代又可分成若干纪,每纪再分若干世。由各个时期地层所发掘出来的生物化石可以看出:各种生物的出现有一定的顺序,先出现的类群原始而简单,后出现者较高等而复杂,呈现即从低等到高等、从简单到复杂的进化趋势。同时,各类生物出现后,各有其发生、繁盛和衰退的历史。不同时代的生物化石,会出现在不同的地层中,借此即可探讨古生物之间以及它们与现代生物之间的关系。

寒武纪生命大爆发(cambrian explosion)是达尔文进化论提出以来困扰科学界100多年的科学难题。发现于我国云南的澄江动物群(Chengjiang fauna)代表着包括脊索动物在内的许多现生动物门和亚门的重要历史起点,为揭示寒武纪大爆发的性质和特征,佐证高级分类单位起源在先、低级分类单位起源在后的"自上而下"的宏观演化模型,以及为探索动物(特别是脊索动物和节肢动物)起源等提供了重要证据,并充实了进化论的内涵。最古老脊索动物化石的发现首次再现了包括人类在内的脊椎动物的生命蓝本。这些化石(特别是海口虫)保存的完整性令人叹为观止。海口虫(*Haikouella*)保留着脑、神经索、血

管等软组织结构，既有似脊椎动物的特征，又有似文昌鱼的特征，为无脊椎动物与脊椎动物间架起了联系的桥梁。

迄今为止，尚未发现寒武纪之前的脊椎动物化石。最原始的脊椎动物（甲胄鱼）出现于古生代的奥陶纪。在志留纪已有盾皮鱼、软骨鱼和硬骨鱼的出现，泥盆纪进入鱼类繁盛期。志留纪和泥盆纪因此而被称为“鱼类时代”。泥盆纪末期出现了最早的两栖类（坚头类），脊椎动物由水生到陆生的漫长进化历程由此开启。到石炭纪，两栖类空前繁盛。但是，在石炭纪与二叠纪之间，地壳变动剧烈，在很多地区，潮湿的气候变得干燥，裸子植物代替了湿生植物。爬行动物即在石炭纪末期由两栖类发展而来。整个中生代是爬行类占据统治地位的时代。当时，海洋、陆地、天空都有恐龙的身影，最大的恐龙体重可达 50 t。中生代因而被称为爬行动物的黄金时代。但是，这一时代随着恐龙的灭绝而告结束。始祖鸟的化石发现于中生代的侏罗纪。这种化石动物全身有羽，前肢已变为翅。但仍保留着一系列爬行动物的特征。从这种中间类型进一步证明鸟类源自爬行类。同样地，哺乳动物也起源于爬行类，原始哺乳类最早出现于三叠纪。发现于中国云南禄丰的卞氏兽（*Bienotherium yuannanese*）是一种最接近于哺乳类的古代爬行类。哺乳动物经过中生代的萌芽阶段，到新生代得到了空前发展，新生代第三纪被称为哺乳动物时代。在这一时期，被子植物繁盛，鸟类也获得了极大的发展。第三纪末期出现了人类的祖先（类人猿），地质年代中的第四纪即以人类的出现为标志。

分类地位相同或相近的生物化石，可能出现于不同的地层中，借此可探索古生物之间、它们与现代生物之间的关系。“失落的环节”指演化过程可能出现过、却尚未发现的物种。连接两个物种之间的化石，则称为“过渡化石”（如前述的始祖鸟化石），而一种具有四肢的大型浅水鱼（Tiktaalik）化石可能是鱼类与两栖类之间的过渡类型。基于不同地层中所发现的各类动物化石，可以勾勒出脊椎动物的进化历程；根据从不同地层中所发现的同一类动物的系列化石材料，则可追溯某种动物（如马、象等）的进化过程。

马的化石记录非常完整，其进化历史基本清晰，是论证动物进化最有说服力的例子（图 5-1）。最早的马出现于新生代第三纪始新世早期，距今约 5 000 万年，称为始祖马。这种动物体型似狐，臼齿小，齿冠也低，前肢 4 指，中指长；后足有 3 趾，第 1 趾及第 5 趾退化，可知其祖先为五趾型。始祖马栖息于森林环境，以树叶为食。到渐新世时，出现了渐新马，其体型较始祖马略大，前后足都有 3 指（趾），中趾较发达，齿型仍为低冠型，咀嚼面具锥状突起。渐新马仍然生活于森林环境。到中新世时，出现了中新马（草原古马）。这一时期，地球上出现了广阔的草原，中新马也由森林生活转变为草原生活的类型，其体型更大，臼齿齿冠增高成高冠型以适于取食干草，咀嚼面具复杂的皱褶，适于研磨草料；前、后肢皆为 3 指（趾），但中指（趾）特别发达。由此可见，马的进化和发展方向是：体型增大，腿和脚伸长，侧指（趾）退化、中指（趾）加长，臼齿齿冠增高，牙齿咀嚼面愈益复杂化，头骨的面部加长，下颌加深以适于高冠的臼齿。这些变化均与其由森林生活转向草原生活、由取食树叶转向取食干草等特征相适应；同时也说明，动物的进化与地质史上自然环境条件的改变密切相关。

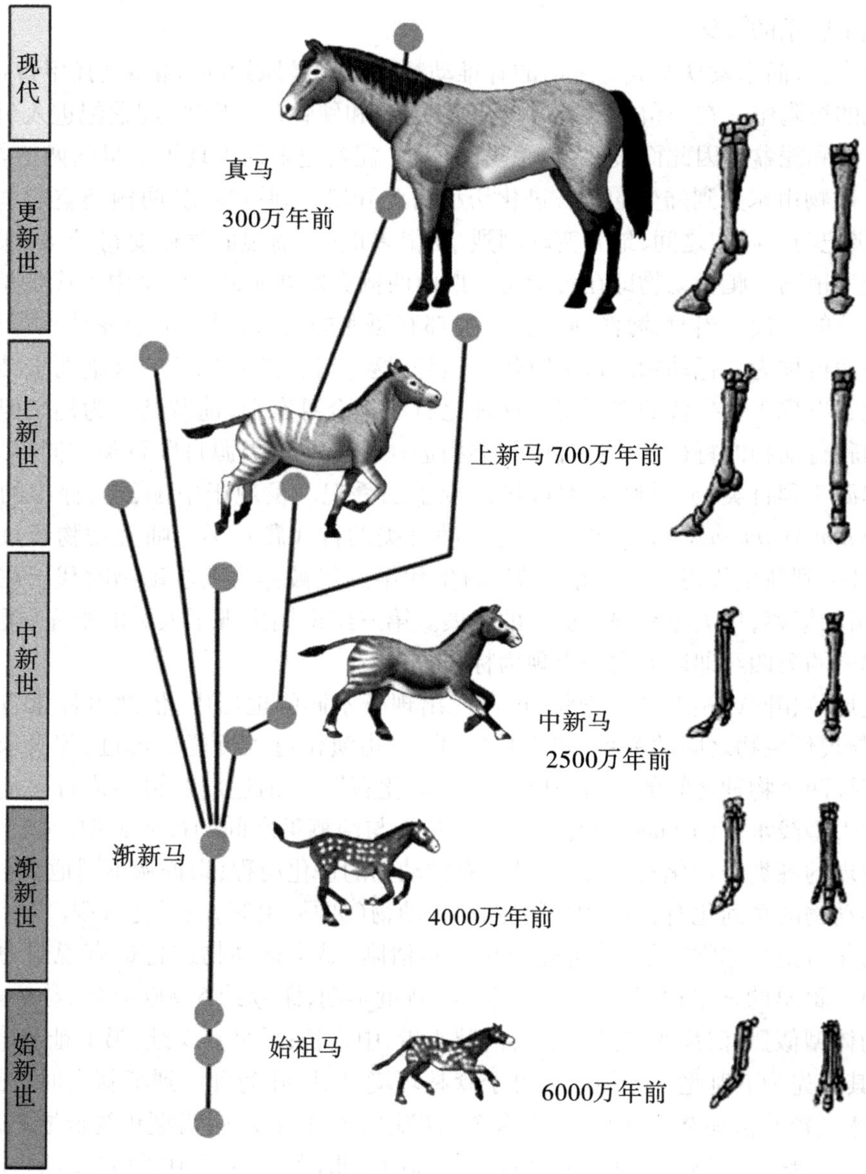

图5-1 马的进化过程示意图

与马的进化历程类似，象的化石证据也非常齐全。基于这些化石资料，可梳理出象类进化过程的主要阶段。由最早发现的始祖象（第三纪早期），经过古乳齿象、乳齿象、剑齿象、猛犸象，直到现代生存的印度象、非洲象，表现出一系列的过渡性特征：体型逐渐由小变大（始祖象的体型相当于猪），门齿由正常大小到突出成为大而长的“象牙”，臼齿由低冠到高冠，臼齿的咀嚼面由仅具乳突状的突起发展到具有多条横脊，鼻则由正常大小逐渐加长、最终形成长长的“象鼻”。

尽管化石对动物进化研究具有不可替代的作用,但仍受到某些限制,因为化石的形成并非易事。如软体动物身体结构中,除贝壳之外并无太多能够形成化石的成分,还有一些生物栖息于难以形成化石的环境中。有些化石即使已经形成,也可能因为某些原因被损坏或摧毁,使得大多数化石呈现出零散的状态,只有少数化石尚保持完整。另一方面,当进化上的改变在种群中只占较小比例,或因环境变化使种群规模缩小时,都会使动物形成化石的概率相对降低。此外,化石几乎无法用来研究生物内部器官的结构和相关机制。

二、比较解剖学证据

在进化的历史长河中,动物对栖息环境的适应必定体现于其外部形态、内部结构等方面。通过对不同动物身体形态、结构、功能等的比较分析,可发现其进化、适应和彼此关系的线索。从比较解剖学的角度来论证动物进化,最有价值的证据就是同源器官(homologous organ)和痕迹器官(vestigial organ)。

1. 同源器官(homologous organ)

指不同动物的某些器官在基本结构、各组成部分、与动物体的相互关系及胚胎发育的过程彼此相同,但在外形上有时并不相似,功能上也有所差别。

法国动物学家圣・提雷尔(S. Hilaire,1772—1844 年)在比较不同动物相同位置的器官形态时,发现了同源器官这一重要现象,他称之为器官相似原则。英国的比较解剖学和古生物学家欧文(S. R. Owen,1804—1892 年)明确了同源器官的概念。如不同脊椎动物(人、蝙蝠、鲸、马、鸟等)的前肢,虽然它们的功能各不相同,但在胚胎发育上均从相同的胚胎原基以相似的过程发育而来,只是由于各自在进化过程中所处的环境不同,适应于不同的功能,最终产生了形态上的差异(图 5-2)。这些前肢的近躯体部分均为肱骨,向远端依次为桡骨和尺骨、腕骨和掌骨,最后是指骨。这些同源器官的位置和结构的相似性,可用这些动物之间的亲缘关系和起源于共同祖先给出合理的解释。

同源器官可作为动物进化的证据,不仅限于四肢,也可见于其他的内脏系统。如,陆生脊椎动物的肺和鱼类的鳔同源。有足够的材料证明,两栖类的肺即是从古代总鳍鱼的鳔演变而来的。现生哺乳动物中耳腔内的 3 块听小骨(镫骨、锤骨和砧骨)是传导声波的装置,而其祖先曾经依靠这些小骨的前身(舌颌骨、关节骨和方骨)把颌弓和脑颅连接起来,或者作为颌弓的组成部分。其中,镫骨和硬骨鱼类的舌颌骨是同源关系,而舌领骨在鱼类起着悬器的作用,将颌弓连于脑颅;锤骨和砧骨分别与关节骨和方骨为同源关系,而关节骨和方骨是爬行动物颌弓的组成骨块。

在动物解剖学领域,还有一个与同源器官密切相关的重要术语——**同功器官**(analogous organ)。同功器官系指不同动物身体结构中那些功能相同、外形相似,但来源不同、基本结构也不同的器官。如蝶翅与鸟翼均为飞翔器官,但蝶翅为膜状结构,由皮肤扩展形成,而鸟翼则由前肢特化形成,内有骨骼、外表被羽。此外,鱼类的鳃与陆栖脊椎动物的肺均为呼吸器官,但鱼鳃的鳃丝来自外胚层,而肺则源自内胚层。同功器官是不同生物的不同器官适应于相似环境的结果,并不表明这些动物具有亲缘关系和共同起源,仅表明不同动物行使相同功能的器官具有相似的形态。因此,同源器官与同功器官虽有联系,但有显著不同。

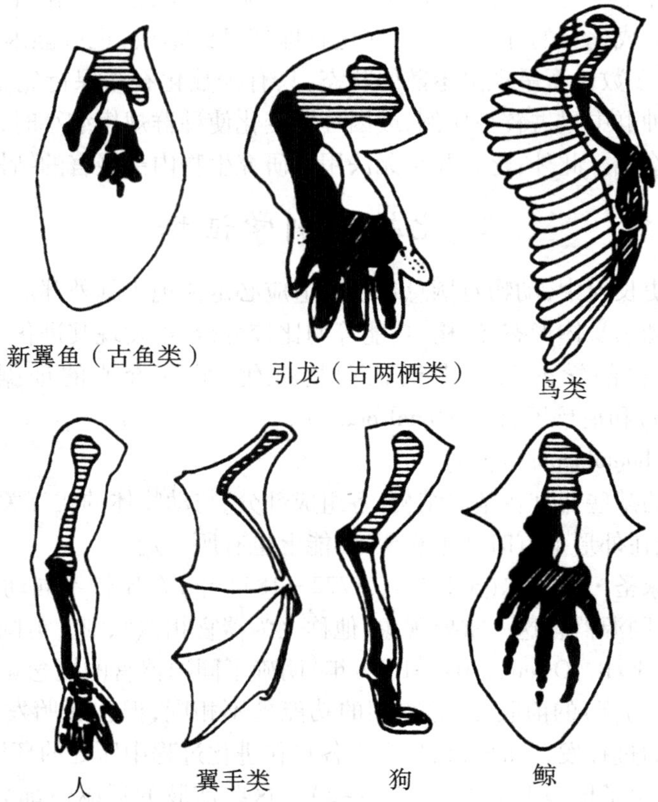

图 5-2 动物的同源器官示例-前肢骨骼

2. **痕迹器官**(vestigial organ)

痕迹器官是指动物身体结构中失去功能、因而在发育过程中退化、只留残迹的器官。这方面的例子很多(图 5-3)。如次生性转变为营水栖生活的哺乳动物(如鲸、海牛等),虽然其后肢已退化,但尚保留着腰带骨和股骨的痕迹,这些痕迹器官证明鲸和海牛起源于陆生动物。蟒蛇体内也有后肢残留下来的髋骨,身体外侧鳞片中尚有与髋骨相联系的爪,说明爬行动物的无足类型是由有足类型起源的,在以后适应生活环境的过程中才失去了四肢。草食动物具有发达的盲肠,而人的盲肠连同其末端的蚓突(阑尾)都极度退化,已经完全失去消化的功能。类似盲肠这样的痕迹器官在人体还有很多,如腹直肌保留着残遗的肌肉分节现象,此外还有动耳肌、尾椎骨、瞬膜、尖形犬牙(俗称虎牙)、体毛等。所有这些痕迹器官的存在只有用进化论的观点才能给出合理的解释,即这些器官在其祖先动物体内曾经是有用而存在的,后来逐渐变得无用而退化。人类痕迹器官的存在说明,人类正是从具有这些器官的动物进化而来的。因此,痕迹器官也是生物进化重要证据。

恩格斯非常重视比较解剖学对理解生物进化的意义,他在《自然辩证法》中指出:"对各种不同的有机体按照他们同类的器官来加以相互比较,不仅就它们的成熟状态,而且就它们的一切发展阶段来加以比较。这种研究进行得愈是深刻和精确,那种固定不变的有机界的僵硬系统就愈是一触即溃。”

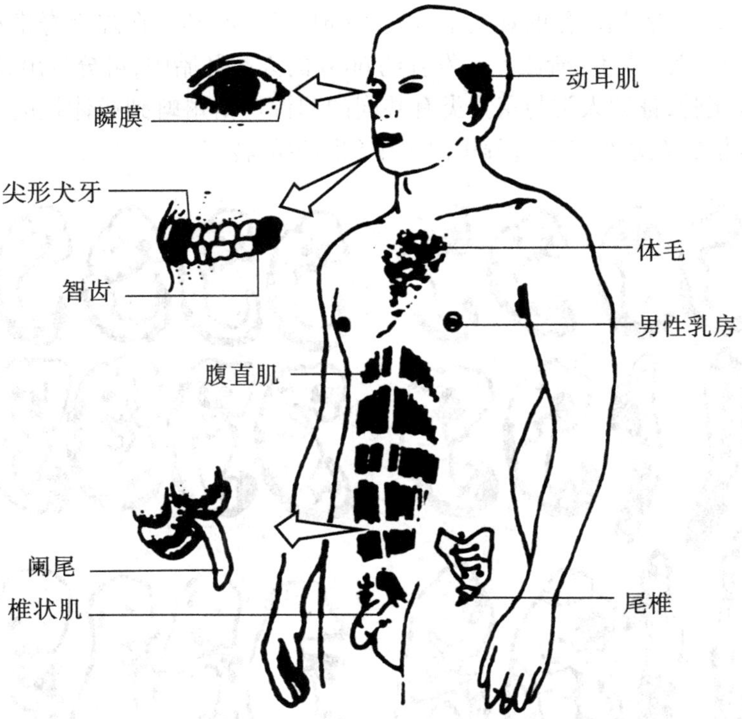

图 5-3　动物的痕迹器官示例

三、胚胎学证据

胚胎学是研究动物胚胎发育过程中组织、器官和系统分化规律的科学。胚胎学的研究也能为动物进化研究提供重要证据。

不同类群的脊椎动物胚胎发育的相似性是说明动物进化的经典例证(图 5-4)。所有脊椎动物的胚胎发育都开始于受精卵。受精卵相当于动物进化中的单细胞动物时期(原生动物)；以后经过卵裂、囊胚期、原肠期等时期，出现了内胚层和外胚层，相当于两胚层动物时期(腔肠动物)；再后则出现了中胚层，进而形成初生或次生体腔，相当于组织结构更高级的三胚层动物(扁形动物之后的类群)。此外，这些动物所有器官的起源和发育大体相似。如它们的外胚层都参与形成身体的表皮、感觉器官和神经系统；内胚层分化形成消化道、消化腺、鳃或肺的上皮；中胚层则构建动物的体腔内膜、肌肉、骨骼、生殖腺、生殖导管、肾脏和所有类型的结缔组织等。

不同类群脊椎动物胚胎的性状分歧出现于胚胎发育晚期，这说明它们共同起源于用鳃呼吸的祖先动物。根据胚胎学证据可以追溯动物的进化历程。如脊索动物与棘皮动物的口均非源于原口，而是在与原口相对的一端、由内外胚层紧贴、穿孔发育而成，称为后口，而原口则成为动物的肛门。这一特征表明，脊索动物是由原始的后口动物进化而来的。无论是水生还是陆生的脊索动物，在胚胎发育期间，都有鳃裂出现。一切陆生脊椎动物都不例外，即使人类胚胎也是如此。鳃裂在水生脊椎动物作为呼吸器官，在陆生脊椎动物似无意义。但是，若从进化的观点来看，这一现象至少说明，在陆生脊椎动物的进化历程中，曾经历过鱼类(水生)阶段。在发育约60 d的人类胚胎中，可分辨出数个尾椎，随后逐渐愈合形成尾骨，证明人类与猿猴类有共同的起源。由蝌蚪到成体蛙的个体发育过程充分体现了两栖类在系统发育过程中由水生到陆生的转变。

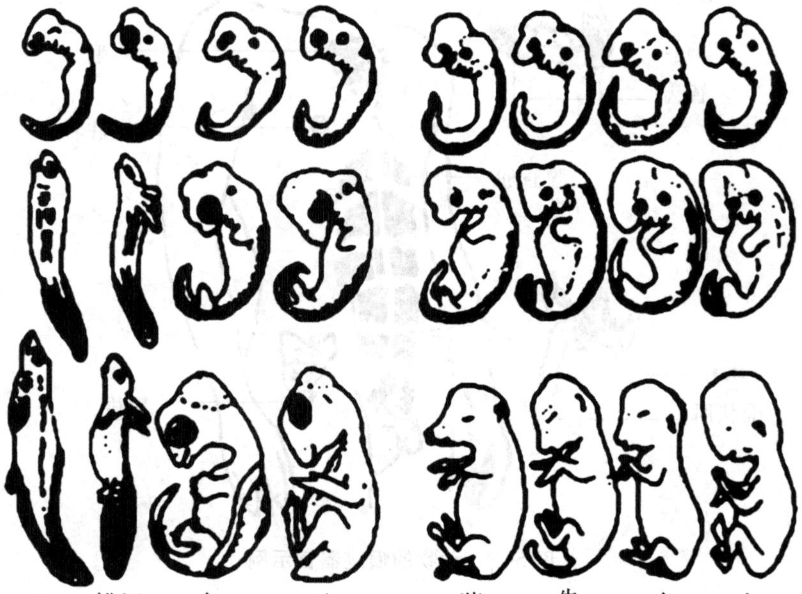

图5-4 脊椎动物胚胎发育的早期阶段

凡是在分类地位上越相近的动物，其相似程度也越大。这一现象表明，这些动物具有共同起源，彼此之间有一定的亲缘关系。1866年，德国生物学家赫克尔(E. Haeckel)在前人研究的基础上，于《有机体普通形态学》(General Morphology of Organisms)一书中提出了一个重要的定律，即生物发生律(Biogenetic Law)(或称重演律，Recapitulation Law)：**生物发展史可以分为两个相互密切联系的部分，即个体发育和系统发展，也就是个体的发育历史和由同一起源所产生的生物群的发展历史，个体发育史是系统发展史的简单而迅速的重演**。换言之，动物的胚胎发育过程重演了其进化历程。

恩格斯在《反杜林论》中指出："有机体的胚胎向成熟的有机体的逐步发育同植物和动物在地球历史上相继出现的次序之间有特殊的吻合。正是这种吻合为进化论提供了最可靠的根据。"

四、动物地理学证据

动物地理学是研究动物在时间和空间上分布基本规律的学科，也是动物学与地理学间的跨学科交叉领域。动物进化的时间历程必然反映在空间地理分布方面。因此，研究动物的地理分布,也可追溯其进化历程,为动物进化提供证据。动物地理学对论证动物的进化、研究(物)种的形成过程具有重要意义。达尔文进化论思想的形成,正是基于他对动物地理分布的详细观察、分析与思考。来自动物地理学的进化证据已有一些典型的实例。

1. 澳洲大陆原始哺乳类的适应辐射

由于板块移动造成的大陆漂移(如南美洲与非洲),以及冰川时期所产生的海平面高度变化(如白令海峡陆桥),改变了地球上陆地间的相连性。在一些相距遥远的不同地区,发掘出许多相似的古生物化石,而海洋或山脉的隔离作用,却使现生物种表现出较大的差异。根据现代地质学中的板块理论或大陆漂移学说,约在2亿年以前,地球上各个板块还集中为统一的大陆,以后才逐渐解体,变成包括欧亚板块、北美板块的北方大陆群和包括南美板块、非洲板块、印度板块、澳大利亚板块、南极板块的南方大陆群。澳洲、南极洲板块在约1.8亿年前从南方大陆群中分离出来。彼时,原始的哺乳动物已经形成,而有胎盘哺乳类尚未分化,故独立发展成目前澳大利亚动物地理区所特有的区系。见于澳洲大陆的鸭嘴兽、针鼹等卵生的单孔目哺乳类,在其他动物地理区则完全缺如。这些现象只有从动物的进化历史,并结合古代的地质、地理变化才有合理的解释。由于没有受到像其他动物地理区新兴的高等有胎盘哺乳类的竞争和排挤,无真正胎盘的有袋类动物产生了适应于不同生态条件的类型(包括大袋鼠、袋跳鼠、袋鼹、袋鼯、袋熊、袋狼等)。

贫齿目的代表种类如树懒、食蚁兽等目前仅见于南美洲和中美洲地区,但其他属或科的化石贫齿类在这一地区和北美洲的邻近区域均有发现。达尔文在其环球旅行期间,于南美草原找到了绝种的贫齿类的骨骼化石。为什么所有的现代贫齿类的分布都局限在南美洲,而且在过去地质时期,另外的属、科的贫齿类也恰好居住在这里,这种现象能否说明化石贫齿类就是现代贫齿类的祖先?这就是达尔文进化思想的发展过程。从他的日记上可看到这样的文字:"……这些事实,只能从种是逐渐改变的预想出发予以解释……"。

2. 海洋岛屿动物多样性的特点

海洋中的岛屿系由海底上升而形成。这些岛屿上在早期并没有动物存在,以后的物种均来自邻近大陆。一般来说,岛屿越小,物种的组成越贫乏。岛屿环境条件的差异和完善的隔离,使当地的动物在进化过程中逐渐演变成当地的特有种。达尔文曾研究过加拉巴哥斯群岛(Galapagos islands)上的动物。此地距南美西海岸约1 000 km,在108个物种中有82种是特有种。在该群岛上有26种地栖鸟类,都属于南美大陆类型,但其中有23种却为该群岛所特有。有18种陆生龟类分布于不同的岛上。在48种陆生软体动物中有41种是特有种。所有这些特有种都与南美西海岸的相应物种相似,保留着大陆动物类型的痕迹。这一现象说明,这些特有动物起源于南美洲,并在新的生态条件下向不同的方向发生性状分歧,最终形成各具特色的特有种。

五、生理学证据

生理学研究成果也提供了丰富的动物进化证据:①所有动物的原生质都含有几乎相同的组成元素、比例大体相近的糖类、脂类、蛋白质和核酸。②所有动物的代谢反应均需酶的催化,而且很多酶蛋白在动物中的分布极为广泛。如分解淀粉的淀粉酶,从海绵动物到人类都存在;分解蛋白质的胰蛋白酶,从原生动物到哺乳动物都可找到。③所有动物都以ATP作为细胞代谢中的能量物质，呼吸作用都首先经过糖酵解过程。以上这些共同特征，只能用动物的共同起源来解释。

动物的分化和亲缘关系也可从生理学方面找到许多线索。由纳托尔(G. Nuttall)(1904)所提出的比较血清学实验证据就是典型实例(图5-5)。Nuttall用人的血清作为抗原注射到家兔体内，使家兔产生抗体，再用这种家兔的抗人血清来检查人和其他哺乳动物的血清反应。结果表明，与人的亲缘关系越密切的动物，其抗原抗体反应越显著，它们的血清与家兔抗人血清混合后出现的沉淀越多(人:100%；黑猩猩:97%；大猩猩:92%；猩猩:79%；狒狒:75%；蜘蛛猴:58%；狐猴:37%；刺猬:17%；猪:8%)。在Nuttall的工作之后，免疫学实验经常被用于分类学研究，其结果可为亲缘关系的确定提供参考。研究表明，鲸和偶蹄类较接近，兔类和鼠类的亲缘关系较远(过去将两者合为一个目，现已分立为兔形目和啮齿目)。

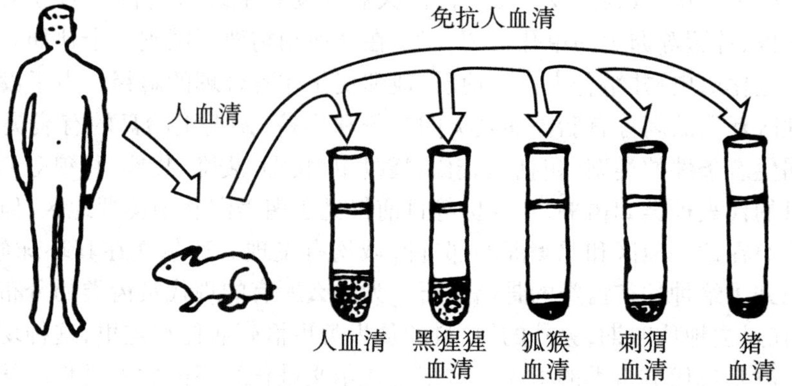

图5-5　不同哺乳动物血清与兔抗人血清的沉淀反应

血清学反应目前已成功地应用于植物分类学研究。把某种植物蛋白质浸液注射到家兔体内，使家兔产生抗血清，然后用不同植物的蛋白质浸液测定抗原抗体反应，借此可以确定这些植物之间的亲缘关系。对这种抗血清产生的沉淀反应越显著的植物，亲缘关系越近；反之，则亲缘关系越疏远。

六、遗传学证据

染色体是遗传物质的携带者，已知不同类群的动物均有各自特有的染色体组型(karyotype)，而染色体组型的相似程度可反映不同种类动物之间的亲缘关系。在动物进化过程中，染色体在数量与结构上的变化在物种形成与演变方面无疑扮演着重要角色。染色体的变化往往反映生物基因的变化(如基因的重新排列、突变等)，从而造成遗传物质的增加或丢失。染色体在结构、数量上的差异也会造成两个本来同种的种群形成生殖隔离，而生殖隔离则是物种分化与新种形成的前提。

在一般情况下，一个动物种群中的所有个体的染色体核型保持着一致性与稳定性，但同时又表现出一定的可变性。一致性与稳定性反映了该物种在进化过程中的一定位置，可变性则造成了物种的变异，使进化成为可能。从某种意义来说，生物进化源于染色体进化，而染色体进化则需要通过一系列的染色体突变(如倒位、易位、断裂、融合、异染色质增生等)而得以实现。

对大熊猫与一种杂交熊的染色体带核型的研究结果表明,大熊猫从原始的食肉类中分化出来的时间早于小熊猫、犬、灵猫和浣熊;大熊猫的染色体是21对,而黑熊与其他熊类均为37对,小熊猫为18对,三者的染色体数目差别明显。据此认为,大熊猫在分类学上应单列一科。基于分子遗传学方法,研究了大熊猫的染色体重组,发现大熊猫的染色体可与熊的染色体实现部分重组,而不能与小熊猫和浣熊的染色体重组,表明大熊猫的祖先很晚才从古熊类中分出。对大熊猫染色体G带型的研究表明,大熊猫与熊的染色体均由共同的着丝点将染色体对以头与头的方式连接起来,据此判断大熊猫与熊有共同祖先。

对鹿科动物核型与染色体进化的研究发现,鹿类进化的主要趋势是,南方种类(如黑鹿、泽鹿等)较为古老,表现为染色体数目少,而中部与亚中部着丝粒染色体较多;与此相反,北方种类(如麋鹿、驼鹿、马鹿等)较为进化,表现为染色体数目多,而中部与亚中部着丝粒染色体数较少。据此推测,绝大多数鹿科动物染色体数的进化趋势及进化机制为,通过罗伯逊分裂(即着丝粒分裂)而使2n染色体数由少增多。从哺乳动物的性染色体形式的进化趋势来看,低等哺乳动物如原兽亚纲单孔目的鸭嘴兽的性染色体形式为$X_1X_1X_2X_2$-X_1X_2Y,后兽亚纲中某些有袋类和一些较低等的真兽亚纲动物如食虫目、翼手目、偶蹄目中较原始的某些小羚羊为XX-XY_1Y_2,而较高等的哺乳动物包括人则为XX-XY。以此对比某些鹿科动物如赤鹿的染色体数为6~9,其性染色体为XX-XY_1Y_2;小麂与毛冠鹿的染色体为46~48,性染色体形式为XX-XY。由此可见,麂亚科动物染色体的进化趋势与大多数鹿科动物相一致。

七、生物化学与分子生物学证据

遗传密码的通用性表明,自然界所有生命形式都是相互关联的,亲缘关系愈近的生物,其DNA或蛋白质有更多的相似性,反之亦然。利用分子生物学、生物信息学技术对不同生物同种蛋白的氨基酸序列分析,是分析和判断生物之间亲缘关系和进化顺序的有效手段。此外,DNA同源序列分析和DNA多态性分析等也已成为判断生物之间亲缘关系和进化顺序的常用方法。

1. 蛋白质分子序列分析

现代生物化学与分子生物学研究发现,亲缘关系相近的动物(如牛、羊、猪、马),其某些蛋白质(如胰岛素、血红蛋白等)一级结构中氨基酸的种类和排列顺序基本一致,所差的只是几个氨基酸而已。例如,胰岛素共有51个氨基酸,牛与羊的差别只有1个氨基酸;而马和猪、牛却有2个氨基酸的差别。有些蛋白质在不同动物的生命活动中执行着相同的功能。但是,在不同动物,同一种蛋白质的氨基酸组成存在差别。通过对氨基酸组成差异的比较分析,可探索不同动物之间的进化关系。

细胞色素(cytochrome)C是一种呼吸色素,在氧化代谢中起电子转移作用。对细胞色素C氨基酸顺序的分析发现,黑猩猩和人的104个氨基酸完全一样,差异为0;猕猴和人的细胞色素C分子只有一个氨基酸不同。从肽链的氨基端算起,猕猴的细胞色素C的第103个氨基酸是丙氨酸,而人的则为苏氨酸。虽然人和链孢霉细胞色素C这两个分子的立体结构基本相似,但在104个氨基酸中,有43个表现出不同,说明这两个物种的亲缘关系相距甚远。

2. 核酸分子进化

随着生物化学与分子遗传学的发展,分子进化研究得以开创并蓬勃发展。分子遗传学的研究成果也可为生物进化提供证据。除一些 RNA 病毒之外,几乎所有生物都以 DNA 作为遗传物质;DNA 分子碱基顺序中蕴藏的遗传信息转录为 mRNA 后,都通过相同的转译途径控制蛋白质的合成。同样地,这些相似与相同只能用生物的共同起源来解释。在分子水平上研究进化,最直接的方法是分析遗传物质本身,即核酸。

(1)DNA 量的变化　在进化过程中,生物的脱氧核糖核酸(DNA)含量逐渐增加。虽然现生的病毒并不能代表最古老的生物类型,但可将其视为最简单生物的代表。病毒的 DNA 含量只有 6~8 个基因(约 6 000 个核苷酸),而哺乳动物的一个单倍基因组约有 3×10^9 个核苷酸对,约相当于 300 万个基因。因此,生物由简单类型进化到复杂类型,DNA 量的增加显然很重要。因为高度发展的、结构复杂的生物要维持其生命活动和种族繁衍,需要大量的基因。研究表明,很多基因如血红蛋白、结合珠蛋白和免疫球蛋的基因只存在于高等生物中。从总的趋势来看,愈是高等的生物,DNA 的含量愈高。但是,DNA 含量并非总是与生物的复杂程度成正比。如一种肺鱼的 DNA 含量几乎是哺乳动物的 40 倍,许多两栖动物的 DNA 含量也高于哺乳动物。出现这种现象的原因可能在于它们的 DNA 中含有更多的重复序列。

(2)DNA 质的变化　在生物进化过程中,核酸不仅有量的变化,而且还发生质(核苷酸顺序)的变化。从 DNA 组成的差异可反映生物的亲缘关系。要判定两个物种间的 DNA 差异,常用的方法是分子杂交(molecular hybridization)技术。高等生物的 DNA 含有大量的重复 DNA,但这类 DNA 的进化趋向尚不明晰。因此,通常仅用非重复 DNA 来进行杂交试验,通过核苷酸的组成差异分析其进化关系。

两个物种间的亲缘关系愈近,核苷酸的差别就愈小;反之,亲缘关系越远,差异就越大,如人和黑猩猩的核苷酸序列差异是 2.5%,而人和非洲狐猿的差异可达 42%(表 5-1)。如果两种生物 A 和 B 来的 DNA 完全同源,核苷酸的顺序相同,则杂种 DNA(A-B)解脱为单链的“熔解”温度与 A-A 或 B-B 相同。如果两个种间的 DNA 有差异,核苷酸不匹配,则这样的杂种 DNA 就易于解脱,进而稳定性下降,相应地,所需的“熔解”温度也较低。研究表明,当两种生物的核苷酸组成有差异时,每增加 1% 的差异,杂种 DNA 分子对温度的稳定性降低 1.6 ℃。

表 5-1　基于 DNA 杂交估计的核苷酸差异

用于比较的物种对	核苷酸差异(%)
人-黑猩猩	2.5
人-长臂猿	5.1
人-青猴	9.0
人-猕猴	9.3
人-卷尾猴	15.8
人-非洲狐猴	42.0

3. 人类干扰下的物种进化

在长达数亿年的进化历史长河中，为应对来自真菌等其他生物的影响和威胁，细菌也处于持续的进化之中。为了争夺食物资源，真菌产生抗生素，而细菌则进化出相应的抗性。正所谓，道高一尺，魔高一丈！在自然条件下，细菌与真菌就是在这种周而复始的军备竞赛中实现各自的进化，或称之为协同进化（co-evolution）。

随着科学与技术的快速发展和不断进步，人类发明了抗生素并广泛使用。抗生素能够针对性地杀灭、干扰特定细菌，对付细菌感染。殊不知，人类的这些行为已悄然改变了生物自然进化的历程。抗生素的过量和不加选择的使用，导致菌株适应性地进化，进而对抗生素产生抗性。但是，人类却不能如真菌那样，生产出应对性的天然抗生素，只能寄希望于开发新的抗生素，而这注定是一个漫长的征程。因此，可以毫不夸张地说，在人类的持续干扰和影响之下，某些物种的进化速度大大加快了，而这些变化在很多情况下是以动物为载体而实现的。从某种意义上来说，此非常态，岂能久乎？

复习与思考题

1. 生物进化的证据有哪些？
2. 简述比较血清学实验。
3. 举例说明同源器官。
4. 查阅文献，了解生物进化研究的新进展。
5. 查阅文献，了解寒武纪的生命大暴发。
6. 掌握下列名词：同源器官，同功器官，痕迹器官，生物发生律，协同进化

第三节　生物进化理论

自然界的动物、植物等生物种类多样、数量巨大，进而共同构成自然生态系统中不可或缺的组成部分。仅就动物而言，已知的种类即超过 150 万种。时至今日，大概无人会质疑生物（当然包括动物）从低等到高等、从简单到复杂的进化过程。那么，这些纷繁复杂的动物是如何产生、发展和变化的？不同的物种之间有何联系？是什么因素驱动着动物的适应与进化？长期以来，众多学者致力于对生物进化原因的探索与分析，并提出了相应的进化生物学理论。随着人类对自然界了解的加深、知识的积累，“上帝创造了一切”的观念已无立足之地。早在古希腊时期，就有陆生动物是从鱼类进化而来的思想。尤其是缘于近代科学、技术和工业革命的推动，一些探险和科学考察活动得以付诸实施。正是基于这些探险和科学考察的发现和成果，人类对动、植物及其栖息环境的知识得以丰富和充实。同时，伴随着地质学、古生物学、解剖学、生理学、胚胎学，特别是细胞生物学等学科的巨大进步和成果，自 18 世纪末期开始，生物进化思想得以陆续萌芽。

一、拉马克学说

19 世纪初期，法国博物学家拉马克继承和发展了前人关于生物是不断进化的思想，大胆而鲜明地提出了生物是从低等向高等发展进化的理论。毫无疑问，正是拉马克第一

个系统地提出了唯物主义的生物进化理论。他在全面阐述生物进化思想的同时，力求从理论上给出生物进化的原因。200多年来，拉马克的观点被无数次地提及和讨论，但褒贬不一。

拉马克的进化理论可分为两个部分：

(1)在对生物进化的论述中，拉马克明确地表达出物种是可变的思想。他认为生物存在一种驱动自身不断由低级向高级阶段进化的力量，而环境通过影响生物进化力量的表达，发挥着对进化的促进作用。但是，他对生物低等与高等的划分，以及对生物自身进化力量的理解基本来自思考和理念，因而更多的是哲学含义。

(2)生物的进化是通过这样的模式来完成的：生物个体在其生活的过程中，由于其生命活动受到环境的影响，各器官的"使用"情况的不同造成这些器官发育上的差异，并且这种变化是可遗传的。在世代繁衍的过程中，经常使用的器官就会产生在发育限度不断加强、增大的趋势；反之，则出现器官的萎缩而走向消失。最终导致新物种形成。因此，拉马克认为生物的进化是一个连续的、渐变的过程。换言之，从历史上来看，物种的分界是存在的，新器官由旧器官转化而来，并且生物的进化都是纵向前行的。

拉马克生物进化理论的主要内容包括：

(1)地球有悠久的历史，决非像特创论者所说的那样只有数千年的历史，而且地球表面不是固定不变的，而是经历了不断的、逐渐的变化。

(2)生命物质与非生命物质有本质的区别；生命存在于生物体与环境条件的相互作用之中；低等生物类型可以不断地由非生命物质自然地发生出来；植物和动物虽有极大的区别，但都有共同的基本特征；生命即运动，运动既表现在生物体内液体的流动，也表现在生物体的吸收养料和排出废物；生命是连续的、变化的、发展的。

(3)物种之间是连续的，没有确定的界限，物种只有相对的稳定性；物种在外界条件影响下能发生变异，栽培植物和饲养动物的出现就是物种变异的例证；古代物种是现代物种的直接祖先，物种一般不会消灭；动物界普遍有种间斗争，种内斗争则并不常有。

(4)生物进化的动力，一是生物天生具有向上发展的倾向，这是生物进化的主要原因；二是环境条件的变化，环境条件的改变能引起生物发生适应环境的变异，环境条件变化的大小，决定着生物发生变异的程度；环境条件的多样性是形成生物多样性的原因。

(5)在植物和低等动物，环境的改变引起功能的改变，功能的改变引起结构的改变；而在具有神经系统的动物，环境的改变首先引起生活需要的改变，生活需要的改变又引起习性的改变，新习性的发生和加强，最终导致身体结构的变化。凡经常使用的器官会逐渐发达、进化，而经常不用的器官就会萎缩退化(即用进废退)，这些后天获得的性状能够遗传给后代(即获得性遗传)。这样经过一代一代的积累，就会形成生物的新类型。

(6)无论植物或动物，都按一定的自然顺序进化，由简单到复杂、由低级到高级；进化是树状的，即不但向上发展，而且向各个方面发展；人类由高级猿类发展而来。拉马克学说历史上曾在科学界发生过重大影响，为以后生物进化论的发展奠定了基础。但是，由于当时生产力发展水平和科学知识的限制，拉马克对进化原因的解释过于简单化。"生物天生地具有向上发展的倾向"缺乏物质基础；"环境改变必然引起生物发生与之相适应的变异"也缺乏事实根据；"器官用进废退"在当代是可能的，但这种后天获得的性状，如不影响遗传物质，是不可能遗传给后代的。

(7)最原始的生物源于自然发生。拉马克支持生物进化多元论，认为生物有多个祖先。

二、达尔文学说

在拉马克提出其进化论观点50年之后，达尔文的《物种起源》于1859年问世，这是人类历史上对生物进化现象研究最为重要、影响最为深远的事件。达尔文坚持物种可变和生物进化的观点。但是，在解释生物进化的机制时，他提出了不同的看法。达尔文的进化理论被称为“自然选择学说(Natural Selection Theory)”。

自然选择学说的主要内容包括：

(1)遗传　保证了物种的稳定存在，这是一个普遍特征。

(2)变异　生物界普遍存在变异，没有两个生物个体是完全相同的。变异是随机产生的(拉马克认为是按需发生的)。变异是可遗传的。

(3)繁殖过剩　各种生物都有极其强大的生殖力。

(4)生存斗争　物种之所以不会数量大增，乃是由于生存斗争。所有的生物都存在于生存斗争之中，或者与同种的个体斗争(种内斗争)，或者与其他生物斗争(种间斗争)，或者与环境抗争。

(5)适者生存　不同的个体在形态、生理等方面存在着不同的变异，有的变异使生物在斗争中生存下来，有的变异却使生物在斗争中不能生存。生存斗争的结果就是适者生存，即具有适应性变异的个体被保留下来，这就是选择。不具有适应性变异的个体则被消灭，这就是淘汰。生存斗争及适者生存的过程就是自然选择的过程。自然选择过程是一个长期的、缓慢的、连续的过程。生物是进化发展的产物。生物有共同的起源，因而表现了生命的同一性，生命不断地发生着变异，而变异的选择和积累则是生命多样性的根源。

三、新拉马克主义

新拉马克主义(Neo-Lamarckism)由帕卡德(A. S. Packard)所创立。学术界把基于反对拉马克学说而形成的进化学说统称为新拉马克主义。新拉马克主义和拉马克主义在两个主要概念上是一致的。首先，进化是“纵向”的，其实质是适应能力的提高(忽视或完全不考虑多样性的起源)。其次，个体的获得性状能够遗传。这个学派以获得性遗传的主张为中心。但是，新拉马克学说本身包含有多种要素，包罗了众多不同的观点，没有两个新拉马克主义者具有相同的观点。所以，新拉马克学派的学者间也有各种见解。例如，杰弗莱主义(Geoffroyism)(学派)将进化演变的原因归于环境的直接影响。E. D. Cope认为生物体具有其固有的、作为进化原动力的生长力(growth force)。C. Ngeli也以类似的观点提出“完成化原理”，发展了定向进化的思想。此外，很多新拉马克主义者把获得性遗传和定向进化两种思想结合，从而与拉马克原来的思想极为接近。

四、综合进化论

综合进化论(The Synthetic Evolution Theory)是以自然选择为基础，综合了细胞遗传学、群体遗传学、古生物学等学科的成就来阐释生物进化的理论。通常以1937年杜布赞斯基《遗传学与物种起源》一书的出版作为综合进化论形成的标志。这一学派的代表人物有英国生物学家费希尔(R. A. Fisher,1890—1962年)、霍尔丹(J. B. S. Haldane)、赖特(S. Wright),美国生物学家辛普森(G. G. Simpson)、迈尔(E. Mayr)、斯特宾斯等。1900年,孟德尔(J. G. Mendel,1822—1884年)的遗传定律被重新认识后,遗传学得到迅速发展,其特点是在更大程度上使用数学方法;种群的遗传规律受到重视,遗传物质基础和规律的探讨深入到基因水平。1901年,荷兰生物学家弗里斯(H. de Vries,1848—1935年)的突变学说发表后,一些学者对达尔文主义产生了怀疑,要求对进化问题进行更加深入的研究。20世纪20~30年代,费希尔等创立了群体遗传学(Population Genetics),表明在群体水平上进化的速度和方向是由自然选择决定的。随后,迈尔在动物学方面、斯特宾斯在植物学方面、辛普森在古生物学方面深入论证了一些进化机制,最后经过杜布赞斯基等学者的综合,形成了综合进化论,并很快得到众多生物学家的支持,成为当代进化学说的主流。1942年,英国生物学家赫胥黎首次将这种理论称为"综合进化论"。综合进化论通过精确地研究种群基因频率由一代到下一代的变化,来阐述自然选择如何起作用,逐步填补了达尔文自然选择理论的某些缺陷,使达尔文理论在逻辑上趋于完善。因此,这一理论也被称为现代达尔文主义(the modern Darwinism)。综合进化论的主要理论包括:

(1)种群,而不是个体是生物进化的基本单位。进化是群体中基因频率变化的结果。种群是指在同一生态环境中生活,能自由交配繁殖的一群同种个体。由于绝大多数生物都生存于种群之中,杜布赞斯基提出,进化是群体在遗传成分上的变化,种群基因频率的变化是种群进化的关键。他把进化定义为"一个群体中基因型的变化"。

(2)生物进化有三个基本环节,即突变、选择和隔离。基因突变和通过有性杂交出现的基因重组是进化的原材料。杜布赞斯基认为,广义的突变就是基因的突变和染色体的畸变;突变是生物遗传变异的主要来源,是生物进化的关键;在任何种群内都存在有足够的突变材料,对环境的任何变化进行反应,以满足物种进化的需要。

(3)自然选择决定进化的方向和速度。选择不仅具有保存作用,而且具有创造作用。

(4)隔离导致新种的形成。地理隔离使一个种群分成许多小种群,这些小种群各自在不同的条件下发生变异,最后实现生殖隔离,形成新种。

总之,突变是进化的第一阶段,而选择则是进化的第二阶段。自然选择是对有害基因突变的消除,对有利基因突变的保持,结果使基因频率发生定向进化。隔离是固定并保持新种群的一个重要机制。如果没有隔离,则自然选择的作用不能最终体现。杜布赞斯基把隔离机制分为两大类:一是地理隔离,即空间性的隔离,它在物种形成中促进性状的分歧;二是生殖隔离,即遗传性的隔离,它是物种形成的重要步骤。

综合进化论是达尔文进化论在20世纪的新进展。该理论在种群遗传学研究成果的基础上,把突变论和自然选择理论相结合,提出了自然选择的多种模式,把种群遗传学原理引入进化机制的研究,进一步丰富和发展了达尔文进化理论,揭示了生物进化的机制。就理论本身而言,综合进化论是生物学领域一个非常成功和有吸引力的理论,因为它既有理性体系,又有广泛的实验证据,首次统一了从遗传学、植物学、动物学、微生物学、生态学到古生物学中的进化理论,这是达尔文学说未曾达到的成就。综合进化论深入到遗传变异的内在机制，并同自然选择学说相结合，较为科学地说明了生物进化过程中的内因与外因、必然性与偶然性的关系。在方法论上，该学说把生物学各学科的成果联系起来、综合考察的思路，对后来的研究具有重要的启发意义。综合进化理论也体现了数学分析的灵魂，逻辑简洁，为进化论的发展做出了积极贡献。对综合进化论的重要性可从下述几个方面来理解：

（1）达尔文认为，进化的改变仅仅体现在个体，而综合进化论则认为，由于基因分离和重组，有性繁殖的个体不可能使其基因型恒定地延续下去，只有交互繁殖的种群才有可能保持相对恒定的基因库。因此，进化体现在种群遗传组成的改变上，是种群、而不是个体在进化。

（2）在达尔文学说中，把自然选择归结为繁殖过剩和生存斗争；而综合进化论则将自然选择视为不同基因型有差异的延续。在种间或种内的生存斗争中，竞争的胜利者被选择，其基因型得以延续，这固然具有其进化价值。但是，除此之外，生物之间的一切相互作用，包括捕食、竞争、寄生、共生、合作等，只要影响基因频率和基因型频率的变化，都具有进化价值。即使没有生存斗争，单是个体繁殖机会的差异也能造成后代遗传组成的改变，自然选择也在发挥作用。

（3）达尔文还不能区别可遗传的变异和不遗传的变异，他仍使用获得性遗传的概念。综合进化论则摒弃了这些过时的观点，而将自然选择学说和孟德尔理论及基因论有机结合起来。

五、中性学说

中性学说（The Neutral Theory）认为分子水平上的大多数突变是中性或近中性的，对生物的生存力、生殖力即适合度（fitness）没有影响，自然选择对它们不起作用，这些突变完全依赖一代又一代的随机漂变而被保存或趋于消失，从而形成分子水平上的进化性变化或种内变异。1968 年，日本学者木村资生（M. Kimura，1924—1995 年）根据分子生物学的研究结果，首先提出了分子进化的中性学说（The neutral theory of molecular evolution），简称中性学说或“中性突变的随机漂变理论”。1969 年，美国学者金（J. L. King）和朱克斯（T. H. Jukes）基于大量分子生物学研究结果肯定了这一学说。中性学说是对达尔文进化论在微观演化水平上的进一步发展、修正和补充。中性学说的主要内容包括：

（1）大多数突变表现为“中性” 突变大多是“中性”的，它并不影响核酸和蛋白质的功能，对生物个体的生存既无害也无益。这类突变包括“同义”突变、“非功能性”DNA 顺序中发生的突变以及结构基因中的一些突变。例如，在三联密码中，一个核苷酸发生置换，往往不会造成氨基酸的改变。如 UUU 和 UUC 都是苯丙氨酸的密码子，C 和 U 之间相互置换，不改变密码子的功能，这两个密码子似为“同义词”，因此“同义突变”是中性的。木村资生曾把决定组蛋白Ⅳ的氨基酸排列的两组海胆的 mRNA 进行比较，发现其中有 5 处变化，但氨基酸则完全一样。尽管碱基变化了，但氨基酸不变，故认为是“中性的”变化。他指出，不改变氨基酸的碱基置换是这样进行的：“基因 DNA 的信息被 mRNA 所转录，其信息使碱基进行排列，每三个碱基决定一个氨基酸。第三个位置的碱基被置换了，但这个变化是同义的。如同回答一个问题时说‘是’。找出可以把‘是’字换成‘对’字的位置并完成替换。虽然字改了,但意义相同。像这样第三个位置上的碱基置换,一般是可以的”。不仅如此,在上述的海胆中,这种不改变氨基酸的碱基置换进行的速度非常快。金和朱克斯还认为,这样的突变频率约占核苷酸置换的1/4。

(2)随机固定 “中性突变”通过随机的“遗传漂变”在群体中固定下来,在分子水平进化上自然选择不起作用。中性学说认为,当一个生物体的DNA分子出现中性突变,既不提高、也不降低它在栖息环境中的生存适合度。通过群体中的随机交配,使这些突变在群体中得以固定、发展或者消失。“遗传漂变”在进化中的重要作用有据可循。例如,许多不同物种的功能相同的蛋白质,如血红蛋白、细胞色素C、核酸酶、胰岛素、免疫球蛋白、血纤维蛋白肽等,其氨基酸组成均具有明显区别。又如,两种可以交配并产生后代的蛙(*Xencpus leavis* 和 *X. mulleri*),其DNA中的一些重复序列的相差程度可达10~100倍。上述情况说明,不受自然选择压力的中性突变,通过随机的“遗传漂变”在群体中得以固定并逐渐积累,可以实现种群的分化,形成新的物种。

(3)中性突变决定进化的速率 进化的速率由中性突变的速率、即由核苷酸和氨基酸的置换率所决定,对所有的生物几乎都是恒定的。木村资生认为,在表现型水平上的进化中,进化速度一般都很快,亦有如所谓“活化石”那样进化极慢的类型。但是,在基因水平上,进化速度几乎是恒定的。中性学说最初主要涉及进化速度问题。如在体内运载氧的红细胞中的血红蛋白β链由141个氨基酸组成,各个氨基酸平均以每年10^{-9}(十亿分之一)的速率变化。就是说,对每个氨基酸来说,10亿年变化一次。在细胞内担任氧化还原作用的细胞色素C,以血红蛋白1/3的速度变化。在血液凝固过程中,从血红蛋白原脱变成血红蛋白时所放出的血红蛋白肽,比血红蛋白的进化速度快数倍。由此可见,分子种类不同,分子的置换率不同,进化的速度也不同。但是,同一分子的进化速度在不同物种中却是相同的,而且与世代的时间长短无关。

自20世纪50年代以来,学者们逐步解析了许多生物大分子的一级结构。通过比较不同生物的某些功能相同的蛋白质的氨基酸序列或核酸的核苷酸序列的差异发现,亲缘关系近者差异较小,而亲缘关系远者则差异较大,与物种的表型进化特征基本一致。分子进化至少有三个显而易见的特点:一是多样性程度高,与表型多态(性)(即在一相互交配的群体中存在着两种或多种基因型的现象)相比,分子多态(性)更为丰富(例如细胞色素C这种蛋白质分子在行有氧呼吸的不同物种中就有不同的分子结构);二是各种同源分子对选择大都是中性或近中性的,它们都有完整的高级结构,能很好地完成各自的功能(如脊椎动物的血红蛋白分子都能运输氧、各种生物的细胞色素C都能在氧化磷酸化中完成电子的传递等);三是随着生物从低等向高等演化,同源分子中逐年发生氨基酸或核苷酸的替换,且大致按每年每位置替换数恒定的速率进化;就是说,每一种生物大分子不论在哪个生物体内,都以一定的速率进化着,如上述的各种脊椎动物血红蛋白的分子中氨基酸的置换,并且置换的速率与环境的变化和生物世代的长短无关。关于大分子的进化性变化,楚克坎德尔(E. Zuckerkandl)和波林(L. C. Pauling)(1965年)、马戈利亚什(E. Margoliash)和史密斯(G. H. Smith)(1965年)早就做过全面的论述。木村资生的贡献就在于,从理论上迈进一步,把中性突变-遗传随机漂变-置于决定性的位置,提出分子进化的中性学说，较合理地解释了分子进化的各种现象。

六、间断平衡学说

间断平衡学说（Punctuated Equilibrium Theory）也称点断平衡论。这是一个基于古生物学研究而提出的进化学说，由美国古生物学家埃尔德里奇（N. Eldredge）和古尔德（S. J. Gould）于1972年联合提出。该学说认为，从化石记录看，生物的进化存在着这样的模式：长时间的只有微小变化的稳定或平衡，被短时间内发生的巨大变化所打断。或者说，长期的微进化之后出现快速的大进化，渐变式的微进化与跃变式的大进化交替出现。大进化有着与微进化不同的机制，而这种大进化的机制不是自然选择的结果，而是由其他因素所致。例如，胚胎发育的模式（蓝图）一旦建立，就有一种内在的连贯性，难以通过突变逐渐加以改变，生物将沿着固定的途径发育、生长，使物种长期保持稳定，新的遗传变异由于不能与已有的发育模式相容，因而不可能出现或保留下来（这种现象称为发育制约）。

传统进化理论认为，进化量（即生物种系在一段时间内的性状演变总量）是渐进变异逐渐积累的总和，线系渐变是进化的主流。间断平衡学说则主张，虽然渐变也可造成变异，并积累形成新种，但这种情况在总变异量中所占份额很小，新种形成才是进化的主流。间断平衡学说强调变异的随机性和地理隔离对种形成的必要性，认为形成新种的原料是个体突变，突变是无定向的。只要对适应无害（中性），就可能闯过自然选择这一关而形成新种。间断平衡论还强调，大多数新种是从父种地理分区边缘被隔离的孤立小种群中形成的，因为在孤立种群中所产生的突变，不致因基因交流而失去特性，其中多数虽被淘汰，少数仍能被选择而保留下来，最终形成新种。

复习与思考题

1. 简述达尔文自然选择理论的主要内容。
2. 查阅文献，掌握生物进化的中性理论。
3. 简述拉马克对生物进化理论的贡献。
4. 掌握下列名词：新拉马克主义，综合进化论，间断平衡学说

第四节　各类群动物的起源与演化

地球上各种动物都是由最原始、最简单的种类进化而来的。生物进化的趋势是由低等到高等、由简单到复杂。各类生物均有其自身的发生、发展、繁盛和衰退的历史。

一、原生动物

原生动物是单细胞动物，要讨论其系统发展，必然要涉及生命起源和细胞起源等问题。从理论上来说，在亿万年的生命起源和发展过程中，首先是由无机物发展到简单的有机物，由简单的有机物发展到复杂的有机物，发展成如蛋白质、核酸等那样复杂的大分子，形成具有新陈代谢功能、但尚无细胞结构的原始生命。恩格斯曾指出："生命是蛋白体的存在方式，这个存在方式的基本因素在于和它周围的外部自然界的不断地新陈代谢，……

如果有一天用化学方法制造蛋白体成功了,那么它们一定会显示生命现象,进行新陈代谢,虽然可能是很微弱的和短暂的。但是这种物体肯定最多也不过具有最低等原虫的形态,或者还更低得多的形态,……”。现代科学研究已经证明,“蛋白体”主要是由核酸和蛋白质组成的复杂体系,这是最初的生活物质、生命形态。以后又经过漫长的演化过程,才由非细胞形态的生活物质逐渐发展成为有细胞结构的原始生物。由原始生物进化发展,分化出原始的动物和植物。进而发展成现代的、形形色色的原生动物。

在原生动物的4个纲中哪一类是最原始的?因为肉足纲的变形虫结构简单,营吞噬性营养,以其他原生动物或植物为食,所以它不可能是最早出现的。纤毛纲结构比较复杂,且为吞噬性营养,也不可能是最早出现的。孢子纲的动物全为寄生种类,而寄生种类无疑是由独立生活的种类发展而来的,因此也不可能是最早出现的。只有鞭毛纲兼具3种营养方式,故一般认为鞭毛纲是原生动物中最原始的一纲。那么,进一步的问题是,在鞭毛纲中到底是哪一类最早出现的?对此尚存争论。过去认为最早出现的是有色鞭毛虫,因为它可以自己制造食物,但因为色素体结构比较复杂,不可能想象最早出现的种类有如此复杂的结构。故有学者认为最早出现的不是有色鞭毛虫,而是无色渗透性营养的鞭毛虫。因为无色渗透性营养的鞭毛虫一般构造比较简单,这种说法似更为合理。当然,这并不意味着是由现生的无色鞭毛虫发展来的,而可能是类似现在的无色鞭毛虫,可称之为原始鞭毛虫。经过漫长的进化,由原始鞭毛虫形成现在的形形色色的鞭毛虫。目前,有学者认为领鞭毛虫是最原始的,它是所有多细胞动物的祖先。肉足纲也是从原始鞭毛虫发展来的,因为很多肉足虫如有孔虫,其配子具鞭毛,根据生物发生律,说明其祖先是具鞭毛的。某些种类如变形鞭毛虫具鞭毛和伪足,说明鞭毛虫与肉足虫亲缘关系密切。纤毛虫可能是在原始鞭毛虫发展成鞭毛虫的过程中,又分出一支形成的,因为纤毛与鞭毛具有一致的结构,说明这二纲的关系较近。孢子纲全为寄生种类,追溯其来源较为困难,但大致可看出有两个来源:疟原虫、球虫等配子都具鞭毛,可能来源于鞭毛纲,而黏孢子虫的营养体全为变形体,可能来源于肉足纲。

对原生动物的系统发展及各纲亲缘关系的认识,将随着科学和技术的发展越来越明确,越来越深入。恩格斯指出:**“最初发展出来的是无数种无细胞的和有细胞的原生生物……在这些原生生物中,有一些渐次分化为最初的植物,另一些渐次分化为最初的动物。从最初的动物中,主要由于进一步的分化而发展出无数的纲、目、科、属、种的动物……。”**

二、多细胞动物的起源及相关假说

多细胞动物亦称后生动物(Metazoa),现生的绝大多数动物都属于后生动物。原生动物的主要特征是,体躯由大量形态有分化、功能有分工的细胞构成;与群体原生动物的兼有营养和生殖功能的细胞不同,其生殖细胞和营养细胞有明显的分化;依体制形态的对称情况,后生动物可分为不对称动物(多孔动物门)、辐射对称动物(腔肠动物门、棘皮动物门等)和两侧对称动物(其他所有门类)。

(一)多细胞动物的起源

一般认为,多细胞动物起源于单细胞动物。其证据主要来自古生物学、形态学、胚胎学等方面。

（1）古生物学方面　古代动、植物的遗体、残骸或遗迹，经过千百万年的地壳变迁或造山运动等，被埋在地层中，最终形成化石。已经发现在最古老的地层中，化石种类也是最简单的。在太古代的地层中有大量的有孔虫壳化石，而在晚近的地层中动物的化石种类趋于复杂，并且能看出生物由低等向高等发展的顺序。说明在动物的演化历程中，最初出现单细胞动物，后来才发展出多细胞动物。从辩证唯物主义的观点来看，事物的发展是由简单到复杂、由低等到高等，生物的进化也不例外。

（2）形态学方面　从现生动物来看，既有单细胞动物，又有多细胞动物，并形成了由简单到复杂、由低等到高等的序列。在原生动物鞭毛纲中有些群体鞭毛虫，如团藻，其形态与多细胞动物极为相似，可推测这类动物是从单细胞动物过渡到多细胞动物的中间类型，即由单细胞动物发展成群体以后，又进一步发展成多细胞动物。

（3）胚胎学方面　在胚胎发育过程中，多细胞动物是由受精卵（单细胞）开始，经过卵裂、囊胚、原肠胚等一系列过程，逐渐发育为成体。多细胞动物的早期胚胎发育基本相似。根据生物发生律，个体发育简短地重演了系统发展的过程。由此说明，多细胞动物起源于单细胞动物，并且说明多细胞动物发展的早期所经历的过程是相似的。恩格斯说："有机体的胚胎向成熟的有机体的逐步发育同植物和动物在地球历史上相继出现的次序之间有特殊的吻合。正是这种吻合为进化论提供了最可靠的根据。"

（二）关于多细胞动物起源的相关假说

毋庸置疑，多细胞动物起源于单细胞动物。但是，由哪一类单细胞动物发展成多细胞动物、多细胞动物起源的方式如何？对此问题有不同的学说来解释。

1. 群体学说

群体学说（Colonial Theory）认为，后生动物来源于群体鞭毛虫，这是后生动物起源的经典学说。群体学说的支持证据较多，因而成为当代动物学中被广泛接受的观点。这一学说最早由赫克尔提出（1874 年），以后由梅契尼柯夫（E. Metchnikoff，1845—1916 年）加以修正（1887 年），海曼（L. H. Hyman，1888—1969 年）使之复兴（1940 年）。群体学说可分为原肠虫学说和和吞噬虫学说两种论点。

（1）赫克尔的原肠虫学说　认为多细胞动物最早的祖先是由类似团藻的球形群体，一面内陷形成多细胞动物的祖先。因为和原肠胚很相似，这样的祖先类型有两胚层和原口，故赫克尔称之为原肠虫（gastraea）（图 5-6）。

（2）梅契尼柯夫的吞噬虫学说（实球虫或无腔胚虫学说）　梅契尼柯夫观察了很多低等多细胞动物的胚胎发育过程。他发现，一些较低等的种类，其原肠胚的形成主要不是通过内陷而是内移的方式形成。同时，他也观察了某些低等多细胞动物，发现其主要是通过吞噬作用进行细胞内消化，很少为细胞外消化。由此推想，最初出现的多细胞动物行细胞内消化，而细胞外消化是后来才发展出来的。基于此，梅契尼柯夫提出了吞噬虫学说，他认为多细胞动物的祖先是由一层细胞构成的单细胞动物的群体，后来个别细胞摄取食物后进入群体之内形成内胚层，结果就形成二胚层的动物，起初为实心的，后来才逐渐地形成消化腔，所以梅契尼柯夫便把这种假想的多细胞动物的祖先，称为吞噬虫（phagocitella）（图 5-6）。

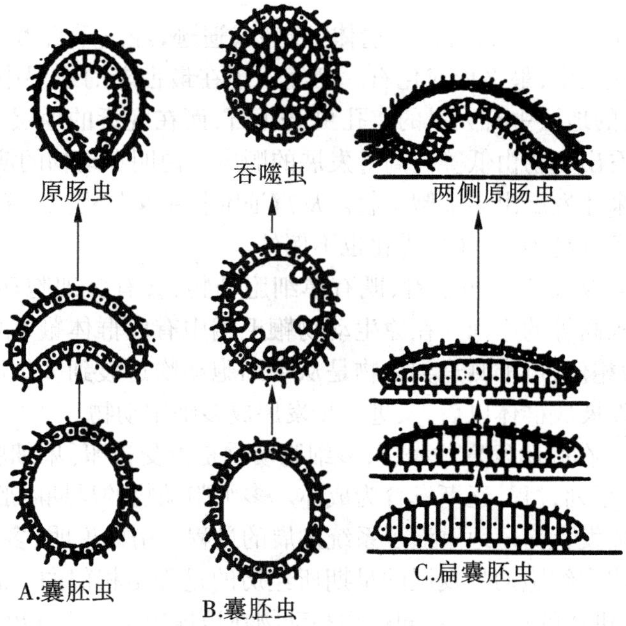

图 5-6 多细胞动物起源的群体学说示意图

A:赫克尔的原肠虫学说;B:梅契尼柯夫的吞噬虫学说;C:Grall-Butshli 的扁囊虫学说

上述两种学说都有其胚胎学的依据。但是,在最低等的多细胞动物中,多数是如梅契尼柯夫所言,由内移的方式形成原肠胚,而赫克尔所指的内陷方式,很可能是后来才出现的。因此,梅氏的学说更容易被学者所接受。而且,梅氏的说法似乎更符合功能与结构相统一的原则。不能想象先有一个现成的消化腔,而后才有消化的功能,而更可能是由于在发展过程中有了消化机能,才逐渐发展出消化腔。恩格斯指出:"整个有机界在不断地证明形式和内容的同一或不可分离。形态学的现象和生理学的现象、形态和功能是互相制约的。"

在现生的原生动物中,鞭毛类动物形成群体的能力较强。如果原始的单细胞动物群体进一步分化,群体细胞严密分工协作,形成统一整体,就可能发展成为多细胞动物。但是,单细胞动物群体有树枝状、扁平和球形等多种形态,前二者的个体在群体中的连接一般较疏松。根据多细胞动物早期胚胎发育的特征,球形群体(类似团藻形状)与之一致。因此,群体学说认为由球形群体鞭毛虫发展成为多细胞动物符合于生物发生律。此外,具鞭毛的精子普遍存在于后生动物,具鞭毛的体细胞常见于低等的后生动物特别是在海绵和腔肠动物,这些都可作为支持鞭毛虫作为后生动物祖先的证据。梅契尼柯夫所说的吞噬虫,很像腔肠动物的浮浪幼虫,故被称为浮浪幼虫样的祖先(planuloid ancestor)。低等后生动物是从自由游泳的浮浪幼虫样的祖先发展而来的。根据这种学说,腔肠动物为原始辐射对称,可以推断它直接来源于浮浪幼虫样的祖先。也有学者(Barnes,1987 年)认为,团藻样动物虽被作为鞭毛虫群体祖先的原型,但是这些具有似植物细胞的自养有机体不可能是后生动物的祖先。超微结构的证据表明,原生动物中的领鞭毛虫(cho-anoflagellates)更可能是后生动物的祖先,因为领鞭毛虫既有单体,也有群体。

由 Otto Butshli(1883)所提出的扁囊胚虫(plaku-la)学说(图 5-6)近年来正恢复其生机。该学说认为,原始的后生动物是两侧对称的有两胚层的扁的动物,Butshli 称此动物为扁囊胚虫。根据 Butshli 的观点,扁囊胚虫通过腹面细胞层蠕动、爬行、摄食,最后该动物背腹细胞层分开成为中空结构;其腹面的营养细胞逐渐内陷形成消化腔,同时产生内、外胚层,形成两胚层动物。扁囊胚虫与现生扁盘动物的丝盘虫(trichoplax)相似,因而有学者认为丝盘虫是扁囊胚虫现存种类的代表。

2. 合胞体学说

合胞体学说(Syncytial Theory)主要由 Jovan Hadzi(1953)和 Victor Hanson(1977 年)提出。该学说认为,多细胞动物来源于多核纤毛虫的原始类群(图 5-7)。后生动物的祖先开始是合胞体结构,即多核的细胞,后来每个核获得一部分细胞质和细胞膜形成了多细胞结构。由于有些纤毛虫倾向于两侧对称,合胞体学说主张,后生动物的祖先是两侧对称的,并由其发展为无肠类扁虫,且无肠类扁虫是现生最原始的后生动物。对该学说持反对意见者较多,因为任何动物类群的胚胎发育都未见有多核体分化成多细胞的现象,实际上无肠类合胞体是在典型的胚胎细胞分裂之后出现的次生现象。最主要的反对意见是不同意将无肠类扁虫视为最原始的后生动物。动物体型的进化趋势是从辐射对称到两侧对称,如果认为无肠类扁虫的两侧对称是原始的,那么腔肠动物的辐射对称倒成为次生现象,这显然有悖于公认的进化过程。此外,还有共生学说(Symbiosis Theory)(图 5-7),认为不同种的原生生物共生在一起,发展成为多细胞动物。这一学说显然存在一系列的、难以解释的遗传学问题。例如,不同遗传基础的单细胞生物如何聚在一起,并形成能繁殖的多细胞动物?

对多细胞动物的起源,多数进化论学者倾向于单元说,但事实上已有一些研究结果提示,认为多细胞动物的来源是多元的,即多细胞动物起源于不止一类原生动物的祖先。这些观点大部分集中于鞭毛虫和纤毛虫谁才是多细胞动物的祖先类群。目前,学者们仍致力于寻找从原生动物过渡到多细胞动物的中间类型。

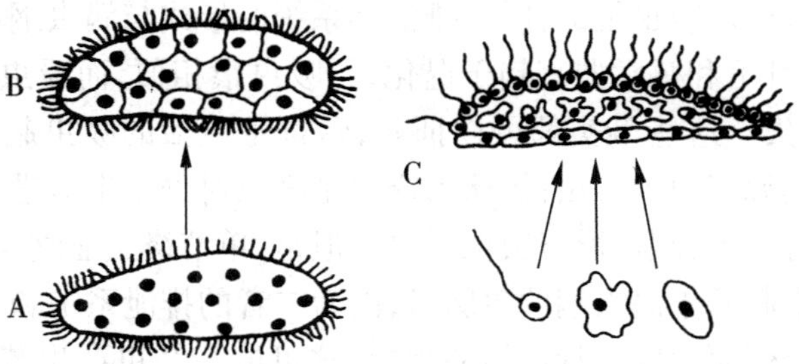

图 5-7　合胞体学说和共生学说示意图

A:原始的多核纤毛虫;B:合胞体细胞化,形成多细胞结构,然后进一步发展成无肠类涡虫样的两侧对称的动物。C:示不同种类的单细胞生物共生在一起,然后发展成为多细胞动物

三、海绵动物

海绵动物的领细胞和领鞭毛虫极为相似,故认为海绵动物由鞭毛纲领鞭毛虫的群体进化而来。但是,海绵动物的胚胎发育过程有逆转现象,不同于其他多细胞动物;另外,海绵动物有水沟系、发达的领细胞、骨针等特殊结构,说明它与其他多细胞动物并无直接联系,是很早分出来的一个侧支,故称为侧生动物。

四、腔肠动物

目前普遍认为,腔肠动物起源于一个与浮浪幼虫相似的祖先。这个祖先可能是鞭毛纲的群体,根据梅契尼柯夫的观点,由细胞移入形成原始的两胚层动物,由此进化为水螅纲,再由水螅纲沿着不同的途径发展为钵水母纲和珊瑚纲。

腔肠动物为体呈辐射对称或两辐对称的两胚层多细胞动物,有口无肛门,出现了消化循环腔,能行细胞外消化和细胞内消化;出现原始的肌肉组织、神经组织及感觉器官;有特殊的刺细胞,有由外胚层细胞分泌的石灰质或角质骨骼;有水螅型和水母型;繁殖方式有无性繁殖和有性繁殖,有些种类具世代交替现象,海产种类具有自由游泳的浮浪幼虫期;全部水生,绝大多数栖息于海洋。

五、扁形动物

关于扁形动物的起源,意见尚未达成一致。一种观点为郎格(Lang)所主张,认为扁形动物是由爬行栉水母进化来的。因栉水母在水底爬行,丧失了游泳机能,体形扁平,口在腹面中央等特征与涡虫纲的多肠目极为相似。另一种观点由格拉夫(L. Graff)提出,认为扁形动物的祖先是浮浪幼虫样的动物。这一祖先类型适应爬行生活后,体形变得扁平,神经系统移向前方,原口留在腹方,演变为涡虫纲的无肠目。这两种观点各有其根据,而现生无肠目动物的机体结构最为简单和原始,因此后一种观点可能更接近事实,也成为多数学者一致的看法。近年来,也有学者认为大口目涡虫是最原始的扁形动物,而无肠目及链虫目涡虫是由大口目祖先类型演化出的分支。

在扁形动物中,自由生活的涡虫纲是最原始的类群。吸虫纲无疑是由涡虫纲逐渐适应寄生生活演变而来的。吸虫纲的神经、排泄等系统的形式与涡虫纲单肠目极为相似;部分涡虫营共栖生活,纤毛和感觉器官趋于退化,与吸虫很相似,而吸虫在幼虫时期也有纤毛,寄生后纤毛才消失。这些事实都可以证实,营寄生生活的吸虫起源于自由生活的涡虫。关于绦虫纲的起源有两种看法:①认为绦虫是吸虫对寄生生活进一步适应的结果,因为单节绦虫亚纲的身体不分节,形态很像吸虫。但是,单节绦虫亚纲与其他绦虫的关系并不密切。②认为绦虫起源于涡虫纲的单肠目,因为二者的排泄系统和神经系统相似,而且单肠目中有借无性繁殖而形成链状群体的现象,这可能与绦虫产生节片的能力有关。因此,后一种看法似更可信。

六、环节动物

关于环节动物的起源与演化有两种不同的观点:

(1)环节动物由扁形动物进化而来,其主要论点是:①某些环节动物的成虫和担轮幼虫都有似原肾管的有管细胞,与扁形动物的焰细胞在本质上相同;②某些环节动物在发育过程中,受精卵进行螺旋状分裂,这与涡虫纲多歧肠目的卵裂方式相似;③多毛类的担轮幼虫与多歧肠目的牟勒氏幼虫在形态上非常相似;④某些海产三歧肠目涡虫的内部器官如肠侧支、梯形神经系统、生殖腺等均显示出原始分节现象,这可能是动物界分节现象的开始。

(2)另一些学者认为:在发育过程中,环节动物、软体动物、苔藓动物、腕足动物等都有一个担轮幼虫期,说明它们可能是由类似担轮幼虫的担轮动物样共同祖先分别进化而来,而这个祖先的形态和球轮虫很相似。

关于现生环节动物各纲之间的关系,一般认为多毛类比较原始,其身体结构分化少,生殖腺直接由体腔上皮形成,发育过程有担轮幼虫期等;寡毛类可能是某些多毛类适应穴居或土壤中生活的结果,如头部不明显,疣足消失等,但在发育过程中无担轮幼虫期。也有学者认为,寡毛类与多毛类无直接的亲缘关系,它们起源于原始的寡毛类。蛭纲是从寡毛纲进化而来,蛭纲中原始的棘蛭(*Acanthobdella*)虽有发达的吸盘,但仍具有刚毛,且次生体腔、真正的血管等特点与寡毛纲相似,可能是这两类动物间的过渡类群。

七、软体动物

关于软体动物的起源有两种观点:一种认为软体动物起源于扁形动物;另一种认为软体动物和环节动物是从共同的祖先进化来的,只是由于在长期进化过程中各自向着不同的生活方式发展,最后形成了两类不同体制的动物。从已有的证据来看,后一种说法的理由比较充分。因为许多海产软体动物在胚胎发育过程中也像许多环节动物一样,具有一个担轮幼虫阶段;加之两类动物发育都有螺旋式卵裂、在成体中某些结构有共同之处,如排泄器官基本属于后肾管型、体腔均为次生等。这个共同的祖先,一部分沿着适于活动的方式的道路发展,形成了体节、疣足及发达的头部,这就是环节动物;另一部分沿着适应于比较不活动的道路发展,就产生了保护用的外壳和许多适于运动的结构,如分节现象和头部或不出现或退化,同时也发展了一些软体动物所特有的结构,如外套膜。在软体动物各类群之间由于差别较大,尚无能够很好地表明彼此间亲缘关系的显著特征。

近年来,分子水平的研究结果倾向于支持软体动物起源于有体腔和体节的动物类群。一个显著的例证来自对环节动物中蚯蚓血红蛋白与软体动物(头足纲和腹足纲)的血蓝蛋白的研究。众所周知,人类等脊椎动物依赖于血红蛋白运输 O_2。在后生动物中,除原始种类如海绵和水母等以微绒毛直接借助水流摄取 O_2外,其他类群几乎都依赖于呼吸蛋白,但呼吸蛋白并不全是血红蛋白。如少数多毛纲环节动物为蚯蚓血红蛋白,这是一类球形八聚体,功能较血红蛋白弱;而软体动物(头足纲和腹足纲)的呼吸蛋白为血蓝蛋白。研究发现,环节动物的蚯蚓血红蛋白容易氧化,因而在寒武生命大爆发时,作为软体动物呼吸蛋白的血蓝蛋白代替了仅见于环节动物腕足纲和多毛纲的蚯蚓血红蛋白。基于部分环节动物的蚯蚓血红蛋白和软体动物的血蓝蛋白之间的相对进步性,从生理生化角度支持软体动物起源于环节动物。

在软体动物中,双神经纲较为原始,因为它的体制左右对称、次生体腔比较发达,保留着原始的梯形双神经系统。腹足纲是比较低等的类群,因其具有类似环节动物的担轮幼虫或相似的面盘幼虫阶段。瓣鳃纲动物最显著的特征是呼吸系统的鳃为瓣状鳃。这类动物具有两个外套膜、两瓣外壳;其低等种类足的底部宽平,匍匐而行,发育过程中也出现担轮幼虫。因此,瓣鳃纲可能与腹足类同出于一个共同的祖先。头足纲动物的身体结构高度发达,脑、眼及循环系统等都是软体动物中最进化的,在地层中最早发现的软体动物也是头足类,其原因可能在于,头足类在进化的早期就向着快速运动的方向特化发展,成为软体动物中的一个特殊类群。

八、节肢动物

节肢动物种类繁多,形态极其多样,其身体主要由头部、分节的躯干和分节的附肢3个基本单元构成。探索和研究这个在地球生态系统中扮演着极其重要角色的门类的起源,一直是众多进化生物学家最为关注的科学命题。

学者们普遍认为,与节肢动物近缘的动物类群是缓步动物(Tardigrade)(熊虫)和有爪动物(Onychophora)(栉蚕)。形态学和分子生物学的研究结果都支持节肢动物和缓步动物是姐妹群,这两类动物随后又与有爪动物构成姐妹群的关系。学者们把这3类动物合称为泛节肢动物(Panarthropoda),对构建这3类亲缘关系的共同衍征并无大的争议。但是,不同的研究者对泛节肢动物是否与环节动物来自同一祖先尚有分歧。泛节肢动物与环节动物的共享的衍征包括:有一与众不同的“脑”以及按体节排列的神经节;心脏呈长管状,位于身体背方,系由一纵血管演变而来;有4~5束纵肌;en基因(engrialed gene)、体节极性基因(segmental polarity gene)在早期的分节过程和神经发生时,按体节双重复表达。泛节肢动物的体腔被认为是由与环节动物的共同祖先的成对体节腔变化而来,因为这两大类动物的体节的端细胞发育和最终造成身体的分节根本相同,而且同源,这被认为是强有力共同衍征。法国动物学家居维叶(G. Cuvier)曾于1817年为这些类群创立了“Articulata(关节动物)”一名,故称为“关节动物假说”。但是,A. M. Aguinaldo等(1999年)基于18S rDNA序列分析,提出了另一种假说,把节肢动物、缓步动物、有爪动物、线虫动物、线形动物、动吻动物和曳鳃动物等已知的“蜕皮”后生动物归并在一起,称之为“蜕皮动物(Ecdysozoa)”。蜕皮动物中不包括环节动物,故与前述假说相对立。不过有许多学者对此假说提出种种质疑。

国外的化石资料表明,节肢动物可能在寒武纪即已成为种类数量占优势的类群,在晚寒武纪所发现的动物中,节肢动物种类超过1/3。发现于瑞典奥斯坦(Orsten)的上寒武世沉积物中的大量甲壳类化石,有许多与现代的甲壳类如头虾类、鳃足类非常相似。由于保存完好,可以看到许多古代种类体节和附肢的细微构造。这些化石动物具备现代甲壳类的所有属性,如复眼、头盾、无节幼体(有用于运动的第1触角)、第2触角和大颚两肢型等。我国学者也发现,早在5.2亿年前,已经有类似于现生甲壳动物体躯分化的动物类群,并占据不同的生境。

长期以来,多数学者在探讨昆虫的起源时,都认为六足类与多足类最为近缘。例如颚肢亚门、单肢亚门和缺角类的提出都建立在这一认识的基础之上。近年来,在特征分析中得到1个“六足类+甲壳类”的分支,从而提出“泛甲壳动物(Pancustacea)”的概念。学者们认为，六足类与甲壳类而不是多足类最为近缘。这一观点得到来自分子生物学、发育生物学、形态学和古生物学研究结果（如12S rDNA、28S rDNA、EF-1α、Pol II、Hox 基因、中枢神经系统发生等）的强烈支持。研究还表明：甲壳动物实际上是一个并系类群，即现在甲壳亚门并没有把同一祖先的所有后裔都包括在内。泛甲壳动物的观点认为“昆虫是陆生的甲壳动物”，而且两者的关系是互为并系。

目前，学者们普遍认为：

（1）最早的节肢动物可追溯到6亿年前，有趣的是最早的化石不是三叶虫，而是与甲壳类相似的动物。有人推断节肢动物都源自一个基干类群-古代的甲壳类，或称“原甲壳动物（Protocrustacea）”。

（2）三叶虫出现于寒武纪的早期，可能是自原甲壳动物演化出来的第 1 主支，它们是当时最为繁盛的节肢动物，直到 2.4 亿年前（二叠纪和三叠纪之间）灭绝。

（3）螯肢动物肢口类可能起源自前寒武纪的晚期，在寒武纪中爆发。肢口纲广鳍目（Eurypterida）（已灭绝）和剑尾目（Xiphosura）的化石见于 5 亿年前的奥陶纪。广鳍目的鳍鲎（Pterigotus）是节肢动物中个体最大者，体长近 3 m，曾在古代的海洋和淡水中一直生活到二叠纪，在志留纪和泥盆纪十分繁荣。有证据表明：广鳍目的某些种类甚至演化为两栖的或半陆生的。剑尾目大多灭绝，现仅剩 3 属 5 种，成为一类“活化石”。到志留纪时，许多螯肢动物演化为陆生种类。

（4）在化石中随后出现了多足动物。现生的多足类均为陆生，但最早见于奥陶纪晚期与志留纪早期之间的化石却是海洋种类。陆生种类在志留纪中期才出现，它们与陆生的螯肢动物共同栖息于陆地环境。

（5）六足类是节肢动物中最后出现的一支。类似于今天的弹尾类和石蛃类的化石出现于泥盆纪早期，可追溯到3.9 亿年前。但在志留纪发现的一些遗迹化石与六足类极为相似，加上分子钟（molecular clock）的资料，表明昆虫的起源似应前推到志留纪早期。第 1 个有翅昆虫的化石见于泥盆纪稍晚时。随着 1.3 亿年前开花植物的出现、飞行能力的演化，昆虫类在白垩纪可能有了快速发展。昆虫基本上是一个陆生类群，水生种类属于次生性入水。

（6）现生甲壳动物起源自节肢动物进化树的基部分支，而且可能由原甲壳动物在不同时期经多次演化而来。

总体来看，节肢动物是一个单系类群；节肢动物在地球上很早即已出现，其多样化过程在后生动物发展早期（前寒武纪）就已开始，到寒武纪已成为地球上种类最多的一门后生动物；一类古老的甲壳动物是所有现生节肢动物的祖先；现生甲壳动物是一并系类群，与六足动物近缘，两者互为并系；甲壳动物和六足动物构成泛甲壳动物。当然，最终揭示节肢动物起源的奥秘，还需依据已灭绝的“基干类群”的化石证据。近年来，我国学者发现了兼有节肢动物和叶足动物（Lobopodia）（具有叶足状不分节附肢的蠕虫）特征的化石，为进一步探索相关问题提供了新的资料。

生物学家和古生物学家已经取得共识，节肢动物门最初当由某一类无头、躯干不明显分节、附肢不分节的被称作“叶足动物”的古老蠕虫进化而来。但是，到底是哪一类叶足动物迈出了通向节肢动物演化的第一步；这“第一步”到底是先形成了头部，还是先有躯干分节，或者先从附肢分节起步？这些问题尚无明确的答案。2004 年，西北大学早期生命研究所的刘建妮等发现了一种最先出现成对眼睛、因而开始头化，但其躯干和叶状附肢皆未分节的“神奇罗哩山虫”。尽管这一重要发现可能代表了节肢动物与叶足动物之间的某种中间类型，但它只不过是一个旁支，也走进了演化的死胡同。于是，众多生物学家依据生命演化中“先主体、后附件”的常理推测：叶足动物门向节肢动物门进化的顺序很可能是“先躯干节化、后附肢节化”。2011 年，刘建妮等从云南澄江化石库中发现了节肢动物始祖–“仙掌滇虫”（*Diania cactiformis*）（叶足动物，因其外形酷似仙人掌而得名，约生存于距今 5.2 亿 ~5.3 亿年前的寒武纪生命大爆发期）。这一研究首次揭示了节肢动物门的起源与早期演化问题。仙掌滇虫虽然尚无明确的头部，躯干部也无明显分节，然而其附肢的骨化分节却与节肢动物相差无几。这种能在远古海底行走的“仙人掌”动物，应该代表着由古老叶足动物向节肢动物过渡的一个关键的缺失环节。

九、棘皮动物

棘皮动物的幼体及早期化石均为两侧对称，故棘皮动物由两侧对称的祖先动物进化而来，而现生种类的成体所呈现的辐射对称属于次生现象。棘皮动物显然有着极长的进化历史，因为早在早古生代初期，大量结构复杂的棘皮动物即已出现，足以证明棘皮动物起源的时间应该在寒武纪之前。到寒武纪早期开始时，海旋板类、海座星类和始海百合类开始出现；随后海蒲团类和鳞海林檎类也已出现；寒武纪晚期到奥陶纪早期时，出现了海箭类、海百合类、海星类和海蛇函类；到奥陶纪中期至晚期，棘皮动物的所有其他类群如海蕾类等皆悉数登场。在此后的漫长岁月里，再未发现新的棘皮动物的纲。棘皮动物的多数纲在古生代结束时都走向灭绝，只有少数的纲进入中生代并繁衍至今。

海百合纲为最古老的一类棘皮动物，出现于寒武纪，在泥盆纪之后逐渐衰落，其大多数种类营固着生活，形态特征与两侧对称的早期化石种类（海林檎纲和海蕾纲）相似。海星纲与蛇尾纲的体形均为五辐射对称，演化关系上较为相近。蛇尾纲与海胆纲的关系表现为幼体的相似。海胆纲心形目动物的体型属两侧对称，故海胆纲介于蛇尾纲与两侧对称的海参纲之间。海参纲较为特殊，体呈里蠕虫状、两侧对称、口与肛门分别位于身体的前、后两端，其樽形幼虫与海百合纲的樽形幼虫很相似，故与海百合纲亲缘关系较近。

十、半索动物

半索动物亦称隐索类（Adelochorda）。半索动物与棘皮动物、脊索动物可能是由同一原始祖先分别进化而来。半索动物与棘皮动物同属于后口动物，二者的中胚层都由原肠凸出而成；柱头虫的幼体（柱头幼虫）与棘皮动物的幼体（短腕幼虫）形态、结构相似。同时，半索动物又具有脊索动物的主要特征：具背神经（索）和（咽）鳃裂。在肌蛋白中，棘皮动物、半索动物和脊索动物均有肌酸（creatin），此为其明显的共同点，而半索动物柱头虫与棘皮动物海胆的肌肉中均含有无脊椎动物所特有的精氨酸（arginine）。因此，棘皮动物、半索动物和脊索动物应源自共同祖先。这种共同祖先是以触手腕滤过取食的后口动物。棘皮动物与半索动物各为一个进化侧支，主干则进化为脊索动物。

十一、脊索动物

关于脊索动物的起源问题至今尚存争议。根据现生低等脊索动物(尾索类、头索类)的躯体结构推测,脊索动物的祖先体内无坚硬的骨骼,故未能在古代地层中留下化石,以致不易探求其起源。在以往研究中,学者们采用比较解剖学和胚胎学的结果进行分析、推断并提出假说。随着分子生物学、生物信息学技术的快速发展,越来越多的遗传多样性数据被用于进化分析。迄今为止,主要有两个假说被用于解释脊索动物的起源问题。

环节动物说:认为脊索动物起源于环节动物。原因在于,两类动物均具有两侧对称、分节、有发达的体腔和各节的排泄器官等特征。将蚯蚓背腹倒置,神经索即位于身体背方,与脊索动物的背神经管位置相似,血流方向也同于脊索动物。但是,该假说的证据欠充分。

棘皮动物说:认为脊索动物与棘皮动物具有共同的祖先。理由包括:①半索动物的成体有接近于脊索动物的特点,而胚胎发育和幼体形态均与棘皮动物极为相似,所以半索动物和棘皮动物亲缘关系密切,而半索动物又是无脊椎动物与脊索动物间的过渡类型。②肌肉生化分析结果表明,棘皮动物、半索动物肌肉同时含有肌酸和精氨酸,是处于无脊椎动物(含精氨酸)和脊索动物(含肌酸)之间的过渡类型。因此,脊索动物和棘皮动物的亲缘关系得以确定。进而主张这两类源自共同的祖先,并分两支发展,一支进化为棘皮动物,另一支进化为脊索动物。该假说得到普遍接受。

根据已有的结果推测,脊索动物的原始祖先可能是一种蠕虫状的后口动物,具鳃裂以滤食,营底栖、固着生活,类似于现生的海鞘成体。随后,这一原始祖先出现了蝌蚪样自由游泳的幼体阶段,具脊索、背神经管和肛后尾,并有**幼体性熟**(paedogensis)现象。这一祖先类型的动物生活于距今约 5 亿年的古生代早期,称为**原始无头类**。其中的一支适应特殊的生活方式,演化成为尾索动物,其大多数种类经变态后仅保留咽鳃裂,但具备脊索、背神经管和肛后尾,营固着生活;另一支保留幼体时期的尾和自由游泳的生活方式直到成体,生活史中营固着生活的阶段消失,通过幼态滞留和幼体性熟途径发展,分别成为头索动物(演化侧支)和作为演化主干的原始脊椎动物,称为**原始有头类**。

十二、无颌类

原始有头类以后向两个方向发展,一支成为无颌类,另一支成为有颌类。

无颌类最早的化石种类甲胄鱼发现于距今 5.25 亿年的古生代早期奥陶纪地层,繁盛于志留纪和泥盆纪早期,至泥盆纪末斯绝灭。化石无颌类是迄今为止所知最古老的脊椎动物。甲胄鱼身体前部、尤其是头部一般都覆盖有坚硬的大块骨甲,故名甲胄鱼。它们无上、下颌;其早期的类型尚无偶鳍,但头甲鱼(*Cephalaspis*)和后期的类型在头甲之后缘出现了 1 对近似偶鳍的结构;具鳃笼和单鼻孔;嗅囊与鼻垂体囊在内部相通;两眼间有一小的松果体孔;内耳仅有 2 个半规管。这些特点与现生圆口类相同,说明甲胄鱼与圆口类来自共同的无颌类祖先。甲胄鱼适应于底栖生活;圆口类则适应于半寄生或寄生生活。根据甲胄鱼所在地层综合分析,推断这些动物在 5 亿年前都栖息于淡水环境,即脊椎动物起源于淡水。因为甲胄鱼具鼻甲,从化石证据上支持硬骨鱼更为原始、而圆口类、鱼类的软骨均为次生性的观点。

十三、鱼类

无颌类中保持原始特征的一支,其头部前端的第1对鳃弓发生了变位和变形,转变为能主动捕食、可活动的上、下颌。从化石证据来看,在约4亿年前的泥盆纪,出现了棘鱼(*Acanthodii*)、盾皮鱼类(*Placodermi*)、软骨鱼类和硬骨鱼类等4大类群,但颌的出现和最早的鳞的进化可能要追溯到奥陶纪。

棘鱼类可能出现于奥陶纪,其化石发现于距今4.5亿年的地层中,至志留纪和泥盆纪时达到高峰,于石炭纪绝灭。棘鱼为原始有颌类,上颌(颚方骨)与下颌相咬合,体呈纺锤形,歪尾,偶鳍除胸、腹鳍外,腹部尚有5对小的鳍,各鳍前均有一小棘,故名棘鱼。棘鱼体表覆盖着细密的菱形鳞(片),头部有排列规则的保护性小骨板,鳃孔上覆盖着骨质鳃盖物。棘鱼的分类地位尚有争议,但多数学者认为它更接近硬骨鱼的类的祖先-古鳕鱼类。因其具有硬骨鳞和鳃盖以及硬骨的内骨骼等特征。

盾皮鱼类出现于志留纪,在泥盆纪发达,至泥盆纪末大部分绝灭,少数种类延续到石炭纪。这类鱼的体外有盾形的骨质甲板,形似甲胄鱼,但具有上、下颌(有典型的下颌以及与头骨愈合在一起的上颌)、成对的鼻孔、偶鳍和歪形尾,骨骼为软骨。其主要类群包括节颈鱼类(*Arthrodira*)、褶齿鱼类(*Ptyctodontida*)、扁平鱼类(*Petalichthyida*)、硬鲛类(*Rhenanida*)等。

软骨鱼类和硬骨鱼类最早的化石发现于志留纪。化石证据表明:软骨鱼类与硬骨鱼类是通过不同的途径分别演化而来的。盾皮鱼类是软骨鱼类的近亲,而棘鱼类则是硬骨鱼类的近亲。

软骨鱼类很早就分成鲨鳐类和全头类2个支系。鲨鳐类又向迅速游泳的鲨类和底栖的鳐类两个方向发展。最早的软骨鱼化石是泥盆纪的食肉鲨类,如裂口鲨(*Cladoselache*),其身体呈纺锤形,体被楯鳞,具2背鳍,无鳍脚,颌弓为双接型(上颌直接连于脑颅,并通过舌颌骨与脑颅相接)。现代鲨类颌弓与脑颅的连接方式由原始的双接型变为舌接型(上、下颌通过舌颌骨与脑颅相接)。全头类从下石炭纪开始出现,可能是从原始的、祖先型的鲨类发展出来的辐射分支,属于食软体动物类型。

目前一般认为,硬骨鱼类由棘鱼类发展而来,分成2支。一支为辐鳍鱼类,发展成为现代硬骨鱼类的主体;另一支是肌鳍鱼类,包括总鳍鱼类和肺鱼类,由总鳍鱼类演化出陆栖脊椎动物。

辐鳍鱼类化石由泥盆纪开始,至今经历了3个演化阶段:①最早期为软骨硬鳞类(*Chondrostei*),以古鳕类(*Holostei*)为代表;②全骨类出现于三叠纪,较软骨硬鳞鱼有明显进步,其全盛时期为中生代,在淡水与海水中分化,现存者已知仅有分布北美的雀鳝和弓鳍鱼;③由全骨鱼发展出的真骨类(*Teleostei*)是辐鳍鱼类发展的第3阶段。真骨鱼化石自侏罗纪开始出现,从中生代后期至今广泛地适应辐射,形成了各种生态类群,使其能更好地适应不同环境。

肌鳍鱼类又称内鼻孔鱼类,化石从泥盆纪早期开始出现,曾广泛分布,中生代末期接近绝灭。肺鱼类生活于淡水,至今仅残存3属,不连续地分布于南美洲、非洲和澳洲的热带河流地区。古总鳍鱼类不仅与具有见于肺鱼的内鼻孔、可当肺用的鳔,还有能用于陆地运动的肉叶状偶鳍(偶鳍基具发达的肌肉,外覆以鳞(片),特别是鳍内的骨骼构造与陆栖脊椎动物的四肢骨骼构造相似)。这些结构使古总鳍鱼类在泥盆纪气候炎热干燥、经常性的湖泊干涸、江河断流、干旱缺氧时,能够呼吸空气、爬越干涸的泥洼地区、进入新的水域生活,并逐渐发展成为能在陆地上生活的古代两栖类。在中生代,古总鳍鱼类有一支转移到海中生活,矛尾鱼就是这类鱼的残存代表。其他大部分种类由于不能适应当时剧烈的环境变化而走向绝灭。总鳍鱼中的骨鳞鱼类(Osteolepiformes)的脑颅骨片的排列方式、牙齿类型、偶鳍骨骼的结构与古两栖类极为相似,因而它们极有可能作为两栖动物的直接祖先。

2003 年,西北大学舒德干研究组在 Nature 发表了"*Head and backbone of the early Cambrian vertebrate Haikouichthys*"一文,报道在距今 5.3 亿年的海口鱼化石上发现了脊椎骨和头部构造。海口鱼是一种原始的拟似鱼类动物,属于无颌总纲。其下只有一个物种,即耳材村海口鱼(*Haikouichthys ercaicunensis*)。海口鱼的化石发现于中国云南的澄江动物群(帽天山层),溯源于寒武纪,被认为是至今已知最古老的鱼类(脊椎动物)。这一成果标志着脊椎动物起源与演化研究取得了突破性进展,将脊椎动物出现的时期前推至 5.3 亿年前。

十四、两栖动物

从水栖生活转变为陆地生活,是脊椎动物进化史上的一次巨大飞跃。两栖动物是由水登陆的过渡型动物,出现于泥盆纪晚期。最早的两栖动物化石称为鱼石螈(亦称鱼头螈)(*Ichthyostega*),它具有鱼类和两栖类的双重特征:鱼样的身体、带鳍条的尾鳍、残余的前鳃盖骨,头骨全被膜骨所覆盖,且骨片的数目和排列极似总鳍鱼,齿亦同于总鳍鱼,为迷齿(labyrinthodont tooth)。这些特点表明它确实来源于鱼类。但是,鱼石螈已出现了 5 趾型四肢,具缩短的头骨、双枕髁、耳裂(oticnotch,为支持陆生动物特有的鼓膜的结构),吻部较长,表明其嗅觉增强,脊椎骨具备陆栖脊椎动物特有的前、后关节突,肩带与头骨已失去联系,使头部有活动余地。所有这些进步性特征说明,鱼石螈已进入了两栖类的范畴,是迄今已知最早的两栖类代表种类。

石炭纪和随后的二叠纪是两栖类最为繁盛的时期,因而被称为两栖类时代。从鱼石螈分化出来的古生代两栖类称为坚头类(*Stegocephalia*),因其头骨皆被膜骨形成的完整骨板所覆盖。在石炭纪和二叠纪,坚头类获得了极大发展,形成的各种类群可分为迷齿类(*Labyrinthodontia*)和壳椎类(*Lepospondyli*)。迷齿类是古生代两栖类演化的主干,鱼石螈就是其最早的代表,它们都具有似总鳍鱼的迷齿,脊椎骨的形成为软骨原骨,椎体由前、后两部分组成,前为间椎体(hypocentrum),后为侧椎体(pleruocentrum),类似于其他陆生脊椎动物。壳椎类的椎体则为膜原骨,椎体不分为前、后两部分,呈线轴状,是演化上的一个侧支。因为化石证据不足,现生 3 个目的两栖动物与古代两栖类的亲缘关系尚不完全清楚。但是,它们有一些共同点,如皮肤裸露无甲、头骨大部分膜原骨消失,中耳腔中有第 2 块听小骨-盖骨(operculum)与耳柱骨相连,牙齿亦相似。因此,认为它们有共同起源,可归为一亚纲。总体来看,化石两栖类与现生两栖类可分为迷齿亚纲(Labyrinthodontia)(已灭绝)、壳椎亚纲(Lepospondyli)(已灭绝)和无甲亚纲(Lissamphibia)(现生类群,包括无足目、有尾目和无尾目)等3个亚纲。

十五、爬行动物

在石炭纪末期,脊椎动物的进化出现了新的飞跃,羊膜卵开始出现于古爬行类。羊膜卵的结构和发育特点,使羊膜动物在个体发育的早期彻底摆脱了对外界水环境的依赖,使动物在陆地繁殖成为可能,其意义与颌的出现同等重要。爬行类起源于迷齿类两栖类中类似于蜥螈(*Seymouria*)(或译西蒙龙)的动物。蜥螈具一般两栖类的特征:颈部不明显;肩带紧贴于头骨之后,头骨的形态结构与坚头类相似;脊柱分区不明显;具有迷齿和耳裂;在一些成体标本上还有侧线管,说明它们还经历了水生的幼体阶段。另一方面,蜥螈又具有许多爬行动物的特征:头骨具单枕髁;肩带具发达的间锁骨;荐椎2枚;前肢5指(坚头类及现生两栖类多为4指);各指的指骨数较两栖类增加;腰带与四肢骨均较粗壮,更适于爬行。这些证据表明,蜥螈是两栖类和爬行类之间的过渡类型。但是,对蜥螈究竟属于两栖类还是爬行类尚有不同见解。但是,蜥螈肯定并非爬行动物的直接祖先。因为蜥螈发现于下二叠纪,而真正的爬行动物化石在石炭纪末期即有发现。

杯龙类是已知最原始的爬行类,其化石发现于石炭纪末期。这一类群是爬行动物的基干,辐射进化出后期的各类爬行动物。依据头骨上颞窝的有无和位置,化石种类和现生的爬行动物共分化为6个亚纲:①无孔亚纲(Anapsida),无颞窝,包括最古老的爬行动物,有化石的杯龙目和中龙目(Mesosauria)和现生的龟鳖目动物。②调孔亚纲(Euryapsida),头骨侧上方有1个颞窝,以后眶骨和鳞状骨为下界。如以化石蛇颈龙为代表的鳍龙目(Sauropterygia)。③上孔亚纲(Parapsida)(又称鱼龙亚纲 Ichthyopterygia),头骨侧上方有1个颞窝,以后颞骨(postfrontal)和上颞骨(supratemoral)为下界,如化石种类的鱼龙目(Ichthyyosauria)。④有鳞亚纲(又称鳞龙亚纲,Lepidosauria),原始的双颞窝类,每侧头骨有2个颞窝,以后眶骨和鳞状骨为分界,无眶前孔。化石类群始鳄目(Eosuchia)为该亚纲的祖先类群,于晚古生代起源于杯龙类,是蜥蜴样的爬行动物,由其演化出生存至今的喙头目(现仅存喙头蜥1种)和有鳞目(Squamata)(包括现生的蜥蜴类和蛇类)。⑤初龙亚纲(Archosauria),进步的双颞窝类,头骨每侧有2个颞窝,以后眶骨和鳞状骨为界,通常具眶前孔。其化石类群槽齿目(Thecodontia)是鳄目(包括现存的鳄目)、翼龙目(Pterosauria)(已灭绝,飞行的爬行动物)、蜥龙目(Saurischia)(已灭绝,腰带三放型的恐龙)、鸟龙目(Ornithischia)(已灭绝,腰带四放型的恐龙)以及鸟类的祖先。⑥下孔亚纲(Synapsida),头骨侧下方有1个颞窝,以后眶骨和鳞状骨为上界。该亚纲均为化石种类,包括较为原始的盘龙目(Pelycosauria)和较进步的兽孔目(Therapsida)(兽孔目以后演化出哺乳动物)。

爬行动物在中生代最为繁盛,占据了水、陆、空多种环境,尤以体型巨大的恐龙最为著名,故称中生代为爬行动物时代。

十六、鸟类

鸟类的起源是生物学领域的难解之谜。从达尔文的《物种起源》发表以来,学者们一直在探索鸟类的起源及进化史。1860 年,在德国巴伐利亚约 1.5 亿年以前的石灰岩沉积层中发现一根孤零零的鸟羽,次年在同一地区发现一具有鸟状羽毛和翼的动物骨骼-这就是举世闻名的始祖鸟。由于鸟类的化石资料较少,100 多年来,针对鸟类的起源问题,学者们提出了诸多假设,然而争议至今仍未彻底解决。

有关鸟类起源大体上有三种假说:鳄类起源说、槽齿类爬行动物起源说和恐龙起源说。鸟类的兽脚类恐龙起源假说是三种假说中最早提出的。早在 1868 年,赫胥黎(T. H. Huxley)就认为始祖鸟和美颌龙类的化石结构十分类似;之后原始主龙类起源和鳄形类起源两个假说开始兴盛。鸟类的鳄类起源说从诞生起,一直没有引起太多关注。槽齿类爬行动物起源说最早由布鲁姆(R. Broom)于 20 世纪初提出,至今还有一些坚定的支持者,包括世界著名鸟类学家费杜西亚(A. Feduccia)和我国古鸟类学者侯连海等。

在始祖鸟化石发现数年之后,赫胥黎提出鸟类和恐龙非常相似,并于 1870 年在伦敦地质学会上发表了这一观点。但是,很多学者提出反对意见,认为这些相似性是趋同进化的结果。20 世纪 60 年代后期,美国古生物学家奥斯特罗姆(J. Ostrom)详细研究了发现于北美早白垩纪的 1 种驰龙类恐龙-恐爪龙,并将其与始祖鸟做了比较,发现了两者之间存在大量的相似性,并据此提出鸟类不仅和恐龙关系密切,而且鸟类就是直接由小型兽脚类恐龙演化而来的。美国古生物学家戈捷(J. Gauthier)等还建立了一套较为系统的演化关系,明确提出鸟类是从兽脚类恐龙中的手盗龙类演化而来的。

在亚洲的蒙古和中国、南美洲的阿根廷以及非洲的马达加斯加等地,古生物学家发现了大量的化石证据,支持鸟类的恐龙起源说。大多数古生物学家认为,从形态学和系统学角度来说,鸟类起源于兽脚类恐龙这一假说都不容置疑;鸟类起源研究的理论框架已经建立,当前的重点任务在于建立兽脚类恐龙向鸟类进化的演化序列,评价进化过程中一些重要形态特征的演化,以及涉及鸟类飞行起源的一些特征对应的功能学研究。从 1973 年至今,鸟类的恐龙起源说再度复兴,越来越多的化石证据支持该假说。甚至有学者提出,恐龙并没有灭绝,我们所见的现生鸟类都是恐龙,生活在南美的蜂鸟无疑就是最小的恐龙。

2014 年,为探讨一些似鸟类特征出现的真实状况,包括中国学者在内的多个研究团队汇总和分析了大量恐龙和早期鸟类化石以及现生鸟类的特征数据。其中一项研究比较分析了 150 个属种的 850 个形态特征,同时测量了 426 个物种腿骨的厚度。结果表明,随着时间推移,最终演化为鸟类的恐龙体型逐渐变小,腿骨也趋于纤细。

中国科学院古脊椎动物与古人类研究所徐星研究组在 Science 发表有关鸟类起源研究的综述文章(2014 年 12 月),全面总结了这一热点研究领域的重要进展。作者认为,在过去的 20 年中,古生物学家在白垩纪地层中发现了大量化石,为鸟类的恐龙起源说提供了一系列新证据。鸟类起源在时间框架、主要结构的转化及功能演化等方面,已有大量系统性证据的支持,恐龙向鸟类的转化已经成为论证最翔实、支持度最高的主要进化事件之一。

发现始祖鸟化石的地层为晚侏罗纪,时间为距今约 14 500 万年。至少从那时开始,原始鸟类已经出现并逐渐演化。在进化过程中,鸟类发展了独特的飞行生活方式,使其具备了更强的生活能力和更大的活动范围。为适应飞行生活,鸟类的身体结构发生了极大的特化,遂使鸟类的飞行能力进一步加强,而飞行反过来又进一步促进了结构的特化。从我国已发现的鸟类化石来看，自侏罗纪晚期到白垩纪晚期，早期鸟类的适应辐射发展速度极快，在此期间，许多现生鸟类的祖先已经演化出来。到中生代结束时，鸟类已经成为世界性分布、远比爬行动物繁盛的脊椎动物类群。

十七、哺乳动物

哺乳类起源于古代爬行动物，距今约2.25亿年的中生代三叠纪。在石炭纪末期，由爬行类基干——杯龙类发展出一支似哺乳动物的兽形爬行类，称为盘龙类。由盘龙类进化出较为进步的兽孔类，兽孔类的后裔之一——兽齿类(Theriodonts)已像哺乳动物那样，牙齿为槽生齿和异型齿；头骨具合颞窝；双枕髁；下颌的齿骨特别发达；四肢位于身体腹侧。其典型代表犬颚兽(*Cynognathus*)发现于南非的三叠纪地层。我国云南禄丰晚三叠纪化石卞氏兽(*Bienotherium*)在形态与结构方面更为进步，是最接近哺乳类的爬行动物。卞氏兽的结构特征与哺乳类更为接近，甚至最初曾一度被列入哺乳动物的行列中，只是由于它的下颌骨不象哺乳类那样由单一的齿骨组成，尚存有退化的关节骨和上隅骨等残余成分，最终仍被归入爬行动物。

哺乳动物化石最早发现于晚三叠纪地层。哺乳类的进化经历了3个时期的适应辐射：

(1)中生代侏罗纪。在这一时期，原始哺乳动物分为多结节齿类(Multituberculata)(臼齿咀嚼面上有2~3个纵列结节)和三结节齿类(Trituberculata)(臼齿咀嚼面上仅有3个结节)。三结节齿类又分为三齿兽类(Triconodonta)、对齿兽类(Symmetrodinta)和古兽类(Pantotheria)。古兽类是现生后兽亚纲和真兽亚纲的祖先，存留到白垩纪初期；另外两支则持续到侏罗纪与白垩纪交替期才灭绝。

(2)中生代白垩纪。此期出现了有袋类和有胎盘类，多结节齿类仍存在。

(3)新生代。有袋类和有胎盘类在这一时期获得大发展，多结节齿类开始走向灭绝。最早的有胎盘类是白垩纪出现的小型食虫类，它们向不同方向辐射发展，成为现生各目的有胎盘类哺乳动物。新生代被称为哺乳动物时代。

单孔类化石仅发现于新生代更新世，但从现生种类的结构与功能特点来看，单孔类属于最原始的哺乳动物。单孔类可能是三叠纪末期出现的多结节齿类的后裔。

现代哺乳动物群逐渐形成于第四纪更新世及其以后的时期，它们在除澳洲外的各大陆间进行迁移混杂，逐渐适应各种环境条件，最终形成了不同的类群。因为澳洲自白垩纪起即与其他大陆隔离，真兽类未能侵入，有袋类则在新生代广泛地适应辐射，形成了与其他大陆真兽类平行进化的现象。

十八、进化时间表和进化树

动物的进化遵循着由简单到复杂、从低等到高等的路线前进，并表现出一定的时间序列和相互联系。

(一)进化时间表

在进化过程中，有许多关键性的生物分化事件，结合地质时间与进化历程，能够归纳出进化时间表。

(1)前寒武纪　在已知的化石纪录中,最早生命的遗迹出现于约38亿年前,原核单细胞生物则出现于33亿年前。到22亿年前,才出现最早的真核单细胞生物如蓝绿藻。至6亿年前时,藻类与无脊椎动物出现。在此之前的年代称为前寒武纪。

(2)古生代　古生代始于5.43亿年前到5.1亿年前所发生的寒武纪大爆发。在这一时期,大多数现代动物类群的“门”已经出现。随后,海洋中藻类大量出现,而且植物与节肢动物开始登上陆地。最早的维管束植物在4.39亿年到4.9亿年前出现。接着是硬骨鱼类、两栖类与昆虫的出现。3.63亿年前到2.9亿年前,维管束植物开始发展成大型森林。同时,最早的种子植物与爬行类出现,两栖类在此期统治地球。在后期,爬行类开始发展,并分化出类似哺乳类的古爬行类,随后发生二叠纪灭绝事件,古生代宣告结束。

由西北大学张兴亮、舒德干等学者完成的“地球动物树成型”项目通过一系列重要的科学研究成果,揭示了动物三大亚界关键门类的起源和演化关系,实证了前寒武纪与寒武纪动物演化的连续性。提出了“三幕式寒武纪大爆发依次构建三个动物亚界”这一新的理论,揭示了动物界在4000万年内从两胚层到三胚层、再到口肛倒转、新陈代谢不断进步的演化过程,反映了寒武纪大爆发时期动物演化的连续性和阶段性。这一标志性成果入选国内外教科书和专业典籍,研究的广度和深度达到了国际同领域前列水平。该项成果还获得了2016年度的国家自然科学奖二等奖。

(3)中生代　中生代开始于2.45亿年前。在此期间,以恐龙为主的爬行类与裸子植物逐渐支配地球。在1.44亿年前到0.65亿年前,开花植物出现。中生代结束于白垩纪的灭绝事件。

(4)新生代　自0.65亿年前之后即为新生代。哺乳类、鸟类与能够为开花植物授粉的昆虫开始快速发展。在此期间,开花植物和哺乳动物取代了裸子植物与爬虫类,成为支配地球的主要生物类群。人类祖先类人猿于360万年前开始出现,而直到10万年前,现代人(*Homo sapiens*)才诞生。

(二)动物进化树

在遗传变异和自然选择作用下,动物处于不断的适应与进化之中。动物进化的总趋势是:不仅沿着不同的方向分歧发展,从少数种类发展为多数种类,而且通过不断提高机体水平而上升发展,从简单趋向复杂,由低等到高等。

根据动物间亲缘关系的远近,把各类动物安排于一个有分支的图上,以简明地表示动物间的进化历程与亲缘关系,即构成所谓的**动物进化树**(evolutionary tree),又称系统发生树(phylogenetic tree)、演化树等。进化树也表明,动物的各类群并非孤立存在,而是彼此间有远近不同的亲缘关系;进化树分支的末端,即是现生动物的各个类群(图5-8)。

根据蛋白质的序列或结构差异关系可构建分子进化树(molecular evolutionary tree)。分子进化树所给出的分支层次或拓扑图形,反映了产生新的基因复制或享有共同祖先的动物体的歧义点,树枝的长度反映了这些事件发生时即已存在的蛋白质与现在的蛋白质之间的进化距离。基于分子进化树的研究结果,不仅能够研究从单细胞有机体到多细胞有机体的生物进化过程,而且可以估计现存的各类种属动物的分歧时间,相对精确地确定某物种的进化地位,并可与形态分类结果相互比较和参照。因此,分子进化树为从分子水平研究物种进化提供了新的手段。

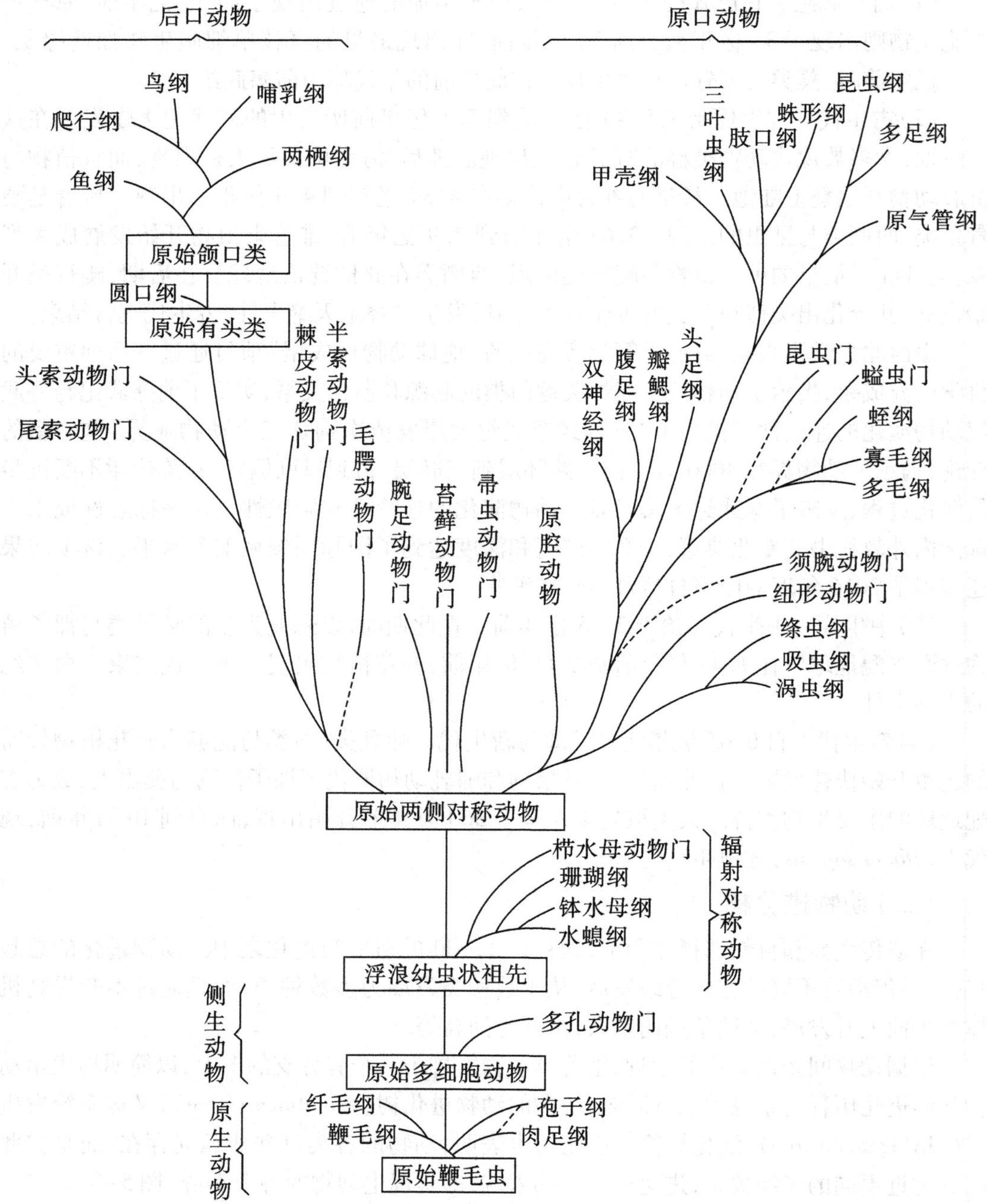

图5-8 动物进化树

复习与思考题

1. 掌握各类群动物的起源。
2. 查阅文献,了解有关动物进化研究的进展与动态。

3. 查阅文献,掌握陆栖脊椎动物的演化历程。

4. 掌握下列名词:动物进化树,原肠虫学说,合胞体学说,吞噬虫学说,环节动物说,棘皮动物说

第六章　动物行为

动物行为(Animal Behavior)是指动物在个体水平上对环境(包括体内、外环境)刺激所表现出的有利于自身生存和繁衍的可见动作或反应。动物的行走、跳跃、奔跑、进食、饮水、打斗、鸣叫等,甚至一些微小的动作变化如竖耳、立毛、摇头、甩尾等都属于行为或行为的一部分。此外,一些动作变化不明显的反应,如体色变化、发出鸣叫、站立不动、凝视、静卧等,亦属于行为的范畴。因为这些现象传递了特定的信号,进而可能影响动物自身随后的行为活动,以及其他个体的行为或反应。如雄性羚羊伫立于高处,意在宣告此处为自己的领域;雌性昆虫释放出性激素(或其他化学信息),可吸引异性个体前来交配或共同取食等。

研究动物个体和动物社群为适应内外环境变化(刺激)反应的学科即称为(动物)行为学(Ethology)。行为学的研究内容包括动物的通讯行为、情绪表达、觅食行为、社会行为、学习行为、繁殖行为等。Ethology 一词源于希腊语的 ethos,意为风俗习惯、社会思潮等。

动物的行为与动物的学习、认知、神经调节与内分泌等密切相关。因此,行为学对心理学、教育学、神经生物学等学科产生了重要的影响。国际上著名的动物行为学家有巴甫洛夫(I. P. Pavlov,1849—1936 年)、洛伦兹(K. Lorenz,1903—1989 年)、弗利(K. R. von Frisch,1886—1982 年)、庭伯根(N. Tinbergen,1907—1988 年)等。正是基于对动物行为学研究的重要贡献,洛伦兹、弗利和庭伯根 3 人共同获得了 1973 年的诺贝尔生理学或医学奖,而巴甫洛夫则早在 1904 年就因对消化系统的研究成果而获得该奖项。

第一节　概述

一、行为的类型

与其他的生物学性状类似,动物行为也受到遗传、环境等因素的影响,而且有其特定的生理学基础和个体发育、系统发展过程。动物的行为复杂多样,各种行为都是动物对复杂环境的适应性表现。行为使动物得以更好地生存和繁衍。同一行为在不同动物可能有着不同的表现形式。在研究和学习过程中,可根据不同的标准,对动物的行为进行归类。

(一)基于行为的获得途径

根据行为的获得途径,可将动物的行为分为先天行为(innate behavior)和学习行为(learned behavior)两大类型。

先天行为:也称本能行为,是指动物生来就有的、由动物体内的遗传物质所决定的行为。如袋鼠的幼仔出生后,即可爬到雌性袋鼠的育儿袋内吸取乳汁并寻求保护。先天行为是动物的一种本能行为,不会丧失。

学习行为:是指动物基于遗传背景、在环境因素的作用下,通过生活经验和学习所获得的行为。学习行为对环境的适应能力强于先天行为。

先天行为和学习行为并非截然分开、毫不相关。动物的许多行为都是先天的本能行为与后天的学习行为共同作用的结果。先天行为通过遗传被固定下来,而学习行为是否与遗传有关呢?根据走出迷宫的时间长短,研究者将实验大鼠分为“伶俐”组(用时较短)和“迟钝”组(用时较长),然后让两组大鼠在本组内繁殖。按相同的方法,把各自繁殖的后代分成“伶俐”组和“迟钝”组,再使之分别繁殖。经过数代之后,所得到的“伶俐”鼠和“迟钝”鼠表现出明显的走出迷宫用时差异。走出迷宫并不是大鼠的本能行为,所以再“伶俐”的大鼠也需要通过学习才能找到迷宫的出路。如果让这两组大鼠再走另一种曲折状态不同的迷宫时,两组鼠并未表现出明显差异。

在动物的神经系统中,原本就有许多神经通路,或有改变联系的途径,学习行为使之被选择或淘汰,从而可对不同环境做出反应。学习行为显然是自然选择的结果。在自然选择与生存竞争中,动物学习行为的能力被选择,并得以不断发展、进化。当环境变得更加复杂时,学习能力较强的个体被保留下来的机会更多。

(二)基于行为的功能

在行为学研究中,根据行为的功能、表现等,可将动物的行为分为觅食行为、食物储藏行为(储食行为)、攻击行为、防御行为、领域行为、繁殖行为、节律行为(如洄游、迁徙等)、社会行为、定向行为、通信行为等不同类型。

二、行为的研究内容

任何一门学科均有其特定的研究内容和研究重点。著名行为学家庭伯根认为,在进行动物行为研究时,下列 4 个问题必须予以重点关注。

(1)机制(mechanism)　行为如何影响动物的生存机会和繁殖机会?

(2)因果关系(causation)　引起反应的刺激是什么,这个反应在学习过程中是如何被修正的?

(3)发育(development)　行为随动物年龄增长如何变化?哪些早期的经验对行为的表现是必需的?

(4)演化历史(evolutionary history)　特定行为与其他亲缘物种的相似行为有何差异?这些行为的形成与发展过程是什么?

三、行为的生理学机制

一般来说,行为需要动物具有感受和应答的能力才能完成。原生动物的行为最简单,只有趋性,可感受环境的刺激并靠近或远离之。腔肠动物具有网状神经系统,扁形动物以上类群具有神经节和感受器,脊椎动物则发展出中枢神经系统、周围神经系统等,感觉器官也高度发达。无脊椎动物已有内分泌器官,而脊椎动物的内分泌系统更加复杂。神经系统和内分泌系统即构成行为的生理学基础。动物的行为需要来自内、外两方面的刺激。如进食行为的内刺激为饥饿感,外刺激是通过视觉和嗅觉发现外界的食物。内分泌系统对动物的某些行为有明显影响,如性激素与性行为之间即有密切关系。内分泌系统的活动又受神经系统的控制,因而也受到环境的影响。

四、行为的遗传和发育

一般来说,动物的大多数行为均有其遗传基础。例如,使“清洁型”和“非清洁型”蜜蜂杂交,其子代表现出4种行为类型,且个体数目相近。这一结果说明,行为是由多基因控制的。动物的先天行为相对定型,但由于动物的栖息环境处于经常的变化之中,仅靠定型的本能行为无法应付种种“意外状况”,因而绝大多数动物都表现出程度不同的学习能力。在高等动物,适应环境的能力和技巧可通过行为学习传给下一代,这种现象称为文化传递(cultural transmission),以区别于遗传传递(genetic transmission)。正是依赖于这种文化传递,自然界方有种种“智慧”动物,人类及现代文明才得以形成。

复习与思考题

1. 行为学的研究内容有哪些?
2. 查阅文献,掌握行为的生理学机制。
3. 查阅文献,了解行为的遗传和发育。
4. 查阅文献,分析比较行为、活动、运动、动作等术语。
5. 掌握下列重要名词:行为,行为学,先天行为,学习行为,文化传递

第二节 先天行为

先天行为(innate behavior)是指动物生来就具有的、由动物体内的遗传物质所决定的行为。先天行为是动物的一种遗传特性,表明动物具有一种与生俱来、不需要后天学习的行为能力。在适当条件下,这种能力通过神经调节或激素调节就能表现出来。如蜜蜂采蜜、蚂蚁营巢、蜘蛛织网、鱼类洄游、鸟类迁徙等。此类行为除受到遗传因素的影响之外,还与动物的生理状态等有关。

动物的先天行为有其明显的特点,主要包括:

(1)行为发育的内源性 顾名思义,先天行为是动物生来就具备的行为能力。环境中特定的信号刺激一旦出现,即可诱导动物表现出完整的行为。因此,先天行为的发育不受环境刺激的影响。

(2)行为表现的定向性和可预测性 复杂的先天行为往往渐次、顺序地发生。第一个信号引起第一个反应,而第一个反应加上第二刺激信号引起第二个反应,如此持续至最终行为的出现。所以,根据环境中所存在的刺激信号,即可预测行为的结果。

(3)动作模式的固定性 同种动物的先天行为在不同个体间具有相似的表现形式,而由于遗传的差异,不同物种的先天行为则具有明显差别。这些先天行为的种间差异可作为物种的鉴别特征。基于上述特点,先天行为也称定型行为(或呆板行为、刻板行为)(stereotyped behavior)。

根据行为的特点,可将先天行为分为非条件反射(unconditioned reflex)、趋性(taxis)、动机行为(motivation behavior)、节律行为(rhythm behavior)、社会行为(social behavior)等

类型。

一、非条件反射

反射(reflex)是见于动物的一种自然而普遍的现象,表现为受刺激物对刺激物的逆反应。因此,反射是指动物通过神经系统对内、外环境刺激的规律性应答。反射的外延宽泛,在物理学领域是指声波、光波或其他电磁波遇到别的媒质分界面、而部分仍在原物质中传播的现象;在生物学领域,反射是指在中枢神经系统参与下,机体对内外环境刺激所作出的规律性反应。

反射活动的结构基础是反射弧(reflex arc),一个完整的反射弧包括感受器、传入神经、神经中枢、传出神经和效应器5个部分。动物体内的感受器接受刺激信息,将其转变为神经冲动,经感觉神经传入中枢神经系统,在此解码并做出决策。运动神经又将决策传递到肌肉或腺体等效应器,最终出现应答。高等动物和人的反射包括2种类型:一种是在系统发育过程中形成并遗传下来,因而生来就有的先天性反射,称非条件反射(unconditioned reflex)(亦称无条件反射)。这种反射是由于直接刺激感受器而引起的、通过大脑皮质下各中枢完成的反射。另一种是条件反射(conditioned reflex),是动物出生后在非条件反射基础上,由信号刺激所引起,在大脑皮质的参与下最终形成的。条件反射可分为经典式条件反射和操作式条件反射两种类型,这种反射使动物能够更好地适应环境条件的变化。

非条件反射是动物生来就有的先天性反射,是一种比较低级的神经活动,由大脑皮质以下的神经中枢(如脑干、脊髓)参与即可完成。如哺乳动物和人的防御反射、食物反射、性反射、膝跳反射、眨眼反射、缩手反射、婴儿吮乳、排尿反射等都属于非条件反射。梅子是一种酸味果实,食之使人的唾液大量分泌。这种反射活动是与生俱来、不学而能的,因此属于非条件反射。但是,所谓“望梅止渴”则属于条件反射。非条件反射是条件反射的基础,条件反射提高了动物对环境的适应能力,大脑越发达的动物所建立的条件反射也越复杂。总之,本能实际上是一系列非条件反射,而学习过程实际上就是条件反射逐步建立的过程。

二、趋性

动物具有自由运动的能力,运动可分为定位的运动及不定位的运动(不定向运动)。外部刺激使动物产生趋近或避开刺激源的定向反应,即称为动物的趋性(taxis)。趋性包括趋化性、趋氧性、趋光性、趋触性、趋渗透压性、趋湿性、趋地性、趋电性、趋温性、趋流性、趋音性等不同类型。凡向刺激源方向运动者为正趋性,向刺激源相反方向运动者为负趋性。趋性对动物的生存具有重要的生态学意义。

趋性是动物整个身体对刺激的反应和定向运动,因而动物的运动方向取决于刺激的特征。趋性不同于向性(tropism),向性是指不能移动的生物的定向或生长反应,或生物体的一部分趋近(正向性)或避开(负向性)某一刺激源的反应。因此,向性一般用于讨论植物的生长等话题。趋性也不同于反射,反射是身体某一部分对刺激的定型反应,而不是动物整个身体的定向运动。如人或动物由致痛刺激所引起的腿的屈曲、收缩。

随着动物由低等向高等阶段的不断演化与发展,趋性这种适应性的行为方式的重要性变得越来越低。在动物的生活史中,随着动物的生长发育,随时都面临变化着的环境,需要不断对此做出适应性的调整。在高等动物中,已很少见到由一个简单的趋性成分构成的活动,趋性往往成为复杂行为的一系列动作模式中的一个构成部分,或者仅在动物生活史早期有所表现。例如,未睁眼的初生大鼠具有负趋地性,将其置于一块倾斜的板上时,它就会向上爬。一旦睁眼,随着视觉的发育成熟,这一简单的趋性行为即逐渐消失。

三、动机行为

在行为学领域,把动物为达到某一目的或满足某种需要,即产生特定行为的预备状态称为动机(motivation)。动机行为(motivation behavior)是指动物为满足机体的某种生理需要或为达到目的而表现出的先天行为。此类行为主要由动物的内部环境(内部刺激及内分泌等生理状态)所决定,而外界刺激几乎不起作用。动物机体内部似有一个推动力,促使行为的发生,而一旦愿望实现或目的达到,推动力消失,行为即行终止。

动物的摄食、饮水、睡眠、呼吸、温度调节等均属于动机行为。此类行为对动物的生存极为重要,因为动物借此维持体内环境的平衡与稳定,而动物体内环境的稳定对动物的生命活动至为关键。例如,大部分哺乳动物在夏季通过排汗来维持体温的稳定,而排汗造成体液中水分、盐分的丧失,动物必须通过一定途径进行补充。因此,饮水行为的动机是出于身体补充水分的生理需求。

动机状态的功能体现在下述几个方面:①可导向行为达到一定目的;②有激活作用,可加强警觉状态(alertness)和活动能力;③有组织功能,可把单个的行为组织成一个连贯的、有目的的行为序列。这类行为的发生主要取决于动机值的高低,而行为的动机值又受到一系列因素的影响,诸如内部刺激、激素水平、生物节律、成熟状态、以往的经验等。例如,摄食行为的发生取决于饥饿这一生理状态,即使环境中没有食物,这一行为必定发生;相反,如果没有摄食动机,即使面对丰富的食物,动物也不会表现出摄食行为。

四、节律行为

随着地球、太阳、月亮的周期性变化,动物逐渐形成周期性、有节律的行为,称为节律行为(rhythm behavior)。这种现象即称为节律或生物节律(biological rhythm),包括昼夜节律、月运节律、季节节律等。生物节律是近代生物学领域一个极为活跃的研究话题,也是生态学、行为学、生理学、生物化学、分子生物学等学科的交叉点。

(1)年节律(circannual rhythm)　在一年中的确定时期,动物周期性地表现出特定行为的现象即称为年节律。例如,动物迁徙、繁殖、冬眠、夏蛰、洄游,鸟类的换羽、哺乳类的换毛等属于年节律。年节律亦可见于植物的发芽、开花、结实等。

地球表面所接受的太阳辐射时数具有季节性变化,进而产生昼夜长短的变化,并影响到许多动物的行为和活动。生活于温带地区的动物表现出典型的季节性活动周期。如大多数动物都有一定的繁殖季节(通常在春季);一些动物在冬季来临之前迁徙至南方温暖地区越冬。在热带草原地区,一年中有明显的雨季和旱季的交替,因而栖息于此的动物的活动则与降雨量变化相适应。在地球上的大部分地区,随着气候的季节性变化,动物产生相应的行为变化。因此,从季节变化的角度来说,年节律也可称为季节节律(seasonal rhythm)。

(2)月运节律(lunar rhythm) 一些动物表现出与月运周期(29.5 d)相关的行为与活动特征的现象,称为月运节律。人类和非人灵长类动物的雌性个体都有月经周期,也是以月为周期的行为活动。

(3)潮汐节律(tidal rhythm) 潮汐是沿海地区的一种自然现象,指海水在天体(主要是月球和太阳)引潮力作用下所产生的周期性运动,习惯上把海面垂直方向的涨落称为潮汐,而海水在水平方向的流动称为潮流。把发生在早晨的高潮叫潮,发生在晚上的高潮叫汐。生活在潮间带的一些海洋动物的行为活动随潮汐而发生周期性变化的现象称为潮汐节律。潮汐节律与动物的觅食、繁殖等行为密切相关。例如,藤壶、牡蛎等动物在海水涨潮时觅食,而蟹类的觅食活动则在落潮之后表现活跃。

(4)昼夜节律(day-night rhythm) 动物的行为或活动表现出等于或接近于 24 h 的周期性特征的现象,称为昼夜节律。昼夜节律也称日节律(daily rhythm)。有些动物在白天活动(如蜂、蝶、鸣禽等)(昼行性 diurnal),有些动物则在夜晚(如鼠类、蝙蝠、鸮形目鸟类等)(夜行性 nocturnal)或晨昏(如夜鹰)活动,这些都属于明显的日节律。这种行为、活动特征与地球的昼夜变化相关。此外,细胞分裂、高等动、植物组织中多种成分的浓度、活性的涨落、光合作用速率变化等也表现出 24 h 的周期。

几乎所有的动物都有 24 h 的昼夜时间节律。当人为改变外界的时间节律时,动物的行为节律可能与自然界的时间节律不同步。例如,对夜行性动物来说,恒黑条件使其昼夜节律缩短(< 24 h),而恒光条件则使其昼夜节律延长(> 24 h)。在这种离开外部“时间线索”的条件下,动物的内源节律不再是精确的 24 h,而是接近于 24 h。

2017 年的诺贝尔生理学或医学奖被授予霍尔(J. C. Hall)、罗斯巴什(M. Roskash)和扬(M. W. Young),以表彰他们发现了生物体昼夜节律的分子机制。

(5)生物钟(biological clock) 动物生命活动的内在节律性称为生物钟。生物钟并非动物体内的有形结构,只是一种比喻说法,系指动物体内存在着类似钟表的节律性。

许多生物都存在着生物钟现象。例如,栖息于南美洲的危地马拉的第纳鸟,每隔 30 min就会“叽叽喳喳”地鸣叫,误差只有 15 s,当地居民根据其叫声推算时间,称为“鸟钟”;在非洲的密林里有一种昆虫,每过隔 1 h 就变换一种颜色,当地人将其捉回家,依其体色变化推算时间,称为“虫钟”。在植物中也有类似的例子。在南非有一种大叶树,其叶子每隔 2 h 翻动一次,当地居民称其为“活树钟”;在阿根廷,有一种野花在初夏的 20:00 左右纷纷开放,被称为“花钟”。某些单细胞生物体内不仅存在生物钟,而且相当精确。

五、社会行为

社会行为(social behavior)也称社群行为,是指动物同种个体间所发生的、基于相互作用、相互关系的行为和活动。大多数动物的社会行为属于定型行为,其适应性的变异较小;不同物种动物的社会行为有各自特有的表现模式。

在自然界,动物往往表现出临时性或永久性的集群现象,群内个体之间经常发生相互联系。只有少数种类的动物个体间很少发生社会联系,这些种类主要是一些栖息于水域底质内的底栖无脊椎动物。在繁殖期,这些动物的雌、雄个体分别将生殖细胞(卵和精子)释放于水中。即使如此,雌、雄个体释放生殖细胞的时间也基本同步,否则,受精作用可能难以完成。这种同步现象也可视为一种社会联系。对大多数动物、特别是那些自由活动的种类来说,同种动物个体间必定会发生联系。在繁殖期,动物的求偶、交配、孵卵、育幼等活动使这种联系更为密切而频繁。在动物的社会关系中,有些是永久性的,有些则仅在特定时期发生。此外,动物的社会关系还表现出种间的差异。

鉴于动物种类的多样性,动物的社会行为内容广泛,包罗万象,诸如合作与利他、竞争、领域性、优势等级、通信、攻击、繁殖、觅食等行为活动均属于社会行为的范畴。随着研究范围的不断拓展和研究成果的积累,专注于动物社会行为研究的社会生物学(social biology)、社会生态学(social ecology)已然成型,并获得了长足发展。

复习与思考题

1. 先天行为有何特征?
2. 查阅文献,了解社会生物学的研究进展与动态。
3. 查阅文献,了解社会生态学的研究进展与动态。
4. 掌握下列重要名词:非条件反射,条件反射,趋性,节律行为,昼夜节律,生物钟,社会生物学,社会生态学,社会行为

第三节 学习行为

学习行为(learned behavior)亦称习得行为,是指动物在遗传的基础上,在环境因素作用下,通过生活经验和学习而获得的行为。学习是指那些在个体发育中因生活经历和经验而引起行为变化的过程,但不包括那些因疲劳、感觉适应和神经系统成熟而导致的行为变化。学习行为的类型繁多,但限于篇幅,本节仅介绍一些常见而重要的学习行为类型。

一、习惯化

当同一种刺激反复发生时,动物的反应就会逐渐减弱,最后可完全消失,除非再给予其他不同的刺激,行为反应才能再次发生。这一过程即称为习惯化(habituation)。雏鸡、小火鸡、幼鸭等初次看到头上有物体移动时,不管这个物体对自己有无害处,即使是一片树叶,它们都会表现出惊恐反应,做出蹲伏或其他惊恐的举动。但是,当经历过几次类似情景后,它们的蹲伏反应会逐渐减弱,对这些物体的恐惧也趋于消失。换言之,它们对这种刺激的敏感度趋于降低。当然,如果出现陌生的物体如一只猛禽,这些小动物仍然会表现出惊恐的举动。在田间设置一个稻草人,鸟类初见时会有回避现象,但随着时间延长,则可能习以为常,熟视无睹。

在人类社会中也有类似的习惯化现象。人们常会对司空见惯的事见怪不怪。“与善人居,如入芝兰之室,久而不闻其香,则与之化矣;与恶人居,如入鲍鱼之肆,久而不闻其臭,亦与之化矣”(《说苑·杂言》),所言不虚。

二、模仿学习

模仿(imitation)是指动物个体通过观察、模仿其他个体的行为、间接获得经验的学习行为。被模仿的对象通常为同种个体,有时也可模仿其他动物的行为,如鸣叫、运动方式等。在记忆的基础上,动物把观察到的行为、动作声音结合到自己相应的行为中,从而获得过去未曾出现的行为,或使已有的行为产生改变。动物会根据行为的效果来决定以后这种行为发生的频率。模仿行为使得动物能从同种或异种其他个体的经验中学习知识,并绕过完全依赖遗传机制的途径而直接继承。因此,模仿行为在动物社群传统的形成、适应环境等方面具有重要意义。

模仿学习方式在社会性动物中更为普遍,因而也称社会性学习(social learning)。幼年黑猩猩(*Pan troglodytes*)会学习年长者如何取食白蚁,而鹦鹉、鸣禽等鸟类的学唱,都属于听觉模仿学习。实际上,很多鸣禽并不是生来就会鸣啭,它们必须先听到其他鸟的鸣唱,才能自试啼声。正因为这样,如果一只普通的灰雀在金丝雀的环境中长大,那么它也能发出像金丝雀一样的鸣声。模仿行为不仅存在于动物的幼年个体,也可见于成年个体。动物学家辛德在大不列颠岛研究山雀的学习行为时,发现了一个有趣的现象:一只山雀偶然撕开放在订户门前的牛奶瓶盖,从中取食牛奶。不久,这一行为传遍了生活在大不列颠岛的所有山雀,以致送奶工人不得不在每个奶瓶上扣一个杯子,以避免山雀的取食。

三、印痕学习

印痕(也称印记,imprinting)概念由诺贝尔奖获得者、奥地利动物行为学家洛伦兹(K. Lorenz)提出。印痕学习系指动物在生命早期牢记某个一起生活的客观事物,该事物以后将成为一种信号刺激的学习行为。印痕学习仅发生于动物出生后的较短时间。但是,印痕一经建立即很牢固,并可能影响动物成年后的某些行为,尤其是繁殖行为。这些动物更愿意与由于印痕学习行为所认定的父母(同类甚至人类)结伴,甚至向其表示求偶。印痕学习行为是一种高度特化且有局限性的学习行为,许多印痕只是在动物生活史的某一特定时期才能学习到。如许多鸟类最易掌握飞翔本领的时间恰值其羽翼始丰之际,若在出壳后几个月内剥夺其习飞机会,它们以后就很难学好飞行。

洛伦兹曾把灰鹅的卵分为两组,分别由母鹅和孵化箱孵化。结果表明,由孵化箱孵化的小鹅把洛伦兹当成了妈妈,洛伦兹走到哪儿,小鹅就跟到哪儿。如果把两组小鹅扣在一只箱子下面,当提起箱子时,一组小鹅向母鹅跑去,另一组则奔向洛伦兹。这种学习后果源自直接印象,故称“印痕”学习。研究发现,很多一出生就能四处活动的动物如许多鸟类(即早成鸟)、豚鼠、绵羊、鹿、山羊和多种鱼类等,均可产生印痕行为。印痕学习是新生动物学习的一种重要形式,它可使那些没有自卫能力的小动物依附在父母身边,进而获得必要的食物供应和庇护。

四、联想学习

联想学习(associative learning)是一种条件反射式学习方式,是动物有机体在所受到的刺激与反应之间建立联系的过程。条件反射可分为经典条件反射(classical conditioned reflex)和操作条件反射(conditioned reflex)。

经典条件反射(classical conditioned reflex)也称巴甫洛夫条件反射(Pavlovian conditioned reflex),是指原本不能引起某一反应的中性刺激(或称条件刺激),经过一个"学习"过程,变得能够引起反应。这个"学习"过程,就是把条件刺激与另一个原本可以引起反应的刺激(非条件刺激)同时施予动物,使动物对二者之间建立联系。例如,每次给狗喂食时先给以铃声,然后立即给以食物。如此经历多次之后,当铃声一出现,狗的唾液腺就开始分泌,即铃声成为食物的信号。这种由铃声引起的反射性唾液分泌就是条件反射,而食物引起的反射性唾液分泌则为非条件反射,铃声称为条件刺激,食物为非条件刺激。经典条件反射这种联想学习的本质是,在非条件反射的基础上,建立起一种新的条件反射。条件反射建立后,并不能无限期保持,如果不偶尔给予强化,则反应会越来越弱,甚至消失。

操作条件反射(conditioned reflex)又称试错学习(trail and error learning)或工具性条件反射(instrumental conditioned reflex)。这一概念由美国实验心理学家斯金纳(B. F. Skinner)于1937年提出。斯金纳是新行为主义的代表人物之一,他建立了著名的"斯金纳箱"实验(箱中唯一可移动的物体是一个控制食物的杠杆)(图6-1)。他把饥饿的白鼠置于"斯金纳箱"中,实验鼠在箱内随机嗅闻和触摸,当它无意中压到杠杆时,一粒食物落入箱中。经过几次偶然的成功,实验鼠逐渐学会并具备把特定操作与获得食物相联系的能力,斯金纳因此把这种条件反射称为操作性条件反射。但是,这种操作条件反射仅发生于动物饥饿且有食物犒赏时。此外,操作条件反射之所以成功,还在于动物普遍具有探究行为,即对新颖和陌生事物的好奇和探索。

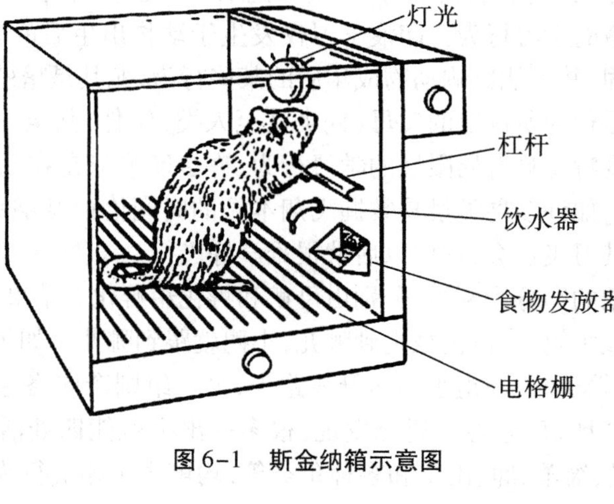

图6-1 斯金纳箱示意图

联想学习是一种反复试验式的学习,即动物开始时是自发地做出各种反应(先天具有的各种反应)。后来,其中的一种反应被反应的结果所强化。由于一次次的成功,使这一反应出现的频率增加,反应得到进一步加强,而其他反应则由于一次次的失败而被放弃,结果形成了这一特殊的条件反射。因此,斯金纳认为,强化是学习的必要条件,"如果一个操作发生后,接着给予一个强化刺激,那么其程度就增加。"在操作条件反射学说和强化学习理论的基础上,斯金纳提出了程序教学思想,并设计了程序教学。其基本要点是:把教材分为具有逻辑联系的"小步骤";对学生所做出的反应要给予及时的强化;学生在学习的过程中可根据自己的情况确定进度;力求使学生每次都做出正确的反应,把错误率降到最低限度。斯金纳认为,程序教学有许多优点。例如,学生的正确答案能得到及时强化,能消除学生在学习中不应有的恐惧状态,学生可以自定步调,有利于教师及时准确地发现学生在学习中的错误数量等。

经典条件反射完全由人为控制,在自然界的适应意义甚微,而操作条件反射则是更自然的学习方式,在自然界具有更为重要的适应意义。大多数动物的觅食、反捕食行为都属于操作条件反射。

五、推理学习

推理学习(reasoning)又称悟性学习、顿悟学习,是指动物从某些前提(premises)得出结论、找到解决问题办法的行为过程。

推理学习是动物学习行为的最高级形式,故而仅见于一些高等动物类群,如大部分灵长类动物都具有推理学习能力。德国学者科勒(W. Kohler)对黑猩猩的学习行为进行了一系列的实验观察与研究,证明黑猩猩确实具有一定的推理能力。科勒把香蕉挂在天花板上,屋内有3只木箱,黑猩猩只有把3只木箱叠在一起才能吃到香蕉。在开始阶段,黑猩猩到处乱跑,一会儿就安静下来,仿佛在思考问题,最终把3个箱子叠放在一起,顺利地拿到了食物。

推理学习的经典研究是动物的绕道实验(detour experiment),即把食物置于玻璃板或铁网围栏之外,动物在围栏中可望而不可及。动物必须先退出、再绕过围栏,才可能最终拿到食物。解决绕道问题是动物的顿悟,即瞬间明白了围栏的存在和解决的途径。对这种简单的绕道问题,一些低等动物只是兴奋地乱爬、乱扑、乱撞围栏,而较高等的哺乳动物如狒狒、猕猴、猩猩等,可以很快找到解决的办法,而有蹄类动物的成功率极低,鸟类则对此问题几乎无能为力。

复习与思考题

1. 掌握动物学习行为的主要类型。
2. 熟悉并掌握斯金纳箱实验。
3. 查阅文献,掌握动物行为学的研究进展。
4. 掌握下列重要名词:模仿学习,印痕学习,推理学习,经典条件反射,操作条件反射,绕道实验

第四节　神经系统、激素与行为

动物和人的机体能够以统一整体的形式进行各种生命活动,主要原因在于,全身各器官和系统的功能经常处于神经系统和内分泌系统的调节之中。神经系统的直接控制和激素的调节对动物体内的信息交流和行为表现具有极为重要的作用。

一、神经系统与动物行为

神经系统(nervous system)是动物体内起主导作用的功能调节系统。动物身体的结构与功能均极为复杂,体内各器官、系统的功能和各种生理过程都不是各自孤立地进行,而是在神经系统的直接或间接调节控制下,互相联系、相互影响、密切配合,使动物成为一个完整统一的有机体,实现和维持正常的生命活动。同时,动物生活在经常变化的环境中,神经系统能感受到外部环境的变化对体内各种功能不断进行迅速而完善的调整,使动物适应体内外环境的变化。动物的所有行为活动都受到神经系统的指挥与协调。

神经系统和内分泌腺之间也存在着双向作用的关系,内分泌腺分泌的激素可通过血液循环对脑的特定部位产生效应,影响动物的行为;中枢神经系统中的下丘脑对垂体的控制又影响各腺体的分泌。丘脑下部是刺激内分泌与抑制内分泌的交互作用的整合中枢。

二、激素与动物行为

激素是由内分泌腺或内分泌细胞所分泌的高效生物活性物质,在体内作为信使以传递信息,对机体生理过程起调节作用的物质。激素通过调节各种组织细胞的代谢活动来影响动物的生理活动。通过血液循环或组织液起传递信息作用的化学物质,均属于激素。虽然激素的分泌量极微,但其调节作用却极为明显。激素的作用甚广,但不参与具体的代谢过程,只对特定的代谢和生理过程起调节作用,调节代谢及生理过程的进行速度和方向,从而使机体的活动更适应于体内外环境的变化。

动物体的内分泌活动也有昼夜节律性。在正常情况下,促肾上腺皮质激素(ACTH)和肾上腺皮质激素(如皮质醇)分泌的高峰在白天,至午夜则降低到最低点。这类激素与代谢活动有密切的关系。情绪状态和内分泌系统也有显著的关系。在一定强度的外界刺激作用下,有机体会产生不同程度的应答性或适应性情绪行为。此时,植物性神经系统尤其是交感神经兴奋,使肾上腺髓质分泌肾上腺素和去甲肾上腺素、以及受垂体的促肾上腺皮质激素影响的肾上腺皮质分泌肾上腺皮质激素(如以皮质醇为代表的类固醇激素)。这一过程对协调有机体与外界环境的统一、维持有机体的生命活动有着重要的作用。

1. 激素对行为的影响

激素对行为影响早已为人类所熟知。注射肾上腺素的人容易激动;甲状腺功能亢进的人易怒、垂体前叶分泌的生长激素能增加体力和耐力等。对行为影响最明显和最早被发现的激素是性激素,人们早已知道阉割后的动物不仅失去性行为,而且性情也变得温顺。激素影响行为的效果缓慢而持久。

(1)性激素对动物行为的影响　影响雄性动物行为的激素主要是雄性激素。手术摘除动物的精巢或给动物施用抗雄性激素,都能导致雄性动物性行为的消失,但性行为的消失是逐渐出现的,首先消失的是交配行为。在非繁殖季节给一些动物注射雄性激素,能够引发性行为的出现,如使一些鸟类在冬季发出鸣叫、使三刺鱼出现求偶行为等。

雄性激素对幼年动物的作用特别明显,给出壳仅数天的雏鸡注射雄性激素,它就能发出鸣啼行为,给出生 14 d 的雌鼠注射雄性激素,它就会表现交媾行为。雄性激素对雌性动物可以起到类似的效应,如给母鸡注射雄性激素,即表现出交配行为和鸣啼行为;雌鼠则表现出似雄鼠的交媾行为。影响雌性动物性行为的激素有雌激素和孕激素两类。在一般情况下,需要这两类激素同时作用,才能完全表现雌性的性行为。与雄激素相比,雌激素的效应主要限于雌性动物,对雄性动物给以雌激素,通常不能引发雄性动物的性行为,雌激素对雄性动物的影响可能仅见于雄性胚胎发育的早期。

性激素除了影响性行为之外,也作用于与繁殖有关的一些行为如争斗行为、筑巢行为,甚至影响繁殖期间的学习能力。

(2)其他激素对动物行为的影响　肾上腺皮质激素和脑垂体分泌的激素对动物行为也有显著影响。肾上腺皮质激素的化学结构与性激素相似,其作用效果也类似于性激素。脑垂体分泌的催乳素能调控雌动物的护幼行为,而且促进某些合成食物的器官的发育,如哺乳动物乳腺的发育。鸽形目鸟类的嗉囊分泌鸽乳的活动受到催乳素的调节。卵泡刺激素和黄体生成素不仅能调控性腺分泌性激素和由此而产生的性行为,而且对某些动物的性行为也有直接影响。例如,给雌刺鱼注射上述激素,即使没有雄性激素,也能使其表现出正常的性行为。

2. 激素影响行为的机制

激素可能通过对动物器官和脑的活动的影响,最终影响行为的表达。

(1)影响器官的活动　激素可通过对动物体内器官的作用而影响动物的行为。如激素能够影响感觉器官,改变感觉能力和信息传递。例如,鸟类孵卵斑敏感性的增加是由泌乳素所引起的,有助于孵卵行为的产生。动物的副性征在争斗和性功能系统中有通讯的机能,如雄鸡的冠、鸟的婚羽的发育等,都是由于性激素或通过垂体-生殖腺的刺激和影响而引起的。

(2)影响脑的活动　性激素通过 3 种方式影响动物脑的活动:①直接刺激神经细胞膜,使之兴奋,激活神经细胞,再由这些神经细胞直接控制行为,这是一种比较迅速的影响。②与神经细胞膜的受体结合后进入细胞内,使之释放信使核糖核酸,产生新的受体蛋白,为更敏感地感受其他激素的刺激做好准备。③改变脑组织的解剖结构,形成永久性的两性有所不同的功能特性。激素对神经细胞生长分化的影响必然产生功能和行为方面的后果,如雌雄两性的行为差别。研究发现,给怀孕的雌猴注射雄激素后,如果是雌性胎儿,则其出生后会表现较多的雄性行为特征。

激素对脑组织的作用是一个极为复杂的问题。一般认为,在个体生长的早期,激素对脑的影响可能是长期的、永久性的;而对成年动物脑的影响则可能是暂时性的。激素对脑可以起激活的作用,主要影响神经细胞的活动方式,产生快效应。激素对脑还可以产生慢效应。例如,类固醇激素进入细胞后,与细胞液中的特异受体结合,再进入细胞核,才能激活基因机制而产生生物效应,影响细胞产生更多的神经递质或增加激素受体。激素的慢效应发生在胚胎发育的早期,即脑细胞的分化时期,激素在此期具有永久性作用。

3. 行为对内分泌腺的影响

激素与行为的关系不仅表现在激素对行为的影响,也表现为行为能够影响激素的分泌。例如,哺乳动物初生幼体本能的吮乳行为可刺激母体的乳头,使母体的脑下垂体前叶分泌催乳素,催乳素又刺激乳腺分泌乳汁。其神经机制是,外感受器获得信息,通过神经系统的传入通路到达下丘脑,再由下丘脑支配脑下垂体产生分泌效应。又如,母鼠对饥饿幼鼠的气味和声音会产生反应,从而引起母体分泌催乳激素;雄鼠的气味会影响雌鼠的发情周期和受精卵的着床过程。鸟类的内分泌腺的分泌活动也与异性个体之间的各种社会性行为有关。雄鸟的鸣叫能影响雌鸟卵巢的活动状态,进而引起求偶、筑巢、产卵、孵卵、哺育幼鸟等一系列行为。

伴随紧张事件而发生的生理变化,在记忆形成中所起的调节作用与肾上腺能系统也有一定的关系。动物实验表明,如果在学习过程中引起的紧张情绪比较低,注射适量的肾上腺素可以提高动物的学习成绩。这说明一定的紧张程度对学习记忆是有益的;紧张度低,肾上腺素分泌的水平也低,对记忆会产生不利的影响。但是,过度的紧张也会产生不良的效果,这可能与过多地激活了 α 受体,使学习的神经通路受到阻碍有关。

行为与神经内分泌系统(包括神经递质)也有密切的关系。神经系统通过其递质实现对内分泌系统的调节。反过来,激素也可影响神经系统的功能。通过这种相互制约式的调节,动物体内的平衡与稳定得以维持。因此,深入、全面地研究神经系统、激素、行为三者间的关系,从更广泛的层面了解动物的行为,具有非常重要的理论与实践意义。

4. 激素与动物行为关系的应用

服务于人类社会的生产实践,是科学研究的主要目的之一。激素与动物行为相互关系的研究成果,可用于一些有害生物的防控。

(1)利用昆虫外激素的性引诱作用,控制有害昆虫　在农业生产过程中,可以利用昆虫的外激素或其类似物来引诱有害昆虫,进行集中灭杀。这是一种简捷而又高效的农业害虫控制方法,而且避免了大量施用农药对环境的污染。例如,一只雌性舞毒蛾仅能分泌 0.1 μg 的性引诱素,但却能诱来 100 万只雄蛾;雌蚕蛾所释放的性引诱素,可把 3 200 m 之外的雄性个体吸引过来。

(2)利用褪黑激素控制农业有害动物的繁殖模式　褪黑激素是一种能控制哺乳动物生物节律的激素,由松果腺在黑暗条件下分泌。在不同季节,日照长度能影响褪黑激素的分泌。因此,褪黑激素对控制动物昼夜节律和季节节律有重要作用。许多驯养动物一般在日照长度变短的秋季繁殖。如果在夏季对这类动物施用褪黑激素,或持续控制褪黑激素的释放,使之高于夜间正常水平 40 倍以上,即可诱导动物提前进入繁殖状态。

(3)蜕皮激素用于虾蟹养殖和害虫防治　蜕皮激素对昆虫、甲壳动物的作用随使用剂量的不同而异。一般而言,小剂量使用可促进动物的蜕皮和生长,大剂量使用则引起生长异常甚至死亡。例如,给家蝇食用含 0.001% ~0.1% 蜕皮激素的饲料,能使 80% 的雌蝇不育;使用 0.0075 μg 的蜕皮激素可使丽蝇的幼虫化蛹。基于此特点,可用大剂量的蜕皮激素控制有害昆虫。胆固醇是某些虾蟹类动物的中性脂质的主要成分,也是蜕皮激素的前体,它控制着十足目幼体和成体的蜕皮过程,并与繁殖等活动有关。在虾蟹类的养殖过程中,采用添加适量含蜕皮激素的饲料,既可加快虾蟹类的生长,也可降低饵料成本。

复习与思考题

1. 激素影响动物行为的机制是什么?
2. 性激素对动物行为有哪些影响?
3. 查阅文献,掌握如何利用昆虫的外激素进行害虫防治。
4. 查阅文献,了解激素与行为研究领域的重要刊物–Hormones and Behavior。

第七章　动物生态

生态学(Ecology)是生命科学领域重要的基础分支学科,主要研究生物与环境的相互作用规律与机制。按照现代生物学的观点,基因、细胞、器官、有机体、种群、群落的不同生命层次与其各自的环境,分别构成了基因系统、细胞系统、器官系统、个体系统、种群系统、生态系统等不同的生物系统。生态学重点关注个体系统以上的生物系统层次。因此,生态学总体上属于宏观生物学范畴。我国已把生态学从生物学中单列出来,并提升为一级学科。2018 年 6 月 5 日,中华人民共和国国务院学位委员会生态学科评议组发布了生态学的二级学科方向:动物生态学、植物生态学、微生物生态学、生态系统生态学、景观生态学、修复生态学、可持续生态学。

经典生态学是研究生物与环境间相互关系的科学,其研究对象主要是生物个体、种群和生物群落等。由于人口的剧增和人类对自然资源的开发利用,全球的自然环境发生了剧烈变化。生态学已从原生的、未被扰动的生态系统研究向以人类为关键组分、生态系统服务和人工生态系统研究转型,并成为可持续生物圈的科学与理论基础。现代生态学是通过权衡保护性、恢复性和创造性的生态途径以确保可持续的生态服务的科学。

现代生态学具有两个显著特点,其一是研究对象的层次提升和空间扩大,生物圈的可持续性是生态学关注的重要内容;其二是由关注生物与环境的关系向关注包括人类在内的生命系统与环境系统关系的研究拓展,自然-经济-社会复合生态系统成为研究重点。因此,生态学成为当今学科活力最强、发展速度最快的学科之一。强化科学发现与机理认识,强调多过程、多尺度、多学科的综合研究,重视系统模拟与科学预测、提升服务社会需求的能力已成为生态学发展的目标,并从探求自然的理学走向理学、工程技术与社会科学的交叉与融合,实现了由认识自然的理论研究向理论与应用并举的重大跨越。

动物生态学是生态学的重要分支学科,属于动物学与生态学的交叉领域,旨在从个体、种群和群落的角度研究动物与其栖息环境的相互关系。动物生态学的主要研究内容包括:①动物与其生存环境的关系,环境变化对动物形态、生理、行为、遗传、免疫等方面的影响;②一定的生存条件下各种动物种群的数量关系,出生率和死亡率的变化,种群密度和年龄分布;③一定的环境条件下的种内和种间关系及其对动物进化的意义;④动物种群、群落与生态系统的形成、适应、动态、发展与演化;⑤野生动物资源的保护与科学、合理、规范利用等。

第一节　个体生态

个体生态学(Autecology)是以生物的个体及其栖息环境为对象,研究有关环境因子对生物个体的影响,以及个体在形态、生理、生化和行为等方面的生态适应机制,阐明生物个体与其生存环境之间的相互关系和作用规律。

一、生态因子及其分类

生态因子(ecological factor)指对生物有影响的各种环境因子,常直接作用于个体和群体,主要影响个体的生存和繁殖、种群的分布和数量、群落的结构和功能等。各个生态因子既受环境中其他因子的影响,反过来又影响其他因子。因此,生态因子不仅有其独立的作用,而且彼此之间可能发生交互作用。

生态因子的类型复杂多样,分类方法尚无一致标准,但基本上可分为生物因子(biotic factor)和非生物因子(abiotic factor)两大类。前者包括生物的种内和种间关系;后者则包括气候、土壤、地形、地貌等。在研究过程中,根据生态因子的性质,可把生态因子分为下述5个类型。

(1)气候因子　气候因子指构成生物环境的相关气候因子。由温度因子(绝对值、变化类型和幅度)、水分因子(降水量、降雨型、湿度)、光因子(照度、日照长度)、大气因子(氧气及 CO_2 的浓度、风)等组成。根据各因子的特点和性质,还可再细分为若干因子。如光因子可分为光强、光质和光周期等,温度因子可分为平均温度、极端温度、积温、节律性变温和非节律性变温等。

(2)土壤因子　土壤是气候因子和生物因子共同作用的结果,土壤因子包括土壤结构、土壤理化性质、土壤肥力和土壤生物等。

(3)地形因子　地形因子如地面的起伏、坡度、坡向、阴坡和阳坡等,通过影响气候和土壤,可间接地影响植物的生长和分布。

(4)生物因子　生物因子包括生物之间的各种相互关系,如捕食、寄生、竞争和互惠共生等。

(5)人为因子　把人为因子从生物因子中单列出来,是出于强调人类影响的特殊性和重要性的考虑。人类活动对自然界的影响越来越大、越来越具有全球性,分布在地球各地的生物都直接或间接地受到人类活动的巨大影响。

对生态因子进行划分是为着研究或叙述的便利。实际上,环境中各种生态因子均非独立存在,而是相互联系并共同对生物产生影响。因此,分析生态因子时,不能只重视某些因子,而忽略其他因子。另一方面,各种生态因子彼此之间也有相互影响、相互作用。生态因子在影响生物生存和生活的同时,生态因子本身的状况也会被生物体所改变。

二、生态因子作用的特点

在实际研究过程中,常把生态因子划分为不同类型。但是,从作用的方式、途径来说,各类生态因子具有相似的特点。

1. 综合性

每一个生态因子都是在与其他因子的相互影响、相互制约中起作用的,任何一种因子的变化都会在不同程度上引起其他因子的变化,这就是生态因子的综合作用。例如,光照强度的变化必然导致大气、土壤温度和湿度的改变。

2. 非等价性

对生物起作用的诸多因子是非等价的,其中有1~2个因子为起主要作用的主导因子。主导因子的改变会引起其他生态因子的变化，或导致生物的生长发育发生明显变化。如低温是植物春化阶段的主导因子，日照长度是鸟类迁徙行为的主导因子。

3. 不可替代性和可补偿性

生态因子虽非等价，但都不可缺少，一个因子的缺失不能由另一个因子来代替。但某一因子的数量不足，有时可以由其他因子来补偿。例如，光照不足所引起的光合作用减弱可由 CO_2浓度的增加得到补偿。

4. 阶段性和限制性

在生长发育的不同阶段，生物往往需要不同的生态因子或生态因子的不同强度。例如，在冬小麦的春化期，低温必不可少，但在其后的生长阶段，低温则是有害的。

那些对生物的生长、发育、繁殖、数量和分布具有限制作用的生态因子称为限制因子（limit factor）。有关生态因子（量）的限制作用，有两条重要的生态学定律。

（1）**Liebig 最小因子定律** 农业化学家 J. Liebig 通过对营养元素与植物生长关系的研究发现，植物生长并非经常受到需求量大且在自然界丰富的营养物质（如 H_2O 和 CO_2）的限制，而是受到一些需要量小的微量元素（如硼）的影响。基于此，他提出"植物的生长取决于那些处于最少量因素的营养元素"，后人称之为 Liebig 最小因子定律（Liebig's law of minimum）。Liebig 进一步指出，要在实践中应用最小因子定律，还必须补充两点：一是该定律只能严格地适用于稳定状态，即能量和物质的流入和流出处于平衡状态；二是要考虑因子间的替代作用。

（2）**Shelford 耐受性受定律** 生态学家 V. E. Shelford 于 1913 年指出，生物的生存依赖于多种环境条件，而且生物有机体对环境因子的耐受性有上限和下限，任何因子的不足或过多、接近或超过生物的耐受限度，该种生物的生存都会受到影响，甚至灭绝，这一规律即称 Shelford 耐受性定律（Shelford's law of tolerance）。后来的研究者对 Shelford 耐受性定律作了补充：每种生物对每个生态因子都有一个耐受范围，耐受范围有宽有窄；对所有因子耐受范围都很宽的生物，一般分布较广；在生活史的不同阶段，生物的耐受性不同，繁殖期通常是一个敏感时期；当一个因子处在不适状态时，对另一个因子的耐受能力可能下降；生物一般并不在某一特定因子的最适宜范围生活，可能是因为有其他更重要的因子在起作用。

对最小因子定律和耐受性定律的关系，可以从 3 个方面理解。首先，最小因子定律只考虑了因子量的过少，而耐受性定律考虑了因子量的过少或过多，允许生态因子之间的相互作用（如因子替换、补偿作用）。其次，耐受性定律不仅估计了限制因子量的变化，而且估计了生物本身的耐受性特征。第三，生物的耐受性因种类而异，即使在同一物种，耐受性也因个体年龄、性别及季节、栖息地等而有所不同。

5. 生态因子作用的直接性和间接性

直接参与生物的生理过程、新陈代谢的因子属于直接因子，如光、温度、水、土壤养分等；那些通过影响直接因子而对生物产生作用的因子，属于间接因子，如海拔、坡向、经纬度等。间接因子对生物的作用并不亚于直接因子。例如，在同一山地区，由于光照、水分等条件的不同，使阴坡、阳坡的植被类型、覆盖度、动物的组成与物种多样性等方面表现出明显差异。

三、生态因子对动物的影响

在动物的栖息环境中，能够对动物生存、繁殖、行为、活动节律等产生影响的生态因子种类繁多，此处仅择要介绍。

（一）气候因子

气候因子（climatic factors）包括温度、湿度、降雨量、光照、风、雪等各种物理因子，这些因子直接或间接地影响动物的生活史特征。

1. 温度

温度（temperature）对动物的影响最为明显而直接。温度首先影响动物的体温，进而涉及动物的代谢速率、生长、发育、行为等方面。温度也间接地影响其他生态因子。

温度是一种经常起作用、普遍存在的生态因子，任何生物都生活在具有一定温度的自然环境中，并受温度空间、时间变化的影响。地球表面的温度条件处于不断的变化之中。在空间尺度上，温度随纬度、海拔高度、生态系统的垂直高度和各种小生境而变化；在时间尺度上，表现出一年四季和一天之内的昼夜变化。温度的这些变化给生物带来多方面的影响。环境温度在动物生命活动中起着尤为重要的作用，它直接或间接地影响动物的生长、发育、繁殖、形态、生活状态、行为、数量及分布等。另一方面，动物对环境温度及其变化又有着良好的适应性，二者之间具有辩证统一的关系。

动物体内的生理、生化过程必须在一定的温度范围内才能正常进行，温度影响动物的新陈代谢。一般来说，动物体内的生理生化反应随温度的升高而加快，从而加快生长发育速度；生化反应也会随温度的下降而变缓，从而减慢生长发育的速度。当环境温度高于或低于动物所能忍受的温度范围时，动物的生长发育就会受阻，甚至死亡。一般来说，动物只能生活在一定的温度范围内，但不同动物和同一动物的不同发育阶段所能忍受的温度范围却有很大不同。动物对温度的适应范围是其在一定温度下生活所形成的长期生理适应。

温度的生态学意义还在于其变化能引起环境中其他生态因子的改变，如温度变化可引起湿度、降水、风、氧在水中的溶解度以及食物和其他生物活动和行为的改变等，从而间接地影响动物的生命活动。

各类群的动物均有其最适宜的环境温度。如一些原生动物的最适宜环境温度为24～28 ℃。爬行动物可借助于皮肤吸收太阳的热能，待体温升高到一定程度后才开始活动。一般来说，动物生命活动的温度低限是0 ℃，高限是42 ℃；变温动物对环境温度的依赖程度大于恒温动物。但是，各种动物的最适宜环境温度还因动物自身的生理状态、营养状况等的不同而有所差异。昆虫必须在发育起点温度之上才能开始发育，要完成一定的发育阶段（即一个虫期或一个世代）必须达到一定的温度积累，此即**有效积温法则**（law of effective temperature）。根据此法则，可以推算出昆虫在某地一年内可能发生的世代数，从而进行虫情的监测、预报与有效防控。

低温可能引起变温动物及某些恒温动物的休眠（冬眠）。温度变化也是某些动物迁徙的主要原因之一。在我国沿海地区，大、小黄鱼的洄游路线、时间等与水温变化密切相关。温度也影响动物（尤其是变温动物）的地理分布，如大西洋和太平洋的12 ℃等温线阻止了冷水性鱼类的向南分布和温水性鱼类的向北分布。

在自然界，动物的栖息地的小气候(microclimate)往往会表现出比大气候(macroclimate)更为剧烈的变化，在陆生动物尤其如此。

2. 水

水是动物体的重要组成部分和必不可少的生活条件。水母身体含水量超过体重的95%；昆虫为46%~92%；人体为63%。水是生命活动过程中代谢活动的介质，一切生物化学反应都必须在水溶液中进行，动物必须保持体内的水平衡才能维持其生存。水生动物体内的水平衡的维持依赖于水的渗透调节作用，陆生动物则依靠水分的摄入与排出的动态平衡，并进而形成生理、组织、形态及行为等方面的适应。

湿度是表示大气干燥程度的物理指标。在一定的温度下，单位体积的空气中所含的水汽越少，则空气越干燥；水汽越多，则空气越潮湿。湿度对低等陆生动物的生长发育和繁殖具有重要影响。一般来说，低湿大气可抑制动物的新陈代谢、迟滞发育；高湿大气则能促进动物的发育。例如，在同样的温度条件下，粉螟(*Ephestia*)的幼虫在70%相对湿度时，完成发育需要33 d，而在33%相对湿度时则需要50 d。在25 ℃、90%相对湿度条件下，黏虫的产卵量较60%相对湿度时大1倍。

动物有机体在陆地生活中所面临的最严重问题之一就是持续失水。失水使有机体可能因生理紊乱而死亡。陆生动物在进化过程中形成了各种减少失水或保持水分的机制，如减少蒸发失水、减少排泄失水等。因此，水分是限制许多动物(如两栖类)分布的重要因子。干旱也是导致许多动物进行夏眠的主要原因。湿度通过饮水和食物含水量影响恒温动物的生理状态，如降低草食性啮齿动物食物中的含水量，可明显削弱其繁殖力，并使部分种类进入夏眠状态。

3. 光

光是一个复杂而重要的生态因子，包括光强、光质和光照长度等要素。光因子的变化对生物有着深刻的影响。

光照强度与很多动物的行为有着密切的关系。有些动物适应于在白天的强光下活动，如灵长类、有蹄类和蝶类等，称为**昼行性动物**(diurnal animal)；另一些动物则适应于在夜晚或早晨黄昏的弱光下活动，如蝙蝠、家鼠和蛾类等，称为**夜行性动物**(nocturnal animal)或晨昏性动物(crepuscular animal)；还有一些动物既能适应于弱光也能适应于强光环境，在白天、夜间都能活动，如一些田鼠等。昼行性动物(夜行性动物)只有当光照强度上升(下降)到一定水平时，才开始活动。因此，这些动物随着每天日出日落时间的季节性变化而调整其活动开始的时间。

大多数脊椎动物视觉的可见光波范围与人类接近，但昆虫则偏于短波光(波长250~700 nm)。因此，昆虫看不见红外光，却能看见紫外光。许多昆虫对紫外光有趋光性，这种趋光现象已被用于有害昆虫的防治。

许多动物的行为对日照长短也表现出周期性的响应。鸟类、哺乳类、鱼类、昆虫等的繁殖、鸟类的迁徙和鱼类的洄游等，都受光照长短的影响；光照周期的变化是引起昆虫滞育(diapause)的主导因素。

(二)生物因子

生物有机体并非孤立地生活，在其生存环境中甚至体内都有其他生物的存在，这些生物即构成特定生物的环境因子中的生物因子。生物与生物因子之间所发生的各种相互关系既表现在同种个体之间(种内关系)，也见于不同种的个体之间(种间关系)。

生物因子对动物有机体的存活、繁殖、生长、发育、种群动态等具有重要作用。食物和营养关系是这种影响的主要表现形式，这在狭食性种类尤为显著。食物不足将引起种内和种间的激烈竞争。当种群密度较高时，个体之间对食物和栖息地的竞争加剧，可导致动物的繁殖力下降、死亡率增高及动物的外迁，从而使种群数量(密度)降低，构成一种与密度有关的反馈调节机制，此称密度制约作用或密度依赖性影响(density－dependent influence)。植物为动物提供食物、居住地和隐蔽所，与动物的关系十分密切。因此，可根据植被类型来推断出当地的主要动物类群。

生物因子对动物的影响可从种内关系(intraspecific relationship)和种间关系(interspecific relationship)两个方面来分析。

种内关系：种群内同种动物个体之间所形成的相互关系，包括密度效应、动物的婚配制度、领域性、利他行为、通讯行为、社会等级，还包括种内互助和种内斗争。

种间关系：不同物种种群之间的相互作用所形成的关系，包括3种形式：①中性作用，即种群之间没有相互作用。生物与生物之间是普遍联系的，没有相互作用是相对的。②正相互作用，正相互作用按其作用程度分为偏利共生、原始协作和互利共生等3类。③负相互作用，包括竞争、捕食、寄生和偏害等。因此，两个物种种群的相互关系可以是间接的或直接的相互影响，这种影响可能是有害的，也可能是有利的。

复习与思考题

1. 生态因子的作用有何特点?

2. 动物的种间关系有哪些类型?

3. 掌握温度、水、光对动物的影响。

4. 掌握下列重要名词：最小因子定律，耐受性定律，生态因子，限制因子，昼行性动物，夜行性动物，种内关系，种间关系

第二节　种群生态

种群(population)是指在一定时间内占据一定空间的同种生物的所有个体。种群中的个体并不是机械地集合在一起，而是彼此能够交配，并通过繁殖将各自的基因传给后代。种群是进化的基本单位，同一种群的所有生物共有一个基因库。

种群生态学(Population Ecology)研究种群内各成员之间、它们与其他种群成员之间、它们与周围环境中的生物和非生物因素之间的相互关系，是动物生态学研究的重要领域。种群动态(population dynamics)是种群生态学研究的核心。

一、种群特征

任何一种动物的自然种群,都具有如下的主要特征:

(1)数量特征　这是种群的最基本特征。种群由多个个体所组成,其数量大小受4个种群参数(出生率、死亡率、迁入率和迁出率)的影响,这些参数继而又受种群的年龄结构、性比、分布格局和遗传组成的影响,从而形成种群动态。

(2)空间特征　种群均占据一定的空间,其个体在空间中的分布格局可分为聚群分布、随机分布和均匀分布。此外,种群在地理尺度上的分布称为地理分布。

(3)遗传特征　种群是同种个体的集合,故具有一定的遗传组成,是一个基因库,且不同的地理种群存在着基因差异。不同种群的基因库不同,种群的基因频率世代传递,在进化过程中通过改变基因频率以适应环境的不断变化。

(4)系统特征　种群是一个自组织、自调节的系统,它以一个特定的生物种群为中心、以该种群的全部环境因子为空间边界所组成的系统。因此,应从系统的角度,通过研究种群的内在因子,以及生境内各种环境因子与种群数量变化的相互关系,从而揭示种群数量动态的机制与规律。

二、种群参数

在自然条件下,动物种群的特征可通过种群参数来体现。种群参数可分为初级参数和次级参数。

(一)初级参数

1. 出生率与死亡率

出生率(natality)指在特定时间内,一个种群新诞生个体占种群现存个体总数的比例;死亡率(mortality)则是在特定时间内,一个种群死亡个体数占现存个体总数的比例。

在自然状态下,出生率和死亡率是决定种群数量和种群密度的直接因素。出生率与死亡率决定种群密度的变化。出生率大于死亡率,则种群密度升高,反之亦然。

2. 迁入率与迁出率

对一个确定的动物种群来说,单位时间内迁入或迁出种群的个体数占种群个体总数的比例,分别称为种群的迁入率和(immigration rate)迁出率(emigration rate)。许多生物种群存在着迁入、迁出的现象,大量个体的迁入或迁出将显著影响种群密度。城市人口的迁入率与迁出率是城市生态学研究的重要内容。

(二)次级参数

1. 性别比例

性别比例(sexual ratio)简称性比,是指种群中雌雄个体的数目比。在自然界,不同动物种群的正常性别比例差异显著。性别比例对种群数量有一定影响。例如,用性引诱剂诱杀害虫的雄性个体,会使大量雌性个体无法完成交配,从而导致种群数量下降。

此处的“雌雄个体”为可育个体,不包含不具有繁殖能力的个体。因此种群的性比大致有3种类型:1)雌雄相当:多见于高等动物;2)雌多于雄:多见于人工控制的种群,如奶牛;3)雄多于雌:多见于营社会性生活的昆虫,如蜜蜂、蚂蚁等。

2. 年龄结构

动物种群的年龄结构是指一个种群中的幼年(繁殖前期)、成年(繁殖时期)、老年(繁殖后期)个体的数目。分析一个种群的年龄结构,可以间接判定该种群的发展趋势。种群的年龄结构一般可分为增长型、稳定型和衰退型3种模式(图7-1)。

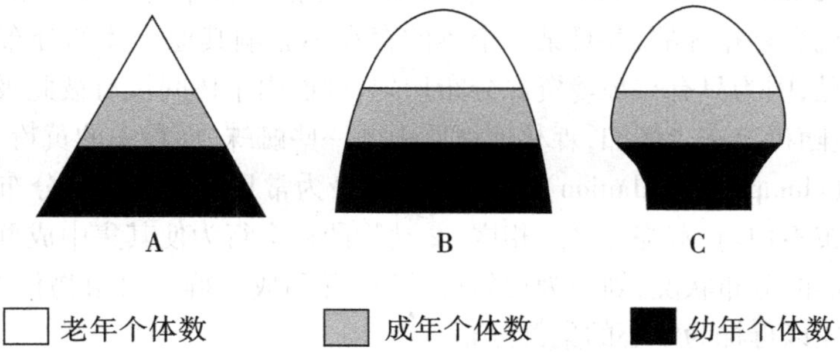

图7-1　种群的年龄结构模式图

增长型:种群内的老年个体数目少,幼年个体数目多,种群的年龄结构呈金字塔形,表明种群数量将不断增长,种内个体越来越多。

稳定型:在一定时间内,种群中的新出生个体与死亡个体数量相当,随着新老更替,种群数量保持相对稳定。

衰退型:种群中的幼年个体数目少,老年个体数目多,死亡率大于出生率,种群最终将走向灭绝。衰退型种群多见于一些濒危物种。生存环境突然好转、大量新个体迁入或人工繁殖等措施可能遏制种群的衰退趋势。

3. 分布格局

组成种群的个体在空间的位置状态或布局,称为种群的分布格局或空间格局。种群的空间格局大致可分为3种类型(图7-2)。

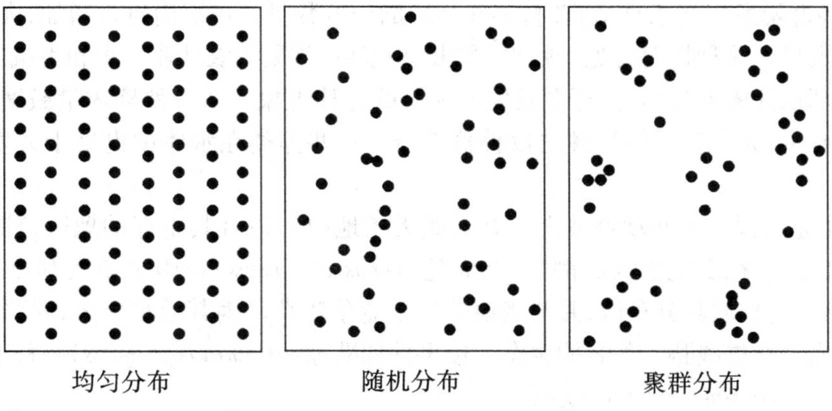

图7-2　种群的分布格局

均匀分布(uniformly distribution):均匀型分布是指种群在空间按一定间距均匀分布而产生的空间格局。均匀分布的原因在于种内斗争与最大限度利用资源间的平衡。很多种群的均匀型分布是人为所致。例如,在农田生态系统中,稻田中水稻的分布即近似于均匀分布。自然界亦有少量呈均匀型分布的种群,例如,森林中某些乔木的分布亦近似于均匀分布。

随机分布(randomly distribution):随机型分布是指种群中每一个体在种群领域内各个点上出现的机会是相等的,并且某一个体的存在不影响其他个体的分布。随机分布在自然界比较少见,因为只有在环境资源分布均匀,种群内个体间没有彼此吸引或排斥的情况下,才易产生随机分布。例如,森林地被层中的一些蜘蛛,面粉中的黄粉虫等。

集群分布(clumped distribution):集群分布是最为常见的动物种群分布型,其原因是:①环境资源分布不均匀,富饶与贫乏相嵌;②动物的社会行为使其集中成群。集群分布又可进一步按种群的分布状况,划分为均匀群、随机群和成群群。对植物种群来说,种子传播方式使其形成以母株为中心的集群分布。

三、种群动态

种群动态(population dynamics)是指种群数量在时间和空间尺度上的变动规律。种群动态是种群生态学的核心问题。主要研究动物种群:①有多少(数量和密度);②哪里多,哪里少(分布);③如何变动(数量变动和扩散迁移);④为什么这样变动(种群调节)等问题。

1. 种群增长

动物种群的增长方式可归纳为下述主要类型。

(1)自然增长　在自然条件下,动物种群的增长表现为两种基本形式:①J 型增长:种群密度按指数迅速增长,遇到环境阻力或其他限制后停止增长,通常可用指数方程式描述为 $dN/dt=rN$;②S 型增长:种群开始增长缓慢,经正加速期通过拐点后,增长速率逐渐放慢(负加速期),最终到达某一个极限水平(环境容纳量),通常可用逻辑斯谛方程描述为 $dN/dt=rN(K-N)/K$。

(2)种群暴发　当条件适宜时,某些物种的种群数量在短期内迅速增加,大大超过平常的种群数量。这种情况常见于蝗虫、黏虫、小家鼠、旅鼠等农林业害虫和害鼠。蝗虫、旅鼠等在局部地区密度过高时,还会发生大规模的迁移现象。随着种群数量激增和环境资源被消耗殆尽,大发生后往往继之以种群骤减。一些藻类在水体中也易于大发生,习称"水华"。

(3)生态入侵　某些动物被人类有意或无意地引入适宜其生存的地区,种群快速增长,分布区逐步、稳定地扩大。例如,欧洲兔(*Lepus europaeus*)被引进澳大利亚后,以 113 千米/年的速度扩展其分布区,并与当地的牛羊竞争牧草。因其数量巨大,对当地的畜牧业发展造成了严重威胁。著名的生态入侵事件如欧掠鸟(*Sturnus vulgaris*)入侵北美、中华绒螯蟹(*Eriocheir sinensis*)入侵欧洲等。

(4)种群下降和灭绝　人类在开发和利用自然资源的过程中,破坏了动物的栖息地,或长期过度捕猎,造成一些动物种群数量逐渐减少甚至种群灭绝。当然,自然种群也有持续下降或灭绝的现象。

(5)种群平衡　种群数量较长期地维持在一定水平,没有大起大落,只是围绕平均密度上下波动或振荡。例如多数稀有种类和大型动物。

(6)季节消长　种群数量在一年中随季节的变动称为季节消长。大多数动物种群数量的季节波动是由于环境的季节性变化所致。对小型动物来说,其短期变动与完成一个世代所需的时间有关;某些海洋动物的种群数量消长可能与潮汐有关。

(7)周期性振荡和不规则波动　自然种群中已知的周期性振荡的有两类:①9 ~ 10 年周期,如美洲兔(*Lepus americanus*)和加拿大猞猁(*Lynx canadensis*)所表现出猎物与捕食者的种群动态关系;②3 ~ 4 年周期,旅鼠(*Lemmus lemmus*)和北极狐(*Vulpes lagopus*)种群相互动态关系是最著名的例子,也可见于一些啮齿类、食肉类和鸟类;中国东北林区的棕背䶄(*Myodes rufocanus*)等也有 3 ~ 4 年的种群振荡周期,当地生态系统中的狐、鼬种群数量、红松结实,甚至森林脑炎的发病人数等表现出与这种周期性相关的特征。

大多数动物的种群动态属于不规则波动。不规则波动通常由非生物因子,尤其是气候因子在不同年份的不同而引起。对冬尺蠖蛾(为害加拿大橡树)10 余年的生命表分析结果表明,其致死因素包括:①越冬损失;②幼虫被寄生蜂寄生;③幼虫被其他昆虫寄生;④蛹被捕食;⑤蛹被强姬蜂所寄生;⑥幼虫的微孢子病。在这些因素中,只有越冬死亡数与总死亡率密切相关,表明越冬死亡是冬尺蠖蛾致死的关键因素。

2. 种群调节

动物种群的数量变动,反映了两组相互矛盾的过程(出生和死亡、迁入和迁出)相互作用的综合结果。因此,影响出生率、死亡率和迁移率的一切因素,同时也影响种群的数量动态。基于此,学者们提出了许多不同的假说来解释种群动态的机制。已有的种群调节理论可分为外源性因子调节学说和内源性因子调节学说两个理论体系。

(1)外源性因子调节学说　外源性因子调节学说的支持者认为,动物种群的波动主要受某些外部因素的作用。基于不同的观点,这一理论体系包括气候学派、生物学派和折中学派。

1)气候学派:气候学派多以昆虫为研究对象,其主要观点是,种群参数受天气条件的强烈影响。以色列学者博登海默(F. S. Bodenheimer)认为,昆虫的早期死亡率有 85% ~ 90% 是由天气条件不良而引起的。该学派强调种群数量的变动,而否认稳定性。

2)生物学派:生物学派主张,捕食、寄生、竞争等生物过程对种群调节起决定作用。澳大利亚昆虫学家尼科尔森(A. J. Nicholson)批评气候学派混淆了两个过程:消灭和调节。他认为,气候只能改变种群的密度,但不能决定这些密度是如何维持平衡状态的;只有生物的捕食、寄生、竞争等密度制约因子才能维持种群的平衡密度。即当种群密度较高时,密度制约因子的作用上升;当种群密度较低时,密度制约因子的作用降低,最终使种群密度维持在平衡密度。他还举例说明,如果某种群中平均每只个体能繁殖 100 个后代,若气候因子消灭了其中的 98 个个体,即去除了种群的绝大多数(98%)。尽管如此,气候因子仍不能使种群回复到原来的数量(1 个个体),种群仍会以每个世代增加 1 倍的速率增长。但是,如果存在一种天敌或寄生物(基于种群密度而发挥作用),因取食或寄生而消灭了剩余种群的 1% 个体,作用虽小,却能调节种群至原来的数量(1 个个体)。在这种情况下,天敌或寄生物显然是种群的调节因子,而气候因子则不是。由此,尼科尔森提出了消灭(destruction)和控制(调节)(control)的概念。所谓消灭是使种群减少到最小值,而控制则使种群减少到某一特定值。二者的含义明显不同。

强调食物因素的学者也可归入生物学派。如英国鸟类学家拉克(D. Lack)认为,就大多数脊椎动物而言,食物短缺是最重要的限制因子。自然种群中支持这个观点的例子还有松鼠和交嘴鸟的数量与球果产量的关系、猛禽与一些啮齿动物种群数量的关系等。强调食物因素为决定性的还有皮特尔卡(F. A. Pitelka)的**营养物恢复假说**(nutrient recovery hypothesis)。这一假说解释了冻原地区旅鼠种群的周期性变动:在旅鼠数量很高的年份,食物资源被大量消耗,植被量减少,食物的质和量(特别是含磷量)下降,幼鼠因营养条件恶化而大量死亡,进而导致种群数量下降。随后,低种群密度使植被的质和量逐步恢复,种群数量随之再度回升,这种变化的周期为 3 ~4 年。

3)折中学派:气候学派和生物学派于 20 世纪 50 年代曾发生激烈论战。在此基础上,有学者提出了折中的观点。米尔恩(A. Milne)既主张密度制约因子对种群密度的决定作用,也承认非密度制约因子具有决定作用。他把种群数量动态分为极高数量、普通数量和极低数量等 3 个区间。在对物种最有利的典型环境中,种群数量最高,密度制约因子决定种群的数量;在环境条件对物种很不利、变动剧烈的条件下,非密度制约因子左右种群数量变动。折中学派认为,气候学派和生物学派的争论,反映了不同学者工作地区环境条件的差异。

一般来说,种群调节机制与物种的生态策略有关;栖居于不稳定环境中的 r-对策者更多地受非密度制约因子的作用,而栖息于有利的稳定环境中的 K-对策者则更多地经受密度制约因子的调节。

(2)内源性因子调节学说　内源性因子调节学说也称自动调节学说。持此类观点的相关学者主要从事高等动物的种群调节研究,并把研究焦点放在动物种群内部。他们认为,种群有一个平衡密度,且由种群的内部因素起决定性的调节作用。这些调节因素涉及动物的行为、内分泌和遗传等方面。因此,该体系包括行为调节学说、内分泌调节学说和遗传调节等学说。

1)行为调节学说:英国学者温-爱德华兹(Wyune-Edwards)认为,动物的社群行为对种群具有调节作用。社群等级使社群中一些个体支配另一些个体,这种等级往往通过格斗、恐吓、威胁而得以固定;领域性则是动物个体(或家庭)通过划分地盘而把种群占有的空间及其中的资源分配给各个成员。两者都使种内个体间消耗能量的格斗减到最小,进而使空间、资源、繁殖场所在种群内得到最有利于物种整体的配置,并限制了环境中动物的种群数量,使食物资源不至于消耗殆尽。当种群密度超过这个限度时,种群中就有一部分“游荡的后备军”或“剩余部分”,它们一般不能进行繁殖,或者被具有领域者所阻碍,或者缺乏营巢、繁殖场所。由于缺乏保护条件和优良食物资源,这部分个体也最易受捕食者、疾病和不良气候条件的危害,死亡率较高。划分社群等级和领域则限制了种群不利因素的过度增长,并且这种“反馈作用”随着种群密度本身的升降而改变其调节作用的强弱。

2)内分泌调节学说:美国学者克里斯琴(J. J. Christian)最初用此理论解释哺乳动物

种群数量的周期性变动。后来,这一理论被扩展为一般性学说。克里斯琴认为,当种群数量上升时,种内个体经受的社群压力增加,加强了对中枢神经系统的刺激,影响了脑下垂体和肾上腺的功能,使促生殖激素的分泌减少、促肾上腺皮质激素增加。生长激素的减少使生长和代谢发生障碍,有些个体可能因低血糖休克而直接死亡,而多数个体对疾病和外界不利环境的抵抗能力可能降低。另外,肾上腺皮质的增生和皮质素分泌的增加,同样会使机体抵抗力减弱,而且由于相应的性激素分泌减少,繁殖将受到抑制,致使种群的出生率降低、子宫内胚胎死亡率增加、育幼情况不佳、幼体抵抗力降低等状况出现,种群增长因上述生理反馈机制而得到抑制或停止,从而降低了社群压力。

3)遗传调节学说:奇蒂(D. Chitty)认为,种群中的个体间存在异质性,种群所具有的遗传多型(genetic polymorphism)是遗传调节学说的基础。遗传多型中最简单的状况是遗传二型(genetic dimorphism)现象。即一种是繁殖力较低、适应于高密度条件下生活的基因型A,另一种是繁殖力高、适于低密度条件下生活的基因型B。当种群数量小、密度较低时,自然选择有利于种群内的基因型B,表现为种群内个体间干扰减少,死亡率降低,繁殖率增加,导致种群数量上升。当种群数量大、密度较高时,自然选择转而有利于基因型A,表现出种群死亡增加、繁殖率下降,部分个体迁出,最终使种群数量下降,密度降低。如此实现种群的自我调节。

英国遗传学家福特(E. B. Ford)认为,当种群密度增高时,自然选择压力松弛,使种群内的变异性增加,许多遗传型较差的个体存活下来;当种群密度降至正常值时,由于自然选择压力增加,这些低质个体被淘汰,种群内变异性降低。因此,种群数量的增加必然为种群数量的减少铺平道路。

复习与思考题

1. 掌握种群的特征。
2. 掌握种群的分布型。
3. 简述种群的初级参数和次级参数。
4. 掌握种群调节的相关假说。
5. 种群增长方式有哪些主要类型?
6. 查阅文献,了解动物种群生态研究的进展与动态。
7. 掌握下列重要名词:种群,出生率,死亡率,种群动态,生态入侵,行为调节学说,遗传调节学说,内分泌调节学说,营养恢复假说,气候学派

第三节 行为生态

行为生态学(Behavioral Ecology)是研究动物行为与其环境的相互关系和动物在一定环境中的行为方式、行为机制、行为的生态学意义的科学。

行为生态学是一门由生态学和行为学交叉而形成的边缘学科,因而行为生态学的形成与生态学和行为学的发展紧密相关。但是,行为生态学与行为学是两个既有紧密联系,又有各自侧重点的学科。行为生态学研究动物如何以行为来适应生态环境,侧重于行为

的功能研究;而行为学则主要研究动物做什么、怎样做、为什么表现出某种行为等,侧重于行为的描述、行为的机制探索。

行为生态学研究基于两条基本公理:①效率最优原理;自然选择使动物行为的效率最优,即动物行为的收益与代价比最大;②进化稳定原理:增加物种进化适合度的动物行为策略才是进化上稳定的策略。这些基本公理有助于深刻理解动物行为的本质。

动物的行为与动物的形态、结构、生理功能一样,是动物的基本特征,也是自然选择的结果。在长期的进化过程中,动物除了在形态解剖、生理生化及遗传等方面对环境产生适应之外,也产生了与环境相适应的诸多行为。其中,社会行为包括婚配制度、配偶选择、繁殖行为、双亲行为、攻击行为、友好行为、通讯行为、玩耍行为等。

目前,行为生态学主要的研究领域包括:①繁殖策略,包括性选择、性冲突与婚配制度;②生存策略,主要是觅食策略和觅食行为代价的研究;③社会行为、互惠行为、家庭起源与亲子冲突;④行为与种群密度周期之间的关系;⑤行为策略的进化稳定性;⑥迁地保护环境中的行为发育;⑦行为的机制;⑧行为生态学的应用等。

本节主要介绍动物生活史中至为重要的觅食行为生态(foraging behavior ecology)和繁殖行为生态(reproductive behavior ecology)。

一、觅食行为生态

绝大多数动物都属于异养生物,因而必须从环境中获取食物,否则就不能生存。不同动物对食物的要求不尽相同,根据食性的不同,可将动物划分为植食性、肉食性、腐食性、寄生性和杂食性等类群。动物必须持续地进行其觅食行为,以保障生存和繁殖的需要。觅食是动物生存的最基本的行为,也是动物生存和繁殖必要的基础保证。动物的觅食行为包括动物对食物的搜寻、选择、捕捉、进食等一系列过程。

(一)动物的觅食行为

在长期的进化过程中,动物形成了各自特有的觅食行为。有些动物的觅食行为相对简单,如青蛙捕食飞行的昆虫,这是一个固定的动作模式,飞过的昆虫是其引发者;再如植食性动物直接取食植物的茎叶或种子;而有些动物的觅食行为则相当复杂,如蚁类、鼠类和一些鸟类在觅食过程中的食物贮藏行为。动物觅食的手段也多种多样:一些营固着生活的海洋动物如藤壶,从流过身体的海水中滤食细菌及其他小生物;一些鱼类作逆水流的运动获取食物;有些动物可构建陷阱以捕获猎物,如蜘蛛织网捕获昆虫;有些动物能诱捕猎物,如一些海洋鱼类可利用形似小鱼、蚯蚓、小虾的诱饵诱捕其他鱼类;大型食肉动物则采用伏击、偷袭、追逐、围猎等手段捕获猎物。

(二)最优觅食理论

物竞天择,适者生存。在自然选择压力的驱动下,动物的觅食技巧不断改进,日趋精湛,规避捕食风险的意识和手段也越来越有效。随着长期的进化与适应,各类群的动物逐渐形成了各自不同的、最优化的觅食对策。对觅食行为的理论研究也成为学者们长期关注的话题。此处重点介绍最优觅食理论(optimal foraging theory,OFT)。最优觅食理论是一个能够预测动物觅食时如何作为的模型。尽管获取食物可为动物提供能量,但寻找和得到食物过程亦需要付出能量和时间的代价。动物如能在觅食中以最低的消耗获得最大的收益,则可得到最大化的适合度(fitness)。最优觅食理论可用于预测动物达成此目标的最佳对策。

以最有效的方式搜寻食物是动物提高自身适合度的一个重要手段。觅食理论研究动物如何觅食以获得最大的适合度。在该模型中,动物被比拟为决策者,在代价和收益中寻找最优平衡。目前,觅食模型包括斑块模型和食谱模型两类,前者主要关注捕食者何时离开一个资源斑块并开始寻找下一个资源斑块,而后者则重点研究捕食者怎样选择最优的食谱组成。

在动物的种群中,每个个体的生存都需要能量,但环境中的能量往往是有限的,而能量有限则生命的全部机能就无法最大限度地发挥出来。例如分配给生长和繁殖的能量增大时,分配给其他机能如防御的能量必然减少。因此,动物在生命活动的能量分配中不可避免地存在矛盾,动物必须进行权衡(trade off)。

动物在开始其觅食行为之前和觅食过程中,必须解决3个问题:①到何处取食?②取食什么?③何时转移取食地点?其中,对取食对象的选择至关重要,包括最有利食物和最适食谱两个方面。

最有利食物:食物净值(即食物总值及减去搜寻、消化食物所消耗的能量)与处理时间(从捕获猎物到进食完成所花费的时间)之比值最大的食物。研究表明,捕食者总是倾向于选择有利性更大的食物。M. Kislalioglu 和 R. N. Gibson(1976)通过对海刺鱼(*Spinachia spinachia*)与其食物新糠虾(*Neomysis integer*)关系的研究发现,海刺鱼最喜食的食物大小正是获益(有利性)最大的个体。

最适食谱:虽然动物总是尽可能地选择有利性最大的食物,但是在其食谱中往往还包括一些有利性较小的食物,为什么呢?可以这样来理解:假定捕食者的觅食时间包括搜寻和进食两部分,如果捕食者只选择最有利的食物,虽然可使单位处理时间的食物摄取量很高,但搜寻这种食物所花费的时间也必然较长;而一个对食物种类毫无选择的捕食者,搜寻时间必然较短,但单位处理时间的食物摄取量也相应降低,因为在其食谱中包含很多有利性较小的食物。为此,动物必须在二者之间作出选择。

通过最优化觅食理论不难看出:①当某种有利食物非常丰富时,捕食者将只选择这一种食物;②如果与有利食物相遇的机会较多,且足以使捕食者忽略较差的食物,那么无论较差食物的数量有多少,都不会影响捕食者对有利食物的转移选择;③如果有利食物数量增加时,捕食者会立即从取食多种类型的食物,转为取食单一的、有利的食物。

(三)动物的食物贮藏行为

1. 食物贮藏的概念

食物贮藏(food hoarding)可简单地定义为动物为了将来的利用而对食物进行处理,其本质含义在于动物对食物的利用被推迟,而且食物必须以某种方式被处理以阻止其他动物的取食。许多动物在捕获猎物、采获植物种子等食物资源之后,并不在短期内全部食用,而是将部分食物贮藏起来,以调节食物的时空分布,为未来的食物短缺期储备食物。这种现象即称为动物的食物贮藏行为,简称贮食行为。

食物贮藏行为属于觅食行为的一部分,是动物对难以预料的食物资源变化的一种重要的适应性行为,有利于保障动物自身的生存与繁衍。贮食行为也是特化的采食行为,与采食行为的区别表现在:①动物获得食物后并不立即食用;②动物对获得的食物进行一定处理、保存以备将来之需;③动物的采食活动降低了食物的丰度,而贮食行为则改变了食物的分布格局。因此,食物资源在时间和空间上分布的不均匀性可能是动物食物贮藏行为进化的主要驱动力。

动物所贮藏的食物类型、种类等因动物食性的不同而异,主要是一些在短期内不易腐烂、或经处理后不易腐烂的食物,包括:①植物的种子、果实;②晾干的浆果、大型真菌、动物肌肉或残体等;③植物的营养体如根、茎、叶等。

动物的端脑(大脑)大小与觅食创新之间存在着神经生物学联系。在一般情况下,端脑越大则动物的觅食创新能力越强,而觅食创新能力可大大提高鸟类的食物摄取率,从而有利于鸟类的繁殖和生存。为应对未来的食物需求,松鸦(*Garrulus glandarius*)常贮藏大量的食物,并能在以后重新找到这些食物,因为松鸦具有令人难以置信的记忆力。研究发现,许多鸦科鸟类的食物贮藏行为与脑部海马的大小具有显著的正相关关系,海马体积越大,则贮食行为越强烈。这一结果也表明,海马是影响鸦科鸟类空间记忆力和觅食行为进化的关键因素。祖先类型的鸦科鸟类是适度的食物贮藏者,其中某些物种朝着专化的食物贮藏者的方向进化,而另一些种类则完全丧失了贮藏食物的能力。

2. 食物贮藏的方式

动物通常以集中贮藏(larder hoarding)和分散贮藏(scatter hoarding)两种方式贮藏食物。集中贮藏是指动物在一个或几个地点集中存放大量食物,并多次来往于食物源和贮藏点之间;分散贮藏则是贮食者在较大的空间里建立许多小的贮藏点(cache),贮藏了大量的食物,且贮藏者只在携食来贮藏时逗留一次。在鸟类和哺乳动物(特别是啮齿动物)中,分散贮藏是一种常见的食物贮藏方式。探讨啮齿动物的分散贮食行为,可更好地理解食物贮藏在啮齿动物生活史中的作用,进一步认识啮齿动物和植物的相互关系及其在群落构建中的潜在作用。实际上,动物的食物贮藏方式的划分并不十分严格,有许多动物兼具集中和分散两种食物贮藏方式。如岩松鼠(*Sciurotamias davidianus*)、大林姬鼠(*Apodemus peninsulae*)等。

集中贮藏有两种典型方式:一种是贮藏者建立几个集中的贮藏点,并在每处贮藏大量食物,如花头鸺鹠(*Glaucidium passerinum*)把捕获的鼠类分别藏在不同位点;另一种是只有一个集中的贮藏点(一般为贮藏者的巢穴),如社鼠(*Niviventer confucianus*)常将种子、坚果等搬运至巢穴集中贮藏。

分散贮藏也可分为两种典型方式:一种是动物在每个贮藏点只贮藏一个食物(如1枚种子或坚果),如沼泽山雀(*Parus palustris*)把单个食物(种子)分别藏在树皮缝隙、苔藓之下;岩松鼠可将核桃(*Juglans regia*)坚果单个地浅埋于土壤中;另一种是动物在每个贮藏点贮藏数目不等的食物体(种子),如加州星鸦(*Nucifraga columbian*)在每个贮藏点埋藏1~14枚坚果或种子。在白足鼠(*Peromyscus lieucodes*)的一个贮藏点,曾发现有25~30枚北美乔松种子;岩松鼠分散贮藏山杏(*Prunus armeniaca*)种子时,在每个贮藏点可见有多个种子的情形。

在野外条件下,动物选择以何种方式贮藏食物的决策过程,受到内在和外界多种因素的影响。

(1)动物对食物的保护能力。如果贮藏者对贮藏食物有较强的保护能力,则倾向于选择集中的食物贮藏方式,如果动物保护贮藏食物的能力较弱,则趋于以分散方式贮藏食物。例如,在中国北方温带森林地区,体型中等的社鼠对贮藏食物有一定的保护能力,因而主要以集中方式贮藏食物(林木种子或坚果);而同域分布的、体型较小的大林姬鼠对食物的保护能力较弱,故而多以分散方式贮藏食物。东美花鼠(*Tamias stiatus*)的典型贮藏方式是在其洞穴中进行集中贮藏,而年轻个体和携带幼仔的雌性个体则主要进行分散贮藏。

(2)动物的近期经历。动物的近期觅食或食物贮藏经历也会影响其贮食行为。梅氏更格卢鼠(*Diodomys merriami*)在遇到贮藏食物被其他个体盗窃的情况时,会从以集中贮藏为主转为以分散贮藏为主。

(3)食物中所含的能量。在自然条件下,动物常将含能量较多的食物集中贮藏,而把含能量较低的食物分散贮藏。

3. 食物贮藏的生态学意义

动物的食物贮藏行为反映了一种特殊的捕食者-猎物关系及其进化过程。对贮藏者和食物双方都有深刻的影响和重要的生态学意义。

对食物贮藏者来说,通过食物贮藏使自身得到了利益。首先,食物被贮藏之后,降低了被其他同种或异种个体获取的概率,贮藏者在未来可以利用这些贮藏的食物以度过食物短缺期。对那些生活在温带地区、自然食物资源供应波动较大的动物来说,食物贮藏尤为重要。其次,某些动物贮藏食物不仅有利于其度过未来的食物短缺期,而且可以缩短繁殖季节的觅食时间,进而更多地投资于求偶、育幼等繁殖行为。第三,贮藏的食物有助于动物的繁殖成功,并可作为后代的能量来源。第四,食物贮藏也是动物应对某些严酷环境(如沙漠环境)的有效方法之一。

对被贮藏的对象特别是种子植物来说,虽然有部分种子被动物在短期内取食,然而值得庆幸的是,通过动物的食物贮藏活动,把种子搬离母树(株),降低了后代个体之间、母子之间对水分、营养物质等资源的竞争,从而有利于植物种群的扩散。对那些被分散贮藏的种子来说,如果在未来能够逃脱贮藏者或其他动物的取食,并恰逢适宜的温度、水分条件,则可能萌发并最终建成幼苗,从而有利于植物的更新和种群分布范围的扩展。对此已有众多的研究证据支持。

(四)捕食风险对觅食行为的影响

在动物界,捕食与被捕食现象普遍存在。几乎每一种动物都有可能成为其他动物的食物,即使最凶猛的鲨鱼也可能受到攻击,或因受伤、致死而成为其他动物的腹中之物。因此,捕食风险在动物的觅食过程中始终存在,并不可避免地对动物的觅食行为产生重要影响。在较高的捕食风险下,尽管某些地点的觅食效益很高,动物也会改变或转移地点以规避风险,退而选择那些觅食效益较低但相对安全之处觅食。研究发现,以浮游动物为食的三刺鱼为保证有较高的警觉性,宁愿选择浮游动物密度低的区域觅食,也不到浮游动物密度高、但容易干扰其观察天敌的水域觅食。

捕食风险不仅影响动物对觅食地点的选择,也会影响觅食时间、食物种类、食物贮藏方式等。在进化过程中,捕食者、特别是那些食性特化的捕食者,往往使自己的觅食时间与其猎物的活动时间相一致,而猎物则会尽量避开捕食者的活动高峰期,进行觅食、交配等活动。例如,当赤狐(*Vulpes vulpes*)出现夜行性活动时,其猎物-褐家鼠(*Rattus norvegicus*)就会由正常的夜行性转入昼行性活动;虎蛾幼虫在白天遇到捕食者黄蜂后,也会改变其活动时间,选择黄蜂休息的夜间出没。在捕食风险持续增高的情况下,动物会普遍地产生食谱上的收缩。例如,尽管某种类型的食物比其他食物更受黑松鼠(*Sciurus niger*)的喜爱,但限于捕食风险,黑松鼠会放弃喜好食物,转而取食喜爱程度较低的另一类食物。

(五)动物的反捕食策略

捕食风险是觅食行为形成过程中的重要选择压力,被捕食者可以通过调节自身行为来降低捕食压力,这就是动物的反捕食策略(anti-predatory strategy)。动物的反捕食策略是动物自我防御行为的一种,是指动物为应对捕食者、保卫自身生存而发生的任何一种能避免或减少来自其他动物伤害的行为。反捕食策略和捕食策略相互作用、协同进化。

动物的反捕食策略是动物个体或群体对周围生物环境所作出的动态响应。动物在长期进化过程中所形成的多种多样的反捕食策略并非孤立地存在,一种动物可以拥有多种反捕食策略,也可以在防御中同时运用多种反捕食策略,以保护自己免于被捕食者捕获。经济学上的投资-收益权衡理论常被用于动物的反捕食策略研究。一个精明的反捕食者会在不同的情况下使用最适宜的反捕食策略,这不仅能够成功避开捕食者的捕杀,而且自身的能量消耗最少,获得生存的机会最大。

依据反捕食过程能量的消耗程度,动物的反捕食策略可分为隐蔽(hide)、逃避(escape)、自卫(self-defense)等3类。

1. 隐蔽

动物通过隐藏于遮蔽物之后,或使自己的体色与背景环境接近,从而降低被天敌发现的机率,这种现象即称为隐蔽。隐蔽的方式有两大类:①通过行为隐蔽;②通过颜色和斑点隐蔽。隐蔽是动物的最佳反捕食策略,最大限度地避免了与捕食者相遇的机率,或者即使相遇也可成功逃逸而保全自身。由于动物与背景的色彩匹配能够提高隐蔽性,所以选择一个与自身匹配度较高的栖息地和活动场所极为重要。隐蔽是动物自身能量消耗最少的一种反捕食策略,也是最可取的一种反捕食策略。长期以来,关于动物伪装争议的焦点在于:分散捕食者注意力的伪装标志能否把捕食者的注意力从猎物的身体轮廓上移开,即猎物能否更好地隐蔽自己。I. C. Cuthill 和 M. Stevens 等通过实验表明,与简单的匹配背景色相比,混色隐蔽(包括高对比度的伪装标记)是更有效的隐蔽方式。在不同类型的分散捕食者注意力的伪装标志与可能的获益之间,动物会进行权衡。在开放环境中,动物通过动态干扰影响捕食者对猎物运动方向、速度等的判断从而逃避捕食,因而,那些运动能力较强的动物收益更多。对大多数动物来说,在数量有限的匹配背景中只能通过伪装来隐蔽自己。M. Stevens 和 K. L. A. Marshall 等研究发现,分散捕食者注意力的伪装标志并不利于猎物的隐蔽,反而会促进捕食者对猎物的初始侦查,使猎物被捕获的概率增加。

(1)穴居　自然界生活着大量的穴居动物,这些动物栖息于洞穴中,不仅可以抵御自然界的恶劣环境,而且还不易被捕食者发现,即使捕食者发现了其洞穴也难以捕食,只能选择放弃。穴居动物一般在夜间才出来觅食，故遇见捕食者的概率相对较低，从而降低了被捕食的风险。蚯蚓类环节动物已形成了非常特殊的生活习性，终生营穴居生活，这也是一种反捕食策略。但是，在夏季的雨后，由于土壤空隙里充满了水，氧含量降低，迫使蚯蚓出洞活动。

(2)保护色　保护色(protecting color)是动物为适应栖息环境而产生与周围环境相适应色彩的现象。保护色多种多样，有些动物的保护色可随环境的不同而改变。例如，比目鱼(*Paralichthys olivaceus*)的外形与其他鱼类不同，两只眼睛在身体的同侧，身体外形侧扁，朝上一侧的颜色较深，朝下一侧为白色。一般情况下，比目鱼平卧于海底，在身体上覆盖一层细沙，只露出眼睛以等待猎物、逃避被捕食。当其到达新环境时，朝上一面的颜色会变得与周围沙石颜色相似。一段时间之后，朝下一面的颜色也会由白色变为深色，与周围环境颜色非常近似，难以辨认。保护色的另一个著名的例子是避役(*Chamaeleo chamaelron*)。避役俗称变色龙，其体色能随周围环境的改变而快速改变，然后将自身融入周围的环境背景之中。根据环境的不同而变色既有利于隐藏自己避免被捕食者发现，又便于自身捕捉猎物。这种生理变化是在植物性神经系统的调控下，通过皮肤中色素细胞的扩展或收缩实现的。但是，大多数动物的保护色并不发生改变。不变的保护色可分为2类：①隐蔽色。动物的体色与环境颜色相近。如许多鱼类的背部色深、腹部色浅。为隐蔽体色，这些鱼类会在姿势和行动上进行配合；②分割色。动物的体色能与周围环境相配合，使动物的轮廓模糊不清。澳大利亚的 *Amphibolurus decresii*(淡黄色)和 *A. vadnappa*(深棕色)2种蜥蜴为同域分布，但栖息于与各自体色相近的岩石地区。它们通过这种基于保护色的选择性分布，很好地躲避了当地的捕食者-秃鹰。

(3)警戒色　不可食或有毒的动物常具有极为醒目的颜色，这种颜色对捕食动物具有警告的作用，能使捕食者避而远之。这种颜色对捕食者来说，就是警戒色(warning color)，或称警告色。警戒色的概念最早由 A. R. Wallace 提出。警戒色趋于与环境背景不同，易于被捕食者发现，动物向捕食者主动展示自己美丽的花纹和鲜艳的色彩。但是，捕食者往往会避开这种颜色明显的猎物。因为色彩鲜艳的猎物一般与有毒素或口味差相关联。利用警戒色的动物一般具有伤害捕食者的能力，它们对捕食者造成警戒作用，使捕食者因先前的教训而畏惧并放弃捕食。蜜蜂腹部黑黄相间的斑点与条纹，可以警示捕食者，自己是有毒、不可食的。值得注意的是，动物向捕食者发出醒目的信号不一定是利用警戒色的反捕食策略。彩蚴吸虫(*Leucochloridium macrostomum*)的包蚴被琥珀螺取食后潜入螺的触角，琥珀螺的触角随后变得非常醒目，进而被捕食性鸟类啄食，彩蚴吸虫最终得以在鸟类体内发育并寄生。

(4)拟态　拟态(mimicry)是指可食动物模拟不可食、或有伤害性生物的形态或体色特征，以保护自身避免被捕食的现象。拟态是动物对自然环境长期适应的结果，表现为身体形态趋于与环境背景相同。利用拟态的动物一般不具有伤害捕食者的能力，仅对捕食者造成欺骗，减少被捕食的概率。常见的拟态包括贝茨拟态(Batesian mimicry)和缪勒拟态(Mullerian mimicry)2种类型。贝茨拟态是指一种可食动物模拟另一种不可食动物的现象。英国博物学家贝茨(H. W. Bates)在1862年首次以假警戒色假说解释巴西丛林中一些亲缘关系很远的蝶类之间在色斑上的相似性，故这种拟态命名为贝茨拟态。贝茨拟态最著名的例子是可食的副王蛱蝶(*Basilarchia archippus*)在外貌上模拟不可食的普累克西普斑蝶(*Danaus plexippus*)。在此例中,可食的模拟者显然获得了极大的益处。缪勒拟态是两种不可食的动物之间互相模拟的现象,由德国动物学家缪勒(F. Muller)于1878年提出。在热带地区,不同种类或不同科的蝴蝶往往在色彩和外形上极为相似,因而蝶类间的拟态引起了生物学家的极大兴趣并进行了大量研究。例如,同一地区生活着两种外形和色彩均相似且都不可食的蝴蝶,食蝶鸟类必须通过亲自捕食才能得知某种蝴蝶是否适口,若两种均不适口的蝴蝶形态、色彩相似,这样便可降低两种蝴蝶种群因被鸟类尝试捕食而牺牲部分个体的概率。在印度,一种蜘蛛与大黑蚁(*Camponotus japonicus*)的大小、体型和颜色完全一样,所不同的是,大黑蚁有3对足,而蜘蛛则有4对足。蜘蛛的1对前足可用来模拟大黑蚁的触角,这两种动物都能很好地保护自己。由此可见,在缪勒拟态现象中,两种不可食的动物均获得了益处。

2. 逃避

逃避是动物经常采取的一种反捕食策略。动物被捕食者发现或与捕食者相遇时,在无法继续隐藏自身时,最合理有效的反捕食策略就是逃避。但是,逃避所消耗的能量显然大于隐蔽。动物常通过回缩、逃遁、假死、转移攻击部位等方式逃避捕食者。

(1)回缩　回缩是营穴居生活动物的重要反捕食策略。当遇到捕食者时,这类动物会迅速逃回自己的洞穴,以避免被捕食。如野兔、鼠类等。

(2)逃遁　逃遁是大多数动物遇到捕食者时一种常用的反捕食策略。很多动物在捕食者接近时往往靠跑跳、游泳或飞翔迅速逃离。夜蛾遇到鼠耳蝠(*Myotis lucifugus*)时,若距离较近即采取飘忽不定的方式飞行,不易被鼠耳蝠捕获;若与捕食者相距较远时,就会直线飞行,以尽快逃离鼠耳蝠的视野范围。逃遁是有蹄类动物极为有效的反捕食策略,而逃遁速度则是能否成功逃生的决定性因素。快速逃遁是栖息于开阔环境中的蒙古野驴(*Equus hemionus*)逃避捕食者的有效方式。

(3)假死　假死是指动物在遇到捕食者后身体突然僵直或者静止不动的状态。在自然界,有些捕食者喜欢猎食活的猎物,这为假死的动物提供了逃生机会。所以,很多动物利用短暂的假死状态而逃避捕食者的捕杀。假死作为一种反捕食策略能够明显提高动物的生存概率。假死行为是节肢动物(Arthropod)的一种重要反捕食者策略。长壮蝎蝽(*Laccotrephe srobustus*)能表现出长时间假死,欺骗偏好活食的捕食者,成功躲避捕食者的捕食。当受到攻击时,长壮蝎蝽的肌紧张明显,整个身体像一个小木棍,当捕食者离开一段时间后,即恢复活动。

(4)转移受攻击部位　转移受攻击部位是指动物通过使捕食者攻击自身的非要害部位而逃生的反捕食策略。这是一种舍小取大的对策,动物用自身非要害部位引导捕食者的攻击,以求得存活机会。例如,一种眼蝶(*Hipparchia semele*)在停落时,只暴露前翅顶部的眼斑,而前翅则隐藏于具有隐蔽色的后翅之间,从而完全隐蔽自己。若被捕食者发现,最先被攻击的是眼蝶暴露的眼斑,从而使身体的要害部分得以保护,并有充分的时间逃脱。这正是眼蝶的高明之处。在受到攻击时,蓝尾石龙子(*Eumeces elegans*)等蜥蜴的尾部因肌肉剧烈收缩而自切,趁捕食者惊愕、迷惑时迅速逃脱。

3. 自卫

自卫是动物被捕食者发现后无处躲避或不能及时躲避时所采取的一种反捕食策略。与隐蔽、逃避相比，自卫是动物面对捕食者时的最后一搏，关乎生存，因而也是能量消耗最大的一种反捕食策略，包括威吓、反击、集群等方式。

(1)威吓　威吓是动物未能及时逃遁或已被捕食者捕捉后采取的一种自卫式反捕食策略。很多动物受到捕食者的攻击时，常常展示出一些令捕食者害怕的身体形态和进攻姿态。有些动物则展现出一些与周围环境反差极大的图案或斑纹，以达到吓退捕食者、保护自身的目的。蟾蜍受到攻击时，整个身体会因肺部充气而膨胀，用增大身体体积的方式吓跑比自己体型小的捕食者。有些食肉兽类遇到紧急情况会拱起背，并用指(趾)尖着地、抬高身体以威吓捕食者。如果威吓行为奏效，则不仅使动物免遭捕食，而且避免了因打斗而带来的伤亡。

(2)反击　当威吓不足以吓退捕食者时，动物只能采取反击方式抵抗，以免被捕食。反击是动物针对捕食者的直接打斗，是最后的反捕食策略。反击的方式一般分为 2 种形式。一种是利用身体器官作为武器反击。在长期的适应过程中，动物进化出各自特有的攻击性器官，如利齿、爪、角、蹄、刺、棘等，这些都有助于提高动物的反捕食和防御效率。当动物遭到捕食者攻击时，会利用自身一切可利用的攻击性器官进行反击。动物之间的战斗往往残酷而激烈，并引起负伤和死亡。大多数蚁类遭受捕食者袭击后会做出快速反应，迅速聚集，猛烈叮咬捕食者，表现出很强的反击性。另一种是利用“化学武器”进行反击。侧鳃科(Pleurobranchidae)的软体动物在被捕捉后常分泌硫酸，作为强刺激物攻击捕食者。绿蝗可从胸部分泌出难闻的黄色泡沫，使捕食者难受。头足纲软体动物遇到捕食者时会喷射出黑色的墨汁，染黑水体，挡住捕食者的视线，随后迅速逃离。黄鼬(*Mustela sibirica*)能从臭腺中迸射出极臭的分泌物，引起捕食者的不适。

(3)集群　集群又称结群。动物的集群生活不仅易于获取食物和其他资源，更重要的是能抵御捕食者的攻击。集群生活的动物被捕食的概率要比单独生活被捕食的概率小得多。当遇到捕食者时，集群生活的麝牛(*Ovibos moschatus*)会角朝外、围成一圈保护圈内的幼小群体。蚂蚁在不同情况下可合理调整集群密度，不仅能有效地反击捕食者，而且能最大限度地保存种群。多数蚁类遭到捕食者攻击便会聚集反击捕食者。但是，一些快速运动的蚂蚁在遭到穿山甲(*Manis pentadactyla*)攻击后则迅速扩散，集群密度迅速降低，借此以抵御穿山甲的捕食。

二、繁殖行为生态

繁殖行为(reproductive behavior)是指动物与繁殖相关的一系列行为。动物通过繁殖行为将其基因转输给下一代，许多动物还会抚育幼体直至其能独立生存。

营有性繁殖的动物发育到一定时期，生殖器官才达到成熟，并进而出现繁殖行为。由于动物物种的多样性，动物的繁殖行为的表现形式千差万别，可分为几个阶段，如迁徙、占域、寻偶和求偶、交配、受孕、产出下一代等。育幼行为是繁殖行为的继续或不可分割的一部分。有些动物尤其是低等动物，产出下一代后即弃之不顾，任其自生自灭；而许多动物尤其是高等动物，亲代对幼体照顾周到，但当幼体发育到能独立生活时便将其逐离(如狐)。在引诱异性、交配、育幼等过程中,动物利用视、听、嗅、味及触角等信号来传递信息。在繁殖形式、婚配制度、受精后的行为等方面,不同的动物往往表现出不同的繁殖策略。

(一)婚配制度

1. 婚配制度的定义

婚配制度(mating system)指动物种群个体为获得配偶所普遍采用的一种行为策略。定义婚配制度需要考虑:①在一个繁殖季节里一个个体所获得的配偶数及配偶如何获得;②两性个体是否都具有双亲行为;③两性个体是否形成紧密的配对关系及配对关系维持的时间长短。

在进化过程中,动物以不同的婚配制度来适应其所处的环境,从而达到延续自身基因、获得最大繁殖成功的目的。自达尔文首先用进化的观点研究婚配制度以来,遗传学理论的迅速发展为婚配制度的生态学研究奠定了基础。在动物的社会生物学研究中,探讨动物的婚配制度具有重要意义。从基于个体联系的社会性婚配制度和基于个体实际交配对象的遗传性婚配制度两个方面,可以更深刻地理解动物的婚配制度。

2. 婚配制度的类型

作为动物的一种进化稳定对策(evolutionary stable strategy,ESS),婚配制度具有一定的可塑性,可以是兼性的,甚至可以逆转。根据配偶的数目,婚配制度可分为单配偶制(或称单配制,monogamy)和多配偶制(或称多配制,polygamy),而后者又可再分为一雄多雌制(polygamy)和一雌多雄制(polyandry)。在多配偶制中还有一种特殊的亚类型,称为混交制(promiscuity),即无论雌性还是雄性,都可与一个或多个异性交配,而不形成固定的配对,但这并不意味着无目标和无规则的乱交。

(1)单配偶制 雌雄结合成一种社会性配偶关系,并排除其他配偶的婚配制度。这种结合维持终身或一个到几个繁殖季节,或仅在一次交配过程中维持。单配偶制动物一般需要雌雄个体共同参与后代抚育。在动物界,鸟类中的一雄一雌制较为普遍,如鸳鸯、天鹅、丹顶鹤和许多鸣禽类。在哺乳动物中,单配偶制是一种例外,例如狐、鼬和河狸等,其他脊椎动物类群中也有少量的单配偶制。

(2)一雄多雌制 一个雄性与多个雌性交配,但每个雌性只与一个雄性交配的婚配制度,称为一雄多雌制。这是动物界最为普遍的婚配制度,通常与雌性的育幼方式有关。雄性很少提供育幼,其大部分时间用于保护领域不受其他雄性的侵犯,或者通过直接争斗的方式来获得雌性。如海狗营群巢生活,尤其在繁殖期,雄兽通常先到达繁殖地(如岩岸、大块浮冰等),争夺并保护领域。雌兽较晚到达。一只雄兽独占至少3只雌兽,多者可达40余只。

(3)一雌多雄制 一个雌性与多个雄性交配的婚配制度称为一雌多雄制。具有这种婚配制度的动物通常由雄性育幼。一雌多雄制在动物中最为稀少,在鸟类中据统计仅占1%。典型的例子如鸟类中的企鹅、距翅水雉(*Jacana spinosa*)、灵长类中的帝绢毛猴(*Saguinus imperator*)等。

3. 影响婚配制度的因素

在不同生态因素的作用下,婚配制度往往有较大的变异。许多物种可有几种婚配制度,并且可随年份、季节、地理区域而改变。婚配制度也可随种群动态、种群密度的变化而变化。概括来说,决定动物婚配制度的因素有物种、所处社会地位、生存环境、繁衍后代的能力和动物个体的喜好等。但是,决定动物婚配制度的关键生态因素可能是资源的分布,主要是食物和营巢地在空间和时间上的分布。例如,白脸山雀(*Parus major*)的幼鸟每天要取食大量昆虫,故其双亲必须很好地协作,否则这些幼鸟就无法生存。由于雄鸟把大量精力用于抚育后代,故无力顾及其他雌性,于是形成了单配偶制。这种一雄一雌的单配偶制在鸟类中相当普遍。许多鹿类的幼体依靠雌兽哺育,雄兽在在这方面的作用相对减少,它主要负责保护雌性和幼体,或占有一块领地。因此,在社群中居于优势地位的雄性往往占有多个雌性个体。这种一雄多雌的多配偶制在哺乳动物(尤其是有蹄类)中较为多见。一雄多雌制的雄兽常比雌兽的个体大。在一雌多雄制的鸟类中,雌鸟个体通常大于雄性,而且更富于攻击性,但它对幼鸟却很少照料。因此,一般由雄鸟孵卵并育雏。

动物的婚配制度具有一定的可塑性,它取决于食物的分布和保障情况、保卫资源和进行婚配消耗的能量和种群密度诸因素。

4. 婚配制度的进化

动物的雌配子大、雄配子小,因而在繁殖过程中,雌性的投资大于雄性。另一方面,雄性又可与雌性多次交配,故雌性较雄性更关心交配的成功率。在高等动物的婚配关系中,雌性通常作为限制者,雄性常不易接近雌性,故为被限制者。由于这些原因,雄性常因竞争雌性而发生格斗,并积极占据吸引雌性的领域等资源。这些特征可作为划分婚配制度亚类型的依据。基于雌雄两性在婚配中这种投入不平衡性,美国生态学家威尔逊(E. O. Wilson)在其名著《社会生物学:新的综合》中提出,高等动物最常见的婚配制度是一雄多雌制,而一雄一雌的单配偶制是由原始的一雄多雌制进化而来的。

(二)动物的性选择

有性生殖是一种更为进化的繁殖方式,而动物性别的分化使有性生殖成为可能。有性生殖所产生的后代具有较高的变异性,更容易适应复杂多变的或新的环境。但是,有性生殖的维持需要付出减数分裂、染色体与基因重组及交配等方面的代价,并且参与有性生殖的两性个体都希望把自己的基因最大限度地传递给后代。因此,有性生殖使动物个体之间必然出现冲突和竞争。这种性冲突是动物婚配制度和繁殖行为进化的动力,而性选择正是动物长期适应的结果。

1. 性选择的定义

狭义的性选择(sexual selection)是指能够增加交配成功的选择。达尔文在《物种起源》一书中已有性选择思想的萌芽,而《进化论和性的选择》(The Descent of Man and Selection in Relation to Sex,1871)则进一步发展了性选择理论,认为性选择是动物选择那些已有的、能得到配偶或对配偶具有吸引力的特征。这些特征可分为两类:①为竞争配偶而击败对手的特征,如雄性动物的格斗器官;②对配偶具有诱惑力或吸引力的特征,如鸟的彩羽。自美国进化生物学家泰弗士(R. Trivers)从双亲抚育角度重新诠释果蝇(*Orosopnila melanogaster*)的性选择以来,性选择特别是配偶选择已成为社会生物学理论研究的一个重要话题。

2. 性选择的机制

根据选择特征的不同，动物的性选择可分为性别内选择（intrasexual selection）和性别间选择（intersexual selection）。性别内选择主要通过雄性个体之间为得到配偶的相互竞争得以实现，性别间选择则以产生可增加性吸引力特征的方式进行。

性选择可以是形态、行为上的选择，也可以是对动物内在的如生理和基因的选择。选择可以针对动物本身直接进行，也可以通过对动物所处环境条件（如动物占有资源状况）的评价来进行。有效性比（operational sex ratio，OSR）是指在整个交配期内，性成熟雄性的数量与发情的雌性数量的比值。性选择理论预测，有效性比越大，即越向雄性一方偏离，意味着成年雄性繁殖竞争对手越多，压力越大，交配机会则少，则雄性之间的交配竞争就越激烈。有效性比是影响雄性间交配竞争强度的一个重要因素，可作为测量性选择强度的指标。

泰弗士（1972）提出了“亲代投资（parental investment）”理论，认为亲代为增加后代生存的机会（以使其成功繁殖）而投资，但需以牺牲亲代对其他适合度成分的投资份额为代价。英国遗传学家贝特曼（A. J. Bateman）基于对果蝇的研究指出，雌性动物在繁殖后代方面通常比雄性动物投资更多，因而大部分物种的雌性个体是一种稀缺资源，并引起雄性个体的争夺。换言之，对于在后代身上投资更少的性别，性选择的压力更加强烈。这一理论称为贝特曼原理（Bateman principle）。因此，传统的性选择理论（sexual selection theory）认为，雌性是主动选择者，雄性则通过同性之间的竞争而被雌性所选择。

实际上，在性选择的过程中，雌性和雄性都可能作为主动的选择者。关键的问题是，雌性或雄性各基于何种因素来选择异性。达尔文认为，那些在雄性动物显著进化但对生存影响不大的第二性征（secondary sexual character）可能来自雄性争夺雌性过程中的性内竞争（intrasexual competition），或者是在雌性对雄性偏好性选择的过程中进化而来的。就是说，雌性动物可能基于第二性征来选择雄性，对此已有众多的研究例证。那么，雄性动物如何选择雌性呢？研究表明，许多动物的雄性都对特定类型的雌性具有偏好性，从而导致雌性间的交配竞争，在昆虫、鱼类、蜥蜴、鸟类及哺乳动物中都存在这种现象。为了在吸引异性的竞争中获胜，雌性的外表往往会进化得格外美丽。例如，一种舞虻的雌性个体的鳞屑大小、构造和色彩等会因生育能力的差异而发生变化，进而对雄性个体产生不同的吸引力。总体来看，雄性对雌性的选择机制仍需进一步探讨。

（1）交配前选择　交配前选择（precopulatory choice）可通过多种方式实现：①对体型大小的选择。如黑色小毛蚊（*Plecia nearctica*）雄性集群飞行，集群底部的雄性个体较大，雌性常常从雄性集群的底部飞入。因此，底部的雄性拥有更多的繁殖成功机会。②通过模仿或欺骗行为。一种蝎蝇（*Hylobittacus apicalis*）的雄性只有向雌性奉献猎物之后才能获取交配机会。一些雄性模仿发情状态下的雌性，从而骗取其他雄性捕获的猎物被自己利用，以取得与雌性交配机会。③选择高生育力或繁殖力的个体。在珍珠鸟（*Taeniopygia guttata*），获得高质量食物的雌性比低质量食物取食者产更大的卵，而雄性也更多地选择前者。④对获得利益的价值进行选择。许多物种的雄性在交配前需向雌性提供食物或“婚姻的礼物（nuptial gift）”，然后才有可能获得交配机会。雌性蝎蝇（*H. apicalis*）一般选择那些提供的昆虫猎物超过一定大小的雄性作为交配对象。雄性澳洲纺织娘（*Ephippiger*

ephippiger)则把自己的精囊当作“礼物”,精囊越大,则雌性从中所获利益的价值越高,卵的生育力和重量也越大。动物这种利益权衡选择的原因可能在于:雄性在雌性取食时与之交配,食物越大则取食时间越长,意味着雄性的交配时间相应延长,从而确保更多的卵受精。雄性提供更多的食物意味着雌性自己花费于觅食的时间减少,则雌性被捕食的风险降低。另外,提供较大食物的雄性可能表明其本身的质量较高。⑤对资源或社会地位的选择。当某一性别拥有生殖成功必需的资源时,另一性别的个体则可能依赖对资源质量的偏好选择配偶。雌性桔尾蜂鸟(*Indicator xanthonotus*)根据雄性领域内有无蜂巢及蜂巢数量的多少来选择雄性。雌性象海豹(*Mirounga angustirostris*)拒绝低序位雄性的爬跨。但是,并非所有的选择都偏爱优势地位。雌性虾虎鱼(*Pomatoschistus minutus*)更倾向于选择非优势雄性。⑥基于基因互补性或相容性(genetic compatibility)进行选择。有学者认为,基因相容性可能是雌性选择及一雌多雄制的进化动力。⑦基于优质基因的选择,即被选择的个体携带能使后代具有更大的存活能力、竞争能力和繁殖能力的基因。安德森(M. Andersson)提出了指示物模型(indicator model),试图解释动物如何评估所选择配偶基因的质量。按照该模型,动物的基因质量可通过视觉、嗅觉、听觉等信号表现,如动物的第二性征就可能表达了强烈的性特征信号。

(2)交配后受精前选择　在交配后,动物仍可通过精子竞争实现性选择,即交配后受精前选择(postcopulatory, prefertilization choice)。在某些蜘蛛,第一个与雌性交配的雄性可产生更多的后代,而鸟类和一些昆虫则是最后一个参与交配的雄性得到的后代最多。许多动物交配结束后,雌性的阴道内可形成交配栓(亦称阴道栓),一方面可以阻止精液外流,同时可能阻止雌性再与其他雄性交配。但是,目前还不能确定交配栓的形成机制。雄蚊在交配之后分泌一种激素,可使雌性的性接受性降低,从而保证该雌性只产生自己的后代;雄性豆娘的阴茎在传输自己精子的同时,还可移走先前雄性留在雌性体内的精子,具有双重功能。

(3)受精后选择　在某些动物,即使在受精作用完成后,仍可实现性选择,此即受精后选择(postfertilization choice)。许多鼠类的雌性在妊娠期如果长时间接触陌生雄鼠或其气味,则会终止妊娠并流产,此称 Bruce **效应**(Bruce effect),最初由 H. M. Bruce(1959年)在实验小鼠中发现,后在野生鼠类中也发现了类似现象。雄性堤燕(*Riparia riparia*)通过在雌性生育期间守护配偶来维护其“夫权”;爱达荷地松鼠(*Spermophilus brunneus*)的雄性个体也具有配偶守护行为。此外,一些动物的雄性有延长交配时间的现象,可能也是一种配偶守护行为。许多雄性灵长类动物和狮子具有杀婴(infanticide)行为,即当一只新的雄性代替原来的雄性后,会杀死原来雄性的后代。杀婴行为可能有助于雌性动物的重新发情,以利交配和受孕,最终产生新雄性的后代。

(4)雌性的配偶选择策略　雌性动物的配偶选择不仅有利于其获得直接利益,如获得所选择雄性提供的某些资源、营养、保护或在后代抚育中提供的帮助,而且可通过遗传为后代获取利益。雌性可能基于一种或几种特征的组合,如生育力、双亲能力、基因的互补性或基因的质量、资源质量或个体的社群等级,进行配偶选择。在选择配偶时,雌性面临着两个主要问题:①寻找和定位雄性;②当遇到雄性个体时,必须决定是接受还是拒绝。当不受任何条件限制时,雌性选择配偶的最佳策略当然是检查所有的雄性并与最优秀的雄性交配。但是,雌性所能评价雄性的数目往往受到诸如地理分割、记忆保留时间等因素的限制。

詹尼托斯(A. Janetos)提出了雌性配偶选择的可能模型。该模型假设:①雌性只交配一次;②雄性交配不止一次,而且雄性的适合度不因交配次数增加而降低;③雄性在空间上随机分布;④雄性不能确知何时何地遇到雌性;⑤雌性之间没有相互干扰;⑥雄性的适合度为0~1,平均为0.5。在此假设下,雌性可能的配偶选择策略是:①随机交配,即雌性与其遇到的第一个雄性交配。这只需花费较少的时间和能量,且不需要记忆;②固定的标准,即雌性通过一定的标准来判断雄性,并与其所遇到的第一个符合该标准的雄性交配;③雌性在起初时选择标准较高,随着时间的推移,其标准逐渐松弛;④雌性从所遇到的若干雄性中挑选最好者并与之交配,这需要雌性记住所遇到雄性的质量、地点和迁移特征等,并返回寻找。该模型的结果是:不论何种婚配制度,雌性只需检查少量雄性个体,并确保与其交配雄性的适合度高于平均值。

(三)繁殖对策

动物为获得较高的繁殖适合度所采用的繁殖方式和行为称为繁殖对策(reproductive strategies),或称交配对策(mating tactics)。繁殖对策是动物的生活史对策(life history strategy)之一。

1. 生活史对策

动物从出生到死亡所经历的全部过程,或动物的生长、发育、繁殖、休眠、迁移等各种过程的整体格局,称为动物的生活史(life history),也称生活周期(life cycle)。

生活史的关键组分包括动物的身体大小、生长率、繁殖和寿命等。不同物种具有不同的生活史特征,彼此间生活史的差异显著。例如,一年中一次繁殖的和多次繁殖的动物、有休眠的和无休眠的动物;完全变态(具卵、幼虫、蛹和成虫各个阶段)和不完全变态的昆虫;单寄主和多寄主的寄生虫;候鸟和留鸟,等等。通过对不同物种生活史特征相似性和差异性的比较,可以理解动物与栖息地环境条件之间的关系,探讨其适应性。结合动物的分类地位,探讨不同类型生活史在生存竞争中的意义,也是现代生态学的一项重要任务。

动物在其生存过程中所获得的一系列生存对策,称为生活史对策或生态对策(ecological strategy),包括繁殖对策、觅食对策、迁移对策、体型大小对策等。

2. 适合度与权衡

适合度(fitness)和权衡(trade off)是深刻理解动物生活史对策研究意义的重要前提,也是进化生物学中的基本概念。

适合度:是衡量遗传物质在进化过程中传递能力的尺度,包括繁殖和存活能力。不同的生活史对策的价值,决定于其对动物生存和繁衍后代的贡献大小,即适合度的值。

权衡:是指由某一生命过程所获得的好处,要以减少对另一过程的投入为代价。因为有机体在一定时间内所获得的能量有限,不可能同时和等量地用于生长、繁殖、维持消耗、存储、修复、抵抗等各种生命过程。投入抵抗不利环境(如低温、干旱和天敌)的能量太多,必然减少在繁殖方面的投入。在繁殖过程中,后代数量的增多,将减少对后代保护方面的投入。换言之,各种生命过程之间有彼此相抵触的利害关系。

根据适合度和权衡原理,自然选择必然有利于形成这样的生活史对策:其能量分配合理,各个生命过程协调最佳,并使物种的繁殖和存活效益或适合度达到最大。

3. 繁殖对策

鸟类学家 D. Lack(1954 年)认为,在生存过程中,动物总是面对两种相互对立的进化选择:一种是高生育力但无亲代抚育,另一种是低生育力但有亲代抚育。麦克阿瑟(R. MacArthur)和威尔逊(E. O. Wilson)(1967 年)发展了 Lack 的思想。他们根据栖息地和生命参数的特点,把生物分成 r-对策者和 K-对策者两类,其进化选择方式分别称为 r-选择(r-selection)和 K-选择(K-selection)。此处的 r 和 K 分别表示内禀增长率(innate growth rate)和环境容纳量(environmental capacity)。r-对策者和 K-对策者主要特征的比较如表所示(表 7-1)。

表 7-1　r-对策者和 K-对策者生活史特征的比较

条件	r-对策者	K-对策者
气候	多变,难以预测,不确定	稳定,可预测,较确定
死亡率	无规律性,常是灾难性、非密度制约的	较具规律性,为密度制约的
存活曲线	属 Deevey 划分的 C 型,幼体存活率低	属 A、B 型,幼体存活率高
种群大小	种群数量大、不稳定,低于 K 值	种群数量小、稳定,接近 K 值
种内竞争	弱,可变	强,经常保持
选择有利于	繁殖开始早、发育快;体型小;单次生殖	繁殖开始迟、发育慢;体型大;多次生殖
寿命	短,通常少于 1 年	长,通常大于 1 年
导致	生育力高	存活率高

在自然界,r-对策者多生活于条件严酷和不稳定的环境中,种群内的个体把较多的能量用于繁殖,尽量使种群增长率达到最大化。这类动物一般发育快、体型小、繁殖率高,其后代的数量多,但成活率低,寿命短;缺乏保护后代的机制,竞争力弱,但扩散能力强。K-对策者则多生活于条件优越且相对稳定的环境中,个体之间存在激烈的竞争,种群尽量使其竞争力最大化。这类动物一般发育慢,体型较大,繁殖率低,后代数量少,成活率高,寿命长;有较完善的后代保护机制,竞争力强,但扩散能力弱。

从动物分类的高级阶元来分析,可把昆虫类视为 r-对策者,而脊椎动物则属于 K-对策者。类似的划分也可推广至同一分类阶元内,例如鸟类中的鹫、鹰、信天翁等是典型的 K-对策者,而山雀、虎皮鹦鹉等小型鸟类则是 r-对策者。因此,r-对策者和 K-对策者之间有各种过渡类型,有的近于 r-对策者,有的则更接近于 K-对策者。从极端的 r-对策者到极端的 K-对策者之间呈现一个连续的谱,称 r-K 连续体。目前,r-K 选择理论已被广泛应用于杂草、害虫和寄生物的进化对策研究。在农业生态系统中,杂草(如狗尾草、马唐、飞蓬等)和害虫(如螟虫、黏虫和褐飞虱等)一般具有较高的生殖和扩散能力,故为 r-对策者;飞蝗的群居相是 r-对策者,而散居相是 K-对策者,可视为两种对策交替使用的特殊类型。在选择以寄生物作为害虫防治手段时,应考虑 r-对策者和 K-对策者的不同特征。

r-对策者和K-对策者在进化过程中各有其利弊。K-对策者的种群接近于K值,但不会超过,否则可能导致生境的退化。低生育力要求有高的存活率,这样才能保证种族的延续。因此,K-对策者防御和保护幼体的能力较强。由于具有亲代关怀,K-对策者通常存活率较高,个体较大,寿命较长,这些特征保证了K-对策者能够在激烈的生存斗争获胜。但是,当K-对策者在种群数量过低时,恢复到原有平衡的能力较弱,甚至可能导致灭绝。大熊猫、虎、豹等珍稀濒危动物就是典型的K-对策者,对其进行积极保护更为重要,也更加困难。相反地,r-对策者的防御和竞争能力不强,死亡率很高,种群极不稳定。但是,种群不稳定并不意味着在进化中没有优势。与K-对策者相比,r-对策者不易灭绝。在种群数量较低时,通过迅速繁殖即可恢复到较高水平;在密度很高时,则可能消耗大量资源,使生境受到破坏,但借助较强的扩散能力,这类动物可在新环境中迅速建立种群。因此,r-对策者的个别种群虽然易于灭绝,但物种整体却富有恢复力。从某种意义上来说,在生存斗争中,K-对策者是以质取胜,而r-对策者则以量取胜。在适宜的条件下,r-对策者可快速增长其种群数量,扩展其分布范围,故可称其为"机会主义者"。同时,r-对策者的广运动性和持续地面临新环境,使其成为新物种形成的丰富源泉。

4. 休眠和滞育

在自然条件下,如果当前环境恶劣,不利于生活,而未来的环境条件预期更好,则动物可能进入生理活动暂时延缓或停止的状态。根据延缓程度的不同,可分为休眠(dormancy)和滞育(diapause)两种形式。二者既有相似之处,又有显著的不同。动物通过休眠、滞育来调节生长发育速率和繁殖过程,以适应气候和环境条件的变化。

休眠:休眠是指动物在生长发育过程中,由于环境条件的直接刺激或诱导而出现的活动暂时停止的生理现象。有些动物在不良环境条件下生命活动极度降低,进入昏睡状态。待不良环境条件消除后,即可恢复活动。动物的休眠大致有两种类型,一类是见于严冬季节(低温和缺少食物)的冬眠(hibernation 或 winter dormancy),如青蛙、刺猬等动物;一类是见于酷暑季节的夏眠(aestivation 或 summer dormancy),如海参、肺鱼等动物。休眠是常见的生物学现象,除两栖动物、爬行动物外,不少无脊椎动物和少数鸟类、哺乳动物等也有休眠现象。东亚飞蝗(*Locusta miratoria*)、蚜虫等以卵越冬,甜菜夜蛾(*Spodoptera exigua*)以蛹越冬等都属于休眠性越冬。一般来说,具有休眠性越冬习性的昆虫耐寒力较差。

滞育:滞育是指动物受环境条件的诱导而出现的发育和代谢速率降低状态。主要见于一些昆虫。滞育一般出现于动物特定的发育阶段,相对稳定,不仅表现为形态发育的停顿和生理活动的减弱,而且一经开始则必须渡过一定阶段或经某种生理刺激后才能结束。

休眠直接由低温、干旱等不利环境条件引起,在环境恢复正常后,动物即可重新活动。滞育则发生于个体发育的一定阶段,是在不利环境到来之前,由某些环境信号(如光周期变化)的诱导而引起。例如,只要受到每天13 h的短光照刺激,4、5龄的柞蚕幼虫、特别是末龄幼虫即可进入滞育状态。此外,滞育可发生于昆虫的不同发育阶段:如胚胎发育的早期(家蚕)、胚胎发育已完成的阶段(舞毒蛾)、幼虫的某一龄期(松毛虫)、幼虫晚期阶段(玉米螟)、蛹期(柞蚕)、成虫期(七星瓢虫)等。成虫期的滞育主要表现为生殖腺停止发育。滞育持续时间的长短因昆虫种类不同而异,可从数月到数年,麦红吸浆虫

(*Sitodiplosis mosellana*)幼虫在土壤中滞育时间可超过10年之久。在一般情况下,滞育的结束需要一定的时间和条件,这些过程受内分泌系统的调节和控制。

5. 迁徙

迁徙(migration)是指某些类群的动物由于繁殖、觅食、气候变化等原因而进行一定距离的群体性移动现象,也称迁移,可分为周期性迁徙和非周期性迁徙。迁徙也是动物繁殖对策的一部分。在鸟类、哺乳动物、鱼类、昆虫等动物类群中,都有一些典型的、与繁殖相关的迁徙现象。

动物的周期性迁徙通常在一定区域范围内、周期性地进行。如在北方地区,候鸟于每年春季返回繁殖地,秋季迁往南方越冬地。鸟类的迁徙路线相对固定,一般沿食物丰富的近水地区迁移。在北美洲地区,鸟类主要有4条迁路径:①太平洋线,沿美洲大陆西岸沿太平洋迁徙。②密西西比线,沿密西西比河迁徙。③中央线,沿落基山脉迁徙。④大西洋线,沿美洲大陆东岸濒临大西洋迁徙。在东亚地区,冬候鸟的迁徙主要发生于秋、冬季节,其主要路径包括:陆地路线自西伯利亚、中国东北部、日、韩等地再经大陆沿海南迁至中国台湾、中南半岛或更南方的婆罗洲,甚至澳大利亚-新西兰区域。若沿海线迁徙,则经过阿留申群岛、日本诸岛、琉球、中国台湾等地,再往南飞渡至菲律宾群岛、婆罗洲甚至远达澳大利亚-新西兰区域。东亚的夏候鸟则以与冬候鸟相反的季节和方向迁徙,每年由中南半岛经广东、福建沿海等地向北迁徙。在迁徙过程中,鸟类的方向识别主要依靠天体变化、地球磁场或对沿途地理路线的记忆等。

(四)繁殖行为

繁殖是动物为延续种族所进行的、产生后代的生理过程,即动物产生新个体的过程。繁殖行为是自然选择的重点。在繁殖的不同阶段和时期,动物往往表现出各自不同的繁殖行为。此处以鸟类为例简要介绍。

鸟类的繁殖行为极其复杂而多样。在繁殖季节,大多数鸟类的雄鸟早于雌鸟来到繁殖地区,选择一定的区域作为巢区,这种现象称为占区。巢区选定后,雄鸟即守卫在巢区内,等待雌鸟到来,同时发出警告鸣声,不准其他雄性个体进入其巢区范围。有时与入侵雄性个体发生激烈的争斗。此后,雄鸟需完成一系列的活动。

(1)选择巢址和筑巢　巢址通常由雄鸟选定,或由雌、雄鸟共同寻找,但最终由雌鸟决定。筑巢是鸟类在繁殖期的一项重要的行为活动,对鸟类的成功繁殖具有重要意义。鸟类的筑巢地点、巢材、巢的结构和形状等,呈现出多样化的特点。

(2)求偶　鸟类的求偶行为形式复杂而多样。许多鸟类在繁殖季节都有“婚装”现象,如生活在非洲的一种夜鹰,到繁殖季节,雄鸟的两翼各长出一根长60 cm的羽干,斜竖在身体后上方,像一对旗帜,故称旗翼夜鹰(*Semeiophorus vexillarius*)。旗翼被用于吸引雌性个体。在我国东北长白山地区,黑琴鸡(*Tetrao tetrix*)在黎明时刻就群集在林中的开阔地,雄鸟抬起双翼,散开尾羽来回奔跑,并发出不同寻常的鸣声。鸟类的鸣声在识别异性个体中发挥着重要的作用。

(3)孵卵　雌鸟产卵后,即俯伏于卵上,以体温使卵孵化,称为孵卵。在一般情况下,孵卵多由雌性担任。在此期间,雄鸟负责寻找食物、衔食饲喂雌鸟,并经常守卫在巢区附近,遇有危险,立即发出警戒叫声,告知雌鸟逃避。但也有雌、雄交替孵卵的鸟类(如鸽、海鸥）；鸵鸟是由两性轮流孵卵，白天由雌鸟孵卵，晚上则换为雄鸟。个别鸟类仅由雄性孵卵（如彩鹬）。有些鸟类无筑巢和孵卵行为，如澳大利亚的营家鸟（*Macrocephalon maleo*）。它们把卵埋在枯枝落叶之下，借树叶发酵产生的热量使卵孵化。杜鹃（*Cuculus* spp.）把卵产在其他鸟类的巢中，由其他鸟代为孵化，雏鸟也由义亲喂养。

（4）育雏　鸟类喂养幼鸟的相关活动称为育雏或育幼。根据出壳时的发育状态，可把幼鸟分为早成雏（如鸭类）和晚成雏（如鸽形目种类）。早成雏孵出时体表已密被绒羽，眼已张开，在绒羽晾干后，即可随亲鸟活动。晚成雏出壳时尚未充分发育，体表没有或只有少量绒羽，眼未张开，不能独立活动，需继续留巢，并由亲鸟喂养一段时间。

复习与思考题

1. 掌握最优觅食理论。
2. 动物的反捕食行为有哪些类型？
3. 掌握动物的婚配制度。
4. 什么是动物的食物贮藏行为？动物的食物贮藏方式有哪些？
5. 查阅文献，了解动物行为学的研究进展与动态。
6. 掌握动物的繁殖对策理论。
7. 查阅文献，掌握动物的食物贮藏行为与植物更新的关系。
8. 查阅文献，理解什么是社会性动物；动物的社会行为包括哪些类型？
9. 查阅文献，了解动物的集群与社群（会）生活之异同。
10. 解释下列名词：适合度，权衡，分散贮藏食物，集中贮藏食物，拟态，保护色，警告色，迁徙，休眠，滞育，生活史对策，繁殖对策，婚配制度，单配偶制，多配偶制，r-选择，K-选择，贝特曼原理，Bruce效应。

第四节　疫病生态

野生动物是自然生态系统的重要成员，对生态系统的物质循环、能量流动、信息传递等基本功能的维持具有极为重要的意义。同时，也与人类社会发展、人类健康等密切相关。自20世纪70年代以来，野生动物疫病及其相关问题已引起了各国政府、研究工作者和社会公众的极大关注。

一、野生动物疫病与疫病生态

在自然条件下，野生动物也会罹患疫病，或可传播至家养动物，进而对野生动物或家养动物的个体、种群等造成危害。因此，了解并了解野生动物疫病具有重要意义。

（一）野生动物疫病

野生动物疫病（wildlife disease）是指在野生动物之间传播、流行，由病毒、细菌或寄生虫等病原所引起的、导致野生动物出现临床症状或死亡，对野生动物种群构成威胁或可能传染给人类和家养动物的疾病。

由野生动物携带并传播的疫病的特点是：①疫源和疫病种类多，病原体极其复杂；

②由野生动物引发的人兽共患病危害大,对公共卫生的危害大、对饲养动物安全的危害大、对野生动物的危害大;③野生动物疫病传播渠道广,疫病的传播方式主要分为自然传播和人为传播;④野生动物携带的病原体变异速率加快;⑤自然疫源性疫病分布广泛,自然疫源地种类繁多。

(二)野生动物疫病生态

野生动物疫病生态(wildlife disease ecology)是用生态学的观点研究动物疫病的病因、患病者和环境三者的相互关系及其发展规律的学科。通过疫病生态研究,可以弄清疫病发生的各种环境条件,掌握致病因素的作用规律,建立疫病生态研究模式,进而通过改善栖息环境的生态条件,抑制致病因素的作用强度,去除或减少病原体赖以生存和繁衍的适宜环境,实现消灭、控制或减少疫病的发生。疫病生态研究还有助于认识环境变化与疾病流行模式之间的关系,预测某些疫病的流行趋势,采取有效的应对措施。

疫病生态学主要关注和理解传染性疾病如何传播和影响宿主动物种群,以及宿主和病原体如何互相响应并进化。因此,疫病生态学与流行病学、进化生物学、动物学等学科密切相关,一些原理也可以通用。

二、野生动物疫病的危害

野生动物疫病可对野生动物自身、畜牧业、人类健康、生态系统等方面产生影响,甚至造成严重危害(图 7-3)。另一方面,还有更多的存在于野生动物或在野生动物中流行的疫病病原,还不为人类所知。这些目前已知的以及未知的、但将来可能发生的重大疫病,不仅危及人类的生命健康,同时也威胁到家养畜禽和许多物种野生种群的生存,并且可能对社会政治、经济和自然资源等产生无法估量的危害。

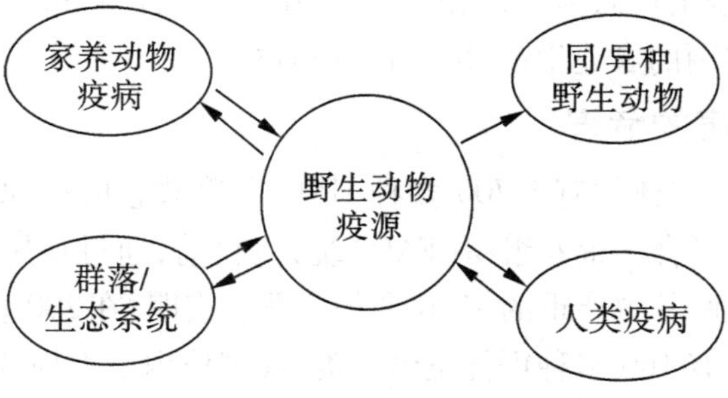

图 7-3　野生动物疫病的危害示意图

(一)对野生动物的危害

某些疫病特别是传染性疫病一旦暴发和流行,可能对野生动物种群造成严重危害。在一些重要的迁徙候鸟停歇地,候鸟来自不同的地理区域,经过短暂的共同栖居,又可能飞往不同的地区。如果出现患病或携带病原体的个体,则极可能在所停歇的整个候鸟聚群中传播,进而被迁徙鸟类携带至其越冬地或繁殖地,引起其他地区的鸟类发病。如,我国青海省青海湖地区曾发生(2005 年)高致病性禽流感疫病,造成 11 种迁徙鸟类近 3 000 只个体死亡;我国内蒙古鄂尔多斯遗鸥自然保护区发生禽霍乱,致使 3 000 余只个体死亡

(2007年)。诸如此类的案例不胜枚举。

因重大疫病暴发和流行而造成野生动物种群大量死亡,甚至在局部地区灭绝的情况,在近代历史上已有许多案例。如19世纪末,牛瘟在非洲大草原流行,造成非洲水牛、羚羊、非洲大羚羊、长颈鹿等有蹄类动物的大量死亡,以致非洲水牛与长颈鹿在局部地区灭绝……正是由于疫病对野生动物生存所造成的严重威胁,从事物种保护的科学家将其列为威胁物种生存的一个重要的生物因素。

在通常情况下,疫病可能产生波状连锁的生态学效应。由鼠疫耶森氏菌引起的鼠疫在过去的一次大流行中被引入美国,被美国西部草原的草原犬鼠(土拨鼠)(*Cynomys* sp.)(宿主动物)长期携带,而且在当地引起周期性的动物流行病。这种病的死亡率可达90%或更高。伴随最主要被捕食动物草原土拨鼠的消失,黑足鼬(*Mustela nigripes*)的种群数量随之减少,而犬瘟热这一烈性传染病在种群中的暴发,进一步造成黑足鼬的灾难性死亡,使其数量下降到几乎灭绝的程度。

(二)对畜牧业的危害

许多疫病的病原体可在野生动物与家养动物之间相互传播、扩散,如埃博拉病、高致病性禽流感、鹦鹉热,森林脑炎、乙型脑炎等等。1999年初,源自马来西亚狐蝠(*Pteropus vampyrus*)的尼巴病毒在猪群中肆虐,导致大量的猪只死亡。在中欧地区,圈养的白尾海雕(*Haliaeetus albicilla*)如果在夏季放归,会与一种肉毒梭状芽孢杆菌接触,这种菌是引起海鸟死亡的一种重要的致病菌。据世界动物卫生组织(法语:Office International des Epizooties,OIE,也称国际兽医局)统计,从2013年12月至2016年8月,我国境内因高致病性禽流感H5亚型疫情暴发而扑杀的家禽达540余万只,直接经济损失超过1亿元(人民币),导致家禽及其相关产品市场低迷,就业岗位减少。此外,欧盟、美国、日本等发达国家和地区常以防止疫情传入为由,在国际贸易中使用动植物检疫相关的技术性贸易措施限制进口,以保护本国的农业生产,维护自身利益。

(三)对人类健康的危害

导致人类生病的病原体约有1 700多种,其中人兽共患的病原体有830余种。据世界卫生组织(WHO)和联合国粮农组织(FAO)统计,目前,通过食用染病动物使人生病的人兽共患病已达200种,其中严重的有80余种。研究表明,在200多种动物传染病和100多种寄生虫病中,至少有160多种可传染给人类,我国境内已发现的有100多种。在这些人兽共患病中,许多病原体来自野生动物。前述的1999年初源自马来西亚狐蝠的尼巴病毒,在数周内造成276人感染发病和死亡。据统计,从2003年至2015年3月底,中国、越南、印度尼西亚、韩国等16个国家已有826人感染高致病性禽流感,造成440人死亡,死亡率高达53.27%。在2002年11月至2003年7月的SARS(Severe Acute Respiratory Syndrome,严重急性呼吸综合征)暴发期间,全球32个国家和地区累计非典病例共8 422例,死亡人数919人,病死率近11%。据亚洲开发银行(ADB)统计,因受SARS影响,全球在此期间经济总损失额达到590亿美元,其中,中国内地经济的总损失额为179亿美元,占中国GDP的1.3%,中国香港地区经济的总损失额为120亿美元,占香港GDP的7.6%。

疫源是指携带并有可能向人类、家养动物传播病原体的野生动物。野生动物是自然疫源地中病原体的天然储存库。在人类社会发展的历史上，许多重大的人类疾病和畜禽疾病均来源于野生动物。人类的艾滋病、埃博拉病毒来自非人灵长类动物。感染牲畜的亨德拉病毒、尼巴病毒来自于狐蝠。疯牛病、口蹄疫等也与野生动物有关。鼠类可携带50多种人类疾病，如鼠疫、出血热、钩端螺旋体、森林脑炎等。据估计，有史以来，全世界死于鼠源性疾病的人数远远超过直接死于历次战争的人数。自公元520年至20世纪40年代，死于鼠疫流行的人数达1.5亿人。目前，我国出血热、钩端螺旋体等鼠传疫病的发病人数每年达数万人，对人类健康构成很大威胁。此外，由于人为捕杀、食用野生动物，致使一些本来藏身于野生动物体内的未知病毒得以在人类中传播。野生动物不会被病毒所害，是因为它们在长期与恶劣环境的抗争过程中，自身已经产生了对病毒的免疫抵抗能力。但是，人类生活在相对优越的环境中，对抗病毒能力远弱于野生动物。

野生动物能够把疫病传染给人类，反过来，人类也会把疫病传染给野生动物。例如黄热病、艾滋病等病毒，最初只是在猿猴中传播，后来人类“侵入”原始丛林，这些病毒就传给了人类；而人类的麻疹、感冒和结核等传染病，曾经传染给了非洲的野生猕猴和猩猩。据估计，人类有1/3的传染病为与动物的共患疾病。

(四)对生态系统的危害

在健康的自然生态系统中，疾病的发生、特别是流行性疫病是野生动物种群调节过程中的密度制约因子。当某种动物的种群密度过高时，疾病可起到淘汰病弱个体、强健种群、防止种群崩溃的作用。从进化的角度来看，如果致病性病原体将其寄主物种全部致死，那么它们也给自己的灭绝创造了条件。因此，疫病虽然会在短时间内造成较大数量的动物个体死亡，但不会造成动物种群的全部死亡和物种的灭绝。

当生态系统受到剧烈扰动时，疫病的暴发与流行在动物灭绝事件中的作用就凸现出来。自工业革命以来，人类对自然生态系统扰动的程度和范围远远超过了以往任何一个历史时期。人类为了满足自身的衣、食、住、行等方面的需求，大规模地采伐森林、垦殖草原、围湖造田、修建道路、建设城市，将数万年来一直相互隔绝的地理区域用公路、铁路、飞机和轮船相互连通。其结果，使一些从未与某些病原菌接触过的野生动物、甚至人类暴露在病原体面前，进而造成了疫病的大规模流行。如著名的SARS病毒就可能存在于果子狸、蝙蝠等野生哺乳动物种群中。在美国西南部地区，大量的降水导致草类产生更多的种子，使啮齿动物(鼠类)数量剧增。而啮齿动物是汉坦病毒的天然储存库，因而更多的人与啮齿动物及其粪便接触，并被传染，出现汉坦病毒肺综合征(HPS)。这就是著名的汉坦病毒事件。

自然生态系统中的各生物成分(包括植物、动物、微生物)通过营养关系(食物链/网)而相互联系。当其中的某个/些物种的种群因为疫病而缩小甚至灭绝时，必然会通过复杂的营养关系而影响到相关的物种，造成群落和生态系统中物种组成和物种多样性的变化，严重时可能导致系统的失衡或崩溃。

三、野生动物疫病分类

对野生动物疫病的分类迄今尚无明确的规定。在实际工作中，可根据不同的目的，基于相应的标准进行初步分类。

(一)参照《动物防疫法》的分类

鉴于野生动物与家养动物疫病的密切相关性,此处引用《中华人民共和国动物防疫法》中对动物疫病的分类。

一类疫病,是指对人与动物危害严重,需要采取紧急、严厉的强制预防、控制、扑灭等措施的;

二类疫病,是指可能造成重大经济损失,需要采取严格控制、扑灭等措施,防止扩散的;

三类疫病,是指常见多发、可能造成重大经济损失,需要控制和净化的。

根据农业部公告(第1125号,2008-12-11),上述一、二、三类动物疫病的名录如下。

1. 一类动物疫病(17种)

口蹄疫、猪水泡病、猪瘟、非洲猪瘟、高致病性猪蓝耳病、非洲马瘟、牛瘟、牛传染性胸膜肺炎、牛海绵状脑病、痒病、蓝舌病、小反刍兽疫、绵羊痘和山羊痘、高致病性禽流感、新城疫、鲤春病毒血症、白斑综合征。

2. 二类动物疫病(77种)

多种动物共患病(9种):狂犬病、布鲁氏菌病、炭疽、伪狂犬病、魏氏梭菌病、副结核病、弓形虫病、棘球蚴病、钩端螺旋体病。

牛病(8种):牛结核病、牛传染性鼻气管炎、牛恶性卡他热、牛白血病、牛出血性败血病、牛梨形虫病(牛焦虫病)、牛锥虫病、日本血吸虫病。

绵羊和山羊病(2种):山羊关节炎脑炎、梅迪-维斯纳病。

猪病(12种):猪繁殖与呼吸综合征(经典猪蓝耳病)、猪乙型脑炎、猪细小病毒病、猪丹毒、猪肺疫、猪链球菌病、猪传染性萎缩性鼻炎、猪支原体肺炎、旋毛虫病、猪囊尾蚴病、猪圆环病毒病、副猪嗜血杆菌病。

马病(5种):马传染性贫血、马流行性淋巴管炎、马鼻疽、马巴贝斯虫病、伊氏锥虫病。

禽病(18种):鸡传染性喉气管炎、鸡传染性支气管炎、传染性法氏囊病、马立克氏病、产蛋下降综合征、禽白血病、禽痘、鸭瘟、鸭病毒性肝炎、鸭浆膜炎、小鹅瘟、禽霍乱、鸡白痢、禽伤寒、鸡败血支原体感染、鸡球虫病、低致病性禽流感、禽网状内皮组织增殖症。

兔病(4种):兔病毒性出血病、兔黏液瘤病、野兔热、兔球虫病。

蜜蜂病(2种):美洲幼虫腐臭病、欧洲幼虫腐臭病。

鱼类病(11种):草鱼出血病、传染性脾肾坏死病、锦鲤疱疹病毒病、刺激隐核虫病、淡水鱼细菌性败血症、病毒性神经坏死病、流行性造血器官坏死病、斑点叉尾鮰病毒病、传染性造血器官坏死病、病毒性出血性败血症、流行性溃疡综合征。

甲壳类病(6种):桃拉综合征、黄头病、罗氏沼虾白尾病、对虾杆状病毒病、传染性皮下和造血器官坏死病、传染性肌肉坏死病。

3 三类动物疫病(63种)

多种动物共患病(8种):大肠杆菌病、李氏杆菌病、类鼻疽、放线菌病、肝片吸虫病、丝虫病、附红细胞体病、Q热。

牛病(5种):牛流行热、牛病毒性腹泻/黏膜病、牛生殖器弯曲杆菌病、毛滴虫病、牛皮蝇蛆病。

绵羊和山羊病(6 种):肺腺瘤病、传染性脓疱、羊肠毒血症、干酪性淋巴结炎、绵羊疥癣,绵羊地方性流产。

马病(5 种):马流行性感冒、马腺疫、马鼻腔肺炎、溃疡性淋巴管炎、马媾疫。

猪病(4 种):猪传染性胃肠炎、猪流行性感冒、猪副伤寒、猪密螺旋体痢疾。

禽病(4 种):鸡病毒性关节炎、禽传染性脑脊髓炎、传染性鼻炎、禽结核病。

蚕、蜂病(7 种):蚕型多角体病、蚕白僵病、蜂螨病、瓦螨病、亮热厉螨病、蜜蜂孢子虫病、白垩病。

犬猫等动物病(7 种):水貂阿留申病、水貂病毒性肠炎、犬瘟热、犬细小病毒病、犬传染性肝炎、猫泛白细胞减少症、利什曼病。

鱼类病(7 种):鮰类肠败血症、迟缓爱德华氏菌病、小瓜虫病、黏孢子虫病、三代虫病、指环虫病、链球菌病。

甲壳类病(2 种):河蟹颤抖病、斑节对虾杆状病毒病。

贝类病(6 种):鲍脓疱病、鲍立克次体病、鲍病毒性死亡病、包纳米虫病、折光马尔太虫病、奥尔森派琴虫病。

两栖与爬行类病(2 种):鳖腮腺炎病、蛙脑膜炎败血金黄杆菌病。

(二)基于行业标准的分类

在开展科学研究时,参照《陆生野生动物疫病分类与代码》(中华人民共和国林业行业标准,LY/T 1959-2011),把野生动物疫病划分为病毒性疫病、细菌性疫病、寄生虫性疫病、真菌性疫病等类型。

1. 病毒性疫病

由各种病毒和朊病毒所引起的野生动物疫病。如禽流感、埃博拉病、登革热、汉坦病毒病、尼帕病毒病、狂犬病、疯牛病等。

2. 细菌性疫病

由致病性细菌(即原核细胞型微生物,包括衣原体、立克次氏体、支原体、放线菌等)所引起的野生动物疫病。如鼠疫、巴氏杆菌病、炭疽、野兔热、破伤风等。

3. 寄生虫性疫病

由原生动物、线虫动物、扁形动物、棘头动物、环节动物、节肢动物等寄生虫所引起的野生动物疫病。如旋毛虫病、弓形虫病、血吸虫病、包虫病、禽毛滴虫病、痒螨等。

4. 真菌性疫病

由致病性真菌所引起的野生动物疫病。如真菌病等。

四、野生动物疫病的影响因素

野生动物疫病的发生与扩散除了与病原体的特性密切相关之外,还受到多种因素的影响和制约。这些因素大致可分为生物因素、非生物因素和人为因素等。从本质上来说,人类活动属于生物因素中的一部分。人类的活动会对疫病的传播和发生起着重要的推动作用,因而人类活动的因素经常被单列出来,予以重点考虑。与家养动物相比,野生状态下的动物种群更易于受到各种自然环境因素的影响。在不同的时空条件下,各种影响因素的构成、作用强度、不同因素之间的交互作用等都可能有所不同,错综复杂的关系和作用可能使疫病的暴发与扩散过程表现出不同的特征。

(一)生物因素

1. 野生动物自身特性

许多野生动物特别是鸟类,具有迁徙习性。鸟类在不同地区之间的迁徙,使其成为细菌、病毒、寄生虫以及抗药性病原的长距离、大范围扩散的载体,并由此造成疫病的传播与扩散。此外,鸟类在迁徙过程中可携带并传播蜱、螨等媒介生物;蝙蝠的迁徙可造成狂犬病、一些虫媒病毒、组织胞质菌病或病原体的扩散。

2. 野生动物的迁移

在自然条件下,野生动物要经常寻找新的觅食地和栖息场所。在此过程中,一些病原体或媒介生物可能被携带至新的环境。而且,在新环境中可能存在着有利于新引入病原体和疫病发生与流行的条件,病原体可能通过"溢出"的方式,不断侵入当地的野生动物种群,最终造成疫病的暴发和流行。另一方面,新的地区可能是某些疫病的疫源地,新迁入的种群也存在感染新疫病的风险。

野生动物的季节性迁徙或迁移,往往形成一段时间内某一地区动物的高度密集,构成有利于某些传染病暴发的背景条件。如禽霍乱在高度集群的鸟类群体中时有发生,并常波及哺乳动物。

3. 野生动物种群密度

种群在单位面积或单位体积中的个体数称为种群密度(population density)。种群密度是种群最基本的数量特征。种群密度是传染病传播与流行的重要影响因素之一。许多野生动物具有集群或群居的习性,如候鸟在停歇地、越冬地的高度集群,觅食和饮水等过程也会出现动物的集群。翼手类和鼠类常有较高的种群密度。当野生动物的种群密度较高时,有利于传染病的扩散和流行。

4. 野生动物易感性差异

不同种类的野生动物、同种动物的不同个体对同一病原体或传染病可能存在易感性的差异。大量自然疫源地和作为储存宿主的野生动物传染源的存在,以及易感畜群和人群的存在,为新的疫病发生和扩散提供了重要的条件。同时,也使新发传染病流行趋势预测和防控变得更加复杂和困难。因为易感性差异的存在,野生动物同样面临着来自家养动物和人类的病原体的威胁。野生动物对疫病的易感性主要与遗传因素有关,同时也受到周围环境压力对野生动物的长期作用。这些压力可使野生动物的内分泌紊乱、免疫系统功能受损,进而使抗感染能力降低。

在同一地区或生境中,同一疫病可以有多种动物宿主或易感动物同时存在,特别是分类上的近缘物种,对同种疫病具有较高的易感性。例如,各种犬科动物、鼬科动物及浣熊科动物对犬瘟热均易感。当同一地区存在着多种易感动物时,则易出现疫病的交叉感染和相互传播,使病原体持续地存在并导致疫病的不断发生。在自然条件下,各种动物对肉毒梭菌毒素均易感,肉毒梭毒素中毒可以在多种野生动物中发生。野生鸟类、哺乳动物通过取食被肉毒梭菌毒素污染的动物尸体、饲料、水或尸体中含有毒素的蛆等,往往引起中毒,严重时可导致死亡。

5. 媒介生物

许多野生动物源性人畜共患病借助于昆虫媒介而得以传播。在一些病毒性烈性传染病的传播过程中,昆虫起着重要作用。1937 年在乌干达西尼罗地区首次分离到西尼罗病毒,迄今为止,受该病毒感染的动物已达 230 多种,包括 138 种鸟类,而且病毒的地理分布范围还在不断扩大。在公共卫生与健康方面,最为重要的虫媒病毒是那些以蚊子为传播媒介的病毒,被感染人群可出现病毒血症;最为重要的虫媒病毒宿主为鸟类和啮齿动物;最重要的虫媒病毒媒介为蚊子和蜱,由双翅目昆虫所传播的人类虫媒病毒比蜱所传播者更易导致新发病毒出现。有些病原体能够在媒介生物中增殖,因而媒介生物常常也是储存宿主。

6. 同域分布的疫源动物

在某一地区可能存在一个或多个具有一定种群密度的脊椎动物储存宿主。野生动物宿主感染病原体多呈亚临床或表现为温和、慢性的疫病过程,这是宿主与病原体之间长期相互适应的结果,一方面有利于病原体在脊椎动物宿主中形成持续的感染。例如,导致牛和其他一些鹿科动物患恶性卡他热的疱疹病毒,在其储存宿主(马)并不引发临床症状。但是,处于隐性感染状态的宿主动物对疫病的传播具有更大危险性。另一方面,宿主动物具有较强的耐受性也使其自身具有优于其他生物的抗病能力,成为避免人及其他有害生物伤害的一种策略。例如,人感染汉坦病毒往往是致死性的,但许多啮齿动物却可以隐性携带该病毒,成为重要的储存宿主。

7. 家养动物

随着人口的增长、人类活动范围的不断扩大、活动强度的增加,大量的家养动物进入野生环境,与野生动物分享空间、水、食物等资源。同时,家养动物的进入,使原有的物种组成增加了新的成分,进而可能改变宿主与病原体之间的相互关系、病原体的扩散过程。通过疫病的“溢出”效应,家养动物将所携带的病原体传播给野生动物。在美国落基山地区,由于牛和羊的放牧范围的扩大,使落基山大角羊(*Ovis canadensis canadensis*)出现了巴氏杆菌病。在坦桑尼亚的 Serengiti 草原地区,狂犬病和犬瘟热从一个大的家犬种群通过溢出的方式,致使当地某一区域的非洲狗种群灭绝。

(二)非生物因素

1. 地形

一个地区的地表形态会对该地区的气候、土壤等产生影响,同时还会影响动植物、水的出现和分布以及人类的活动等。地形特点可引起气流的明显变化,进而影响病原体和有毒化学物质等随空气传播的物质在水平和垂直方向上的散布。在山谷地带和群山环抱的低洼地区,地形特征还会对动物和媒介昆虫的活动和分布起到明显的阻碍或限制作用。许多疫病的分布即是因为海拔和坡向的不同而表现出差异性。

2. 气候与天气

气候可以限制野生动物疫病的范围,而天气变化会影响疫病暴发的时间和强度。长期的气候变暖促使一些重要疫病的地理范围不断扩大,而极端的天气事件则导致了疫病的群发。生态条件变化和经济不平衡强烈地影响疫病的类型,而气候变暖和不稳定对在全球范围内传染病的出现、复苏和重新分布具有长期和日益严重的影响。

气候条件决定了动物种群的分布区域。长期形成的气候变化和在短期内天气的异常变化可使动物的种群扩大其生境范围，进而导致疫病在一些新的区域发生。如受到全球气候变暖和人类活动的影响，越来越多的人与感染森林脑炎病毒的蜱接触，使该病的分布有向高纬度、高海拔地区移动的趋势。天气也可作为某些疫病直接或间接的诱发因子。短暂的天气突变不仅会直接引发动物的死亡，还可降低动物对疫病的抵抗力，在某些潜在致病因素的作用下，间接地造成动物的发病或死亡。

3. 土壤

土壤可通过多种方式影响野生动物疫病的发生与扩散，但以往在野生动物疫病调查过程中，对土壤的关注并不多。与疫病相关的土壤特征主要包括土壤的理化结构、含水量、土壤温度、生物组成等。微量元素和一些营养物质对动物有机体抵御传染病的能力十分重要。一些传染性疫病的发生与不同土壤及地层中的地化组成具有一定的关系。

4. 水

水与野生动物疫病的发生与扩散亦有密切关系。水决定着土壤、气候和植被特征，也决定着某一地区动物和人类活动的分布，而几乎所有的地表水又受到人类活动的影响。水为许多传染病的病原体、宿主及媒介生物提供了生境。此外，水本身也是病原体的储存和传播媒介。

由于干旱和人类活动的影响，全世界的湿地面积锐减，同时水体污染也不断加剧，进而使以此作为停歇地、繁殖地或越冬的水生鸟类的生存空间减小，种群间的生存压力随之增大。另一方面，水体面积在不断缩小，但家禽养殖却不断扩大。在鸟类迁徙期间，大量野鸟被迫选择有家禽存在或被污染的水域作为新的栖息地。导致野生鸟类和家养水禽栖息在同一水域的现象普遍存在。野生鸟类的种群密度过高、与家禽的密切接触等，都增加了传染病发生和传播的风险，也加快了疫病跨种传播的速度。在这种情况下，疫病一旦暴发，必然会对野生动物种群产生巨大的威胁和危害。

5. 植被

某一地区的植被类型是由该地区的气候和土壤等特征决定的，同时植被又可反作用于小环境内的气候，并使土质发生改变。植被类型又影响或决定着生态系统中野生动物和媒介生物的区系构成。许多野生动物的疫病都与某一植被类型为特点的生态系统相关联。例如，森林脑炎主要是发生在以针阔叶混交林植被类型为主的森林地区。人类所罹患的森林脑炎一般都存在着与森林环境接触的过程。

由于植被类型与野生动物和媒介生物的区系构成有关，在一个简单的生态系统中，容易发现植被类型与疫病之间的相互联系。如果能够确定植被类型与疫病二者间的相关性，通过植被类型即可推断野生动物疫病发生的概率。

(三)人类对野生动物疫病的影响

人类活动可直接或间接地影响野生动物疫病的发生与扩散。主要原因在于下述几个方面：

(1)有意无意地引入病原体、传播媒介、中间寄主和易感动物。

(2)人为地使野生动物聚集或种群密度增加。

(3)增加了野生动物与家养动物和人类的接触，使偶然和微弱的接触变成了长期、稳定和密切的接触。

(4)自然环境改变与生物多样性丧失。多种人为和自然因素都可能造成自然环境的改变,进而导致生态系统中生物多样性的丧失,或物种组成的改变,使许多具有自然疫病控制作用的生物学或生态学屏障效应减弱甚至消失,从而有利于野生动物疫病的发生与扩散。归纳起来,环境改变和生物多样性丧失的后果包括:第一,原始森林过度采伐、人工造林和草场改良使生境或景观单一化,导致野生动物的物种多样性降低,增加了野生动物的疫病传播风险;不同种类的宿主在病原感染、增殖和传播方面的能力有所不同,如果媒介生物可以依赖于多个种类的病原宿主,则高宿主物种丰富度可以减弱病原的传播。第二,生境破碎化、减少或丧失及其他人为因素使生物链遭到破坏,处于高营养级的捕食者数量下降,被捕食者失去生物控制,小型被捕食动物由于数量过度增加而成为有害动物,并作为主要的宿主动物和重要的传染源。第三,生物多样性的丧失使同一生物群落中物种间的竞争关系发生改变,原有对病原体宿主动物的竞争或抑制作用被削弱或丧失,增强了宿主动物病原体传播风险。第四,疫病本身也是导致野生动物多样性减少的重要原因,疫病直接导致其宿主的生存力和繁殖力降低。在野生动物中最为显著和易于见到的疫病影响是,在传染病流行暴发过程中出现宿主的大量死亡,甚至导致物种的灭绝。种群数量降低或物种的减少,都将对当地的生态系统功能和生态平衡产生影响,从而使疫病暴发和传播的风险增加。

五、野生动物疫病的监测

野生动物疫病事关经济发展、社会稳定、人类健康、公共卫生、国家安全等诸多方面,已引起了世界各国政府、社会公众的高度关注。对野生动物疫病进行动态监测,旨在对疫病起源、传播途径、发展进程等进行严密监控,以及时准确地掌握疫病的发生和流行动态,并采取相应措施,逐级切断扩散途径,保护易感群体,确保生态健康和公共卫生安全。中国国家林业局颁布了《陆生野生动物疫源疫病监测防控管理办法》(国家林业局令第31号,2013-1-22),用于指导野生动物疫病的监测工作。

常用的野生动物疫病监测方法包括流行病学监测、血清学监测、病原学监测等3种方法。随着技术的不断进步和制造水平的提升,必定会有新的技术手段被用于野生动物疫病的监测。

(一)流行病学监测

对监测区域内及周边地区的野生动物种群动态、活动节律等进行监测,观察并记录动物的健康状况。如发现可疑病例,则应采样送检。

(二)血清学监测

采集目标动物的血清样品,采用凝集试验、沉淀试验、免疫荧光技术、免疫酶技术、免疫磁珠分离技术等手段进行检测。要求样品透明、无溶血、不变质,每份样品不少于1 mL。

(三)病原学监测

采用细菌学诊断、病毒学诊断、分子生物学诊断等方法,对目标动物进行定期或定期检测。细菌学诊断包括镜检、分离培养、动物试验、生化实验、血清学鉴定等。病毒学诊断包括电镜检查、动物接种、禽胚接种、细胞培养等。分子生物学诊断包括聚合酶链式反应(polymerase chain reaction,PCR)技术、核酸探针(nucleic acid probe)技术等。

六、野生动物疫病的防控

为控制野生动物种群中的疫病,或防止疫病在野生动物和家养动物之间的相互传播,研究人员已进行了长期的探索与实践,建立了行之有效的操作技术体系。常用的措施包括控制种群密度、设置障碍、淘汰患病个体、栖息地管理、限制饲养、控制传播媒介、治疗和免疫接种等。

在一般情况下,控制种群密度是控制野生动物疫病的一个有效措施。在野生与家养动物之间存在着某些重要疫病传播风险时,可设置隔离障碍以防止动物接触。仅通过排除或消灭主要宿主或媒介生物,或同时消灭此二者的方法来达到消灭某一地区某种传染病的思路常常难以彻底解决问题。因为,在某一地区可能存在着其他的偶然或次级宿主动物或媒介生物,它们可以替代原有的宿主或媒介生物,维持病原体的存在。因而用这种方法来控制野生动物相关疫病几乎难以奏效。另一方面,从动物保护、生态影响以及伦理学等方面来看,彻底消灭某一种野生宿主动物很难得到公众的认可。在大多数情况下,扑杀作为一种疫病控制的实践方法,既缺乏经济上的可行性,也缺乏公众支持。

预防性疫苗接种是一种有效、可行的野生动物疫病控制策略,已被广泛使用。迄今为止,已成功研制出许多动物疫病的疫苗,如狂犬病、莱姆病、结核病、布氏杆菌病、巴氏杆菌病、炭疽等传染病等的疫苗。尽管研究人员不断探索疫苗的使用方法,但目前仍以口服疫苗法最为有效,如口服狂犬病疫苗已应用于北美及北欧地区的食肉动物。在实践过程中,评价一种野生动物口服疫苗是否成功,应主要考虑有效的免疫原、合适的给药方式和物种特异性的饵料等3个密切相关的要素。

复习与思考题

1. 掌握野生动物疫病的概念。
2. 野生动物疫病有哪些危害?
3. 野生动物疫病有何特点?
4. 掌握影响野生动物疫病的主要因素。
5. 查阅文献,学习如何做好野生动物疫病的防控工作。
6. 查阅文献,了解野生动物重要疫病(如禽流感)的动态和相关研究进展。
7. 掌握下列名词:疫病生态学,病毒性疫病,细菌性疫病,寄生虫性疫病,真菌性疫病

第五节　动物地理

动物地理的全称为动物地理学(Zoogeography),是由动物学与自然地理学所形成的交叉学科。动物地理学主要研究动物在地球上不同地区的自然分布状况、地理学因素对动物分布的影响等问题。

一、生物圈

生物圈(Biosphere)的概念由奥地利地质学家休斯(E. Suess)于1875年首次提出。生物圈也称生态圈,是地球的四个圈(大气圈、水圈、岩石圈、生物圈)之一,指地球上有生命活动的领域及其环境的整体。生物圈在地面以上达到约23 km的高度,在地面以下延伸至12 km的深处,其中包括大气平流层的下层、整个对流层、岩圈石和水圈。但是,大部分生物都集中在地表以上100 m到水下100 m的大气圈、水圈、岩石圈表层(土壤圈)等圈层的交界处。此处也是生物圈的核心区域。

地球是迄今已知唯一有生物生存的星球。一般认为,生物圈从35亿年前生命起源之后逐渐演化而来。生物圈主要由生命物质、生物生成性物质和生物惰性物质等3部分组成。生命物质又称活质,是生物有机体的总和;生物生成性物质是由生命物质所组成的有机矿物质相互作用的生成物,如煤、石油、泥炭和土壤腐殖质等;生物惰性物质是指大气低层的气体、沉积岩、黏土矿物和水。因此,生物圈是一个复杂的、全球性且能自我调控的开放系统,是一个生命物质与非生命物质的自我调节系统。生物圈的形成是生物与水圈、大气圈及岩石圈(土壤圈)长期相互作用的结果,因而生物圈存在的基本条件包括:

(1)能够获得来自太阳的充足光能。生物的一切生命活动都需要能量,而其最终来源都是太阳能,绿色植物通过光合作用吸收太阳能,合成有机物而进入生物循环。

(2)存在可被生物利用的大量液态水。几乎所有的生物全都含有大量水分,没有水就没有生命,水是生命之源。

(3)有适于生命活动的温度条件,在此温度变化范围内的物质存在气态、液态和固态三种状态变化。

(4)可提供生命物质所需的各种元素,包括O、N、C、K、Ca、Fe、S等。这些元素是生命物质的组成或中介。

总之,地球上有生命存在的区域均属于生物圈范畴。生物的生命活动促进了生态系统中的能量流动和物质循环,并引起生物的生命活动发生变化。生物必须适应环境条件,才能从环境中取得必需的能量和物质;而变化的环境又反过来促进生物适应性的加强,这种反作用使整个生物界处于持续不断的变化之中。

二、动物的地理分布

地球上迄今已知的动物种类超过150万种。但是,这些动物并非均匀地分布于地球的各个区域。有些种类仅见于局部地区,而有些种类则几乎遍布全球。在长期的自然选择和进化过程中,各个类群的动物对地球上不同地区的自然条件、食物资源等产生了良好的适应性。另一方面,在多样化的自然环境中,则分布着与之相适应的动物,这就是动物的地理分布(geographical distribution)。

生物的重要特征之一是其在地球表面分布的不均匀性。大部分动物都有其特定的分布区,即使那些全球性分布的种类,也不可能随处可见。一般来说,一种动物通常只能在一定的空间内完成其生活史全过程,这个空间就是该种动物的分布区(distribution area)。由于气候、环境或种群数量的剧烈变化,一些动物的分布可能超出其以往分布的正常范围。这种分布区称为超限分布区(extralimital area)。

动物分布区的地理位置、范围和大小等,反映了动物对现代自然条件的适应。同时,也是动物的分布区历史变迁至现阶段的结果。在动物的分类系统中,只有分类的基本单元—物种(species)—具有客观的标准。因此,物种及其分布是客观存在的。高级分类阶元(纲、目、科)所依据的形态学等方面的共同特征,反映出动物亲缘关系的远近,而高级分类阶元的地理分布,则反映了该类群动物在演化过程中的空间联系。

根据动物分布区的范围和连续性等特征,可将动物的分布分为连续分布(continuous distribution)、隔离分布(discontinuous distribution)、局限分布(local distribution)和偶然分布(occasional distribution)等类型。

连续分布:是指一个物种或类群(如属、科等)的分布区连成一个整体的分布状态。如:北极狐(*Alopex lagopus*)分布于欧洲、亚洲和美洲的北部;蛙属(*Rana*)的分布从欧洲、非洲到亚洲。这些类群的分布均呈现连续的状态。连续分布是由某一物种或类群从其发源地逐渐向外扩展而形成的分布状态。

隔离分布:是指一个物种或类群的分布区不是连续而是间断的,它们的分布区是由两个或几个相距很远的地区或水域所组成,在其中间地区,没有该物种或类群的存在,呈相互隔离的间断分布状态。隔离分布也称间断分布、不连续分布。如兰鹊分布于欧洲西南部的伊比利亚半岛(比利牛斯半岛)和贝加尔东部的远东地区,中间是间断的。貘科有3个种分布在中美和南美,另有1个种分布在亚洲南部苏门答腊和马来西亚,也属于隔离分布。

局限分布:指动物仅分布于地球上的一定区域。这种分布类型主要见于一些脊椎动物类群,如挂墩鸦雀(*Paradoxornis davidianus*)仅分布于福建省的西北部地区。

在自然条件下,一个地区可能缺少某些特殊动物类群,但却能容纳与之相类似的其他动物。对动物的局限分布现象的合理解释,需要来自动物地理学、气象学、古生物学等方面的大量证据。一般来说,大多数动物的局限分布可能是由于3种原因之一:①由于地理屏障的存在,使动物难以到达某一地区。如山脉、悬崖、峡谷、熔岩、河流、海洋、沙漠等物理屏障,阻碍了一些动物由发源地的扩散。②动物已到达某地区,但不能适应当地的环境条件,或因与该地区的其他种类的竞争而难以持续生存。③已成功扩散至新地区的动物经过长期的自然选择和适应,已演化为不同于原始种类的新物种或类群。此外,许多局限分布的原因都在于人类活动的影响。

偶然分布:是指动物偶然见于地球上某些地区的分布状态。在鸟类中这种现象较为多见。如分布于澳大利亚的白脸鹭(*Egretta novaebollandiae*)和鹊鹭(*E. picata*)(鹭科白鹭属鸟类)分别偶见于福建厦门和台湾地区,即属偶然漂泊而至的迷鸟。

根据动物分布区的局限性和起源特征,还可把动物划分为特有种(endemic species)、固有种(indigenous species)或土著种(native species)、移入种(immigrant species)或引入种(introduced species)等类型。

三、动物的栖息地

栖息地(habitat)亦称生境,是指能维持动物生存所必须全部条件的具体地区。每种动物都有其适宜的生存环境。在长期的进化过程中,动物的形态结构、生理机能、行为和生活方式等方面都与此环境相适应。所有动物均生活在一定的环境中,是自然环境不可分割的组成部分。任何动物的生活,都受栖息地内各种要素的制约。

动物的栖息地包括陆地和水域两种形态,并可进而依据植被、降雨量、水体性质等分为不同的类型。

(一)陆地

生活于陆地的动物类群主要包括哺乳动物、鸟类、爬行类、两栖类、无脊椎动物中的节肢动物、环节动物等。由于接受太阳辐射的不均衡,地球表面的陆地环境复杂而多样,并呈现有规律的地带性分布特征。

(1)苔原(tundra)　为位于北极地区的气候极为寒冷的区域。这一地区的土质瘠薄,植被以低矮的木本植物、地衣等为主,生长期短。栖息于此的动物具有较强的耐寒能力,如驯鹿(*Rangifer tarandus*)、北极狐、普通雷鸟(*Lagopus mutus*)等。

(2)草地(pasture)　亦称草原,是指在中纬度地带大陆性半湿润和半干旱气候条件下,由多年生耐旱、耐低温、以禾草占优势的植物群落的总称。其环境特点是地域广阔,降雨量小,植被以草本植物为主。栖息于此的动物以有蹄类为代表。

(3)荒漠(desert)　由旱生、强旱生低矮木本植物,包括半乔木、灌木、半灌木和小半灌木为主组成的稀疏、不郁闭的群落。其环境特点是气候干燥、降水极少(年降水量一般少于250 mm)、蒸发强烈,植被缺乏、物理风化强烈、风力作用强劲。植被为超旱生的半乔木、半灌木和灌木或旱生的肉质植物占优势的稀疏植被。代表动物为爬行类、哺乳动物中的啮齿类等。

(4)针叶林或泰加林(coniferous or taiga forest)　指从北极苔原南界树木线开始,向南延伸1 000 km的北方塔形针叶林带,为水平地带性植被。又称“寒温带明亮针叶林”或“北方针叶林”。其环境特点是夏季温凉,冬季严寒,气候干燥。植被类型极其简单,常由1个或2个树种组成,下层常有一个灌木层、一个草木层和一个苔原层(地衣、苔藓和蕨类植物)。代表动物有偶蹄类、啮齿类等。

(5)温带落叶林(temperate deciduous forest)　或称温带阔叶林(temperate broad-leaf forests),是指以经年性落叶乔木、木本植物为主的群落类型。根据优势种的生活习性和所要求的生境条件,可分典型落叶阔叶林、山地杨桦林和河岸落叶阔叶林等3种类型。其环境特点是夏季温暖潮湿、冬季不甚严寒,或微气候较明显。栖息于此的动物以大型哺乳动物如鹿类、熊类以及鸣禽、爬行类、两栖类、昆虫等无脊椎动物为主。

(6)热带雨林(tropical rain forest)　热带雨林是分布于赤道附近热带地区的群落类型,主要分布于东南亚、澳大利亚北部、南美洲亚马孙河流域、非洲刚果河流域、中美洲和太平洋岛屿。其环境特点是长年气候炎热、雨量充沛、季节差异极不明显,生物群落演替的速度极快。热带雨林是超过50%的动物、植物种类的栖息地,因而栖息于此类生境中动物种类非常丰富。

(二)水域

水域环境可分为淡水水域和海水水域两种类型。

1. **淡水水域**

淡水水域包括流水水体(lotis)和静水水域(lentis)两种形态。

流水水体是指沿一定方向不断流动的水域。在水体的上游区域,多栖息着有吸盘等附着器官或适应匍匐于石块下方的动物,如海绵动物、扁形动物、苔藓动物、软体动物等;在水体的下游,水流速度降低,沉积物增多,水生软体动物、水生昆虫、浮游动物种类明显增多。

静水水域是指不流动或流动性很小的水体。包括池塘、湖泊、水库和沼泽。静水水域的环境相对稳定,水生植物丰富。在水体的较浅处,水温高、光照充足、氧气和食物丰富,动物种类较多,如多种涉禽、游禽、多种蛙类、软体动物、水生昆虫、浮游动物等。

2. **海水水域**

海水水域主要是指海洋。海洋是地球上最广阔的水体的总称,海洋的中心部分称作洋,边缘部分称为海,彼此沟通组成统一的水体。海洋是地球生物圈的最大组成部分,约占地球表面积的71%。在海洋中栖息着超过20万种的动物和植物,其中约90%为无脊椎动物。海洋可分为沿岸带(littoral)、浅海带(neritic)和远洋带(pelagic)等3个区域。

沿岸带亦称潮间带,是指大潮期的最高潮位和大潮期的最低潮位间的海岸,亦即从海水涨至最高时所淹没的边缘到潮水退至最低时水面边缘之间的范围。栖息于此的动物一般具有较强的吸附能力和保护结构,如海葵、棘皮动物等。

浅海带即大陆架,指沿岸带以远、水深不超过200 m等深线、平均宽度75 km的区域,占海洋总面积的7.6%。由于浅海带始终处于水面以下,水动力条件较弱。浅海带光照充足,植物茂盛,各种底栖、浮游生物大量繁殖,其种类和数量大大超过其余各带。主要类群包括海龟、海蛇、鲸类、大多数海洋鱼类等。

远洋带是浅海带以外的广大海域,占海洋总面积的90%,水深多超过2 000 m。这一区域的环境条件单调。水温低(0 ~4 ℃)且几无季节性变化。海洋深处的压力为海洋表层压力的数千倍。生命所需要的食物和氧来自于海洋的上层,因而环境条件严酷。栖息于此的动物主要是棘皮动物、部分深水性海洋鱼类。

四、动物区系划分

动物与其栖息环境之间呈现对立统一的辩证关系。在生物圈中,不同种类或类群的动物栖息于多样化的环境中;反过来,在不同的环境中,分布着各自特有的动物类群。在长期自然选择、适应的基础上,形成了现今的动物分布格局。为表明动物分布的区域差异,始有对动物区系的划分,或称动物地理区划。

(一)动物区系

动物区系(fauna)是指有关地区在历史发展过程中所形成的和在现今生态条件下所生存的动物群。一般来说,动物的种或其他分类单元,最初都是从一个地点发生,然后由发生地点逐渐向四周扩展分布。由于陆地本身的地理特征阻隔,导致各种动物在地球表面的分布并不平均,相互相对隔离的不同大陆之间,野生动物的组成结构也有着巨大的差异。

广义的动物区系泛指不同动物种的总和。按动物分类系统,可分为兽类区系、鸟类区系、昆虫区系等。依区域(自然的或行政的)原则,区分为亚洲动物区系、中国动物区系等。按环境特征,则可分为大陆动物区系、海洋动物区系、岛屿动物区系、森林动物区系、草原动物区系、山地动物区系等。按进化历史可分为第三纪动物区系、更新世动物区系、现代动物区系等。

狭义的动物区系指在一定的历史条件下形成适应于特定自然环境的动物群,由分布范围基本一致的许多动物种所组成。如亚洲草原动物区系,由第四纪冰期后形成的适应于干旱-半干旱草原环境的动物所组成。区系中大多数动物的分布界线与该草原范围大致相当。个别种的分布则可因各自扩展能力和历史原因的不同,而与草原外围界线不相一致,并向其他环境延伸。

(二)区系划分

动物区系的"成分"(regional fauna)(即区系成分)与动物区系的"分区"(faunal region)(即动物地理区划)为不同的概念,但二者密切相关。一个地区的动物"成分"总体构成该地区的动物区系,而动物区系的地区差异则构成动物地理区划。正是在特定历史条件和生态条件下,动物区系成分发展到现阶段,才形成了不同地区的动物区系之特点。分布较为狭窄的区系成分可能只出现于一个区划单元中,或单元中的局部地区;而分布广泛的成分则可能出现于若干个区划单元中。每一个区划单元各具一组主要适应于该地区的区系成分。区系成分在不同区划单元中的主次地位,构成区域之间的从属与亲疏关系,也反映出各成分向外渗透的强度。

地球上的现生动物可分为大陆动物区系和海洋动物区系,二者的主要差异包括:①海洋环境相对稳定,因而海洋动物的进化发展较为缓慢,结构较为简单、原始,但动物的门类繁多;陆地环境复杂多样,使陆地动物进化迅速,结构复杂而高级;②海洋动物具有丰富的高级分类阶元,而陆地动物的高级分类阶元则相对较少,但物种数量远远超过海洋动物,约有85%的已知动物分布于陆地环境。此处仅简要介绍陆地动物区系划分。

1. 世界动物地理区划

1857年,鸟类学家斯克莱特(P. L. Sclater)根据世界各地鸟类的差别,将全球分为六大鸟区,这就是目前世界动物地理分区的前身。1876年,英国著名博物学家、进化论泰斗华莱士和达尔文都肯定了六大区的划分,并作了修改,形成六大动物地理分区(界),即古北界(Palaearctic realm)、新北界(Nearctic realm)、新热带界(Neotropical realm)、热带界(Ethiopian realm)、东洋界(Oriental realm)和澳洲界(Australian realm)(图7-4)。由于这六大动物地理分区是在鸟类学研究的基础上形成的,对其他动物类群而言可能略有出入,但形成这种动物地理分区的基础是地球表面陆地分布的物理阻隔,所以对其他动物类群特别是陆生脊椎动物仍不乏其适用性。

一个由15名学者组成的国际研究团队花费20年时间,对全世界所有已知的哺乳动物、鸟类和两栖动物(共20 000多个物种)的进化信息和地理信息进行了整理和分析,最终构建了新版的世界动物地理分区图。这张新图把地球表面划分成11个生物地理大区,并展示了各大区之间的相互联系(Science,2013年)。

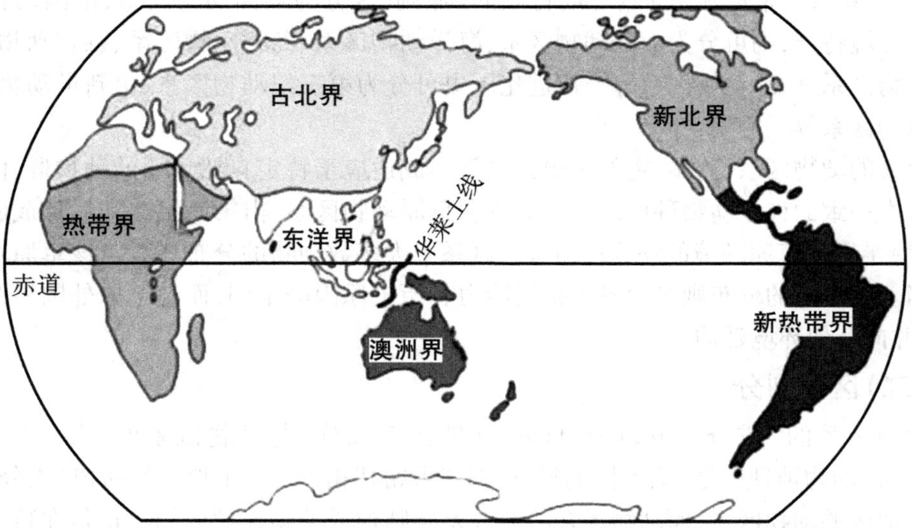

图 7-4 世界动物地理区划

河南省农科院研究员、郑州大学生物多样性与生态学研究所教授申效诚提出了基于多元相似性分析(multivariate similarity clustering analysis, MSCA)的动物地理区划方法(2007,2015 年)。多元相似性系统可以表述为各地区共有种类的算术平均数占种类总数的比例。基于这一方法,使区划的结果更加科学、准确。该方法从最大的相似性系数开始建群,可直接计算多个系统的相似性系数,而不必先把 2 个系统合并成一个新系统之后,再与第 3 个系统比较,能够直接、简便、快捷地考量多个系统间的亲疏程度和相似关系。这一方法创造性地解决了传统聚类分析中因逐步合并而造成的信息丢失问题,为动物区系的地理划分提供了新的科学方法。申效诚等基于 MSCA 对中国的昆虫地理区划进行了深入探讨(2015),该方法亦可应用于世界及中国的其他动物类群甚至植物的地理区划研究。

(1)古北界(Palaearctic realm) 其范围包括欧洲大陆、北回归线以北的阿拉伯半岛及撒哈拉沙漠以北的非洲、喜马拉雅山脉与秦岭山脉以北的亚洲。主要山脉呈东西走向,总面积约 5.41 亿 km^2。作为面积最大,且气候、自然环境、栖息地类型等非常多样的动物地理区,现今古北界的范围在史前时期曾经是众多动物类群的演化中心,但很多地区在冰期受到较大的影响。目前,这一拥有大面积的寒冷和干旱地区的动物地理界,自然条件比较恶劣,动物种类相对贫乏。没有动物的特有科,但有一些特有属,如鼹鼠、金丝猴、旅鼠、熊猫、狐、貉、獾、骆驼、獐、羚羊、山鹑、鸨、毛腿沙鸡、百灵、岩鹨等属。

(2)新北界(Nearctic realm) 其范围包括墨西哥南部以北的美洲,包括格陵兰、加拿大、美国、墨西哥高地、中美洲及部分加海比海群岛,总面积约 2.29 亿 km^2。气候等各环境条件与古北界类似而略好,动物多样性略高于古北界,特有科较多,但物种总数少于古北界,是物种最少的一个动物地理区。特有科如弓鳍鱼科、雀鳝科、两栖鲵科、鳗螈科、北美蛇蜥科、叉角羚科、山河狸科等,而棕熊(*Ursus arctos*)、麝牛(*Ovibos moschatus*)、北美驼鹿(*Alces americanus*)、白头海雕(*Haliaeetus leucocephalus*)则为世界的著名特有种。由于气候比较寒冷,无脊椎动物种类少、体型小,多样性较低,许多动物有冬眠现象。

(3)新热带界的(Neotropical realm)　其范围包括南美大陆、中美、墨西哥南部和西印度群岛,大体相当于拉丁美洲,总面积约1.90亿km^2。属于热带气候,有大面积的热带雨林和草原,包括全球最大的热带雨林-亚马孙雨林,而很少有沙漠和温带动物。物种繁多且特色明显。鱼类、两栖类、爬行类种类丰富,并有很多特有种,如美洲肺鱼、电鳗、电鲶、负子蟾、美洲鬣蜥等。鸟类的种类和数量均为全球最丰富的地区之一,包括美洲鸵鸟科、鹪科、凤冠雉科、麝雉科、叫鸭科、灶鸟科、伞鸟科等31个特有科;哺乳动物中有袋类的新袋鼠科(负鼠)、贫齿类、阔鼻猴类、翼手目的吸血蝠类、啮齿目的豚鼠科、毛丝鼠科、河狸科等20个科均为本界所特有。加勒比海诸岛和南美洲南部物种则相对较贫乏。

(4)热带界(Ethiopian realm)　或称旧热带界、埃塞俄比亚界,其范围包括撒哈拉沙漠以南的非洲大陆、北回归线以南的阿拉伯群岛、马达加斯加及附近岛屿,总面积约2.21亿平方千米。大部分为沙漠、草地和热带草原,气候较稳定,以适应干湿交替气候的萨王纳(热带稀树草原)为最主要的植被类型。物种组成多样,具有丰富的特有种类。鱼类中的东非肺鱼(*Protopterus amphibius*)、多鳍鱼(*Polypterus bichir*),两栖类的非洲爪蟾(*Xenopus laevis*),爬行类的避役(*Chamaeleo chamaelron*),鸟类中的非洲鸵鸟(*Struthio camelus*)、鼠鸟(*Colius striatus*)等均为世界的特产种类。哺乳类中的蹄兔目、管齿目为特有目,金毛鼹科、马岛猬科、鳞尾松鼠科、跳兔科、滨鼠科、河马科、长颈鹿科等为特有科;黑猩猩(*Pan troglodytes*)、大猩猩(*Gorilla gorilla*)、阿拉伯狒狒(*Papio hamadryas*)、非洲象(*Loxodonta africana*)、非洲犀牛(*Diceros bicornis*)、(普通)斑马(*Equus quagga*),则为特有种。大型哺乳动物远较其他任何地区丰富,特别是拥有大量的热带稀树草原有蹄类动物群。

(5)东洋界(Oriental realm)　其范围包括亚洲南部喜马拉雅山脉和秦岭以南地区、印度半岛、中印半岛、斯里兰卡、马来半岛、菲律宾群岛、苏门答腊岛、爪哇岛及加里曼丹岛等,总面积约0.75亿km^2。地处热带、亚热带,降水丰富、植被类型多样,具有以热带和亚热带雨林为主,兼具季雨林、干旱热带森林、灌丛、热带草原及沙漠等的多种环境,使得本界动物区系复杂多样。两栖类虽没有特有科,但种类尤其是无尾类(蛙蟾类)非常丰富;爬行类包括平胸龟科、鳄蜥科、婆罗蜥科、异盾盲蛇科、食鱼鳄科5个特有科;鸟类中仅雀形目的和平鸟科为特有科,但有许多科以本界为分布中心,如雉科、阔嘴鸟科、黄鹂科、卷尾科、椋鸟科、画眉科等;哺乳类中的皮翼目为特有目,树鼩科、长臂猿科、眼镜猴科为特有科。现今东洋界的物种不少与旧热带界共有,代表着两个北方风格的热带动物区系;同时,东洋界也与古北界、澳洲界有一定的联系,并且与古北界、澳洲界之间分别形成了较大的过渡带,其中和澳洲界的过渡带被称为华莱士区。华莱士区西面以苏拉威西岛和龙目岛为界,东部接近新几内亚岛,这个区域内既有澳洲界的动物如有袋类等,又有东洋界的动物如有蹄类等,在生物地理上具有重要意义。东洋界的很多类群虽然并非东洋界所特有,但是却以东洋界为分布中心。

(6)澳洲界(Australian realm)　其范围包括澳洲大陆、新西兰、塔斯马尼亚以及附近太平洋上的岛屿,总面积约0.87亿km^2。由干旱地带、潮湿地带、孤岛等景观组成,气候较干燥,多为草原、荒漠,热带雨林和季雨林面积较少。本界是最古老的动物地理区,在很大程度上保留着中生代晚期的特点,动物种类比较贫乏,在各纲中均保留一些较原始的物种。本界也是物种最为独特的地区。代表种类包括澳洲肺鱼(*Neoceratodus forsteri*)、楔齿蜥(喙头蜥)(*Sphenodon punctatum*)、鸸鹋(*Dromaius novaehollandia*)、食火鸡(*Casuarius* spp.)、几维鸟(*Apteryx* spp.)、华丽琴鸟(*Menura novaehollandiae*)、缎蓝园丁鸟(*Ptilonorhynchus violaceus*)、单孔类(原兽亚纲)、有袋类(后兽亚纲)。新西兰和太平洋岛屿比澳洲大陆和新几内亚更加与世隔绝,拥有一些更为独特的物种,物种也更为贫乏,故有学者将此界分列为新西兰界和波利尼西亚界。新西兰地区与大陆分离较早,长期孤立,是全球最为古老的动物地理区,一些动物种类堪称珍贵的活化石,如楔齿蜥。

2. 中国动物地理区划

中国的陆地动物区系分属于世界陆地动物区系的古北界和东洋界,两界大致以秦岭-伏牛山-淮河一线为界,以南为东洋界,以北属古北界。根据气候、环境、生态及动物区系等特点,中国的动物地理区可分为东北区、华北区、蒙新区、青藏区、西南区、华中区、华南区等7个区(图7-5),各区内再划分为相应的亚区。

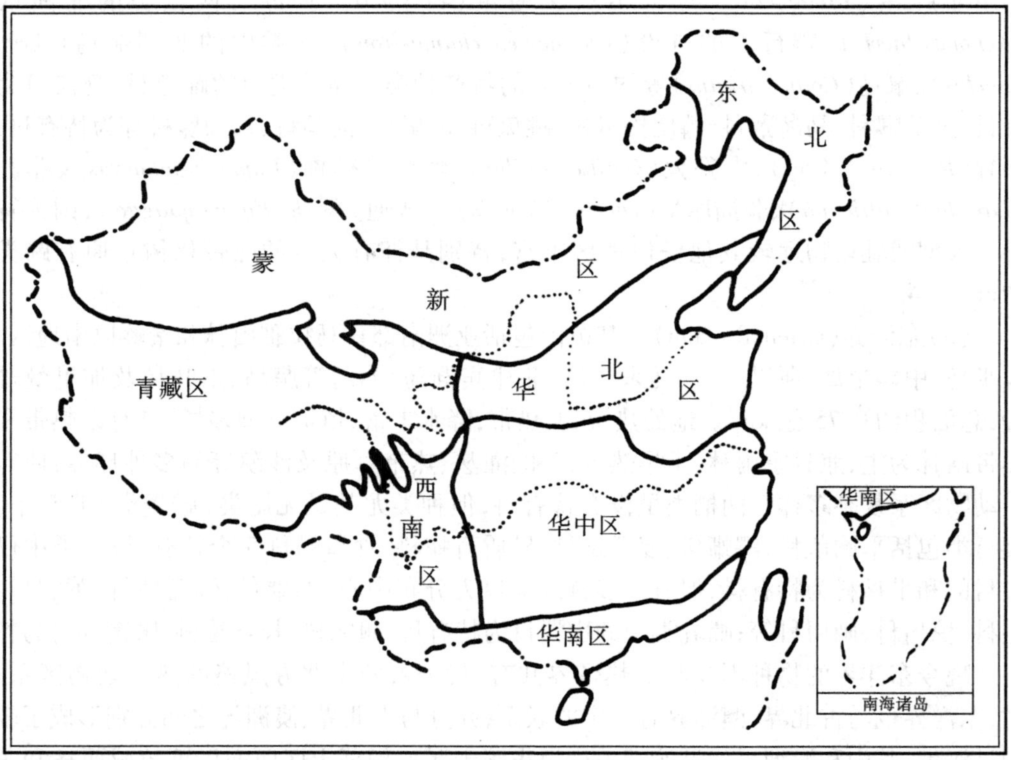

图7-5 中国动物地理区划示意图

(1)东北区 本区包括大、小兴安岭和长白山的山地森林及山麓的森林草原,西部的松花江和辽河平原。气候寒冷,大、小兴安岭低于0℃的时间长逾半年,是国内最冷的地区。本区森林茂密,大部分区域有原始针叶林。因此,本区耐寒的森林动物十分丰富,所产毛皮兽无论种类或数量均居于全国首位。食肉目以鼬科为多，如紫貂（*Martes zibellina*）、水獭（*Lutra lutra*）、黄鼬（*Mustela sibirica*）、香鼬（*M. altaica*）、艾虎（*M. putorius*）、獾（*Meles meles*）等。猫科种类包括豹猫（*Prionailurus bengalensis*）、东北虎（*Panthera tigris altaica*）、猞猁（*Felis lynx*）、金钱豹（*Panthera pardus*）等。犬科有貉（*Nyctereutes procyonoides*）、赤狐（*Vulpes vulpes*）、狼（*Canis Lupus*）、豺（*Canis simensis*）等。熊科以黑熊（*Ursus thibetanus*）最为普遍。在森林地带，有丰富的植物性食物和良好的隐蔽条件，有利于啮齿类的生存。啮齿目中以松鼠（*Sciurus vulgaris*）最为常见，主要以林中盛产的松籽为食。此外，花鼠（*Tamias sibiricus*）也很多。棕背鮃（*Myodes rufocanus*）、红背鮃（*Myodes rutilus*）、大林姬鼠（*Apodemus peninsulae*）等优势鼠种对红松更新的破坏作用很大。沼泽化草甸是莫氏田鼠（*Microtus maximowiczii*）占优势的地方，林间草地和岩裸区是北鼠兔（*Ochotona hyperborea*）的主要活动场所。许多食草的偶蹄类几乎遍布森林地带，如麅（*Capreolus pygargus*）、原麝（*Moschus moschiferus*）、东北马鹿（*Cervus elaphus xanthopygus*）、野猪（*Sus scrofa*）等。在大兴安岭山地北部，气候最为寒冷，有些栖息于北极圈及西伯利亚的寒带典型种类可分布至此，如狼獾（*Gulo gulo*）、驼鹿（*Alces alces*）、雪兔（*Lepus timidus*）和林旅鼠（*Myopus schisticolor*），可谓国内之特产。鸟类方面以松鸡科与雉科的种类最为繁多。松鸡科是西伯利亚泰加林的代表动物，其中大多数的种在全国范围内仅见于本区。除留鸟以外，还有不少在南方越冬的种类，夏季迁到本区繁殖。如前所述，一般鸟类大都在其分布范围内的最冷地区营巢产卵。爬行类和两栖类在本区较贫乏，代表种类有胎生蜥蜴（*Lacerta vivipara*）、黑龙江草蜥（*Takydromus amurensis*）、林蛙（*Rana* spp.）、花背蟾蜍（*Bufo raddei*）、东方铃蟾（*Bombina orientalis*）、北方狭口蛙（*Kaloula borealis*）、粗皮蛙（*R. emeljanovi*）及极北小鲵（*Hynobius keyserlingii*）等。本区是我国狩猎事业最为发达的地区，长期的狩猎等人类经济活动，对本区动物影响显著。紫貂、水獭、梅花鹿（*C. nippon*）都已列为禁猎的种类。梅花鹿和马鹿（*C. elaphus*）的鹿茸均为贵重药材，其驯养业在东北地区已很发达。由原苏联引入的麝鼠（*Ondatra zibethica*），在本区的分布已相当广泛，成为重要毛皮兽之一。

（2）蒙新区　本区包括鄂尔多斯高原、阿拉善（含河西走廊）、塔里木、柴达木、准噶尔盆地和天山山脉等。境内大部分为典型的大陆季风性气候，寒暑变化剧烈，夏季昼夜温差达 30 ~ 40 ℃。降雨量稀少，为全国最干旱的地区。东部雨量较多，年降雨量约 250 mm，为草原地带；西部年降雨量不足 100 mm，为荒漠和半荒漠地带。本区干旱的气候、荒漠和草原为主的植被条件，对动物区系的组成和生态特征都有显著的影响。动物种类贫乏，缺乏生活于潮湿地区的动物，而主要是适应于荒漠和草原种类，尤其以啮齿类和有蹄类最为繁盛，具有不少本区所特有的种类。啮齿类以跳鼠科和沙鼠亚科为最典型，绝大部分种类在国内的分布仅限于本区，如五趾跳鼠（*Allactaga sibirica*）、三趾跳鼠（*Dipus sagitta*）、长爪沙鼠（*Meiiones unguiculataus*）等。此外，松鼠科的黄鼠（*Citellus dauricus*）、旱獭（*Marmota marmota*），鼠兔科的达乌尔鼠兔（*Ochotona dauurica*），兔科的蒙古兔（*Lepus tolai*），仓鼠亚科的黑线毛足鼠（*Phodopus sungorus*）等都营地下穴居生活，对干旱环境具有较强的适应能力。这类动物一般毛色浅淡，呈沙土色，无鲜明的色彩或斑纹，在缺乏掩蔽条件的开旷地区，这种单调的沙土色显然起着保护色的作用。跳鼠科动物具有特长的尾和后肢，能在沙地中迅速跳跃。足底具毛垫，在沙漠中不致下陷。许多种类如旱獭、跳鼠、黄鼠等有冬眠习性，鼠兔与沙鼠等种类在冬季有贮藏食物的习性，对农、牧业生产有较大危害。本区的有蹄类中最引人注意的是普氏野马（*Equus przewalskii*）和野生双峰驼（*Camelus bactrianus*）。野马目前可能只分布在准噶尔盆地东部的荒漠和半荒漠地区，但尚存争议。残存于本区的野骆驼为国家一级重点保护野生动物，为目前世界上仅存的野生种。野驴（*Equus hemionus*）和黄羊（*Procapra gutturosa*）的分布较广，赛加羚羊（*Saiga tatarica*）仅分布于准噶尔盆地。这些有蹄类在开旷的环境条件下均有迅速奔跑的能力，并且常集结成群，作长距离的迁徙。食肉目种类除在国内分布广泛的狼、狐、黄鼬、艾鼬等外，还有沙狐（*Vulpes corsac*）、兔狲（*Otocolobus manul*）、虎鼬（*Vormela peregusna*），等为本区特有的种类，但数量不多。鸟类以适应荒漠生活为其主要特征。典型代表有鸨科的大鸨（*Otis tarda*）、沙鸡科的毛腿沙鸡（*Syrrhaptes paradoxus*）、百灵科的沙百灵（*Eremophila alpestris*）等。本区鸟类多营地面巢，有些鸟可利用啮齿类之废弃洞或与鼠类共居，形成“鸟鼠同穴”现象，如沙鵖与雪雀常利用黄鼠的洞穴营巢。鸟鼠同穴是对荒漠环境的一种特殊适应。爬行类的蜥蜴在本区分布广泛，种类和数量均多，最常见的为沙蜥和麻蜥。两栖类在本区特别贫乏，仅有花背蟾蜍 1 种在草原和荒漠中分布较广。本区为我国重要的畜牧地区，境内繁盛的啮齿动物对牧业、农业及卫生防疫的危害均较大。新疆北部所产的河狸（*Castor fiber*）为一种珍贵的大型啮齿类，已被列为国家二级重点保护野生动物。

（3）华北区　本区北与蒙新区和东北区为邻，南抵秦岭、淮河一线，西起甘肃，东至黄海和渤海。西部是高原，北部和东部分别为山地和平原。本区的气候夏热冬寒，四季显著，年均温 10～16 ℃。高原和平原地区的主要植被类型为夏绿林，但由于长期的人类农业活动的影响，原始的森林植被消失殆尽，现仅局部残存。本区的动物区系一方面与东北森林及蒙新草原地带有密切的关系，同时也混杂有一些南方种类，特有种类较少。蒙新区一些草原荒漠环境中的啮齿类延伸至本区，如子午沙鼠、黄鼠、鼠兔、五趾跳鼠等。另外，东北区的森林动物如松鼠、花鼠、飞鼠（*Pteromys volans*）、麅等也延至本区。至于隐纹花松鼠（*Tamiops swinhoei*）、社鼠（*Niviventer confucianus*）、花面狸（*Paguma larvata*）等则属于南方种类。这些现象反映出本区动物有若干南、北方过渡的特点，但偏重于北方动物。本区是重要的农业区，人类的农业活动对动物的影响比国内其他任何地区更为显著，森林不断地被砍伐，减少了森林动物的栖息地，使许多种类如梅花鹿、虎、黑熊等逐渐减少甚至趋于绝灭。另一方面，适于农作区环境生活的啮齿类相对增多，主要的鼠类有仓鼠类、田鼠类、鼢鼠类以及野兔等，这些鼠类危害作物，且可能传染疫病。在山地丘陵区，则以岩松鼠（*Sciurotamias davidianus*），最为常见，危害核桃、山杏等经济林木。鸟类以雉鸡、鸦等科较为常见，褐马鸡（*Crossoptilon mantchuricum*）、白冠长尾雉（*Syrmaticus reevesii*）的分布均局限于本区。此外，雉鸡（*Phasianus colchicus*）、石鸡（*Alectoris chukar*）、乌鸦（*Corvus* spp.）、喜鹊（*Pica pica*）等许多广泛分布于古北界的种类亦见于本区。在夏季有许多夏候鸟迁至本区繁殖，较常见者如红脚隼（*Falco vespertinus*）、普通燕鸻（*Glareola maldivarum*）、杜鹃（*Cuculus* spp.）、黄鹂（*Oriolus chinensis*）、黑卷尾（*Dicrurus macrocercus*）等。本区的爬行类和两栖类均较为贫乏，特有种也少。爬行类中以蜥蜴类占主要地位。

（4）青藏区　本区包括青海（柴达木盆地除外）、西藏和四川西部，东由横断山脉北端，南由喜马拉雅山脉，北由昆仑山、阿尔金山和祁连山诸山脉所环绕，构成世界上最高、最大的高原，故有“世界屋脊”之称。海拔平均超过 4 500 m。气候属长冬而无夏的高寒类型，生长期短，植被类型包括高山草甸、高山草原和高寒荒漠。动物区系远较其他各区贫乏，主要由适应于高原环境的特殊种类所组成。最典型种类的是偶蹄目的野牦牛（*Bos grunniens*）和藏羚（*Pantholops hodgsonii*），均为本区的特有种。牦牛体外被长而厚的毛，不惧风雪，适应能力强，早已被驯养作役用。雄性藏羚有垂直竖立的角。此外，还有广泛分布于全区的藏原羚（*Procapra picticaudata*）、岩羊（*Pseudois nayaur*）、盘羊（*Argali sheep*）、白唇鹿（*Gervus albirostris*）、藏野驴（*Equus kiang*）等。啮齿目中以鼠兔和旱獭数量最多，在草地或山坡挖掘大量洞穴，对植被和小环境产生极大影响。本区的食肉目种类有狼、猞猁、豺、马熊（*Ursus arctos*）、雪豹（*Uncia uncia*）等。本区所产的鸟类较少，雪鸡（*Tetraogallus* spp.）、雪鹑（*Lerwa lerwa*）、藏雀（*Kozlowia roborowskii*）等均为高原特有种。爬行类和两栖类种类非常贫乏，有几种沙蜥（*Phrynocephalus* spp.）、温泉蛇（*Thermophis baileyi*）、西藏蟾蜍（*Bufo tibetanus*）、西藏齿突蟾（*Scutiger boulengeri*）和高山蛙（*Altirana parkeri*）等。

（5）西南区　本区包括四川西部、昌都地区东部、北起青海、甘肃南缘，南抵云南北部。境内的横断山脉为南北走向，地形起伏较大，海拔 1 600 ~ 4 000 m。气候随海拔不同而有明显变化，高山凉润，谷地燥热。植物的垂直分布很明显。与此相适应，本区动物的分布以明显的垂直变化为特征。本区有丰富的高原和高山森林动物。我国特产的珍稀动物大熊猫（*Ailuropoda melanoleuca*）即产于本区，目前的分布仅限于四川西部、甘肃南部和陕南秦岭一带的高山地区。小猫熊（*Ailurus fulgens*）属于浣熊科，该科的绝大多数种类都栖于美洲，只有小猫熊是该科在东半球的唯一代表种，这无疑是由于隔离而保存下来的古代遗存种，可作为动物不连续分布的一个例子。著名的川金丝猴（*Rhinopithecus roxellanae*）亦主要产于本区的北部。偶蹄类中的羚牛（*Budorcas taxicolor*）和白唇鹿（*Cervus albirostris*）皆被列为国家一级重点保护野生动物。食虫类在本区特别繁盛，在种类和数量上居全国之首，尤其是鼩鼱、长尾鼩和鼩鼹等属种类繁多，其分布中心均在本区。上述各类群中不少稀有动物的留存、许多低等种类（食虫类）的繁盛，足以显示本区是东亚古老种类的分布中心。本区的另一特点是兼具南、北方动物区系的特征。一般来说，高山地区所产的动物多为北方的种类，不少北方类型分布于横断山脉的较高或较北地带，如鼢鼠、麝、麞、马熊等。低山河谷间的动物多为南方种类，不少热带和亚热带动物沿着横断山脉的较低地带向北伸延至本区，如树鼩（*Tupaia belangeri*）、猕猴（*Macaca mulatta*）、金丝猴（*Rhinopithecus* spp.）、花面狸、中华竹鼠（*Rhizomys sinensis*）、水鹿（*Rusa unicolor*）等。因此，本区与青藏区的界线应介于横断山脉的高山与低谷之间，故在划区图上用波状虚线表示。鸟类以雉科和画眉科为最多。国内特产的雉类约有半数分布于本区，较著名的种类如藏马鸡（*Crossoptilon crossoptilon*）、绿尾虹雉（*Lophophorus lhuysii*）、锦鸡（*Chrysolophus* spp.）等。区内的画眉科包括许多特有种。爬行类和两栖类的种类甚为丰富，如爬行类中的高原蝮（*Agkistrordon strauchi*）、八纹游蛇（*Natrix octolineata*）、草绿龙蜥（*Japalura flaviceps*）等都是适应于高山生活的种类。两栖类中的山溪鲵（*Batrachuperus*）、猫眼蟾（*Aelurophryne*）、高山蛙、倭蛙（*Nanorana* spp.）等为本区的特产种类。此外，本区还有较多的旱獭（*Marmota marmota*）、鹿、麞等动物。由于森林面积广大，而且保存亦较完好，本区野生动物资源蕴藏量相当丰富，为世界和中国的生物多样性保护热点地区。

（6）华中区　本区包括四川盆地以东的长江流域。境内地形复杂，西半部主要是山地和高原，东半部主要是平原和丘陵地带。气候温和，雨量充沛，适于作物生长。本区现存原始森林极少，大多已开垦为农耕地区。本区天然植被破坏虽然较为严重，但由于其他自然条件相对优越，故仍有相当丰富的动物种类。本区北邻华北区，南接华南区，西连西南区，彼此间均无显著的天然障碍，导致本区特有动物种类不多，而南、北类型相混杂和过渡现象成为本区动物区系的特色，与华南区共有的种类尤多，与华北区及西南区共有种类较少。北方种类伸延于此地者，如（普通）刺猬（*Erinaceus europaeus*）、狼、岩松鼠、林姬鼠、田姬鼠、麝等；与华南区共有的南方种类有猕猴、红面猴（短尾猴）（*Macaca arctoides*）、穿山甲（*Manis pentadactyla*）、赤腹松鼠（*Callosciurus erythraeus*）、长吻松鼠（*Dremomys pernyi*）、隐纹花松鼠、竹鼠、豪猪（*Hystrix hodgsoni*）、灵猫（*Viverra* spp.）和华南虎（*Panthera tigris amoyensis*）等。在本区的长江中下游有著名的水栖兽类－白鱀豚（*Lipotes vexillifer*）。此外，江豚（*Neomeris phocaenoides*）多见于沿海一带，沿长江上溯可达湖北宜昌。本区鸟类亦呈现出南、北区系成分相混杂特征，属古北界的种类有灰喜鹊（*Cyanopica cyanus*）、攀雀（*Remiz pendulinus*）等；属东洋界的种类更多，如山椒鸟（*Pericrocotus* spp.）、画眉（*Garrulax canorus*）、啄花鸟（*Dicaeum ignipectus*）等。本区的特产鸟类有红腹锦鸡（*Chrysolophus pictus*）、竹鸡（*Bambusicola* spp.）、白颈长尾雉（*Syrmaticus ellioti*）、黄腹角雉（*Tragopan caboti*）、小隼（*Microhierax melanoleucos*）等。爬行类中的扬子鳄（*Alligator sinensis*）为我国特产，分布于长江下游，与北美的密河鳄（*Alligator mississipiensis*）同隶一属，而呈不连续分布，是古老种类的遗留。蛇类包括多种游蛇、锦蛇、鼠蛇及眼镜蛇、五步蛇、竹叶青等毒蛇。常见的蜥蜴类有多疣壁虎（*Gekko japonicus*）、蓝尾石龙子（*Eumeces elegans*）、北草蜥（*Takydromus septentrionalis*）等。两栖动物中最为普遍的是雨蛙（*Hyla* spp.）、饰纹姬蛙（*Microhyla ornata*）、华南湍蛙（*Amolops ricketti*）和沼蛙（*Hylarana guentheri*）等。由于近、现代人类活动的影响，本区的一些林栖种类尤其是大型动物已显著减少。有蹄类中以麂和小麂的产量较多。

（7）华南区　本区包括云南与广东、广西的南部、福建东南沿海一带，以及台湾、海南岛和南海各群岛。境内地形复杂，但以海拔 1 000 m 以下的丘陵为主。本区气候炎热多雨，年均温超过 22℃，终年不见霜雪。雨量丰富，海拔一般在 1 000 mm 以上，植物生长非常茂盛，主要为热带雨林和季雨林，森林树种极为复杂，藤萝密布，层次很多，为动物提供了很好的食物条件和隐蔽条件。在一年之中，果实相继成熟，故树栖食果的兽类在本区最多。动物种类冠于全国。在哺乳动物中，以热带森林、树栖食果种类最为繁盛，其中最典型的有各种猿猴类、松鼠类及食果蝠类。中国的非人灵长类动物大多数均分布在本区，除广泛分布的猕猴和红面猴外，还有本区特产的蜂猴（懒猴）（*Nycticebus coucang*）、叶猴（*Presbytis* spp.）、长臂猿、熊猴（*Macaca assamensis*），等。翼手目动物的繁盛是本区兽类的一个特点，特别是食果的蝙蝠种类甚多，如犬蝠（*Cynopterus sphinx*）、果蝠、狐蝠等。树栖的啮齿类更多，包括赤腹松鼠、长吻松鼠、隐纹花松鼠、鼯鼠等，而在海南岛和云南南部产的巨松鼠（*Ratufa bicolor*）是树栖松鼠类中体型最大的种类。山林和灌丛环境中地栖穴居的种类有针毛鼠（*Niviventer fulvescens*）、板齿鼠（*Bandicota indica*）等；猪尾鼠（*Typhlomys* cinereus)为本区特产,以往记载仅限于福建,后来在广西大明山亦有发现;豪猪也甚普遍。家舍和田野间常见的鼠类,如褐家鼠(*Rattus norvegicus*)、小家鼠(*Mus musculus*)、黄胸鼠(*R. flavipectus*)等都是盗食粮食和传染疾病的害兽。自云南南部至广东均产的竹鼠,栖息于竹林,以竹根为食。本区的食肉目种类相当多,尤以灵猫科为多,其中以椰子猫(*Paguma hermaphroditus*)、红颊獴(*Herpestes auropunctatus*)、斑林狸(*Prionodon pardicolor*)、熊狸(*Arctictis binturong*)、缟灵猫(*Chrotogale owstoni*)等的分布完全限于本区。鼬科和猫科动物,种类亦不少,如獾、食蟹獴(*Herpestes urva*)、云豹(*Neofelis nebulosa*)、华南虎等。广东的北部海有海牛目的儒艮(*Dugong dugong*)。此外,在云南还有长鼻目的亚洲象(*Elephas maximus*)。有蹄类的种类较少,赤麂(*Muntiacus muntjak*)和水鹿(*Rusa unicolor*)主要分布于本区,野猪的分布较为普遍。本区鸟类非常繁盛,有许多热带种类如鹦鹉、犀鸟、咬鹃、蜂虎、阔嘴鸟、八色鸫、三趾鹑、太阳鸟等,它们大多羽色艳丽,适应于色彩缤纷的植物环境。此外,还有原鸡(家鸡祖先)(*Gallus gallus*)、绿孔雀(*Pavo muticus*)等仅见于本区的热带种类。爬行动物的种类较多,如飞蜥(*Agama agama*)、巨蜥(*Varanus salvator*)、蛇蜥(*Ophisaurus* spp.)、瑶山鳄蜥(*Shinisaurus crocodilurus*)(为中国特产,仅见于广西瑶山)。蛇类的种数超过其他各区,有形似蠕虫的盲蛇、巨大的蟒蛇,以及蝰蛇、金环蛇(*Bungarus fasciatus*)等多种毒蛇。两栖动物中有浮蛙(*Occidozyga* spp.)、湍蛙(*Amolops* spp.)、小岩蛙(*Micrixalus* spp.)、树蛙(*Rhacophorus* spp.)等,其中尤以树蛙种类居多。

复习与思考题

1. 动物的栖息地与分布区有何不同?
2. 什么是动物区系?
3. 掌握世界和中国的陆地动物区系的划分。
4. 查阅文献,掌握河南在世界和中国动物地理区划中的位置。
5. 查阅文献,了解动物地理学的研究进展与动态。
6. 掌握下列名词:生物圈,栖息地,分布区,超限分布区,动物区系,地理区划,连续分布,隔离分布,偶然分布,局限分布

第六节 野生动物保护

随着生物多样性科学知识的不断普及与推广,野生动物保护也得到了政府管理部门、社会公众越来越多的关注。

一、野生动物

野生动物(wildlife)是指生存于自然条件下、非圈养或驯化的所有脊椎动物和无脊椎动物。法律意义上的野生动物的定义则更为具体:动物界的任何成员,即所有哺乳类、鸟类、爬行类、两栖类、鱼类、软体动物、甲壳类、节肢动物及其他无脊椎动物,包括动物的任何部分、产品、卵或其后代及死体。

《中华人民共和国野生动物保护法》(1988 年颁布,2016 年最新修订)指出:本法规定

保护的野生动物,是指珍贵、濒危的陆生、水生野生动物和有重要生态、科学、社会价值的陆生野生动物。本法规定的野生动物及其制品,是指野生动物的整体(含卵、蛋)、部分及其衍生物。

二、野生动物的价值

野生动物资源是生物圈和自然生态系统中最为重要的组成部分,不仅具有极高的科学研究价值、经济价值、美学、伦理学价值,更是大自然赐予人类的宝贵财富。根据受益主体的不同,可把野生动植物的价值分为生态价值、社会价值和经济价值。这也是野生动物保护的意义所在。

(一)生态价值

在自然生态系统中,野生动物既可作为初级消费者,同时又是次级消费者。如果其中一个物种资源发生变动,就会通过食物链(网)对其他物种产生影响,进而波及整个生态系统。因此,野生动物对维持生态系统的平衡不可或缺,而自然生态系统的稳定与平衡又与人类自身的健康、经济社会生活等方面密切相关。野生动物在生态系统服务功能中也居于重要地位。

1. 社会价值

(1)研究价值　通过对野生动物的观察和研究,人类得以探索和认识奇妙的生命世界,了解自然界的运作过程。野生动物的标本材料对科学普及、宣传教育、执法活动等具有不可替代的作用。另外,野生动物在动物学、进化生物学、生态学、遗传学、现代医学、仿生学等领域发挥着重要作用。例如,在仿生学研究领域,借鉴动物卵壳、龟壳特有的结构,在建筑、机械工程方面,设计出大跨度薄壳屋顶;仿鼹鼠形态特征制造出高效率地下隧道挖掘机;参照蝙蝠的回声定位系统启示人类发明了雷达系统,等等。

(2)国际交流价值　我国有许多特有的动物种类,如大熊猫、金丝猴、东北虎、朱鹮等,它们既是世界级的濒危动物,也是各国人民和社会公众极为喜爱和渴望参观的珍稀动物。对外赠送或赴外展出这些动物,对提高我国的知名度、发展国际政治经济关系、促进文化交流、增进民间友谊、宣传我国珍稀濒危动物保护管理成就、开展濒危动物合作研究、筹集濒危动物保护经费等,可以发挥特殊重要的作用。据估计,我国每年送出 1 对大熊猫赴国外展出和合作研究,至少可为国家筹集到约 800 万元人民币的大熊猫保护基金。

(3)潜在价值　人类对野生动物的研究和了解尚有诸多空白。地球上所生存的每一种生物所携带的基因都是独特的,是自然界的生物历经数百万年进化至今所保存的极其珍贵的遗产,一个物种就是一个基因库。对于这些未知的财富,难以估量其价值。随着科学研究的发展和技术的不断进步,野生动物的潜在价值将会被不断发现和认识。但是,如果某些野生动物在被人类认识之前就已灭绝,则它们所携带的遗传多样性将永远消失而不可复得。

2. 经济价值

(1)食用价值　人类祖先在很早以前就开始依靠猎捕野生动物来补充人体所需的蛋白质。即便在今天,动物的这种食用价值仍然存在,如每年从海洋中捕获大量的海产动物,直接供人类食用。此外,目前的所有家养动物的祖先均来自野生动物。

(2)药用价值　药用价值是指有些动物的整体或部分器官或排泄物可作药用,中医学就是在研究和利用野生动植物基础上发展起来的。据调查,可入药的野生动物超过1 000种,仅哺乳动物中能入药的动物产品就有69 种之多。如复齿鼯鼠的粪便加工后即为名贵中药,称五灵脂。随着研究技术的发展,一些动物的药用价值可能被陆续发现。

(3)观赏价值　野生动物具有很高的观赏价值,是动物园、森林公园、风景名胜区招揽游客的重要资源。也是许多文人墨客吟诗作画的主要对象。一幅鹰击长空、鱼翔浅底的画作,可带来无尽的遐想;山林中鸣唱的小鸟、浅草中潜行的爬虫、森林中奔跑的猛兽,包括它们的姿态、声音、色彩都是自然界的杰作。

三、野生动物生存的影响因素

目前,野生动物灭绝的速率高出自然速率 100 ~ 1 000 倍。从全球范围来看,野生动物的生存面临着前所未有的挑战。因此,对野生动物生存主要影响因素进行探讨和分析,具有极其重要的意义。这些因素可归纳为动物自身特征、人类干扰和其他 3 个方面。

(一)动物自身特征

在自然界,某些野生动物走向濒危以至绝灭并非偶然,而是因为它们具有更多的、个体或种群水平上的易灭绝特征。体型较大的物种更容易濒危或灭绝。体型大则需要更大的生境,且这类动物一般繁殖力较低、对环境变化敏感。因此,自然种群小、分布范围狭窄、种群密度低是濒危动物的重要特征。在长期的进化过程中,一些野生动物适应了特殊的栖息环境,并形成了特化的生物学、生态学习性(包括食性)、对环境应变和调整能力极弱。环境条件的剧烈变化对它们来说,可能就是灭顶之灾。

(二)人类干扰

从分类学角度来说,人类只是一个动物物种而已。但是,人类所施加于野生动物的影响却难以估量。急剧增加的人口挤占了野生动物的生存空间,对一些大型动物的影响尤其显著;人类的经济开发活动,如围湖造田、侵占滩涂、砍伐森林、草原放牧、毁林开荒、修建道路、建造水库等,使许多野生动物的栖息地减少甚至彻底消失,同时使部分种类的栖息地出现严重的片断化。乱捕滥猎、非法盗猎活动直接加速了野生动物种群数量的下降、甚至走向灭绝。此外,人类的经济活动还产生了不可忽视的环境问题(如水污染、土壤污染、空气污染),使那些以此类基质为栖息地的野生动物的生存难以为继。化学杀虫剂、灭鼠药的大量使用导致局部地区的生物多样性迅速降低,进而通过食物链(网)影响生态系统结构的稳定。总之,人类活动已经、并将继续对野生动物产生全方位的、深远的影响。

(三)其他方面

全球性的气候变化通过对气候因子、水文条件和环境要素的作用,也间接地影响到野生动物的生存。入侵动物通过竞争、捕食等作用改变了当地动物群落的结构、物种组成、营养关系等,进而造成土著物种的种群衰退,甚至导致物种绝灭。随着全球化的快速发展和持续推进,生物入侵问题应得到足够的关注。从某种意义上说,生物入侵也属于人类活动影响的范畴。

四、野生动物保护的途径

野生动物的生存所面临的形势严峻,状况不容乐观。对野生动物保护的研究、探索已引起了全球范围的广泛关注。中国政府提出,要将生物多样性(包含野生动物)保护作为生态文明建设目标体系的重要内容,纳入地方各级政府绩效考核。生物多样性保护是生态文明建设的第一要务,自然保护是保护生物多样性最重要、也是最有效的途径。

(一)保护方式

"皮之不存,毛将焉附"。从生态学角度来说,栖息地是野生动物赖以生存的基础。因此,野生动物保护的核心应该是栖息地的保护。基于此,野生动物保护可分为就地保护和迁地保护两种方式。

1. 就地保护

就地保护(conservation *in situ*)是指以各种类型的自然保护区(包括国家公园、森林公园、湿地公园等、保护小区等)的方式,对有价值的自然生态系统和野生动物及其栖息地予以保护,以保持生态系统中动物的繁衍与持续生存,维持系统内的物质循环、能量流动与生态过程的正常运转,从而实现对野生动物资源的根本保护。

就地保护的主要形式是建立自然保护区,即把包含保护对象在内的一定面积的陆地或水体划分出来,进行保护和管理。就地保护是保护生物多样性最为有效的措施,也是拯救生物多样性的必要手段。广义的自然保护区是指受国家法律特殊保护的各种自然区域的总称,不仅包括自然保护区本身,而且包括国家公园、风景名胜区、自然遗迹地等各种受保护的地区。狭义的自然保护区是指以保护特殊生态系统、进行科学研究为主要目的而划定的自然保护区,即严格意义上的自然保护区。《中华人民共和国自然保护区条例》第二条所定义的"自然保护区"为"对有代表性的自然生态系统、珍稀濒危野生动植物物种的天然集中分布区、有特殊意义的自然遗迹等保护对象所在的陆地、陆地水体或者海域,依法划出一定面积予以特殊保护和管理的区域"。中华人民共和国的自然保护区分为国家级自然保护区和地方各级自然保护区。

1956 年,全国人民代表大会通过提案,提出建立自然保护区。同年 10 月,林业部草拟了《天然森林伐区(自然保护区)划定草案》,并在广东肇庆建立了中国第一个自然保护区-鼎湖山自然保护区。自 20 世纪 70 年代末、80 年代初以来,中国的自然保护事业发展迅速。截至 2016 年,全国共建立自然保护区 2 740 个,总面积 147 万 km^2,约占陆地国土面积的 14.83%,高于世界平均水平。全国超过 90% 的陆地自然生态系统都建有挖根生的自然保护区,89% 的国家重点保护动植物种类以及大多数重要自然遗迹在自然保护区得到保护,部分珍稀涉然物种野外种群逐步恢复。以国家重点保护动物大熊猫为例,目前全国已建立了 60 多处大熊猫自然保护区,野生大熊猫的种群数量也由 2000 年的 1 100 多只增加到 2013 年底的 1 864 只。

《中华人民共和国自然保护区条例》第十八条规定:自然保护区可以分为核心区(core area)、缓冲区(buffer area)和实验区(experiment area)。自然保护区内保存完好的天然状态的生态系统以及珍稀、濒危动植物的集中分布地,应当划为核心区,禁止任何单位和个人进入;除依照本条例第二十七条的规定经批准外,也不允许进入从事科学研究活动。核心区外围可以划定一定面积的缓冲区，只准进入从事科学研究观测活动。缓冲区外围划为实验区，可以进入从事科学试验、教学实习、参观考察、旅游以及驯化、繁殖珍稀、濒危野生动植物等活动。

2. 迁地保护

迁地保护（conservation *ex situ*），或称易地保护、移地保护，是指为了保护生物多样性，把因生存条件不复存在、物种数量极少或难以找到配偶等原因，生存和繁衍受到严重威胁的物种迁出原地，移入动物园、植物园、水族馆和濒危动物繁殖中心，进行特殊的保护和管理。迁地保护是对就地保护的补充，是生物多样性保护的重要方式之一。

迁地保护为行将灭绝的生物提供了生存的最后机会。在一般情况下，当物种的种群数量极低，或者物种原有生存环境被自然或者人为因素破坏甚至不复存在时，迁地保护成为保护物种的重要手段。通过迁地保护，可以深入认识被保护对象的形态学特征、系统和进化关系、生长发育等生物学规律，从而为就地保护的管理和检测提供依据，迁地保护的最终目标是建立野生种群。

以全球最为濒危的鸟类之一——朱鹮（*Nipponia nippon*）为例，介绍濒危物种的迁地保护。朱鹮系东亚特有种，在中国曾广泛分布于东北黑龙江省乌苏里江流域和兴凯湖，吉林省东部、中部和西部，辽宁省辽东半岛大连、金县和营口，河北，河南西部熊耳山，山东，山西东南部，陕西太白山、洋县，甘肃兰州、东南部徽县，安徽，浙江衢江区，以及福州、台湾和海南。朱鹮在国外曾分布于日本、俄罗斯、朝鲜、韩国等地，但其境内的野外种群均已告灭绝。

1953 年和 1959 年，鸟类学家曾在甘肃省的武都、康县采到过朱鹮标本。在 1981 年以前，鸟类学家最后一次见到野生朱鹮是在 1964 年。而后，在 1964—1981 年间，再也没人见过朱鹮的踪迹。从 1978 年起，中国科学院动物研究所的鸟类学家组成考察队，调查了东北、华北和西北三大地区，跨越 9 个省区，行程超过 50 000 km。1981 年 5 月，中国科学院动物研究所的刘荫增等学者终于在陕西省洋县八里关乡大店村姚家沟的山林中发现两个朱鹮的营巢地、7 只朱鹮，其中 4 只成鹮、3 只幼鹮。当时，这两对朱鹮都忙于哺育幼雏，说明它们都是有繁殖能力的个体。随后，我国政府对朱鹮的保护工作高度重视。迄今为止，我国境内已建立了 10 多处朱鹮栖息地自然保护区，经过自然繁殖和人工辅助繁殖，朱鹮的总数量已超过 3 000 只，其中野外种群数量已突破 2 000 只。自 2007 年开始，在原国家林业局的支持下，河南董寨国家级自然保护区开展了朱鹮的迁地保护研究。至 2016 年 9 月时，已成功繁育朱鹮幼鸟 196 只，并进行了多次野外放飞试验。放飞后的部分个体已在野外成功定居、繁殖。

（二）保障措施

野生动物保护是一项长期而艰巨的任务，也是一个复杂的系统工程，除了开展具体的保护工作，还需要建立健全必要的监督、管理和保障措施，从而使野生动物保护真正落到实处，并持续推进。

1. 严格执法，违法必究

迄今为止，有关野生动物保护的法律法规体系已逐步建立，而法律的权威需要通过严格执行来体现。对偷猎、捕杀、贩卖野生动物等违法行为必须以法律为准绳、以事实为依据,进行快速、高效的处理,体现法律尊严和违法成本。这样才能产生强大的警示作用,震慑其他的违法行为和活动。

2. 从我做起,公众参与

运用法律手段保护野生动物固然行之有效,培养和提高公众的动物保护意识则是极为重要的前提。野生动物保护非一己之力所能完成,需要调动社会公众的积极参与。根据《中华人民共和国野生动物保护法》规定,每年的 11 月为全国"野生动物保护宣传月"。通过野生动物保护相关科学知识的宣传和普及,使社会公众充分了解并掌握野生动物保护的意义和重要性,提升其保护意识,从我做起,从现在做起,使野生动物保护、生物多样性保护成为一种高尚、荣耀的社会风尚和自觉行动。

3. 履行公约,合作共赢

我国政府已签署了多个与野生动物保护、生物多样性保护相关的国际性公约或协定,以《生物多样性公约》(*Convention on Biological Diversity*)和《关于特别是作为水禽栖息地的国际重要湿地公约》(*Convention on Wetlands of International Importance Especially as Waterfowl Habitat*)为代表。严格履行相关的国际公约是缔约国的基本义务,更是一个国家的庄严承诺。通过履约活动,还可以加强国际交流与合作,促进优势互补,协商共解难题,最终推动野生动物保护事业的共同进步和可持续发展。

复习与思考题

1. 野生动物保护的意义何在?
2. 了解野生动物保护的现状。
3. 简述一个典型的自然保护区的组成及相关管理规定。
4. 查阅文献,谈谈你对野生动物保护的认识。
5. 查阅文献,了解生物多样性科学的发展历史与现状。
6. 查阅文献,了解《生物多样性公约》。
7. 掌握下列名词:自然保护区,就地保护,迁地保护,野生动物

参考文献

[1]丁汉波. 脊椎动物学[M]. 北京:高等教育出版社,1983.
[2]左仰贤. 动物生物学教程[M]. 北京:高等教育出版社,斯普林格出版社,2001.
[3]申效诚,刘新涛,任应党,等. 中国昆虫区系的多元相似性聚类分析和地理区划[J]. 昆虫学报,2013,56(8):896-906.
[4]申效诚. 中国昆虫地理[M]. 郑州:河南科学技术出版社,2015.
[5]刘凌云,郑光美. 普通动物学[M]. 4 版. 北京:高等教育出版社,2009.
[6]许崇任,程红. 动物生物学. 北京:高等教育出版社,斯普林格出版社,2001.
[7]孙儒泳. 动物生态学原理[M]. 3 版. 北京:北京师范大学出版社,2006.
[8]杨安峰. 脊椎动物学[M]. 2 版. 北京:北京大学出版社,1992.
[9]何宏轩. 野生动物疫病学概论[M]. 北京:科学出版社, 2014.
[10]张荣祖. 中国哺乳动物分布[M]. 北京:中国林业出版社,1997.
[11]陈小麟,方文珍. 动物生物学[M]. 4 版. 北京:高等教育出版社,2012.
[12]尚玉昌. 行为生态学[M]. 北京:北京大学出版社,2001.
[13]国家自然科学基金委员会生命科学部. 国家自然科学基金委员会“十三五”学科发展战略报告-生命科学. 北京:科学出版社,2017.
[14]郭郛,钱燕文,马建章. 中国动物学发展史[M]. 哈尔滨:东北林业大学出版社,2004.
[15]蒋志刚,江建平,王跃招,等. 中国脊椎动物红色名录[J]. 生物多样性,2016,24(5):500-551.
[16]路纪琪,王振龙. 河南啮齿动物区系与生态[M]. 郑州:郑州大学出版社,2012.
[17]路纪琪,田军东,张鹏. 中国猕猴生态学研究进展[J]. 兽类学报,2018,38(1):74-84.
[18]路纪琪,张知彬. 捕食风险及其对动物觅食行为的影响[J]. 生态学杂志,2004.
[19]Richard D. Jurd. Animal Biology[M]. 北京:科学出版社, 1993.
[20]Stephen A. Miller, John P. Harley. Zoology[M]. 北京:高等教育出版社, 2004.

后　记

2016 年 9 月的教师节期间，我收到了一份预料之中、却又颇感惊奇的礼物——“从教 30 周年纪念”牌。那一刻，我清楚地知道，不管想到没想到、愿意不愿意，新的一段人生历程已悄然开启。

我素怀敬仰之情的著名作家柳青在其巨著《创业史》中写道：人生的道路虽然漫长，但紧要处常常只有几步，特别是当人年轻的时候。没有一个人的生活道路是笔直的、没有岔道的。有些岔道口，譬如政治上的岔道口，事业上的岔道口，个人生活上的岔道口，你走错一步，可以影响人生的一个时期，也可以影响一生。静下心来，仔细梳理我的动物学／动物生物学教学与研究生涯，良多感触矣！

达尔文进化论的核心是自然选择。我觉得，人的一生，同样也经历着无数的选择和被选择。当年报考兰州大学动物学专业，不论出于何种考虑，何尝不是一种自然选择？我知道自己的强项是语文，所以在 1981 年第一次高考失利后，转学到陕西省富平县美原中学复读时，就打算转攻文科，追文学之梦。孰料，美原中学的文科班名声在外，报名者甚蕃，不得已而作罢，再续理科之缘。好在到了大学之后，充任了一段时间的兰州大学广播站和校报记者，发过几篇豆腐块文章，算是有所交代吧。

动物生物学是一门涵盖面广、各分支学科均有其研究重点的生物学基础学科。纵观人类进化和人类社会的发展历程，无不与动物密切相关。其原因不仅在于人类本身就是动物之一分子，而且在于人类的日常生活实在与动物有着千丝万缕的联系。特别是随着我对动物生态研究工作的积累，更加深切地认识到，通过探究动物的形态、结构、社会、行为、生理、生态等特征，可以更好地理解人类自身，以及人类社会、人类文化等诸多方面。

“虽有嘉肴，弗食，不知其旨也；虽有至道，弗学，不知其善也。是故学然后知不足，教然后知困。知不足，然后能自反也；知困，然后能自强也。故曰：教学相长也”（礼记·学记）。回首自己从学生到教师的经历，对此自有切身体会。

在接触动物学这一专业领域之初，我从老师们那里学到了动物学的精要，奠定了坚实的基础。时至今日，脑海中依然能清楚地映射出刘迺发老师讲文昌鱼“……略似小鱼……”四个字时那抑扬顿挫的语调与神态。在自己独立承担动物学课程教学任务之后，于广泛阅读不同版本的教材、了解动物学相关的研究成果与进展的基础上，取长补短，不断修订、调整、完善授课内容，既保持动物学的基本知识体系，又避免故步自封，使课程终有自我之风格。我一向认为，教学能力和水平需要一个不断学习、逐步提升的过程，不可能一蹴而就；而且，付出总有回报，熟必生巧。从这个意义来说，我极不赞成那些把教材内容、多媒体课件固定化、视频化的教学模式。知识的传授与接受应该是一个充满乐趣和生机、气氛活跃、情景交融的动态过程。一旦固化，难免味同嚼蜡、索然无趣，岂不悲哉！

“从教 30 周年纪念”？真的，时间过得好快！30 多年间，我从一个动物学专业的门外汉，进化成为以动物学专业为职业生涯的教师和研究工作者。用心做事，尽力耕耘，驽马十驾，功在不舍，一路走来，终无所憾焉，问心亦无愧。迄今为止，我虽然在动物分类、动物生态学领域作了一些初步的探索，发表了一些所谓的论文、著作，并把“动物生物学”打造成了精品课程。但是，我知道，这些工作与动物学领域之广泛、知识之博深相比，直似沧海之一粟、九牛之一毛！

近年来，一个形成于多年前的想法越来越强烈，就是基于自己长期的教学与科研实践，推出一套系列教材，包括《动物生物学》、《动物生物学实验》、《动物生物学野外实习》等3个部分。从动物学发展的历史来看，理论课、实验课和野外实习三位一体，密不可分，互相促进，相辅相成。所幸者，《动物生物学实验》、《动物生物学野外实习》已于先期出版。此番《动物生物学》作为压轴者，最后推出，再飨诸君。我深知，这几本拙作在众多的同仁面前似有弄斧之嫌，不免自惭。但是，将其作为我30余年动物学和动物生物学教学生涯的心得和小结，抛砖以引玉，未尝不可也。

“合抱之木，生于毫末；九层之台，起于累土”。在我的人生旅途中，点滴成长和些许进步无不凝聚了父母的辛勤养育、家人的倾力支持、授业老师的悉心指导、学界前辈的热心提携、各界朋友的鼎力相助、学生们的协力共襄。万千感谢，无语凝咽。在此，谨表无尽谢意、衷心祈福于万一。

细想过来，每个人的生活也同样是一个世界。即使是最平凡的人，也要为他那个世界的存在而战斗（路遥，《平凡的世界》）。金石之言，吾当自勉。

雄关漫道真如铁，而今迈步从头越。

念天地之悠悠，唯肃然而起敬。

莫道桑榆晚，为霞尚满天！

不忘初心，方得始终。

生有期，知无涯。

俯仰，躬行。

学，思。

道。

于郑州，在河之南

2018年10月